U0160493

微纳尺度多相流与传热

翟玉玲　主　编

李舟航　李法社　周树光　副主编

科学出版社

北京

内 容 简 介

本书首先综述了国内外在微纳尺度流动与传热领域的前沿研究进展，其次介绍了作者近 5 年内围绕微通道强化传热技术及纳米流体高效传热性能所开展的研究工作，为微通道散热器及纳米流体的工业化应用提供了翔实的数据。本书主要分为三部分：第一部分对国内外微通道和纳米流体传热的研究现状进行了综述；第二部分介绍了作者团队在单相对流传热、两相沸腾及超临界条件下微通道传热的研究成果，揭示了各种强化传热机制；第三部分介绍了纳米流体作为传热工质时的稳定性及热物性参数的变化规律，结合实验现象及分子动力学，从微观层面揭示了纳米流体体系的强化传热机理，为纳米流体工业化应用提供了理论参考。

本书内容新颖，切入当前能源领域的前沿和热点问题，具有创新性；系统性强，著述规范，数据翔实，结构可靠；可供能源动力、化工及材料等相关领域感兴趣的研究人员参考。

图书在版编目（CIP）数据

微纳尺度多相流与传热/翟玉玲主编. —北京：科学出版社，2024.6
ISBN 978-7-03-078130-7

Ⅰ. ①微… Ⅱ. ①翟… Ⅲ. ①流体-多相流-研究 ②流体-传热-研究 Ⅳ. ①O351

中国国家版本馆 CIP 数据核字（2024）第 049912 号

责任编辑：杨新改 / 责任校对：杜子昂
责任印制：赵 博 / 封面设计：东方人华

科 学 出 版 社 出版
北京东黄城根北街 16 号
邮政编码：100717
http://www.sciencep.com
三河市春园印刷有限公司印刷
科学出版社发行 各地新华书店经销
*
2024 年 6 月第 一 版 开本：720×1000 1/16
2025 年 1 月第二次印刷 印张：25 3/4
字数：515 000
定价：160.00 元
（如有印装质量问题，我社负责调换）

前　言

20 世纪末，由于微机电系统乃至纳机电系统(nano-electromechanical system，NEMS)研究的迅速发展，在世界范围内兴起了对微米-纳米尺度范围传热与流动问题的研究热潮，形成了微米-纳米传热学的研究方向。作者以高热流密度微型电子芯片的散热为研究对象，从微通道热沉的结构型式、换热方式及工质种类入手，探究了微纳尺度下流动与传热的强化机制。

本书首先对国内外微纳尺度传热在微通道和纳米流体等方面的研究现状进行了综述，接着介绍了作者团队近些年来在微纳尺度多相流动与传热领域取得的研究成果，书中部分结论可为微通道散热器及纳米流体的应用提供理论依据。本书内容主要分为三部分。第一部分综述了国内外微通道和纳米流体传热的研究进展。第二部分介绍了微尺度超临界条件下流体的流动与传热性能。研究不同传热方式的原因是：不同传热方式的散热能力不同，以满足不同散热功率的微型电子器件表面的冷却要求。第三部分介绍了混合纳米流体体系的强化传热机理及应用。基础性研究包括纳米流体稳定性、热物性参数变化规律及运用机器语言预测热物性参数的关联式。之后，采用分子动力学模拟从微观层面探究纳米流体体系粒子和基液分子间的分布规律对宏观热物性参数的影响，揭示了微观能量传递机制。纳米流体应用于单相及沸腾传热过程中具体应用案例，提供了翔实的数据，可为其工业化应用提供参考依据。

本书涉及的大量研究内容是在国家自然科学基金(No. 52266002、No. 51806090)、云南省重大专项(No. 202302AG050011)及云南省基础研究项目(No. 202001AT070081)的资助下开展的工作，为作者多年来的科研成果总结。在本书撰写过程中也得到昆明理工大学王华教授、李法社教授、祝星教授及李舟航教授的大力支持；研究生马明琰、姚沛滔、轩梓灏、李彦桦及王江提供了大量的实验数据及模拟结果，同时研究生黄昊、陈华株、王永超、刘振浩、陈海峰、王广萍在文字润色和图表修正方面做了大量卓有成效的工作，在此向他们表示衷心的感谢！最后，感谢我的家人对我的工作给予无私的支持！这部专著仅是对我前期科研成果的一个小小总结，路途漫漫，我仍需继续努力。

限于水平，书中内容或有不当之处，敬请读者斧正。

翟玉玲

2023 年 12 月

目　　录

第1章 绪 论

随着气候变化带来的能源和环境压力日益增加，减少能耗和降低碳排放已成为全球面临的共同任务。因此，优化工业设备的传热性能是实现节能减碳目标的重要途径之一。纳米流体作为一种新型的传热工质，具有优异的导热性能和流变特性。相比传统的传热工质，纳米流体具有更高的导热系数、更好的稳定性、更强的对流传热效果以及可降低对设备的磨损并防止堵塞。对混合纳米流体的研究结果也显示出其比一元纳米流体更优异的热物性质，能够进一步提高系统能源利用效率，实现节能减碳目标，促进可持续发展。

目前，电子设备向着集成化、微型化发展，其功率密度越来越高，由此引发的一系列热问题严重影响了电子设备的稳定运行。微通道强化换热技术能够有效应对这些高热负荷需求，确保设备能够在适宜的温度范围内正常运行，提高设备性能和可靠性。同时，通过减少冷却介质的使用量和提高换热效果，实现节能和减少环境污染。

1.1 微通道传热研究进展

近年来，随着科技的快速发展，在微电子冷却、医疗器械、生物化工、激光设备及航空航天等领域中，电子设备的集成化程度越来越高，其热交换系统的热负荷也日益增强，如大功率的发光二极管散热、微电子元件的散热和激光二极管阵列的冷却等，这些设备不仅产生的瞬态热流密度较大，而且散热面积非常小。如果不能及时散去这些热量，会导致设备工作温度过高，从而影响设备的正常运行。

目前，大部分电子设备的最佳运行温度为 20～40℃，最大温差不宜超过 5℃，在工作过程中，表面温度过高或过低都会对设备的性能造成影响。据统计，55%的电子器件失效是由工作温度过高造成的。为了保证精密设备的正常运行，微尺度下的热管理系统是必不可少的。所谓的"微尺度"其实并没有一个固定的标准，它只是一个相对大小的概念，对于不同的研究对象，出现微尺度效应和时空尺寸的范围也不同。通常在一个标准大气压下，空气分子的平均自由程约为 80 nm, 而宏观尺寸通常大于 3 mm。在宏观尺寸下, 所研究物体的特征尺寸远大于分子的平均自由程, 分子间的作用力可忽略, 连续性假设成立。当所研究物体的特征尺寸进一步缩小时, 分子之间的摩擦、碰撞作用变得不可忽略, 此时连续性假说不再成立。因此, 微尺度下热管理系统的研究需要考虑一些在常规尺寸下被忽略的作用力。早在 20 世纪 80 年代, 发达国家就开始对微型换热器进行研究, 如 Karlsruhe 设计了一种体积仅为 1 cm^3 的小型换热器, 最大传热功率可达 20 kW。在 90 年代初, 美国太平洋西北国家实验室(Pacific Northwest National Laboratory)在能源部的支持下开展了微化工系统的研究, 随后 Nishio[1]提出了热力学系统的概念。这种在微尺度下的热力系统具有体积小、能耗小及成本低的特点, 在通信、微电子、汽车、医疗、激光技术及航空航天等领域有着极为广阔的应用前景。

1.1.1 单相对流传热研究进展

目前, 强化管内传热主要有三种方法: 主动法、被动法及复合法。主动法是指需要添加额外能量(除进出口泵功外)的强化传热方法, 如机械辅助、表面振动、流体振动、静电场及射流冲击等。被动法是指不需要添加额外能量的强化传热方式, 通常为结构优化, 其中包括表面的修饰、添加突起物增强管内扰动、改变工质种类及传热方式等。复合法是一种结合主动法和被动法的强化传热方法。对于微通道强化传热而言, 采用被动法更为简单、有效。

根据对流传热公式 $Q=Ah\Delta T$, 一方面可以通过增大传热表面积 A, 如改变通道的截面形状、管壁添加突起元、设置多孔介质或采用面体比更高的通道进行传热; 另一方面可通过增大对流传热系数 h, 如采用高导热系数的换热工质、添加粗糙元增强流体扰动、通过相变传热的方式或增大质量流量等。

1. 增大传热表面积

微通道热作为一种具有较高面体比的传热设备, 有着非常高效的传热性能。相比于常规尺寸通道, 微通道的结构尺寸更小, 在这种狭窄的通道中, 流动边界层厚度大大减小, 流体热传导阻力减小, 传热速率增强。Tuckerman 和 Pease[2]首次提出了微尺度阵列通道的概念, 并成功去除了热流密度为 1000 W/cm^2 的热量。然而, 随着微电子器件热负荷的日益增强, 这种内壁面光滑的微通道已不再适用。因此, 迫切需要进一步优化微通道传热性能。其中, 增大固-液接触表面积是一种非常有效的方法, 如设置凹穴及内肋, 这种复杂结构微通道能很好地满足现代微型电子设备日益增长的散热需求[3,4]。Chai 等[5]在微通道的内壁面设计了交错排列的内肋并研究了肋的形状对流动与传热特性的影响, 发现肋能有效地打断热边界层的发展, 强化传热。Foong 等[6]和 Xie 等[7]通过在微通道内设置挡板、漩涡发生器及翅片等方式增强管内局部扰动,提高微通道热沉的传热性能。Mohammed 等[8]和 Lin 等[9]研究了不同几何参数,如通道宽度、壁面宽度、截面高宽比及振幅对波浪型微通道流动与传热特性的影响。Ghaedamini 等[10]研究了强制对流传热时,渐缩/渐扩微通道的流动与传热特性。如图 1.1 所示,列举了部分文献中不同微通道示意图,分别为波浪型微通道[11]、带有三角肋的微通道[12]、针肋型微通道[13]及多孔介质微通道[14]。表 1.1 所示为不同学者对微通道结构进行的研究,结果表明,结构优化能有效强化微通道的传热性能。

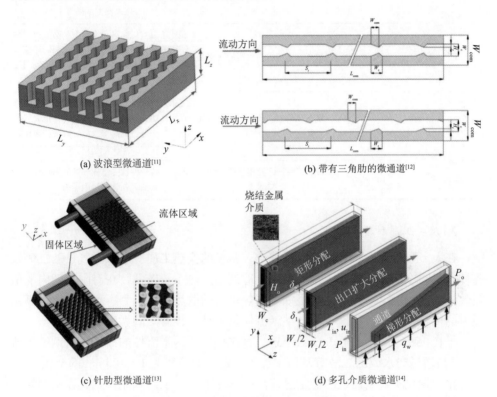

(a) 波浪型微通道[11]

(b) 带有三角肋的微通道[12]

(c) 针肋型微通道[13]

(d) 多孔介质微通道[14]

图 1.1 文献中不同结构微通道示意图

表 1.1 不同学者对微通道结构的研究

学者	雷诺数范围	通道结构	研究结果
Xu 等[15,16]	100～1000	间断型微通道	能在强化传热的同时有效降低管内压降,并且使层流-湍流转捩点发生提前
Wong 等[17]	300～700	带有三角肋的间断型微通道	三角肋对流动与传热特性有着非常重要的影响,相比于非间断型的微通道,带有三角形肋的间断型微通道的努塞尔数提高了56%

续表

学者	雷诺数范围	通道结构	研究结果
Cao 等[18]	100～1500	圆锥型微通道	圆锥型微通道的努塞尔数是光滑微通道的1.4～4.1倍，最大强化传热因子为2.2；在低泵功下，传热性能良好
Liu 等[19]	170～1200	带有纵向漩涡发生器的微通道	相比于矩形微通道，带有纵向漩涡发生器的微通道传热性能提升了9%～90%，管内压降增大了34%～169%。层流-湍流转捩点也发生了提前
Ebrahimi 等[20]	100～1000	带有纵向漩涡发生器的微通道	相比于没有纵向漩涡发生器的微通道，该结构的努塞尔数提高了2%～25%，摩擦系数增大了4%～30%。在较高体积流量下，整体传热性能更好
Xia 等[21]	173～635	带有三角形凹穴及矩形肋组合式微通道	三角形凹穴及矩形肋组合式微通道能明显强化传热，并且流动与传热特性很大程度上取决于通道的结构参数，其最佳强化传热因子为1.619
Ghani 等[22]	100～800	带有正弦凹穴及矩形肋组合式微通道	流动与传热特性受结构参数的影响较大，其最大强化传热因子为1.85

2. 改变工质种类

在大多数微型设备液体冷却系统中，常见的换热工质有水、空气、乙二醇及各种有机制冷剂等。然而，这类传统制冷剂的导热系数较低，在有限空间内的散热效果较差，所以这并不能满足如今高热负荷的散热需求。为了更有效地提高微通道的传热性能，微尺度下结合纳米流体是一种比较有效的做法。

早在1995年，Choi和Easstman[23]首次提出了纳米流体的概念。所谓纳米流体，是指通过向水或乙二醇等基液中加入一定量的粒径为1～100 nm的金属/非金属氧化物颗粒所配制而成的稳定悬浮液。图1.2显示了纳米流体及其在不同温度及不同浓度下的导热系数[24]。如图所示，纳米流体的导热系数会随着颗粒浓度的升高而明显增大。当不添加纳米颗粒时，基液的导热系数为0.58 W/(m·K)，而在浓度为60 ppm时，纳米流体的导热系数为0.72 W/(m·K)，提高了约24.14%，这表明纳米流体具有更强的传热性能。此外，温度也会对纳米流体的导热系数造成影响，可以看到，随着温度的升高，导热系数逐渐增大。

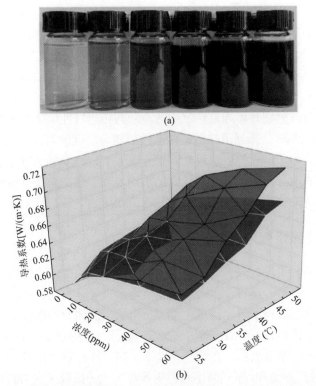

图 1.2　(a)纳米流体静置图；(b)不同温度及不同浓度下的导热系数[24]

　　研究表明，纳米颗粒在基液中的布朗运动及微对流现象能有效增强流体的内部扰动，相比于基液，纳米流体的导热系数更大。Xu 等[25-27]认为在电子设备散热中，多孔介质及纳米流体均能有效提高微通道热沉(microchannel heat sink，MCHS)的传热性能。Bahiraei 等[28]发现纳米流体结合不同结构微通道能有效散去中央处理器的热量，而这种方法同样被应用在热管、双层通道及新型分流器侧壁的并列通道中。Mogadassi 等[29]研究了体积分数为 0.1%的氧化铝-铜混合纳米流体，结果表明，混合纳米流体具有更高的导热系数。Pak 和 Cho[30]对圆管内的纳米流体进行了研究，分析了 Al_2O_3 和 TiO_2 纳米流体在湍流状态下的流动与传热特性，研究发现，努塞尔数随着体积分数的增大而明显增大，并对湍流状态下的传热参数提出了新的关联式。Esfe 等[31]在不同体积分数及温度时，对 CNT/Al_2O_3/水纳米流体进行了研究，结果表明，纳米流体导热系数受颗粒体积分数的影响，并通过非线性回归的方法提出了纳米流体在不同温度下的关联式，发现在高体积分数下，温度对纳米流体导热系数的影响更为明显[32]。Shahsavar 等[33]对磁场内的混合纳米流体进行了研究，发现黏度随磁场强度的增大而线性减小。

　　此外，许多学者还着重研究了纳米流体及截面形状对微通道流动与传热特性的影响。Kumar 等[34,35]分析了体积分数为 0.10%的 Al_2O_3-MWCNT/水纳米流体在并排微通道中的热力学性能。结果表明，相比于水，采用纳米流体后最大传热系数提升了 44.04%。Martínez 等[36]通过数值模拟研究了层流状态下 TiO_2/水纳米流体在微通道热沉中的传热性能，相比于水，在 Re 为 200、质量浓度为 3%时，最大传热系数提高了 19.66%。Xu 等[37]研究了质量浓度为 0.02%~0.2%的 GOPs/水纳米流体在具有阵列翅片微通道热沉中的流动与传热特性。结果表明，在质量浓度为 0.02%~0.2%时，微通道热沉的传热性能随着浓度的增大而增大。Shi 等[38]发现，相比于去离子水、传热系数在体积分数为 1%及 2%的 Al_2O_3/水纳米流体中分别提高了 5.86%和 8.49%。上述研究结果均表明了微结构能有效地打断热边界层的发展，促进冷热流体的混合，强化管内流动传热[39,40]。

1.1.2 沸腾传热研究进展

除了上述两种手段以外，通过相变的方式利用工质的汽化潜热同样能有效强化传热，如相变材料、热管及微通道两相流动沸腾等。为此，许多学者纷纷对微通道两相流动沸腾进行了研究。Chai 等[41]指出纳米流体及纳米胶囊相变浆料能有效提高微通道的传热性能。潘占等[42]通过有限元法对功放模块的液冷及热管冷却进行了仿真分析，结果表明，在相同条件下，热管冷却效果比液冷的更好、表面温度均匀性更好。Sumith 等[43]采用水作为换热工质，研究了水力直径为 1.45 mm 的竖直圆管在饱和沸腾下质量流速、蒸汽质量、含气率及热流密度对沸腾传热系数的影响。结果表明，微通道的管内两相流动沸腾传热系数较常规尺寸通道的更大。Marti 等[44]通过实验的方法对 R134a 制冷剂在管径分别为 0.83 mm、1.22 mm 及 1.7 mm 的竖直微圆管内过冷沸腾进行了研究，结果表明，减小圆管的管径能有效提高过冷段的沸腾传热系数。彭晓峰[45]采用水作为换热工质，探究了尺寸为 0.6 mm×0.7 mm 的矩形微通的两相流动沸腾传热特性。结果表明，在核态沸腾时，壁面过热度仅为 3~8℃，而在过冷沸腾转为核态沸腾的过程中，并未出现明显的核态沸腾流型，然而管内强化传热效果与核态沸腾时相近，这一现象也与常规尺寸通道截然不同。Harirchaian 等[46]以 FC-77 作为换热工质，实验研究了宽为 100~5850 μm、高为 400 μm 微通道的两相流动沸腾传热特性。研究发现，在结构相同的微通道内，单相传热系数与质量流速成正比，当核态沸腾发生后，沸腾传热系数与热流密度成正比，并随着热流密度的增大而增大。齐守良等[47]采用液氮作为换热工质，探究了水力直径为 0.531 mm 微通道的流动与传热特性，研究发现，在质量流量为 1080.6~1684.8 kg/(m²·s)时，沸腾传热系数受质量流速及压力的影响较大，并随质量流速及压力的增大而明显增大，此时，核态沸腾传热是主要的传热机制。Oh 等[48]研究了 R22、R134a 和 R410A 制冷剂在管径为 1.77 mm 微通道中的流动与传热特性，研究表明，在相同质量流量时，R410A 制冷剂的传热系数高于 R22 和 R134a 的。Bertsch 等[49]研究了管径为 1.09 mm 和 0.54 mm 微通道的两相流动沸腾传热特性，发现沸腾传热系数受热流密度及干度的影响较大，受质量流速和饱和压力的影响较小，此时核态沸腾为传热的主导机制。Kandlikar 等[50]通过增加壁面的气化核心点发现，相比于光滑的矩形微通道，该结构能使沸腾起始点发生提前，沸腾传热系数明显增大。Zhang 等[51]通过在微通道侧壁上设置一系列的多孔介质发现，相比于光滑的矩形微通道，在中低质量流速下，该结构的沸腾传热系数更高、管内压降更小。上述结果均表明，利用工质的气化潜热能够有效提高两相传热系数，降低表面温度，提高温度均匀性，从而保证了设备的正常运行。

为了应对微型电子设备高热流密度的散热/冷却问题，迫切需要设计和制造性能优异的新型微通道换热器，以进一步强化沸腾传热，提高流动沸腾过程的稳定性，并揭示微通道强化沸腾传热的机理。研究表明，微通道的几何结构对流动沸腾传热有明显影响，然而不同几何结构的微通道内沸腾流型和传热特性存在很大差异。在微通道内布置微结构，一方面可以增加传热面积、粗糙度及汽化核心密度，另一方面可以增强微通道内流体扰动，从而增强微通道流动沸腾传热性能；通道内的回流腔对气泡核化和沸腾不稳定性同样具有重要影响。同时，与传统的矩形微通道相比，具有微结构与回流腔的微通道内流动沸腾特性更加复杂，微结构与回流腔强化换热的机理尚不明确，流动沸腾特性的研究结果相差较大，缺少相应的理论体系，仍需研究人员不断探索和研究。

由上述分析可知，微尺度下的流动与传热问题已经成为国际传热传质领域的热点研究方向之一。高热流密度微型器件的散热问题严重制约了相关高新技术的发展。因此，研制传热效率高、结构紧凑的微型换热设备已成为该领域亟需解决的问题之一。

1.2　纳米流体热物性研究进展

1.2.1　纳米流体热物性实验研究进展

由于工质的热物性是决定工质在换热器内传热性能的关键因素，因此对工质热物性的研究是工业流程设计的必要环节。目前对纳米流体热物性的研究主要集中在导热系数与黏度方面，它们决定了系统的传热能力和泵功损耗，是反映流动与传热能力的重要参数。混合纳米流体被定义为使用两种或两种以上的纳米颗粒结合，并将其分散在基液中。与一元纳米流体相比，混合纳米流体由于兼具不同类型纳米颗粒的特性，因此具有更好的热物性。混合纳米流体及其一元纳米流体制备流程及透射电镜如图 1.3 所示。例如，一种纳米颗粒具有良好的导热性能，而另一种纳米颗粒又具有优良的流变性能，那么混合纳米流体就通过将这两种颗粒混合来实现多种优良特性之间的平衡，如可以同时具有良好的导热性能和流变性能[52]。Babu 等[53]指出，Al_2O_3、TiO_2、CuO 等金属氧化物具有稳定的化学惰性，但是其导热系数较低，而金属纳米颗粒具有较高的导热系数，但是化学性质不稳定易发生化学反应。通过混合两种纳米颗粒所制备出的混合纳米流体能够同时具备优异的传热性能和流变特性[54]。

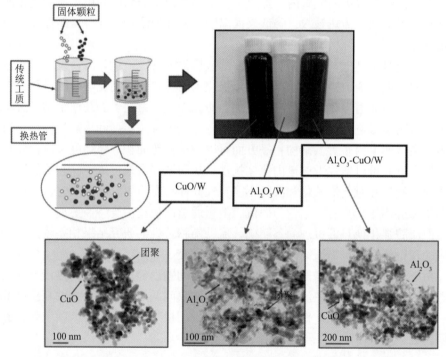

图 1.3　混合纳米流体及其一元纳米流体制备流程图和透射电镜图

　　导热系数是反映工质传热能力的主要参数，具有重要的理论和应用意义。但是混合纳米流体是否比一元纳米流体具有更高的导热系数目前仍存在争议。大多数研究表明，与基液相比，纳米流体的热性能有显著增强[55]。作为一元纳米流体的延伸，混合纳米流体具有更加优越的热性能。Sundar 等[56]指出，基液中的微对流和颗粒的布朗运动是导致纳米流体导热系数增加的原因。随着温度的升高，体积分数为 0.3%的 $MWCNT-Fe_3O_4/W$ 纳米流体相比于基液的导热系数增强率从 13.88%增长至 28.46%。Wei 等[57]研究了 $SiC-Al_2O_3$/油混合纳米流体和对应一元纳米流体的导热系数。结果表明，在 1.0%时，混合纳米流体的导热系数高于一元纳米流体。Dalkılıç 等[58]研究了 SiO_2-CNT/水混合纳米流体的导热系数，发现导热系数随着 CNT 浓度的增加非线性地增加。Aparna 等[59]比较研究了纳米颗粒对基液导热系数的影响。结果发现，体积分数为 0.1% Al_2O_3-Ag/W 混合纳米流体的导热系数明显高于基液和 Al_2O_3/W 一元纳米流体的。他们认为混合纳米流体可以显著提高基液的导热系数。Han 等[60]研究了球形碳纳米管混合纳米流体，发现与碳纳米管一元纳米流体相比，由于固液界面间的热阻降低，混合纳米流体的导热系数显著增强。Batmunkh 等[61]测量了不同温度下 Ag-TiO_2/W 混合纳米流体的导热系数，发现 TiO_2 和 Ag 颗粒的结合显著提升了基液的导热系数，且与一元纳米流体相比，导热系数也有一定增强。他们还提到，混合纳米流体的导热系数较高是由于 Ag-TiO_2 结合界面所致。这种现象被 Hamid 等[62]解释为，在混合纳米流体中，较大的纳米颗粒之间的空间被较小的纳米颗粒填充，从而通过纳米颗粒之间间隔的缩小来提高流体的导热系数。

许多研究证明，通过添加金属与金属氧化物或非金属氧化物与碳纳米管制备的混合纳米流体对导热系数提高尤为显著。Baghbanzadeh 等[63]实验研究了温度对 SiO_2-MWCNTs/W 导热系数的影响，结果表明，当温度为 40℃时，体积分数为 1% 的纳米流体与基液相比导热系数提高约 22%。Mohammd 等[64]以纯水和乙二醇为基液，制备出体积分数为 2%的 Cu-TiO_2/W-EG 纳米流体，并研究了温度与浓度对纳米流体导热系数的影响，如图 1.4 所示。结果表明，60℃时导热系数与基液相比增加了 44%。

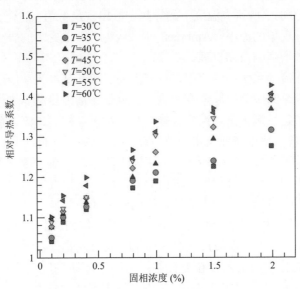

图 1.4 Cu-TiO_2/W-EG 纳米流体在不同温度和固相浓度下的相对导热系数[64]

然而，虽然有许多研究认为混合纳米流体导热系数明显高于相应的一元纳米流体，但也有研究者并没有发现导热系数增强的结果。Jana 等[65]比较研究了碳纳米管(CNTs)、铜纳米颗粒(Cu)、金纳米颗粒(Au)的一元纳米流体及其混合纳米流体(CNTs-Cu 和 CNTs-Au)的导热系数。结果表明,与 Cu/W 一元纳米流体相比,加入两种颗粒并没有提高混合纳米流体导热系数,反而使其降低。对于 Cu/W 一元纳米流体,在体积分数为 0.3%时观察到相较于基液的最大导热系数提高为 74%,而混合纳米流体观察到最大导热系数提高约 34%。他们指出了混合纳米流体的导热系数降低的几个可能原因:①金纳米颗粒和碳纳米管及铜纳米颗粒和碳纳米管之间的协作较少,因此产生了更多的热界面电阻;②将 CNTs 添加到 Cu 悬浮液中可能会降低两种纳米材料的分散性,从而导致团聚增加,并且团聚可能是 CNT-Cu 混合纳米流体导热系数降低的根本原因。

Baghbanzadeh 等[66]研究了 MWCNT、SiO_2 及其混合纳米流体的导热系数。结果表明,水基 SiO_2/MWCNT 混合纳米流体的导热系数介于水基 MWCNT 和水基 SiO_2 一元纳米流体的导热系数之间。因此,包含 MWCNT[3000 W/(m·K)]的纳米流体表现出最高的导热系数增强作用,其次是混合纳米颗粒和 SiO_2[1.38 W/(m·K)]。作者认为将 SiO_2 颗粒与 MWCNT 颗粒混合无疑会增加热阻,因此与单独的 MWCNT 相比,传热会更慢。这解释了为什么混合纳米流体的导热系数在 MWCNT 和 SiO_2 单一纳米流体之间。

基于这些矛盾的研究结果,Hamid 等[67]发现在乙二醇(EG)-W 基液中随着 Al_2O_3-SiO_2 混合物比例的增大,导热系数既有增大也减小趋势。结果表明,当混合比例为 50∶50 时,所研究温度下的导热系数出现最低值。然而,他们并没有解释出现这种特殊现象的原因。Ambreen 等[68]认为,需要更多的研究来了解混合纳米流体导热系数增强的协同机理。

纳米流体在流动系统中的应用,首先需要了解其基本流动传热特性。黏度是液体抵抗剪切或纵向应力引起形变的能力,也是评估传热流体热行为的基本物性参数之一,它确定了流体流动性质直接与泵功及压降相关,流动系统中许多无量纲数(如努塞尔数、普朗特数及雷诺数)都需黏度来指导。除了热行为,流变特性也决定了流体是否适合于对流传热。由于纳米流体内存在大量悬浮纳米颗粒,其黏度必然受到影响,与基液相异,进而对对流压降产生直接影响。因此,为了使纳米流体投入实际应用,对纳米流体黏度的研究和评估是十分必要的。

目前有许多已知的因素会影响纳米流体黏度,例如,体积分数、制备方法[69]、是否使用表面活性剂[70]、颗粒尺寸[71]、形状[72]甚至测量仪器[73]等。分子动力学模拟和实验研究充分表明纳米颗粒粒径是影响纳米流体黏度变化的重要因素[74]。Sundar 等[75]实验测定了 MWCNT-Fe_3O_4 混合纳米流体的黏度,在温度为 20~60℃ 时,0.3%的纳米流体黏度增长率为 1.27%~1.5%。Afrand 等[76]测量了 MWCNTs-SiO_2/SAE40 混合纳米流体在不同剪切速率下的黏度,结果显示:该纳米流体在体积分数为 0~1%时具有牛顿行为,且最大增黏率约为 37.4%。Asadi 等[77]研究了

MWCNTS-ZnO/ SAE40 混合纳米流体，发现当体积分数从 0.125% 增长到 1%时，纳米流体的黏度增加了 45%；而温度的升高导致黏度降低了 85%。

　　牛顿黏性定律表明，牛顿流体的剪切力和剪切率成正比关系。同样，实验研究了不同表面活性剂浓度及温度下剪切应力对剪切率的影响及不同体积分数和温度下剪切应力与剪切率的关系，也表明剪切力和剪切率成正比关系。纳米流体由于内部纳米颗粒的存在，其流变行为与传统液体工质不同，受到纳米颗粒的种类、浓度和混合比的影响，这对用于工业应用的纳米流体的选择至关重要。Hemmat 等[78]研究了 MWCNTs-SiO₂/SAE40 混合纳米流体(不同浓度样品的示意图见图 1.5)的流变行为，结果表明(图 1.6)，该纳米流体在体积浓度大于 1%时表现出非牛顿行为，在小于 1%时表现出完全的牛顿行为。随后，Esfe 等[79]改变了纳米氧化物颗粒的种类，制备了 MWCNTS-ZnO/SAE40 混合纳米流体，得出所有浓度的该纳米流体样品均为牛顿流体的结论。对于低黏度基液制备成的纳米流体，Eshgarf 和 Afrand[80]采用水和乙二醇混合基液制备了 MWCNTs-SiO₂/W-EG 纳米流体并对黏度进行了测定，结果表明：该纳米流体表现为非牛顿流体，而基液表现为牛顿流体。

图 1.5　样品示意图[78]

　　Koca 等[81]总结了已发表文献中纳米流体黏度预测模型，指出黏度预测模型中应考虑颗粒粒径的影响。Sharma 等[82]也认为，为了合成具有更好流变性能的新型纳米流体，应考虑优化纳米颗粒的尺寸和形状。以上结果表明，纳米颗粒粒径是研究纳米流体黏度特性不可忽视的因素。目前对纳米颗粒粒径的研究很少，特别是对于混合纳米流体，其具有独特的协同效应，即两种纳米颗粒通过分布排列增加导热系数，这种机理会影响团聚体的结构和粒径，这无疑会影响混合纳米流体的黏度。然而，协同机理对黏度的影响尚未有研究。

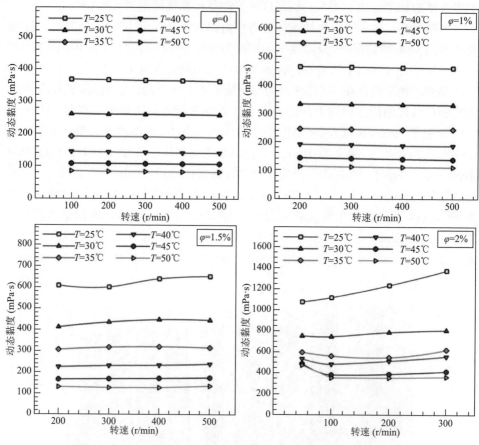

图 1.6　MWCNTs-SiO₂/SAE40 混合纳米流体在不同固相体积分数
和温度下的动态黏度与转速的关系[78]

　　在有限的研究中，纳米颗粒粒径对一元纳米流体黏度的影响结果并不一致，有的甚至相反。一些研究表明，纳米颗粒尺寸的增加会增加一元纳米流体的黏度。Turgut 等[83]研究了 Al₂O₃/W 单一纳米流体的黏度变化，并研究了不同粒径纳米流体的牛顿力学行为，发现纳米流体的相对黏度随粒径的增大而增大。然而，在一些文献中也发表了相反的结果。Pastoriza-Gallego 等[84]研究了不同纳米颗粒尺寸（23～37 nm）和体积分数（0～10%）下 CuO/水纳米流体的黏度。结果表明，颗粒粒径越大，纳米流体黏度越小。Minakov 等[85]利用不同粒径的 SiO₂ 纳米颗粒（10 nm、16 nm、25 nm 和 100 nm）制备了 SiO₂/W 纳米流体并研究其黏度。他们发现，纳米流体的黏度随着颗粒粒径的减小而增加。

　　文献综述表明，纳米流体的导热系数和黏度受体积分数、颗粒尺寸、温度及颗粒形状等因素的影响。材料类型对导热系数的影响是有规律的，而对黏度的影响则是不规则的，因为石墨烯、CNT、Au 和 MWCNT 等材料的导热系数远高于普通纳米颗粒，但是对于不同的颗粒类型，黏度没有规律性。颗粒负载与相对黏度和导热系数呈正相关，但颗粒尺寸、形状、基础流体性质和温度的影响尚不统一。

与一元纳米流体相比，混合纳米流体导热系数具有明显的增强。但是由于混合纳米流体热物性的影响因素较为复杂，受到颗粒种类、粒径、混合比甚至分子层、表面能等的作用，相同实验条件下不同种类的混合纳米流体热物性差别显著。但由于实验条件等方面存在局限性，对于这些影响因素的作用机理还须进行深入研究。

1.2.2 分子动力学探究热物性研究进展

20 世纪 80 年代，Maxwell 将毫米或微米大小的颗粒分散在流体中，并研究了颗粒悬浮液导热性能的提高[86]。使用这些颗粒所遇到的主要问题是，液体中的颗粒会快速沉降，从而导致换热系统/设备堵塞。纳米流体技术通过将高导热性的纳米颗粒分散在基液中均匀悬浮以增加传热[87]。由于纳米颗粒和基液原子之间的尺度效应，纳米流体的增强机制应该通过微观手段来研究。一些学者提出了纳米流体导热特性增强的机制，并引入了最新的算法分析。其中，分子动力学模拟是目前针对庞大、复杂纳米尺度系统应用最为广泛的计算方法。以数学、物理方法为基础，通过程序代码对经典力学方程(一般指牛顿力学方程)进行求解，以获取基本颗粒的位置、速度、轨迹、受力等多种参数，根据统计学规律进行计算，以此为输出，最终获得所研究体系的宏观物化性质。生丽莎等[88]建立了以中空的 SiO_2 纳米颗粒水基纳米流体的模型，采用分子动力学(MD)模拟方法研究中空 SiO_2 纳米颗粒在水中的运动微观特性，结果表明纳米颗粒在水中首先进行无规则布朗运动，随后在范德瓦耳斯力作用下相互靠近、黏结，最后达到引斥力相对平衡状态。Shi 等[89]通过分子动力学模拟的方法，构建了 Fe/W 纳米流体的模拟体系，通过计算系统的势能、导热系数、密度、速度和温度分布，研究了纳米流体的微观热行为，结果表明，球形纳米颗粒对 H_2O/Fe 纳米流体的行为有相当大的影响，纳米颗粒的形状会影响基液的温度分布、密度等相关参数。

目前使用 MD 方法对纳米流体开展的研究工作集中在对其热物性参数的模拟计算及对微观机理的探讨。例如，范庆梅等[90]使用 MD 模拟计算了 Al_2O_3 纳米颗粒和水组成的纳米流体的热物性参数。结果表明，采用 MD 模拟计算纳米流体热物性参数是可靠的，模拟得到的纳米流体物性参数和实验结果比较接近。Selvam 采用分子动力学方法模拟计算了不同体积浓度 Cu/Ar 纳米流体的导热系数，并从分子层次上对纳米流体导热强化的机理进行了初步探讨[91]。Jabbari 等[92]综述了有关纳米流体热物理性质的 MD 研究，并对各种影响因素进行了分类和探讨，包括纳米颗粒的体积分数、纳米流体温度、纳米颗粒的布朗运动，以及纳米颗粒的形状和尺寸，然后引入了不同的 MD 方法来计算纳米流体的导热系数和黏度。

基于上述结论，近年来，研究人员越来越多地应用 MD 模拟来研究纳米流体的工作机制。Essajai 等[93]研究了金纳米颗粒类型对 Au/Ar 纳米流体导热系数的影响。结果表明，Au 纳米颗粒的一维网络的导热系数远高于球形 Au 纳米颗粒的导热系数，但是，没有分析产生这种现象的原因。Mitiche 等[94]研究了界面层对提高 Cu/Ar 纳米流体导热系数的影响，提出振动平均自由路径的增加是导热系数增强的主要原因。Tahmooressi 等[95]采用晶格玻尔兹曼方法(LBM)，在介观尺度上探究了纳米流体微观现象，发现纳米颗粒的团聚能引起纳米流体导热系数的异常增加。Zeroual 等[96]研究了 Cu/Ar 纳米流体的黏度，与基液相比，有序界面层的密度更高是提高黏度的主要原因。Chen 等[97]还使用反向非平衡 MD 模拟方法研究了 Cu/Ar 纳米流体增强的导热系数，发现类晶体的微观结构、高能量传递和温度梯度是影响纳米流体特性的主要因素。

从微观的角度来看，纳米流体的热物性参数取决于分子排列以及基液和纳米颗粒之间的相互作用。Heyhat 等[98]研究表明，Ag 原子与水分子之间的 Lennard-Jones 势相互作用($\varepsilon_{Ag\text{-}water}$ = 1.210 kcal/mol)比纯水分子($\varepsilon_{water\text{-}water}$ = 0.182 kcal/mol)强得多。Li 等[99,100]使用 MD 模拟方法对 Cu/Ar 纳米流体的导热系数进行了计算，并重点研究了颗粒表面吸附的液体分子层对纳米流体导热性能的贡献。通过对纳米颗粒以及液氩分子模拟过程中的运动轨迹进行跟踪，他们发现在纳米颗粒和液体界面处由于纳米颗粒较强的吸引力形成了一个随颗粒运动的液体吸附薄层，即界面层。通过对吸附层的数密度进行分析，他们认为吸附层由于分子的排列结构不同于基液，会呈现出类似于固体的特性，因而使得纳米流体的导热性能比基液有了明显提高。纳米流体的界面层是分子动力学研究的主要内容之一，现各学者对界面层增强纳米流体的导热系数机理存在不同看法。石小燕[101]利用 MD 模拟方法研究了微观输运现象，对颗粒表面附近的拟有序液体层的结构、特性及对热量输运过程进行了研究。结果表明，纳米流体导热系数随纳米颗粒表面形成的液体分子层的有序程度的增加而增加。2007 年，Eapen 等[102]通过 MD 研究了 Pt/Xe 纳米流体的导热机理，研究结果认为液-固界面效应是纳米流体导热性能明显提升的主要原因。Wang 等[103]使用平衡分子动力学(equilibrium molecular dynamics, EMD)模拟的方法研究了 Cu/Ar(液氩)纳米流体的导热系数与界面层的导热系数，结果表明界面层的密度上升可以提高纳米流体的导热系数。Guo 等[104]通过分子动力学方法研究了 Cu/Ar 纳米流体的界面层特性与传热能力的变化规律，对纳米流体的体积分数、颗粒的尺寸和温度进行了讨论，模拟结果(图 1.7)表明，纳米颗粒体积分数的增大、粒径的减小会显著提升 Cu/Ar 纳米流体的导热系数，而温度对导热系数的影响并不明显。同样，Paul 等[105]采用 MD 模拟的方法研究了 Cu/Ar 纳米流体的颗粒尺寸对于界面层厚度的影响，结果表明，在粒径为 4 nm 时，颗粒尺寸能较大地影响界面层的厚度。同时，使用 EMD 模拟中的 Green-Kubo 方法测量了纳米流体的导热系数，在体积分数为 3.34%和粒径为 2 nm 的模拟体系下，导热系数比基液增强了约 100%，因此在颗粒尺寸较低的情况下，界面层在纳米流体的导热性增强中发挥了主导作用。Liang 等[106]使用 MD 模拟计算了 Au/Ar 体系中固体颗粒表面吸附层的有效导热系数，结果表明 1 nm 厚的界面层的导热系数要比基液高 1.6～2.5 倍。研究结果还表明，如果纳米流体中存在团聚体，则还需要考虑团聚体与液体的界面层对导热系数的增大作用。

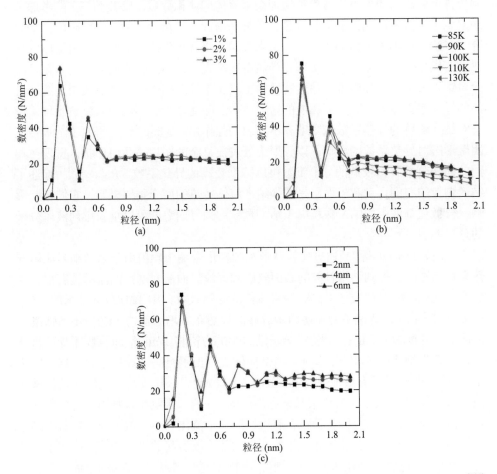

图 1.7　(a)纳米颗粒体积分数、(b)温度、(c)纳米颗粒直径对纳米颗粒周围数密度的影响[104]

在实验中借助 XRD 等仪器可以很好地观察到颗粒的团聚形态，并通过分形维数等方法建立了颗粒团聚与纳米流体导热系数之间的关联式，但很难通过实验手段观察到纳米流体团聚体影响纳米流体物性的微观现象。因此，大量学者通过MD 模拟的方法从微观角度来观察颗粒团聚影响纳米流体热物性的微观现象。王兵兵等[107]使用 MD 模拟的方法计算了 Cu 颗粒团聚的水基纳米流体的热物性值，通过分析 Green-Kubo 公式中的势能、动能和应力项对纳米流体导热系数的贡献程度，表明颗粒发生团聚后颗粒势能绝对值增加，这是纳米流体导热系数升高的主要原因。Liao 等[108]使用 EMD 模拟的方法模拟了 Cu/Ar 纳米流体的导热系数，分析了团聚模式对于导热系数的影响机制，结果表明，扩散限制的颗粒团聚方式对纳米流体的导热系数的增强效果高于反应限制的颗粒团聚方式，这是由于扩散限制条件下颗粒的团聚可以有效地增加纳米流体的体积分数。Sedighi 等[109]考虑了团聚状态下基液的热扩散率和比热，通过平衡和非平衡分子动力学结合的方法研究了 SiO$_2$/W 纳米流体的热物性，结果表明：当颗粒发生团聚时，纳米流体的比热没有发生任何变化，但扩散率和导热系数增强。Kang 等[110]研究了纳米颗粒团聚对纳米流体导热和黏度等输运特性的影响，结果表明纳米颗粒的团聚使纳米流体的导热系数显著提高，而黏度的增加适中。除此之外，不同纳米颗粒团聚体形态对纳米流体的导热系数和黏度有不同的增强作用。Wang 等[111]研究了纳米颗粒团聚形态对导热系数的影响，以分形维数表征复杂的团聚体几何形状，发现在相同的体积分数下，较低的分形维数可以降低较高的导热系数。Raja 等[112]综述了纳米颗粒的布朗运动和界面层是增强纳米流体传热的两个重要机制，它们相互影响，分散在基液中的纳米颗粒由于纳米颗粒的强界面势能可以重新排列液体分子的分布。

此后，Essajai 等[113]通过比较球形和圆柱形金纳米颗粒对于氩基纳米流体导热系数的影响，得到纳米颗粒的表面效应和固液界面层对基液的流动性有很大的影响。Sarkar 等[114]研究了 Cu/Ar 纳米流体的导热系数，表明添加 Cu 纳米颗粒后，基液 Ar 原子的运动速率增加使纳米流体的导热系数增大。为了进一步增强纳米流体的传热能力，Cui 等[115]使用分子动力学的方法将 Janus 纳米颗粒添加到流体中，与普通纳米流体相比，Janus 纳米流体表现出了更高的导热系数。这是因为Janus 纳米颗粒可以有效地强化基液原子的扩散能力，导致纳米流体能量传递增强。Roni 等[116]比较了含有涂层和未含涂层的 Cu 纳米颗粒在氩基纳米流体中的导热性能的表现，结果表明，颗粒含有涂层的纳米流体导热系数更强，这是由纳米颗粒的径向分布函数、速度和动能的变化以及涂层引起的均方位移共同作用导致的。Sachdeva 等[117]使用 MD 模拟研究了体积分数、颗粒尺寸和润湿性、系统温度对纳米流体系统和导热系数的影响，结果表明纳米颗粒的存在导致了基液分子运动的增强。Li 等[118]研究了含非金属纳米 SiO$_2$ 的二元熔融盐基纳米复合材料中增强传热的机制。结果表明，纳米颗粒的引入提高了熔盐的导热系数，但其原因不能归结于基液的布朗运动，与 Keblinski 等[119]的研究结论一致。Domingues 等[120]试图通过将两个 SiO_2 纳米颗粒分散在基液中来研究近场相互作用对纳米流体的热传递的影响，当纳米颗粒间的距离很小时，由于近场作用的存在，颗粒间辐射传热系数提升幅度较大，换热量约为颗粒直接接触时换热量的 2~3 倍。然而，Domingues 等的模型只包含两个纳米颗粒，而未考虑基液对辐射换热的影响。由 Domingues 等的研究结果并不能直接得到近场作用导致的辐射换热增强与纳米流体导热性能提升之间的定性关系或定量关系。

综上所述，大量学者对纳米流体的传热机理进行了微观研究，但是很难解释其影响导热系数或黏度的内部机制，纳米流体的微观机理研究仍然面临一些挑战，例如：①纳米颗粒间的微运动及其规律；②不同种类水基纳米流体的导热系数和黏度变化规律的微观机理；③纳米流体中的界面层以及团聚现象对导热系数和黏度的影响。然而，许多学者对界面层的密度和导热系数进行了探讨，但对界面层的微观性质和热通量方向对于导热系数的影响并没有进行较为深入的研究；团聚体可以有效地增大纳米流体的导热系数，但对于团聚过程纳米流体导热系数的影响还需要进一步研究，团聚体内部的传热能力被认为是提高纳米流体导热系数的关键，但关于团聚体颗粒内部的传热效率的研究还需要更多的讨论。因此，使用 MD 模拟的方法研究纳米流体传热机制的微观性质仍然具有重要的意义。使用模拟的方法对纳米流体的传热机理进行探究，通过微观机理指导纳米流体的实际工程运用。

1.3　纳米流体应用研究进展

在 1995 年纳米流体的概念提出后，研究者们对纳米流体的制备和性能进行了大量研究。随着研究深入，纳米粒子的种类已经不再局限于金属或金属氧化物，一些非金属氧化物以及碳材料也被应用于纳米流体中。纳米流体的制备方法分为一步法和两步法。一步法是指将纳米粒子直接在基液中合成，形成稳定的悬浮体系；两步法是指采用一定的分散手段，如搅拌、超声分散、添加表面活性剂等方式，将纳米粒子分散到基液中形成稳定悬浮体系。在当前的研究中，大多采用两步法制备纳米流体，制备流程如图 1.8 所示。

近年来，随着纳米科技的快速发展，纳米流体的研究和应用呈现高速增长的趋势。人们对纳米流体的精确控制、大规模制备和应用推广等方面进行了深入研究，不断开拓了纳米流体在材料科学、能源、生物医学和环境等领域的潜力。纳米流体是一种包含纳米颗粒的胶体体系，由纳米级颗粒均匀分散在基液中而形成。

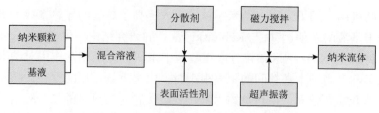

图 1.8　两步法制备纳米流体流程示意图

纳米颗粒的加入使得流体具备了许多独特的性质和应用潜力。在过去的几十年里，纳米流体的研究和应用逐渐成为材料科学、化学工程、生物医学等多个领域的热点之一。以下是关于纳米流体应用研究进展的一些主要方面。

热物理性质改善：纳米颗粒的加入可以显著改善流体的热物理性质。由于纳米颗粒的高比表面积和表面能，纳米流体具有较高的导热性和传质性能，可以应用于热传导和冷却领域。此外，纳米流体还表现出优异的流变性能，例如较低的黏度和改善的润滑特性，可以在润滑剂、涂料和润滑材料中得到应用。

生物医学应用：纳米流体在生物医学领域具有广泛的应用前景。纳米颗粒的生物相容性和生物活性使得纳米流体在药物输送、癌症治疗、图像增强和生物传感等方面具有独特的优势。例如，纳米流体可以通过改变颗粒的表面性质来实现靶向输送药物，提高药物的生物利用度和降低毒副作用。此外，纳米流体还可以作为对比剂用于增强超声、磁共振成像(MRI)和光学成像等技术，提高图像分辨率和对比度。

热管理应用：纳米流体在热管理领域有着重要的应用。纳米流体具有高导热性和较低的黏度，可以应用于电子器件的散热和热交换系统。通过将纳米流体应用于散热器和换热器中，可以显著提高散热效果和换热效率，有效降低设备温度，并提高设备的可靠性和性能。

能源领域应用：纳米流体在能源领域也有着广泛的应用前景。例如，纳米流体可以应用于太阳能热转换系统中，提高热转换效率。此外，纳米流体还可以用于改善燃料电池和锂离子电池的性能，提高能量密度和循环稳定性。纳米流体还可以应用于石油开采和地热能利用等领域，提高能源资源的开发利用效率。

纳米流体的应用研究进展迅速，涉及的领域广泛。通过纳米颗粒的加入，纳米流体具备了许多独特的性质。随着对纳米流体的深入研究和应用探索，相信纳米流体将在更多领域展现出重要的作用和应用价值。

1.3.1　单相对流传热研究进展

对流传热是目前工程应用中常被采用的传热方式，它是由导热与热对流两种传热方式结合形成的复杂传热过程，被应用于暖通、空调、发电、航空航天、工业部件及电子器件冷却等诸多领域。由于目前常采用的冷却工质多为单相流体，其导热系数相对较低，因此在传热过程中很难突破与换热器传热速率的局限，而且由于传热技术或流体自身特性的原因，一些流体工质往往无法进行相变传热。而纳米流体由于内部悬浮的纳米颗粒能极大提升流体工质的导热性能，同时颗粒的扰动在理论上能够破坏管路流体热边界层，降低管路对流传热热阻，提升传热量，从而提升系统的传热性能。

为验证纳米流体强化传热效果，宣益民[121]测试了 Cu/W 纳米流体的对流传热性能，发现纳米颗粒自身的热物性对纳米流体对流传热性能的增强有显著影响，采用导热性能好的纳米颗粒有助于提高纳米流体流动传热中能量的传递速率。Ho 等[122]研究了不同质量浓度的 Al_2O_3/W 纳米流体在圆管内的强制对流传热，实验发现纳米颗粒质量分数的增加能有效提高纳米流体导热系数，从而增强圆管内的平均传热效果。对于混合纳米流体，由于其中不同种类纳米颗粒间的协同效应，它表现出比一元纳米流体更好的传热性能[123,124]。

尽管很多研究都已证明纳米流体对对流传热有明显的强化效果，但强化效果产生的原因还存在争议。Ali 等[125]研究了 SiO_2/W 纳米流体在湍流状态下的传热性能，与纯水相比，当体积分数为 0.007%时，对流传热的传热系数增大了 27%，并指出纳米流体管内对流传热增强是由于工质导热系数的增强及流体内颗粒的无序微运动导致的。同时提出假设，随着纳米流体黏度的增大，对流传热系数也增大。纳米流体的黏度随颗粒浓度的增加而显著增加，因此在固定雷诺数下，纳米流体的质量流量总是大于基液的质量流量。Choi 等[126]发现，在固定雷诺数下，低 N_{BT}(布朗扩散率与热泳扩散率之比) 和高 N_{BT} 纳米流体的对流传热系数分别比基液提高了 12.4%和 22.7%。而在恒定泵送功率下，N_{BT} 值较低的纳米流体的对流传热系数相对基液降低了 7.7%，N_{BT} 值较高的纳米流体的对流传热系数增加了13.2%。结果表明，纳米颗粒的迁移对纳米流体对流传热系数的提高有影响。Mehrali 等[127]实验研究了石墨烯纳米流体在恒热流密度加热下的对流传热性能，指出在固定质量流量下纳米流体的对流传热系数增大。但是，Bahiraei 等[128]发现颗粒迁移作用会影响对流传热系数，他指出布朗扩散和由温差引起的热泳运动会影响管内对流传热性能。目前，普遍认为纳米流体的增强传热原因与纳米颗粒的运动迁移有关。

纳米颗粒的添加能够增强传热，但同样会引起管路的磨损，提高系统的压降，阻碍了纳米流体的发展应用。其中，压降 Δp 由黏性流体在管中流动时的能量损耗引起，纳米流体对流传热中能量的损耗主要来自于流体密度的增加和工质相对管内壁摩擦系数的增大。此外，颗粒在工质中的无序运动同样会产生能量损耗，从而增大管路进出口压差，导致系统压降增大。压降越大，流体运行所需泵功越高，成本也越大。纳米颗粒的添加必然导致流体压降的增加，Shahsavani 等[129]

研究了管内流动 F-MWCNTs/EG-W 纳米流体与基液的压降比,结果表明,压降比随着剪切率的增加而降低,表明纳米流体更适合于高剪切率的应用。纳米流体样品在不同剪切速率下的传热系数与压降之比如图 1.9 所示。为降低功耗、节约成本,对纳米流体压降特性的研究是必不可少的,Demirkır 等[130]研究了石墨烯(Graphene)/W 纳米流体的流动传热特性,结果表明,在层流和湍流状态下,压降增加相对较低,而在过渡流中则较高。因此,Graphene/W 纳米流体须避免在过渡流状态下运行,这将导致压降和泵功增大,限制其传热性能和效率。Abdelrazek 等[131]研究了体积分数分别为 1%、2%、3%的 Al_2O_3/W、SiO_2/W、Cu/W 纳米流体对流传热特性,发现在高雷诺数区域,努塞尔数和压降的实验值与模拟值吻合度很高,并且发现运动黏度与动力黏度的乘积对纳米流体的压降有极大影响。Poongavanam 等[132]研究了 SG/AC 纳米流体的热输运特性,发现纳米流体压降的增强与布朗运动有关。

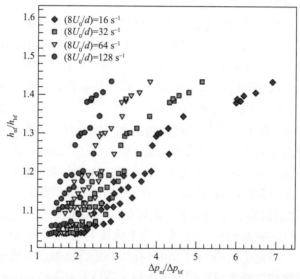

图 1.9　纳米流体样品在不同剪切速率下的传热系数与压降之比[129]

学者们一直致力于获得更好的传热性能,良好的传热性能可以提高系统能源利用率,进而有助于节能降耗。然而,目前用于单相对流传热的工质如水、有机工质和乙二醇等常规流体的导热系数低。为了解决在实际传热过程中由于工质本身换热性能差导致的传热效率低的问题,需选择传热性能更优异的流体。其中,使用纳米流体工质是实现强化换热的有效手段之一,由于导热系数的增大和其他可能的机制如纳米颗粒的布朗运动和热泳运动等[133],使其可以不同程度地提高系统传热性能[134]。

大量实验和理论研究表明,在基液中添加纳米颗粒可显著改善工质的热物理性质。然而，关于纳米流体用于单相对流传热过程能否提高系统传热性能尚存在争议。Fotukian 和 Esfahany[135]测试了紊流状态下低体积分数的 Al_2O_3/W 纳米流体在光滑水平圆管内的对流传热性能，结果表明，与基液相比，纳米流体的对流传热系数增加了 25%而压降减少了 20%。Haddad 等[136]采用双组分非均匀平衡模型研究了 CuO/W 纳米流体的管内对流传热性能，结果表明，考虑纳米颗粒热泳和布朗运动的影响，任何体积分数下的纳米流体都可以观察到传热增强，且纳米颗粒体积分数越低，传热强化效果越明显。另一方面，忽略热泳和布朗运动的影响，可以观察到传热恶化，并且这种恶化随着纳米颗粒体积分数的增加而加剧。Ding 等[137]研究了层流状态下 MWCNT/W 纳米流体在水平管内的流动与传热性能，实验发现，纳米流体的对流传热性能取决于流动条件(Re)、质量分数和 pH 值，且 pH 值对传热性能影响较小，MWCNT/W 纳米流体的对流传热性能随质量分数和雷诺数的增加而增加。与去离子水相比，在 Re =800 时，质量分数为 0.5%的 MWCNT/W 纳米流体对流传热性能最大提高了 350%。Hashimoto 等[138]在紊流状态下研究了粒径为 100～1000 nm 和质量分数为 2%～10%的 SiO_2-EG/W 纳米流体在水平圆管内的流动与传热性能，结果显示，SiO_2-EG/W 纳米流体的传热性能和摩擦系数均高于基液，纳米流体在质量分数为 7%和粒径为 300 nm 时传热系数达到最大。与乙二醇/水基液相比，SiO_2 纳米流体的传热系数最大提高了 25%。

　　然而，与一元纳米流体相比，近年来涉及混合纳米流体对流传热研究还不多。混合纳米流体管内对流传热性能是否优于其对应的一元纳米流体，还存在不同的观点。有的学者认为由于各种类型颗粒间的协同作用构建了良好的传热网络，使得纳米流体的传热热阻降低，提高了导热系数[139]。为了进一步验证混合纳米流体对流传热性能是否优于其对应的一元纳米流体，Hamid 等[140]在雷诺数(Re)为 3000～24000 的紊流区研究了颗粒混合比对 TiO_2-SiO_2/W-EG 纳米流体传热性能的影响。结果表明，与纯基液对比，在颗粒混合比为 40∶60 下对流换热系数最大提高了 35.32%，而在颗粒混合比为 50∶50 时仅提高了 9.02%。说明 TiO_2-SiO_2/W-EG 纳米流体的纳米颗粒混合比对传热性能有较大影响。Mukherjee 等[141]研究了紊流范围内 SiO_2-ZnO/W 混合纳米流体管内流动传热特性。结果表明，混合纳米流体的对流换热系数随着质量分数和雷诺数(Re)的增加而增加，与去离子水相比，在 Re 为 20131、质量分数为 0.1%时，对流换热系数(h)最大提高了 29.44%。此外，混合纳米流体的摩擦系数 f 随着质量分数的增加而增加。与去离子水相比，在 Re 为 23228、质量分数为 0.1%时，摩擦系数最大提高了 17.45%。Bhattad 等[142]研究了体积分数为 0.01%的 Al_2O_3-graphene/W 和 Al_2O_3/W 纳米流体的紊流对流传热与压降特性，研究发现 Al_2O_3-graphene/W 纳米流体换热性能最强，与去离子水相比，对流换热系数最大增强了 25.4%，而压降增大仅为 0.35%。混合纳米流体表现出更优异的换热性能。但是，有些学者得到混合纳米流体的对流传热特性比一元纳米流体的差。Gupta 等[143]研究了 Ag-MWCNTs/W 及其对应一元纳米流体在层流时的传热性能，结果表明，混合纳米流体的对流换热系数小于其相应的一元纳米流体。对于质量分数为 0.5%的 MWCNT/W 和 Ag-MWCNT/W 纳米流体而言，其传热系数分别增大了 67.5%和 59.8%。因此，混合纳米流体的传热性能是否优于其对应的一元纳米流体依然存在争议。

综上所述，有关纳米流体用于对流传热能否强化传热仍然存在争议。尽管大多数文献都表明使用纳米流体可以提高传热，但依然有少部分研究者持相反观点且关于纳米流体对流传热影响机制较为复杂。此外，目前大多数研究只集中在管内层流或紊流区，对于纳米流体层流到紊流全工况的对流传热性能研究还不多。影响混合纳米流体对流传热性能的因素还有待研究，特别是须明晰层流及紊流下纳米流体对管内流动与传热性能的强化机理。

1.3.2 沸腾传热研究进展

沸腾传热是目前研究最多且应用范围最广的传热过程之一，它是由单相对流传热和额外气泡产生带来扰动的复杂传热强化过程[144]。尤其在发电厂、制冷、热交换器及电子冷却系统中得到广泛应用[145]。然而，由于流动沸腾传热过程受到工质的热物理性质、加热面性质、流动状态、沸腾传热过程中气泡的产生、气泡的生长、气泡与壁面的分离及气泡在流体中的运动和聚集等因素影响，其传热过程相较于池沸腾更为复杂。因此，有必要对纳米流体流动沸腾传热机理做进一步研究。

关于纳米流体沸腾传热能否提高换热性能还存在争议。Das 等[146]首次对体积分数为 1%~4%的 Al_2O_3/W 纳米流体池沸腾进行了实验研究，发现随着纳米流体体积分数的增加，沸腾传热性能出现恶化。然而，Wen 等[147]也对 Al_2O_3/W 纳米流体的池沸腾换热进行了实验研究，结果发现，与去离子水相比，纳米流体的沸腾换热系数提高了 40%，认为纳米颗粒及其周围亚层布朗运动导致的热物理性质的改善是传热性能增强的主要原因。此外，Raveshi 等[148]认为纳米颗粒的加入增强了气泡的扰动，纳米颗粒的无序扰动在增强靠近加热面液体层传热的同时会降低液体的表面张力和汽化潜热，从而使气泡更易生产。Kim 等[149]研究了纳米流体的沸腾传热恶化机理，研究发现，颗粒沉积不是由重力引起的，而是由于加热表面微层蒸发作用导致的，随着基液不断汽化，纳米颗粒沉积在加热面上会降低壁面汽化核心数，从而使纳米流体的沸腾换热能力恶化。Wang 等[150]研究了出口压力对体积分数为 0.1%的 SiC/W 和 Graphite/W 纳米流体的沸腾传热性能的影响，结果表明，随着出口压力从 0.2 MPa 增加到 0.8 MPa，与去离子水相比，SiC/W 纳米流体的沸腾传热系数的提高率为-24.7%~30.6%，Graphite/W 纳米流体的沸腾传热系数提高率为-29.4%～13.3%，纳米流体的沸腾传热性能是否强化与出口压力有关。此外，从助沸和阻沸的角度对这一现象的机理进行分析，其助沸作用包括热物理性能改善、表面张力和潜热的降低及表面能的降低。相反，阻沸作用主要是由于纳米颗粒沉积导致的气化核心数的减少。Henderson 等[151]在蒸汽质量分数(x)小于 20%的实验条件下研究了 SiO_2/R134a 纳米流体在质量流量为 100～400 kg/m^2、水平圆管内的流动沸腾传热特性。结果表明，由于纳米颗粒分散稳定性较差，与 R134a 相比，SiO_2/R134a 纳米流体的沸腾传热系数降低了 55%，而压降受纳米颗粒加入的影响不大。

　　沸腾过程由于加热表面的微层蒸发作用更易导致颗粒沉积。颗粒的团聚和沉积可能会对换热性能产生负面影响，并且还可能导致通道堵塞，从而导致设备故障。而过冷流动沸腾条件可以作为这个问题的补救措施，因为在主流温度低于饱和温度下靠近壁面的液体开始沸腾，过冷流动沸腾液体内部的蒸发效应较小，这可能导致较少的纳米颗粒沉积和团聚，并增加稳定性。Sharifi 等[152]研究了质量流速、热流密度和体积分数对 Al_2O_3/W 纳米流体在水平管内单相和两相过冷流动沸腾的流动传热特性。结果显示，过冷流动沸腾区相较于单相区的传热系数提高了73%，在单相和两相流动传热过程，在基液中添加纳米颗粒后传热和压降都有所增加，性能评价指标(performance evaluation criterion，PEC)的最大值分别为 1.25 和 1.19，且在单相对流传热下，纳米颗粒加入带来的传热增强效果更显著。Karimzadehkhouei 等[153]研究了 5 种不同质量分数 0.05%、0.2%、0.5%、1%和1.5%的 Al_2O_3/W 纳米流体在光滑水平微管中的过冷流动沸腾传热性能，结果表明，低质量分数纳米流体的沸腾传热系数与去离子水几乎相同，但由于沸腾过程中颗粒的团聚和沉积，高质量分数的纳米流体出现传热恶化。

　　图 1.10 显示了稀(0.05%)和高分比(0.5%)纳米流体在过冷流动沸腾实验前后的动态光散射(DLS)测量结果。质量分数较高的纳米流体的小峰值表明纳米流体在实验后发生了团聚,这是导致传热恶化的一个重要原因。Abedini 等[154]将 Al_2O_3、TiO_2、CuO 和 ZnO 纳米颗粒分散于去离子水中，探究了体积分数分别为 0.01%、0.5%和2.5%的纳米流体在圆形不锈钢管中的过冷流动沸腾传热性能。结果表明，在过冷流动沸腾中纳米流体发生传热恶化，且随着纳米流体体积分数的增加传热恶化更加严重。

　　有关纳米流体能否提高沸腾传热性能仍存在争议，纳米流体流动沸腾传热过程涉及大量因素交互耦合，如质量流量、热流密度、纳米流体的热物性参数、稳定性、加热表面特性、蒸汽质量分数、气泡流型等。且关于混合纳米流体的沸腾传热特性研究更少，因此，有必要致力于混合纳米流体沸腾传热特性的研究。

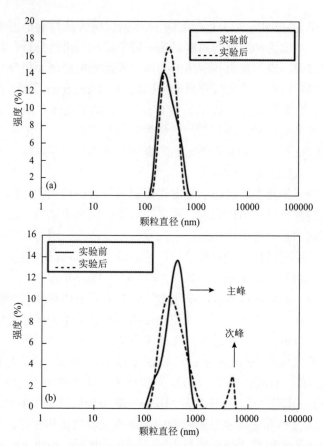

图 1.10　(a)稀(0.05%)和(b)高分比(0.5%)纳米流体在过冷流动沸腾实验前后的 DLS 测量结果[153]

　　综上所述，纳米流体具备优异的传热性能使其在传热领域具有广泛的应用前景。然而，纳米流体面临的稳定性问题一直是其难以进行商业化应用的主要原因。纳米流体的稳定性不仅会影响其输运参数如导热系数和黏度，且在流动与传热设备中稳定性差的纳米流体会导致颗粒沉积管壁，这使纳米流体在失去原有优良传热特性的同时还会给管壁增加附加热阻，严重时甚至会导致设备堵塞，严重制约了纳米流体的商业化应用和推广。因此，解决纳米流体的稳定性问题是其能否进行商业化推广的关键。

参 考 文 献

[1] Nishio S. Single-phase laminae-flow heat transfer and two-phase oscillating-flow heat transport in microchannels and minichannels[C]. Proceedings of the First International Conference on

Microchannels and Minichannels, 2003, 36673: 129-140.

[2] Tuckerman D B, Pease R F W. High-performance heat sinking for VLSI[J]. IEEE Electron Device Letters, 1981, 2: 126-129.

[3] Jung S Y , Park J H, Sang J L, Park H. Heat transfer and flow characteristics of forced convection in PDMS microchannel heat sinks[J]. Experimental Thermal and Fluid Science, 2019, 109: 109904.

[4] Dixit T, Ghosh I. Review of micro- and mini-channel heat sinks and heat exchangers for single phase fluids[J]. Renewable and Sustainable Energy Reviews, 2015, 41: 1298-1311.

[5] Chai L, Xia G D, Zhou M, Li J, Qi J. Optimum thermal design of interrupted microchannel heat sink with rectangular ribs in the transverse microchambers[J]. Applied Thermal Engineering, 2013, 51: 880-889.

[6] Foong A J, Ramesh N, Chandratilleke T T. Laminar convective heat transfer in a microchannel with internal longitudinal fins[J]. International Journal of Thermal Sciences, 2009, 48: 1908-1913.

[7] Xie G, Shen H, Wang C C. Parametric study on thermal performance of microchannel heat sinks with internal vertical Y-shaped bifurcations[J]. International Journal of Heat and Mass Transfer, 2015, 90: 948-958.

[8] Mohammed H A, Gunnasegaran P, Shuaib N H. Numerical simulation of heat transfer enhancement in wavy microchannel heat sink[J]. International Communications in Heat and Mass Transfer, 2011, 38: 63-68.

[9] Lin L, Zhao J, Lu G, Wang X D, Yan W M. Heat transfer enhancement in microchannel heat sink by wavy channel with changing wavelength amplitude[J]. International Journal of Thermal Sciences, 2017, 118: 423-434.

[10] Ghaedamini H, Lee P S, Teo C J. Developing forced convection in converging-diverging microchannels[J]. International Journal of Heat and Mass Transfer, 2013, 65: 491-499.

[11] Lin L, Zhao J, Lu G, Wang X D, Yan W M. Heat transfer enhancement in microchannel heat sink by wavy channel with changing wavelength amplitude[J]. International Journal of Thermal Sciences, 2017, 118: 423-434.

[12] Chai L, Wang L, Bai X. Thermohydraulic performance of microchannel heat sinks with triangular ribs on sidewalls—Part 1: Local fluid flow and heat transfer characteristics[J]. International Journal of Heat and Mass Transfer, 2018, 127: 1124-1137.

[13] Ambreen T, Saleem A, Park C W. Numerical analysis of the heat transfer and fluid flow characteristics of a nanofluid-cooled micropin-fin heat sink using the Eulerian-Lagrangian approach[J]. Powder Technology, 2019, 345: 509-520.

[14] Hung T, Huang Y, Yan W. Thermal performance analysis of porous-microchannel heat sinks with different configuration designs[J]. International Journal of Heat and Mass Transfer, 2013. 66: 235-243.

[15] Xu J L, Gan Y H, Zhang D C. Microscale heat transfer enhancement using thermal boundary layer redeveloping concept[J]. International Journal of Heat and Mass Transfer, 2005, 48: 1662-1674.

[16] Xu J L, Song Y X, Zhang W. Numerical simulations of interrupted and conventional microchannel heat sinks[J]. International Journal of Heat and Mass Transfer, 2008, 51: 5906-5917.

[17] Wong K C, Lee J H. Investigation of thermal performance of microchannel heat sink with triangular ribs in the transverse microchambers[J]. International Communications in Heat and Mass Transfer, 2015, 65: 103-110.

[18] Cao Z, Xu J L. Modulated heat transfer tube with short conical-mesh inserts: A linking from microflow to microflow[J]. International Journal of Heat and Mass Transfer, 2015, 89: 291-307.

[19] Liu C, Teng J, Chu J C. Experimental investigations on liquid flow and heat transfer in rectangular microchannel with longitudinal vortex generators[J]. International Journal of Heat and Mass Transfer, 2011, 54: 3069-3080.

[20] Ebrahimi A, Roohi R E, Saeid K. Numerical study of liquid flow and heat transfer in rectangular microchannel with longitudinal vortex generators[J]. Applied Thermal Engineering, 2015, 78: 576-583.

[21] Li Y F, Xia G D, Ma D D. Characteristics of laminar flow and heat transfer in microchannel heat sink with triangular cavities and rectangular ribs[J]. International Journal of Heat and Mass Transfer, 2016, 98: 17-28.

[22] Ghani I A, Kamaruzaman N, Sidik N A C. Heat transfer augmentation in a microchannel heat sink with sinusoidal cavities and rectangular ribs[J]. International Journal of Heat and Mass Transfer, 2017, 108: 1969-1981.

[23] Choi S U S, Eastman J A. Enhancing thermal conductivity of fluids with nanoparticles[J]. American Society of Mechanical Engineers, 1995, 231: 99-106.

[24] Wang H, Li X K, Luo B Q, Wei K, Zeng G Y. The MXene/water nanofluids with high stability and photo-thermal conversion for direct absorption solar collectors: A comparative study[J]. Energy, 2021, 227: 120483.

[25] Xu H, Xing Z, Wang F, Cheng Z. Review on heat conduction, heat convection, thermal radiation and phase change heat transfer of nanofluids in porous media: Fundamentals and applications[J]. Chemical Engineering Science, 2019, 159: 462-483.

[26] Xu H. Thermal transport in microchannels partially filled with micro-porous media, involving flow inertia, flow/thermal slips, thermal non-equilibrium and thermal asymmetry[J]. International Communications in Heat and Mass Transfer, 2020, 110: 104404.

[27] Xu H, Xing Z, Vafai K. Analytical considerations of flow/thermal coupling of nanofluids in foam metals with local thermal non-equilibrium (LTNE) phenomena and inhomogeneous nanoparticle distribution[J]. International Journal of Heat and Fluid Flow, 2019, 77: 242-255.

[28] Bahiraei M, Heshmatian S. Electronics cooling with nanofluids: A critical review[J]. Energy Conversion and Management, 2018, 172: 438-456.

[29] Moghadassi A, Ghomi E, Parvizian F. A numerical study of water based Al_2O_3 and Al_2O_3-Cu hybrid nanofluid effect on forced convective heat transfer[J]. International Journal of Thermal Sciences, 2015, 92: 50-57.

[30] Pak B C, Cho Y I. Hydrodynamic and heat transfer study of dispersed fluids with submicron

metallic oxide particles[J]. Experimental Heat Transfer, 1998, 11: 151-170.

[31] Esfe M H, Saedodin S, Yan W M, Afrand M, Sina N. Study on thermal conductivity of water-based nanofluids with hybrid suspensions of CNTs/Al$_2$O$_3$ nanoparticles[J]. Journal of Thermal Analysis and Calorimetry, 2016, 124: 455-460.

[32] Harandi S S, Karimipour A, Afrand M, Akbari M, D'Orazio A. An experimental study on thermal conductivity of F-MWCNTs-Fe$_3$O$_4$/EG hybrid nanofluid: Effects of temperature and concentration[J]. International Communications in Heat and Mass Transfer, 2016, 76: 171-177.

[33] Shahsavar A, Salimpour M, Saghafian M, Shafii M. Effect of magnetic field on thermal conductivity and viscosity of a magnetic nanofluid loaded with carbon nanotubes[J]. Journal of Mechanical Science and Technology, 2016, 30: 809-815.

[34] Kumar V, Sarkar J. Particle ratio optimization of Al$_2$O$_3$ Entropy generation minimization of thermoelectric systems applied for electronic cooling: Parametric investigations and operation optimization MWCNT hybrid nanofluid in minichannel heat sink for best hydrothermal performance[J]. Applied Thermal Engineering, 2020, 165: 114546.

[35] Kumar V, Sarkar J. Experimental hydrothermal behavior of hybrid nanofluid for various particle ratios and comparison with other fluids in minichannel heat sink[J]. International Communications in Heat and Mass Transfer, 2020, 110: 104397.

[36] Martínez V A, Vasco D A, García-Herrera C M, Aguilera R O. Numerical study of TiO$_2$-based nanofluids flow in microchannel heat sinks: Effect of the Reynolds number and the microchannel height[J]. Applied Thermal Engineering, 2019, 161: 114130.

[37] Xu C, Xu S, Wei S, Chen P. Experimental investigation of heat transfer for pulsating flow of GOPs-water nanofluid in a microchannel[J]. International Communications in Heat and Mass Transfer, 2020, 110: 104403.

[38] Shi X, Li S, Wei Y, Gao J. Numerical investigation of laminar convective heat transfer and pressure drop of water-based Al$_2$O$_3$ nanofluids in a microchannel[J]. International Communications in Heat and Mass Transfer, 2018, 90: 11-120.

[39] Bahiraei M, Jamshidmofid M, Goodarzi M. Efficacy of a hybrid nanofluids in a new microchannel heat sink equipped with both secondary channels and ribs[J]. Journal of Molecular Liquids, 2019, 273: 88-98.

[40] Goodarzi M, Tlili I, Tian Z, Safaei M R. Efficiency assessment of using graphene nanoplatelets-silver/water nanofluids in microchannel heat sinks with different cross-sections for electronics cooling[J]. International Journal of Numerical Methods for Heat & Fluid Flow, 2020, 30: 347-372.

[41] Chai L, Wang L, Bai X. Thermohydraulic performance of microchannel heat sinks with triangular ribs on sidewalls—Part 2: Average fluid flow and heat transfer characteristics[J]. International Journal of Heat and Mass Transfer, 2019, 128: 634-648.

[42] 潘占, 伍俏平. 基于热管散热技术的某相控阵雷达功放模块热仿真分析[J]. 机械与电子, 2019, 37: 51-54.

[43] Sumith B, Kaminaga F. Saturated boiling heat transfer in narrow spaces[J]. International Journal of Heat and Mass Transfer, 1969, 12: 863-866.

[44] Martí C, Callizo N, Owhaiba P W. Subcooled flow boiling of R-134a in a vertical channels of small diameter[J]. International Journal of Multiphase Flow, 2008, 33: 822-832.

[45] 彭晓峰, 王补宣. 微型槽内流动沸腾的实验研究[J]. 工程热物理学报, 1993, 14: 125-132.

[46] Harirchian T, Garimella S V. Microchannel size effects on local flow boiling heat transfer to a dielectric fluid[J]. International Journal of Heat and Mass Transfer, 2008, 51: 3724-3735.

[47] 齐守良, 张鹏, 王如竹, 徐学敏. 微通道中液氮的流动沸腾——传热特性分析[J]. 机械工程学报, 2007, 43: 20-26.

[48] Oh H K, Son C H. Condensation heat transfer characteristics of R-22, R-134a and R-410A in a single circular microtube[J]. Experimental Thermal and Fluid Science, 2011, 35: 706-716.

[49] Bertsch S S, Groll E A, Garimella S V. Effects of heat flux, mass flux, vapor quality, and saturation temperature on flow boiling heat transfer in microchannels[J]. International Journal of Multiphase Flow, 2009, 35: 142-154.

[50] Kandlikar S G, Kuan W K, Willistein D A, Borrelli J. Stabilization of flow boiling in microchannels using pressure drop elements and fabricated nucleation sites[J]. Journal of Heat Transfer, 2006, 128: 389-396.

[51] Zhang S, Tang Y, Yuan W, Zeng J, Xie Y. A comparative study of flow boiling performance in the interconnected microchannel net and rectangular microchannels[J]. International Journal of Heat and Mass Transfer, 2006, 98: 814-823.

[52] Kumar D, Arasu A V. A comprehensive review of preparation, characterization, properties and stability of hybrid nanofluids[J]. Renewable and Sustainable Energy Reviews 2018, 81: 1669-1689.

[53] Babu J A R, Kumar K K, Rao S S. State-of-art review on hybrid nanofluids[J]. Renewable and Sustainable Energy Reviews, 2017, 77: 551-565.

[54] Salman S, Talib A R A, Saadon S, et al. Hybrid nanofluid flow and heat transfer over backward and forward steps: A review[J]. Powder Technology, 2020, 363: 448-472.

[55] 郑俨钊, 雷建永, 王桥, 边岩庆. 纳米流体研究综述[J]. 当代化工, 2021, 50: 724-728.

[56] Sundar L S, Singh M K, Sousa A C M. Enhanced heat transfer and friction factor of MWCNT-Fe$_3$O$_4$/water hybrid nanofluids[J]. International Communications in Heat and Mass Transfer, 2014, 52: 73-83.

[57] Wei B J, Zou C J, Yuan X H, Li X K. Thermo-physical property evaluation of diathermic oil based hybrid nanofluids for heat transfer applications[J]. International Journal of Heat and Mass Transfer, 2017, 107: 281-287.

[58] Dalkılıç A S, Yalçınb G, Küçükyıldırım B O, Öztuna S, Eker A A, Jumpholkul C, Nakkaew S, Wongwises S. Experimental study on the thermal conductivity of water-based CNT-SiO$_2$ hybrid nanofluids[J]. International Communications in Heat and Mass Transfer, 2018, 99: 18-25.

[59] Aparna Z, Michael M, Pabi S K, Ghosh S. Thermal conductivity of aqueous Al$_2$O$_3$/Ag hybrid nanofluid at different temperatures and volume concentrations: An experimental investigation and development of new correlation function[J]. Powder Technology, 2019, 343: 714-722.

[60] Han Z H, Yang B, Kim S H, Zacharich M R. Application of hybrid sphere/carbon nanotube particles in nanofluids[J]. Nanotechnology, 2007, 18: 105701.

[61] Batmunkh M, Tanshen M R, Nine M J, Myekhlai M, Choi H, Chung H, Jeong H. Thermal conductivity of TiO$_2$ nanoparticles based aqueous nanofluids with an addition of a modified silver particle[J]. Industrial and Engineering Chemistry Research, 2014, 53: 8445-8451.

[62] Hamid K A, Azmi W H, Nabil M F, Mamat R, Sharma K V. Experimental investigation of thermal conductivity and dynamic viscosity on nanoparticle mixture ratios of TiO$_2$-SiO$_2$ nanofluids[J]. International Journal of Heat and Mass Transfer, 2018, 116: 1143-1152.

[63] Baghbanzadeh M, Rashidi A, Rashtchian D, Lotfi R, Amrollahi A. Synthesis of spherical silica/multiwall carbon nanotubes hybrid nanostructures and investigation of thermal conductivity of related nanofluids[J]. Thermochimica Acta, 2012, 549: 87-94.

[64] Mohammd H E, Wongwises S, Naderi A, Asadi A, Safaei M R, Rostamian H, Dahari M, Karimipour A. Thermal conductivity of Cu/TiO$_2$-water/EG hybrid nanofluid: Experimental data and modeling using artificial neural network and correlation[J]. International Communications in Heat and Mass Transfer, 2015, 66: 100-104.

[65] Jana S, Khojin A S, Zhong W H. Enhancement of fluid thermal conductivity by the addition of single and hybrid nano-additives[J]. Thermochimica Acta, 2007, 462: 45-55.

[66] Baghbanzadeh M, Rashidib A, Rashtchiana D, Lotfi R, Amrollahi A. Synthesis of spherical silica/multiwall carbon nanotubes hybrid nanostructures and investigation of thermal conductivity of related nanofluids[J]. Thermochimica Acta, 2012, 549: 87-94.

[67] Hamid K A, Azmi W H, Nabil M F. Experimental investigation of thermal conductivity and dynamic viscosity on nanoparticles mixture ratios of Al$_2$O$_3$-SiO$_2$ nanofluids[J]. International Journal of Heat and Mass Transfer, 2018, 116: 1143-1152.

[68] Ambreen T, Saleem A, Ali H M, Shehzad S A, Park C W. Performance analysis of hybrid nanofluid in a heat sink equipped with sharp and streamlined micro pin-fins[J]. Powder Technology, 2019, 355: 552-563.

[69] Hosseini M, Ghader S. A model for temperature and particle volume fraction effect on nanofluid viscosity[J]. Journal of Molecular Liquids, 2010, 153: 139-145.

[70] Huminic G, Huminic A, Fleacă C, Dumitrache F, Morjan I. Experimental study on viscosity of water based Fe-Si hybrid nanofluids[J]. Journal of Molecular Liquids, 2021, 321: 114938.

[71] Li F S, Li L, Zhong G J, Zhai Y L, Li Z H. Effects of ultrasonic time, size of aggregates and temperature on the stability and viscosity of Cu-ethylene glycol（EG）nanofluids[J]. International Journal of Heat and Mass Transfer, 2019, 129: 278-286.

[72] Omrani A N, Esmaeilzadeh E, Jafari M, Behzadmehr A. Effects of multi walled carbon nanotubes shape and size on thermal conductivity and viscosity of nanofluids[J]. Diamond and Related Materials, 2019, 93: 96-104.

[73] Kaggwa A, Carson J K, Atkins M, Walmsley M. The effect of surfactants on viscosity and stability of activated carbon, alumina and copper oxide nanofluids[J]. Material Today, 2019, 18: 510-519.

[74] Rudyak V Y, Belkin A A, Egorov V V. On the effective viscosity of nano suspensions[J]. Technical Physics, 2009, 54: 1102-1109.

[75] Sundar L S, Sharma K V, Singh M K, Sousa A C M. Hybrid nanofluids preparation, thermal

properties, heat transfer and friction factor: A review[J]. Renewable and Sustainable Energy Reviews, 2017, 68: 185-198.

[76] Afrand M, Nazari Najafabadi K, Akbari M. Effects of temperature and solid volume fraction on viscosity of SiO_2-MWCNTs/SAE40 hybrid nanofluid as a coolant and lubricant in heat engines[J]. Applied Thermal Engineering, 2016, 102: 45-54.

[77] Asadi M. Dynamic viscosity of MWCNT/ZnO-engine oil hybrid nanofluid: An experimental investigation and new correlation in different temperatures and solid concentrations[J]. International Communications in Heat and Mass Transfer, 2016, 76: 41-45.

[78] Hemmat E M , Afrand M, Yan W M, Yarmand H, Toghraie D, Dahari M. Effects of temperature and concentration on rheological behavior of MWCNTs/SiO_2(20-80)-SAE40 hybrid nano-lubricant[J]. International Communications in Heat and Mass Transfer, 2016, 76 : 133-138.

[79] Esfe M H, Rejvani M, Karimpour R, Arani Abbasian A A. Estimation of thermal conductivity of ethylene glycol-based nanofluid with hybrid suspensions of SWCNT-Al_2O_3 nanoparticles by correlation and ANN methods using experimental data[J]. Journal of Thermal Analysis and Calorimetry, 2017, 128: 1359-1371.

[80] Eshgarf H, Afrand M. An experimental study on rheological behavior of non-Newtonian hybrid nano-coolant for application in cooling and heating systems[J]. Experimental Thermal and Fluid Science, 2016, 76: 221-227.

[81] Koca H D, Doganay S, Turgut A, Tavman I H. Effect of particle size on the viscosity of nanofluids: A review[J]. Renewable and Sustainable Energy Reviews, 2018, 82: 1664-1674.

[82] Sharma A K, Tiwari A K, Dixit A R. Rheological behavior of nanofluids: A review[J]. Renewable and Sustainable Energy Reviews, 2016, 53: 779-791.

[83] Turgut A, Saglanmak S, Doganay S. Experimental investigation on thermal conductıvıty and viscosity of nanofluids: Particle size effect[J]. Journal of the Faculty of Engineering and Architecture of Gazi University, 2016, 31: 95-103.

[84] Pastoriza-Gallego M J, Casanova C, Legido J L, Pineiro M M. CuO in water nanofluid: influence of particle size and polydispersity on volumetric behaviour and viscosity[J]. Fluid Phase Equilibria, 2011, 300: 188-196.

[85] Minakov A V, Guzei D V, Pryazhnikov M I, Zhigarew V A, Rudyak V Y. Study of turbulent heat transfer of the nanofluids in a cylindrical channel[J]. International Journal of Heat and Mass Transfer, 2016, 102: 745-755.

[86] Das S K, Choi S U S, Patel H E. Heat transfer in nanofluids: A review[J]. Heat Transfer Engineering, 2006, 27: 3-19.

[87] Fakhri Z, Azad M T. An experimental and molecular dynamics simulation study of the structural and thermodynamic properties of the binary mixtures of morpholine and propylene glycol[J]. Journal of Molecular Liquids, 2020, 302: 112584.

[88] 生丽莎, 陈振乾. 纳米流体中纳米颗粒分散性能的分子动力学模拟[J]. 东南大学学报(自然科学版), 2021, 51: 700-706.

[89] Shi Y, Abidi A, Khetib Y, Zhang L, Sharifpur M. The computational study of nanoparticles shape effects on thermal behavior of H_2O-Fe nanofluid: A molecular dynamics approach[J].

Journal of Molecular Liquids, 2022, 346: 117093.

[90] 范庆梅, 卢文强. 纳米流体热导率和黏度的分子动力学模拟计算[J]. 工程热物理学报, 2004（2）: 268-270.

[91] Zhang L, Tian L, Zhang A, Jing Y, Qu P. Molecular dynamics simulations of the effects of a nanoparticle surface adsorption layer on the thermal conductivity of a Cu-Ar nanofluid[J]. International Journal of Thermophysics, 2021, 42: 1-30.

[92] Jabbari F, Rajabpour A, Saedodin S. Thermal conductivity and viscosity of nanofluids: A review of recent molecular dynamics studies[J]. Chemical Engineering Science, 2017, 174: 67-81.

[93] Essajai R, Tabtab I, Mzerd A, Mounkachi O, Hassanain N, Qjani M. Molecular dynamics study of thermal properties of nanofluids composed of one-dimensional （1-D） network of interconnected gold nanoparticles[J]. Results in Physics, 2019, 15: 102576-102576.

[94] Mitiche I, Lamrous O, Makhlouf S, Marchetti F, Laidani N. Effect of the interface layer vibration modes in enhancing thermal conductivity of nanofluids[J]. Physical Review E, 2019, 100: 042120.

[95] Tahmooressi H, Kasaeian A, Tarokh A, Rezaei R, Hoorfar M. Numerical simulation of aggregation effect on nanofluids thermal conductivity using the lattice Boltzmann method[J]. International Communications in Heat and Mass Transfer, 2020, 110: 104408.

[96] Zeroual S, Loulijat H, Achehal E, Estellé P, Hasnaoui A, Ouaskit S. Viscosity of Ar-Cu nanofluids by molecular dynamics simulations: Effects of nanoparticle content, temperature and potential interaction[J]. Journal of Molecular Liquids, 2018, 268: 490-496.

[97] Chen J, Han K, Wang S, Liu X, Wang P, Chen J. Investigation of enhanced thermal properties of Cu-Ar nanofluids by reverse non equilibrium molecular dynamics method[J]. Powder Technology, 2019, 356: 559-565.

[98] Heyhat M M, Abbasi M, Rajabpour A. Molecular dynamic simulation on the density of titanium dioxide and silver water-based nanofluids using ternary mixture model[J]. Journal of Molecular Liquids, 2021, 333: 115966.

[99] Li L , Zhang Y, Ma H, Yang M. An investigation of molecular layering at the liquid-solid interface in nanofluids by molecular dynamics simulation[J]. Physics Letters A, 2008, 372: 4541-4544.

[100] Li L, Zhang Y, Ma H, Yang M. Molecular dynamics simulation of effect of liquid layering around the nanoparticle on the enhanced thermal conductivity of nanofluids[J]. Journal of Nanoparticle Research, 2010, 12: 811-821.

[101] 石小燕, 曾丹苓. 近固体表面拟有序液体边界层的导热研究[J]. 工程热物理学报, 2006, 5: 745-747.

[102] Eapen J, Li J, Yip S. Mechanism of thermal transport in dilute nanocolloids[J]. Physics Review Letters, 2007, 98: 028302.

[103] Wang X, Jing D. Determination of thermal conductivity of interfacial layer in nanofluids by equilibrium molecular dynamics simulation[J]. International Journal of Heat and Mass Transfer, 2019, 128: 199-207.

[104] Guo H, Zhao N. Interfacial layer simulation and effect on Cu-Ar nanofluids thermal conductivity using molecular dynamics method[J]. Journal of Molecular Liquids, 2018, 259: 40-47.

[105] Paul J, Madhu A K, Jayadeep U B. Liquid layering and the enhanced thermal conductivity of Ar-Cu nanofluids: A molecular dynamics study[C]. Heat Transfer Summer Conference. American Society of Mechanical Engineers, 2016, 50329: V001T04A009.

[106] Liang Z, Tsai H L. Thermal conductivity of interfacial layers in nanofluids[J]. Physical Review E, 2019, 83: 041602.

[107] 王兵兵, 王高翔, 高轶, 徐志明. 颗粒团聚对水基铜纳米流体导热系数影响机理研究[J]. 东北电力大学学报, 2022, 42: 83-90.

[108] Liao J, Zhang A, Qing S, Zhang X, Luo Z. Investigation on the aggregation structure of nanoparticle on the thermal conductivity of nanofluids by molecular dynamic simulations[J]. Powder Technology, 2022, 395: 584-591.

[109] Sedighi M, Mohebbi A. Investigation of nanoparticle aggregation effect on thermal properties of nanofluid by a combined equilibrium and non-equilibrium molecular dynamics simulation[J]. Journal of Molecular Liquids, 2014, 197: 14-22.

[110] Kang H, Zhang Y, Yang M, Li L. Molecular dynamics simulation on effect of nanoparticle aggregation on transport properties of a nanofluid[J]. Journal of Nanotechnology in Engineering and Medicine, 2012, 3: 021001.

[111] Wang R J, Qian S, Zhang Z Q. Investigation of the aggregation morphology of nanoparticle on the thermal conductivity of nanofluid by molecular dynamics simulations[J]. International Journal of Heat and Mass Transfer, 2018, 127: 1138-1146.

[112] Raja M, Vijayan R, Dineshkumar P, Venkatesan M. Review on nanofluids characterization, heat transfer characteristics and applications[J]. Renewable and Sustainable Energy Reviews, 2016, 64: 163-173.

[113] Essajai R, Mzerd A, Hassanain N, Qjani M. Thermal conductivity enhancement of nanofluids composed of rod-shaped gold nanoparticles: Insights from molecular dynamics[J]. Journal of Molecular Liquids, 2019, 293: 111494.

[114] Sarkar S, Selvam R P. Thermal conductivity computation of nanofluids by equilibrium molecular dynamics simulation: Nanoparticle loading and temperature effect[J]. MRS Online Proceedings Library (OPL), 2007, 1022: 102208.

[115] Cui X, Wang J, Xia G. Enhanced thermal conductivity of nanofluids by introducing Janus particles[J]. Nanoscale, 2022, 14: 99-107.

[116] Roni M R H, Shahadat M R B, Morshed A K M M M. A molecular dynamics study of the effect of nanoparticles coating on thermal conductivity of nanofluids[J]. Micro & Nano Letters, 2021, 16: 221-226.

[117] Sachdeva P, Kumar R. Effect of hydration layer and surface wettability in enhancing thermal conductivity of nanofluids[J]. Applied Physics Letters, 2009, 95: 223105.

[118] Li Y, Chen X, Wu Y, Lu Y, Zhi R, Wang X, Ma C. Experimental study on the effect of SiO_2 nanoparticle dispersion on the thermophysical properties of binary nitrate molten salt[J]. Solar

Energy, 2019, 183: 776-781.

[119] Keblinski P, Phillpot S R, Choi S U S, Eastman J A. Mechanism of heat flow in suspensions of nano-sized particles（nanofluids）[J]. International Journal of Heat and Mass Transfer, 2002, 45: 855-863.

[120] Domingues G, Volz S, Joulain K, Greffet J J. Heat transfer between two nanoparticles through near field interaction[J]. Physical Review Letters, 2005, 94: 085901.

[121] 宣益民. 纳米流体能量传递理论与应用[J]. 中国科学:技术科学, 2014, 44: 269-279.

[122] Ho C J, Chang C Y, Yan W M. An experimental study of forced convection effectiveness of Al_2O_3-water nanofluid flowing in circular tubes[J]. International Communications in Heat and Mass Transfer, 2017, 83: 23-29.

[123] Baby T T, Ramaprabhu S. Experimental investigation of the thermal transport properties of a carbon nanohybrid dispersed nanofluid[J]. Nanoscale, 2011, 3: 2208-2214.

[124] Hemmat Esfe M, Esfandeh S. The statistical investigation of multi-grade oil based nanofluids: Enriched by MWCNT and ZnO nanoparticles[J]. Physica A: Statistical Mechanics and its Applications, 2020, 554: 122159.

[125] Ali H M. In tube convection heat transfer enhancement: SiO_2 aqua based nanofluids[J]. Journal of Molecular Liquids, 2020, 308: 113031.

[126] Choi T J, Park M S, Kim S H, Jang S P. Experimental study on the effect of nanoparticle migration on the convective heat transfer coefficient of EG/water-based Al_2O_3 nanofluids[J]. International Journal of Heat and Mass Transfer, 2021, 169: 120903.

[127] Mehrali M , Sadeghinezhad E, Rosen M A, Latibari S T, Mehrali M, Metselaar H S C, Kazi S N. Effect of specific surface area on convective heat transfer of graphene nanoplatelet aqueous nanofluids[J]. Experimental Thermal and Fluid Science, 2015, 68: 100-108.

[128] Bahiraei M, Hosseinalipour S M. Particle migration in nanofluids considering thermophoresis and its effect on convective heat transfer[J]. Thermochimica Acta, 2013, 574: 47-54.

[129] Shahsavani E, Afrand M, Kalbasi R. Using experimental data to estimate the heat transfer and pressure drop of non-Newtonian nanofluid flow through a circular tube: Applicable for use in heat exchangers[J]. Applied Thermal Engineering, 2018, 129: 1573-1581.

[130] Demirkır Ç, Ertürk H. Convective heat transfer and pressure drop characteristics of graphene-water nanofluids in transitional flow[J]. International Communications in Heat and Mass Transfer, 2021, 121: 105092.

[131] Abdelrazek A H, Alawi O A, Kazi S N, Yusoff N, Chowdhury Z, Sarhan A A D. A new approach to evaluate the impact of thermophysical properties of nanofluids on heat transfer and pressure drop[J]. International Communications in Heat and Mass Transfer, 2018, 95: 161-170.

[132] Poongavanam G K, Kumar B, Duraisamy S, Panchabikesan K, Ramalingam V. Heat transfer and pressure drop performance of solar glycol/activated carbon based nanofluids in shot peened double pipe heat exchanger[J]. Renewable Energy, 2019, 140: 580-591.

[133] Bänsch E, Faghih-Naini S, Morin P. Convective transport in nanofluids: The stationary problem[J]. Journal of Mathematical Analysis and Applications, 2020, 489: 124151.

[134] Yang L, Du K. A comprehensive review on heat transfer characteristics of TiO$_2$ nanofluids[J]. International Journal of Heat and Mass Transfer, 2017, 108: 11-31.

[135] Fotukian S M, Esfahany M N. Experimental investigation of turbulent convective heat transfer of dilute γ-Al$_2$O$_3$/water nanofluid inside a circular tube[J]. International Journal of Heat and Fluid Flow, 2010, 31: 606-612.

[136] Haddad Z, Abu-Nada E, Oztop H F. Natural convection in nanofluids: Are the thermophoresis and Brownian motion effects significant in nanofluid heat transfer enhancement[J]. International Journal of Thermal Sciences, 2012, 57: 152-162.

[137] Ding Y, Alias H, Wen D, Williams R. Heat transfer of aqueous suspensions of carbon nanotubes（CNT nanofluids）[J]. International Journal of Heat and Mass Transfer, 2006, 49: 240-250.

[138] Hashimoto S, Kurazono K, Yamauchi T. Anomalous enhancement of convective heat transfer with dispersed SiO$_2$ particles in ethylene glycol/water nanofluid[J]. International Journal of Heat and Mass Transfer, 2020, 150: 119302.

[139] 马明琰, 翟玉玲, 轩梓灏, 周树光, 李志祥. 三元混合纳米流体稳定性及热性能[J]. 化工进展, 2021, 40: 4179-4186.

[140] Hamid K A, Azmi W H, Nabil M F, Mamat R. Experimental investigation of nanoparticle mixture ratios on TiO$_2$-SiO$_2$ nanofluids heat transfer performance under turbulent flow[J]. International Journal of Heat and Mass Transfer, 2018, 118: 617-627.

[141] Mukherjee S, Mishra P C, Aljuwayhel N F, Chaudhuri P. Thermo-fluidic performance of SiO$_2$-ZnO/water hybrid nanofluid on enhancement of heat transport in a tube: Experimental results[J]. International Journal of Thermal Sciences, 2022, 182: 107808.

[142] Bhattad A, Sarkar J. Hydrothermal performance of plate heat exchanger with an alumina-graphene hybrid nanofluid: Experimental study[J]. Journal of the Brazilian Society of Mechanical Sciences and Engineering, 2020, 42: 1-10.

[143] Gupta M, Singh V, Kumar S. Experimental analysis of heat transfer behavior of silver, MWCNT and hybrid（silver+MWCNT）nanofluids in a laminar tubular flow[J]. Journal of Thermal Analysis and Calorimetry, 2020, 142: 1545-1559.

[144] Fang X, Yuan Y, Xu A, Tian L, Wu Q. Review of correlations for subcooled flow boiling heat transfer and assessment of their applicability to water[J]. Fusion Engineering and Design, 2017, 122: 52-63.

[145] Dadhich M, Prajapati O S, Sharma V. Investigation of boiling heat transfer of titania nanofluid flowing through horizontal tube and optimization of results utilizing the desirability function approach[J]. Powder Technology, 2021, 378: 104-123.

[146] Das S K, Putra N, Roetzel W. Pool boiling characteristics of nanofluids[J]. International Journal of Heat and Mass Transfer, 2003, 46: 851-862.

[147] Wen D, Ding Y. Experimental investigation into the pool boiling heat transfer of aqueous based γ-alumina nanofluids[J]. Journal of Nanoparticle Research, 2005, 7: 265-274.

[148] Raveshi M R, Keshavarz A, Mojarrad M S. Experimental investigation of pool boiling heat transfer enhancement of alumina-water-ethylene glycol nanofluids[J]. Experimental Thermal

and Fluid Science, 2013, 44: 805-814.

[149] Kim S J, Bang I C, Buongiorn O J, Hu L W. Surface wettability change during pool boiling of nanofluids and its effect on critical heat flux[J]. International Journal of Heat and Mass Transfer, 2007, 50: 4105-4116.

[150] Wang Y D, Deng K, Wu J, Su G H, Qiu S Z. A mechanism of heat transfer enhancement or deterioration of nanofluid flow boiling[J]. International Journal of Heat and Mass Transfer, 2020, 158: 119985.

[151] Henderson K, Park Y G, Liu L, Jacobi A M. Flow-boiling heat transfer of R134a-based nanofluids in a horizontal tube[J]. International Journal of Heat and Mass Transfer, 2010, 53: 944-951.

[152] Sharifi S, Aligoodarz M R, Rahbari A. Thermohydraulic performance of Al_2O_3-water nanofluid during single-phase flow and two-phase subcooled flow boiling[J]. International Journal of Thermal Sciences, 2022, 179: 107605.

[153] Karimzadehkhouei M, Sezen M, Şendur K. Subcooled flow boiling heat transfer of γ-Al_2O_3/water nanofluids in horizontal microtubes and the effect of surface characteristics and nanoparticle deposition[J]. Applied Thermal Engineering, 2017, 127: 536-546.

[154] Abedini E, Behzadmehr A, Rajabnia H. Experimental investigation and comparison of subcooled flow boiling of TiO_2 nanofluid in a vertical and horizontal tube[J]. Proceedings of the Institution of Mechanical Engineers, Part C: Journal of Mechanical Engineering Science, 2013, 227: 1742-1753.

第 2 章 微通道单相流动与传热性能

2.1 复杂结构微通道对流传热数学建模

为了研究微通道强化传热机理，常用数值模拟的方法对微通道管内流动与传热特性进行分析。相比于实验，这类方法的优势在于能可视化地观察流动与传热过程中速度场和温度场的变化规律。并且，在计算过程中，选择精准的网格划分方式、正确的数学模型及合适的计算模型能有效保证计算结果的准确性。因此，本节将对所选物理模型、网格划分方法、数学模型及计算模型进行详细论述。

2.1.1 物理模型

研究表明，低体积流量下矩形微通道所去除的热量并不能满足当下电子设备的散热需求。为了寻求更高效的散热设备，需要对矩形微通道结构作进一步的优化。凹穴及内肋组合的结构能有效地加剧管内流体的扰动程度，从而提高微通道的传热性能。相比于圆形或梯形的凹穴及内肋组合式微通道，三角形凹穴及内肋组合式微通道(简称 Tri. C-Tri. R 复杂结构微通道)在较大雷诺数($Re>300$)时，整体传热性能更佳。基于 Zhai 等[1]所设计的通道模型，以 Tri. C-Tri. R 复杂结构微通道作为研究对象，探究凹穴及内肋等微结构对微通道单相流动与传热的影响规律。图 2.1(a)是单根 Tri. C-Tri. R 复杂结构微通道的三维示意图，(b)是通道的局部截面图。微通道的长度 L_{ch} 为 10 mm；宽度 W_{ch} 为 0.1 mm；两侧壁厚 W_b 为 0.1 mm；内部流道高度 H_{ch} 为 0.2 mm；底座厚度 H_b 为 0.15 mm；凹穴高 e_1 为 0.5 mm；肋高 e_2 为 0.0183 mm；其余的结构尺寸见表 2.1。通道材料为硅，其密度、导热系数及比热容分别为 2329 kg/m^3、148 W/(m·K)和 712 J/(kg·K)。

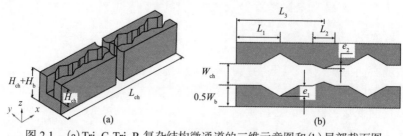

图 2.1 (a) Tri. C-Tri. R 复杂结构微通道的三维示意图和(b)局部截面图

表 2.1　微通道内部的结构尺寸

序号	参数	值
1	L_1	0.2 mm
2	L_2	0.1 mm
3	L_3	0.4 mm

2.1.2　网格划分方法

在进行数值模拟之前,首先需要对物理模型进行网格划分,即所谓的模拟前处理。通过切分的方式将物理模型分成若干等份的小单元,而单元的数量、形状及节点划分位置等均会对后期计算结果产生影响。为保证计算的准确性,网格划分方式需与计算目标相匹配,整体网格质量应控制在一定范围内。对于网格类型的选择,概括来说分为两大类,即结构化网格和非结构化网格。结构化网格类型包括四边形和六面体,而非结构化网格类型包含三角形和四面体。对于规则结构,采用结构化网格进行划分能有效提高网格质量,此类网格的缺点是适应性较差,对于某些局部区域,如曲率较高及角度较为尖锐的地方,结构化网格并不能很好地与几何模型相匹配。非结构化网格具有适应性较好的特点,对于不规则区域虽然使用非结构化网格能够很好地与几何模型镶嵌,但是网格质量较差,计算精度较低。

为了保证整体网格质量,采用混合网格对 Tri. C-Tri. R 复杂结构微通道进行划分,即规则区域采用结构化网格、不规则区域(凹穴及内肋)采用非结构化网格。最大网格尺寸取最小几何尺寸的 1/10,近壁面网格局部加密处理,层数为 10 层。

2.1.3　数学模型建立

研究表明,随着通道尺寸减小(通常减小至 1~1000 μm),管内流体的流动与传热特性会发生明显的变化,如管内强制对流传热时层流-湍流的转捩点会提前(一般认为 $Re_c < 2300$)。通常根据水力直径 D_h 将通道划分为常规尺寸通道($D_h \geq 3$ mm)、微细通道(200 μm $< D_h <$ 3 mm)及微通道(10 μm $< D_h \leq$ 200 μm)。本节所研究的通道水力直径 D_h 为 0.1333 mm,相比于常规尺寸通道,该结构尺寸更小,属于微通道的范畴。

Rosa 等[2]提出了"微尺度效应"的概念,是指一些在常规尺寸通道中可忽略的作用力随着通道尺度的下降会变得特别明显。在常规尺寸通道中,管内流动与传热通常可做以下假设:①流体处于充分发展状态;②流体的热物性参数几乎不随温度变化而变化;③流体认为是连续的;④流体不可压缩;⑤黏性耗散作用可忽略;⑥层流状态下,表面摩擦作用可忽略。然而,随着通道尺寸的缩小,上述某些假设对微通道已不再适用。因此在进行流动与传热特性分析之前，需要从以下几个方面讨论上述假设在微尺度下是否仍然成立。

1. 入口段效应

黏性流体流过固体表面时，近壁面流体处于无滑移状态，即流体速度为零。随着离开壁面距离 z 的增加，流体的速度会急剧地增大，在经过一个薄层后，流体速度增长到接近主流速度，这层在固体表面附近流体的速度发生剧烈变化的薄层称为流动边界层 δ_h。在流动未充分发展时，流动边界层的厚度沿流动方向逐渐增大；当流动充分发展时，流动边界层厚度不再发生变化，此时，任意壁面法线方向上截面流体速度呈二次抛物线形状，管道中心的流体速度达到最大值，所对应的流动参数为固定值。

同样地，流动边界层的概念也可以推广到对流传热中去。研究发现，在壁面附近的一个薄层内，流体温度在壁面的法线方向上会发生剧烈的变化，而在此薄层之外，流体的温度梯度几乎等于零，这层固体表面附近流体温度发生剧烈变化的薄层称为热边界层 δ_t。对于常规尺寸的圆形通道而言，当热边界层充分发展时，努塞尔数为常数，即 $Nu=3.66$（定壁温加热）或 $Nu=4.36$（定热流加热）；当热边界层未充分发展时，努塞尔数随通道长度或雷诺数的变化不断变化，上述现象称为入口段效应。通道的流动入口段长度 L_h 和热入口段长度 L_t 可根据下列公式计算得出。

$$L_h = 0.05ReD_h \tag{2.1}$$

$$L_t = cRePrD_h \tag{2.2}$$

式中，Re、Pr 及 D_h 分别表示雷诺数、普朗特数和水力直径（mm）；系数 c 取 0.05（圆管）或 0.1（矩形管）。

入口段由于热边界层最薄，此时传热系数最大，之后随着热边界层的发展，传热系数逐渐减小，因此在相同热入口段长度下，短管的平均传热系数要比长管的更大。为此，Rosa 等[2]指出可通过 Graetz 数（Gz）来判断入口段效应是否可忽略。若 $Gz<10$，入口段效应可忽略，否则不可忽略。Graetz 数的计算公式如下：

$$Gz = \frac{RePrD_h}{L_{ch}} \tag{2.3}$$

所研究的微通道管长度 L_{ch} 为 10 mm，水力直径 D_h 为 0.1333 mm。当温度为 20℃时，去离子水的普朗特数 Pr 为 7.02。经计算，在所研究的雷诺数范围内（$100<Re<582$），需要考虑入口段效应对微通道流动与传热特性的影响。

2. 工质的热物性参数

微通道作为一种具有较高体面比的换热器，传热能力较强，在短时间内工质的温度会发生较大的变化。因此，在进行数学建模时需要考虑温度对工质热物性参数的影响。水是一种较为常用的制冷工质，在不同的温度条件下，水的密度、比热容、导热系数及动力黏度会发生变化。表 2.2 列举了不同温度下水的热物性参数。

表 2.2　不同温度下水的热物性参数

温度(℃)	密度(kg/m³)	比热容[J/(kg·K)]	导热系数[W/(m·K)]	动力黏度(mPa·s)
20	998.2	4183	59.9	1.004
30	995.7	4174	61.8	0.8015
40	992.2	4174	63.5	0.6533
50	988.1	4174	64.8	0.5494
60	983.1	4179	65.9	0.4699
70	977.8	4187	66.8	0.4061
80	971.8	4195	67.4	0.3551

如表 2.2 所示，当温度从 20℃上升到 80℃，水的密度及动力黏度分别减小了2.6%和 64.6%；比热容及导热系数分别增大了 0.28%和 12%。这说明，相比于密度和比热容，温度对动力黏度及导热系数的影响更大。同样地，Wu 等[3]研究了去离子水在双层微通道中的流动与传热特性，发现导热系数和动力黏度是温度的函数，表达式如下：

$$\lambda_w(T) = -1.079257 + 9.43573 \times 10^{-3}T - 1.266071 \times 10^{-5}T^2 \tag{2.4}$$

$$\mu_w(T) = 2.24 \times 10^{-5} \times 10^{\frac{247.8}{T-140}} \tag{2.5}$$

式中，λ_w 及 μ_w 分别为去离子水的导热系数[W/(m·K)]和动力黏度(mPa·s)。

此外，水-Al_2O_3 纳米流体的热物性参数同样受温度的影响。对于一元纳米流体密度及比热容的预测，Buongiorno[4]所提出的关联式适用范围最广，表达式如下：

$$\rho_{nf} = (1-\varphi)\rho_{bf} + \varphi\rho_{np} \tag{2.6}$$

$$(\rho c_p)_{nf} = (1-\varphi)(\rho c_p)_{bf} + \varphi(\rho c_p)_{np} \tag{2.7}$$

式中，ρ、φ 及 c_{p} 分别表示密度 (kg/m^3)、体积分数 (%) 和比热容 [J/(kg·K)]；下标 np、nf 和 bf 分别表示纳米粒子、纳米流体和基液。

为了准确预测纳米流体的动力黏度，许多学者纷纷展开了研究，如表 2.3 所示，列举了一些关于纳米流体动力黏度的理论模型。

表 2.3   纳米流体动力黏度部分表达式

热物性参数	学者	关联式	公式
动力黏度	Einstein[5]	$\dfrac{\mu_{\mathrm{nf}}}{\mu_{\mathrm{bf}}} = 1 + 2.5\varphi$	(2.8)
	Hatschek[6]	$\dfrac{\mu_{\mathrm{nf}}}{\mu_{\mathrm{bf}}} = 1 + 4.5\varphi$	(2.9)
	Noni 等[7]	$\dfrac{\mu_{\mathrm{nf}}}{\mu_{\mathrm{bf}}} = 1 + b\left(\dfrac{\varphi}{1-\varphi}\right)^{m}$	(2.10)
	Nguyen 等[8]	$\dfrac{\mu_{\mathrm{nf}}}{\mu_{\mathrm{bf}}} = 1 + 0.025\varphi + 0.015\varphi^2$	(2.11)
	Williams 等[9]	$\dfrac{\mu_{\mathrm{nf}}}{\mu_{\mathrm{bf}}} = \exp\left(\dfrac{4.91\varphi}{0.2092-\varphi}\right)$	(2.12)

其中，对于纳米流体动力黏度的预测，最常用的是 Einstein[5] 所提出的模型，该模型能预测体积分数小于 1% 的稀释悬浮液。在此基础上，Hatschek 进行了改进，新模型可用于预测颗粒浓度高达 40% 的纳米流体[6]。此外，Noni 等[7]、Nguyen 等[8] 和 Williams 等[9] 通过拟合的方法提出了 Al$_2$O$_3$/水纳米流体动力黏度预测的关联式。其中，在式 (2.10) 中，对于粒径为 43 nm 的 Al$_2$O$_3$/水纳米流体，b 和 m 的值分别表示 2.8 和 5300。

同样地，Boroomandpour 等[10] 提出了三元混合纳米流体在不同温度下的导热系数，表达式如下：

$$\frac{\lambda_{\mathrm{nf}}}{\lambda_{\mathrm{bf}}} = \frac{1.0287 + \left(-0.1264\varphi^{2.1406}\right)\left(-0.0024T^{1.8689}\right)}{\exp\left[\left(-76908.0509\varphi^2\right)T^{2.9634}\right]} \tag{2.13}$$

Sharma 等研究了温度与颗粒浓度对 Al$_2$O$_3$-CuO-TiO$_2$/水三元混合纳米流体动力黏度的影响[11]。结果表明，温度对动力黏度的影响较为明显。此外，他们还提出了三元混合纳米流体动力黏度的表达式，公式如下：

$$\mu_{\mathrm{nf}} = \mu_{\mathrm{bf}}\left(0.955 - 0.00271 \times T + 1.858 \times \frac{\varphi}{100} + \left(705 \times \frac{\varphi}{100}\right)^{1.223}\right) \qquad (2.14)$$

图 2.2 是导热系数比值及动力黏度比值的实验值与关联式对比，实验值通过 Hot Disk 热常数分析仪测量所得。如图 2.2 所示，目前大多学者所提出的关联式并不能准确地预测纳米流体的导热系数和动力黏度。在体积分数为 2%时，实验所测得的导热系数和动力黏度与 Williams 等和 Sharma 等所提出的关联式之间最大误差分别为 3.2%和 14.9%。因此，在数值模拟时为了保证纳米流体热物性参数的准确性，可采用多相模型对每一相进行单独定义。

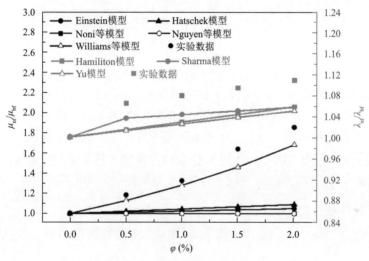

图 2.2　实验值与关联式的对比

3. 共轭传热

在微通道热沉的对流传热中，热量传递不仅发生在固体与流体之间，还发生在微通道热沉的通道壁面之间，而且在实际情况中还存在着热耗散。因此，传递的总热量 Q 由下列三部分热量组成。

$$Q = Q_{\mathrm{convection}} + Q_{\mathrm{conduction}} + Q_{\mathrm{loss}} \qquad (2.15)$$

式中，$Q_{\mathrm{convection}}$、$Q_{\mathrm{conduction}}$ 及 Q_{loss} 分别表示对流传热、轴向导热和热耗散。

对于常规尺寸通道而言，通常可忽略轴向导热和热耗散。但是在微尺度下轴向导热和热耗散是否可以忽略需要计算分析。Maranzana 等提出了无量纲准则数 M，即壁面间轴向导热量和流体与固体之间对流传热量的比值，来判断对流传热过程中轴向导热量的比重，无量纲准则数 M 的表达式如下[12]：

$$M = \frac{Q_{\text{conduction}}}{Q_{\text{convection}}} = \frac{\lambda_s \dfrac{H_b W_{\text{ch}}}{L_{\text{ch}}}}{\rho_f c_{\text{pf}} H_{\text{ch}} W_{\text{ch}} u_{\text{in}}} \tag{2.16}$$

式中，λ_s、ρ_f 及 c_{pf} 分别表示固体材料的导热系数[W/(m·K)]、换热工质的密度(kg/m³)和比热容[J/(kg·K)]。若无量纲准则数 $M<0.01$ 时，轴向导热可忽略。

热耗散 Q_{loss} 可根据下列公式求得

$$Q_{\text{loss}} = \frac{Nu_m \lambda_m}{a} A_{\text{flim}} \Delta t \tag{2.17}$$

$$Nu_m = \frac{ha}{\lambda_m} = c(GrPr)_m^n = c\left(\frac{g\alpha_v \Delta t a^3}{\nu^2} Pr\right)_m^n \tag{2.18}$$

式中，Nu_m 和 Gr 分别表示自然对流中的努塞尔数和格拉晓夫数；λ_m 和 A_{flim} 分别表示空气的导热系数[W/(m·K)]和底面加热面积(mm²)；下标 m 表示该方程是基于特征温度的；c 和 n 根据实验所得，分别为 0.27 和 3；α_v 和 a 分别表示气体膨胀系数(K^{-1})和特征长度(mm)；Δt 表示微通道与环境之间的温差(K)。

经计算，M 约为 0.0013、热损失 Q_{loss} 约为 4.62×10^{-3} W，数量级远小于系统的总能量输入量 3 W。因此，可忽略轴向导热和热损失的影响。

4. 黏性耗散

Moring 等[13]提出了无量纲准则数 Br 来评价黏性耗散的影响，表达式如下：

定壁温加热：
$$Br = \frac{\mu_f u_m^2}{\lambda_f(T_b - T_f)} \tag{2.19}$$

定热流加热：
$$Br = \frac{\mu_f u_m^2}{q_w} \tag{2.20}$$

式中，T_b、T_f 及 q_w 分别表示底面平均温度(K)、流体平均温度(K)和底面热流密度(W/m²)。

若黏性耗散可忽略：
$$\frac{8A_{\text{ch}} Br(fRe)}{D_h^2} < \kappa_{\text{lim}} \tag{2.21}$$

式中，在式(2.21)中，κ_{lim} 通常取 5%。

经计算，可忽略黏性耗散的影响。

5. 连续性模型

在流动与传热过程中，当通道的尺寸远大于纳米粒子的平均自由程时，连续性假设成立。可采用 Knudsen 数来划分微尺度下的流动区域，表达式如下：

$$Kn = \frac{\Lambda}{L} \tag{2.22}$$

其中，Λ 为分子的平均自由程；L 为微通道的特征长度。当 $Kn \leqslant 10^{-3}$ 时，Navier-Stoke 方程（简称 N-S 方程）和无滑移边界条件成立；当 $10^{-3} \leqslant Kn \leqslant 0.1$ 时，N-S 方程成立，无滑移边界条件不适用；当 $0.1 \leqslant Kn \leqslant 10$ 时，属于过渡区，可用分子动力学的方法进行计算。水分子的平均自由程数量级约为 10^{-10} m[14]，所研究微通道的特征尺寸数量级约为 10^{-4} m，由式(2.22)计算可得，本模拟 Kn 约为 10^{-6}（$\ll 10^{-3}$），因此，N-S 方程及无滑移条件仍适用。

2.1.4 单相模型选择依据

对于不发生相变的流动与传热过程，采用单相模型是最为简便的方法。在 Fluent 数值模拟中，所有的流动都是通过质量守恒方程（即连续性方程）和动量守恒方程进行求解的。当流动过程涉及传热时，需要额外求解能量守恒方程；当计算包含混合或者发生化学反应的情况时，需要打开组分选项添加组分守恒方程；当流体流动状态从层流转变为湍流时，需要打开湍流选项添加输运方程。单相模型的特点是：消耗的计算资源小、收敛速度快及计算稳定性较好。因此，对于水的流动与传热过程模拟可通过单相模型进行数值求解。

2.1.5 小结

文献研究结果表明，在微通道内壁面添加凸起元能有效打断热边界层的发展强化传热。因此，本节以 Tri. C-Tri. R 复杂结构微通道作为研究对象，分别对网格划分方法、数学模型建立及计算模型的选择进行详细分析，得到的结论如下。

(1) 由于微尺度效应，一些在常规尺寸通道下成立的假设需要重新考虑，如假设 1 和 2 的入口段效应和工质热物性参数。

(2) Buongiorno 等所提出的关联式能准确地预测纳米流体的密度和比热容，但是对于动力黏度和导热系数的预测，目前尚无统一的关联式可以使用。

(3) 对于纳米流体的数值模拟，采用混合模型(mixture model)能在保证计算精度的前提下节省计算资源；而对于微通道两相流动沸腾的数值模拟，采用 VOF(volume of fluid)模型能有效地捕捉相界面上气泡的运动特性。

2.2　微结构尺寸对流动与传热性能的影响

强化管内传热的同时往往会伴随着其他形式的能量损耗，而如何有效地设计微通道结构并改善其整体传热性能也成为众多学者所研究的重点。在管内流动与传热的过程中，微通道的整体传热性能受多个因素的影响，其中包括凹穴高 e_1、肋高 e_2、雷诺数 Re 及普朗特数 Pr 等。对于多个变量的优化问题，传统方法是通过固定一个参数，改变另外一个参数实现的，但是这种方法存在着一定的局限性。目前在许多工程领域中，多个变量的优化问题更多的是采用多目标遗传算法进行优化。相比于传统方法，该算法可以同时优化多个相互冲突的目标函数，如热阻 R_{th} 和泵功 PP，并且其优化结果不是某个特定解，而是一组 Pareto 优化解集。针对微通道强化传热时压降明显增大的问题，本节结合多目标遗传算法对 30 组具有不同凹穴高 e_1 及肋高 e_2 的 Tri. C-Tri. R 复杂结构微通道(2.1 节)进行优化。通过数值模拟对 k 均值(k-means)聚类得到的四组代表性解进行分析，并根据分析结果设计一种整体传热性能较好的结构。

2.2.1　基于多目标遗传算法的微通道结构优化

为了分析凹穴高 e_1 及肋高 e_2 对 Tri. C-Tri. R 复杂结构微通道的影响，采用多目标遗传算法对 30 组具有不同尺寸微结构的 Tri. C-Tri. R 复杂结构微通道进行优化，物理模型参见图 2.1。

分别采用 Fluent 数值模拟软件结合 Origin 及 Matlab 等数学软件对微通道结构进行优化。图 2.3 是多目标优化流程图。多目标优化主要分为三部分：①设置 30 组任意尺寸的凹穴高 e_1 及肋高 e_2(凹穴高 e_1 的范围为 0.01～0.06 mm；肋高 e_2 的范围为 0.01～0.03 mm)，通过 Fluent 数值模拟计算得到两个衡量微通道传热性能及流动性能优劣的重要参数，即热阻 R_{th} 和泵功 PP；②以热阻 R_{th} 和泵功 PP 作为目标函数，凹穴高 e_1 及肋高 e_2 作为决策变量，分别通过 Origin 软件进行多项式回归及抛物线回归构建由决策变量所组成的代理方程，即目标函数方程 $R_{th}=(e_1,e_2)$ 和 $PP=(e_1,e_2)$；③采用 Matlab 软件并通过 NSGA-II 算法计算得到 Pareto 最优解集，迭代设置 2000 步的选择、交叉及变异的运算操作，交叉和变异概率分别设置为 0.3 和 0.1，种群大小设置为 100。当满足输出条件后，通过 k 均值聚类法对 Pareto 最优解集进行四大聚类，结合场协同原理及强化传热因子对四组代表性解进行流动与传热特性的分析，具体步骤如下所述。

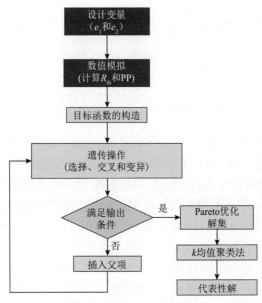

图 2.3 多目标优化流程图

1. 数值模拟计算

选择单相层流模型对 30 组不同结构尺寸的 Tri. C-Tri. R 复杂结构微通道进行数值模拟。选用水作为换热工质，不同温度下水的热物性参数见表 2.2。为了保证工质热物性参数的准确性，通过多元线性的方法将温度 20～80℃下水的密度、比热容、导热系数及动力黏度对应输入 Fluent 软件的自定义材料表中。在计算时，由于微尺度下管内流动与传热特性与常规尺寸通道的有所不同，因此，需要对 2.1.3 节中的假设重新考虑。经计算，所选流体满足连续性假设并且不可压缩，在流动换热过程中可忽略黏性耗散和轴向导热作用，充分发展流和未充分发展流都会对流动换热特性造成影响(分析见下文)，并且固体的热物性参数也不随温度的变化而变化，控制方程如下：

$$连续方程： \nabla \bar{U} = 0 \tag{2.23}$$

$$动量方程： \rho_{f}(\bar{U} \cdot \nabla \bar{U}) = -\nabla p + \nabla\left(\mu_{f} \cdot \nabla \bar{U}\right) \tag{2.24}$$

$$能量方程： \rho_{f} c_{p,f}(\bar{U} \cdot \nabla T_{f}) = \nabla\left(\lambda_{f} \cdot \nabla T_{f}\right) （流体） \tag{2.25}$$

$$\nabla\left(\lambda_{s} \cdot \nabla T_{s}\right) = 0 （固体） \tag{2.26}$$

初始边界条件的设定如下：

$$速度入口(x=0 \text{ mm})： u = u_{in}, v = w = 0, T = T_{in} \tag{2.27}$$

$$\text{压力出口}\,(x{=}L_{\text{ch}}):\quad \frac{\partial u}{\partial x}=\frac{\partial v}{\partial x}=\frac{\partial w}{\partial x}=0,\, p=p_{\text{out}} \tag{2.28}$$

$$\text{定热流加热}\,(z{=}0\ \text{mm}):\quad -\lambda_{\text{s}}\frac{\partial T}{\partial z}=q_{\text{w}} \tag{2.29}$$

$$\text{上壁面绝热}\,(z{=}0.35\ \text{mm}):\quad \frac{\partial T}{\partial z}=0 \tag{2.30}$$

水的初始温度设置为 20℃、入口流速设置为 2 m/s、出口压力设置为大气压力、底部设置恒定热流密度 $q_{\text{w}}{=}10^{6}\ \text{W/m}^{2}$ 进行加热、上壁面为绝热状态。为了节省计算资源，选取半根 Tri. C-Tri. R 复杂结构微通道（单根通道轴线对称）进行数值模拟。在 Fluent 软件中常见的对流项离散格式有 First Order Upwind（一阶迎风）、Second Order Upwind（二阶迎风）、Power Law（幂律）、QUICK（二次逆风插值）及 Third Order MUSCL（三阶离散格式）。其中，二阶迎风最为常用，其特点是耗散性小、精度高以及稳定性较差。在单相层流计算过程中，选用压力-速度求解器、SIMPLEC 算法进行稳态求解，动量和能量均设置为二阶迎风，松弛因子保持默认，当连续方程、动量方程及能量方程的残差曲线均小于 10^{-6} 时，可认为数值模拟计算收敛。

网格划分方式同样会对计算结果产生一定的影响，为了避免由于网格数量所造成的计算误差，在进行数值模拟计算之前首先需要对网格进行验证。图 2.4 是网格独立性验证，采用凹穴高 $e_1{=}0.01$ mm、肋高 $e_2{=}0.0154$ mm 的 Tri. C-Tri. R 复杂结构微通道，对比三种不同网格下的局部努塞尔数（Nu_x）和局部压降（Δp_x）。结果表明，与最密的网格（265.6 万）相比，当网格数量为 158.8 万时，局部努塞尔数和局部压降的最大误差不超过 0.84%、1.48%。因此，为了保证计算结果的精度及优化计算时间，选取网格数量为 158.8 万的网格进行数值模拟计算。

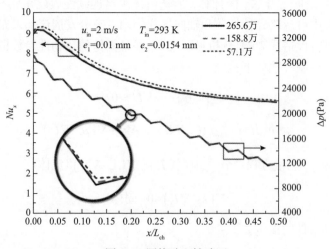

图 2.4　网格独立性验证

在对流换热过程中，流体的流动与传热发展存在四种状态[15]，即①流动与传热同时充分发展；②流动与传热同时未达到充分发展；③流动充分发展但传热未充分发展，一般为 $Pr \gg 1$ 的流体；④流动未达到充分发展但传热充分发展，一般为 $Pr \ll 1$ 的流体，如液态金属，其扩散作用远大于黏性作用。对于换热工质为水、水基纳米流体而言，Pr 通常大于 1，故前三种流态均可能出现。

经计算，所研究的通道流动入口段长度 L_h 为 2.1527 mm，热入口段长度 L_t 为 3.0224 mm。当流动与传热同时达到充分发展时，流动和传热参数均为固定值；当流动与传热均未达到充分发展时，流动和传热参数均受通道长度和雷诺数的影响；当流动达到充分发展但传热未达到充分发展时，流动参数为固定值而传热参数受通道长度和雷诺数的影响。由此可见，流体的流动状态会对微通道热沉的流动与传热特性造成显著的影响，所以在计算流动与传热参数之前，还需要判断流体的流动状态。为此，Shah 等[16]提出了矩形微通道在流动充分发展时的理论速度值，表达式如下：

$$\frac{u}{u_{\max}} = 1 - \left(\frac{y}{0.5 H_{\mathrm{ch}}} \right)^2 \tag{2.31}$$

其中，$u_{\max}$ 表示轴线上的最大速度(m/s)；u 表示同一径向截面上任意位置的轴向速度(m/s)。

图 2.5 是 Re=258 时，矩形微通道和 Tri. C-Tri. R 复杂结构微通道径向速度模拟值与公式(2.31)计算值的对比。如图所示，当所选截面位置为 x=0.5 mm 时($x < L_h$)，管道中心处(y=0)两种通道的模拟值均小于理论计算值；当所选截面位置为 x=4.8817 mm 和 8.8817 mm 时($x > L_h$)，两种通道的模拟值均能与理论计算值较好地吻合，即当流体达到充分发展时，管道中心处流速达到最大，径向速度的分布不再发生变化。此外，值得注意的是，当流体达到充分发展段时，矩形微通道的径向速度分布曲线较为光滑，而 Tri. C-Tri. R 复杂结构微通道的径向速度分布曲线则较为陡峭，这说明连续的凹穴及内肋组合结构能加剧流体的扰动程度，从而使管内流速发生较大的变化。在流动与传热过程中，微通道的总长度为 10 mm，流动入口段的长度约占管长的 1/4。因此，在进行流动与传热特性分析时，需要同时考虑充分发展流和未充分发展流的影响。

此外，层流和湍流状态下的流动与传热特性也不相同。为此，Shah 等[16]同样提出了在充分发展和未充分发展时层流的理论公式，表达式如下：

$$f_{\mathrm{app,ave}} Re = \sqrt{\left[\frac{3.2}{L_{\mathrm{ch}} D_h Re} \right]^2 + \left(fRe \right)^2} \tag{2.32}$$

$$fRe = 96\left(1 - 1.3553\alpha_c + 1.9467\alpha_c^2 - 1.7012\alpha_c^3 + 0.9564\alpha_c^4 - 0.2537\alpha_c^5\right) \tag{2.33}$$

式中，α_c 表示通道的宽高比；$f_{app,ave}$ 表示表观摩擦系数。

表观摩擦系数 $f_{app,ave}$ 的模拟值可根据下列公式计算求得

$$f_{app,ave} = \frac{2\Delta p D_h}{\rho L_{ch} u_{in}^2} \tag{2.34}$$

式中，Δp 及 u_{in} 分别表示进出口压降(Pa)及入口流速(m/s)。

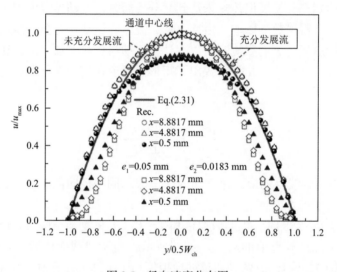

图 2.5　径向速度分布图

为了确定所研究雷诺数范围内 $(0<Re<582)$ 流体的流动状态，可根据 Shah 等[16]所提出的层流理论公式 (2.32) 进行判别。图 2.6 是不同凹穴高及肋高下摩擦系数的变化规律。如图所示，选取了 11 组模拟数据与 Shah 等所提出的理论公式进行对比。灰线表示流体未达到充分发展时，层流状态下摩擦系数的变化规律，黑线表示流体达到充分发展时，层流状态下摩擦系数的变化规律。相比于矩形微通道，Tri. C-Tri. R 复杂结构微通道的管内摩擦损失更大。在肋高 e_2 相同、凹穴高 e_1 不同时，Tri. C-Tri. R 复杂结构微通道摩擦系数的变化规律几乎没有发生变化；而在凹穴高 e_1 相同、肋高 e_2 不同时，Tri. C-Tri. R 复杂结构微通道摩擦系数的变化规律发生了明显的变化，并随着肋高 e_1 的增大急剧增大，这说明在流动与传热的过程中肋对管内压降的影响比凹穴的更为重要。

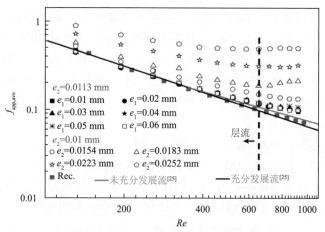

图 2.6　不同凹穴高及肋高下摩擦系数的变化规律

此外，当雷诺数 Re 小于 600 时，所有通道的摩擦系数均随雷诺数 Re 的增大而减小，且变化趋势与理论公式的相同，呈单调线性下降；当雷诺数 Re 大于 600 时，Tri. C-Tri. R 复杂结构微通道的摩擦系数出现了明显的飞升，增幅随着肋高 e_2 的增大而增大。在流动与传热过程中，凹穴及内肋组合结构会使层流-湍流转捩点发生提前（雷诺数 $Re \approx 582$），并随着肋高 e_2 的增大这种转变更为明显。而在矩形微通道中，内壁面较为光滑，在雷诺数 Re 大于 600 时，摩擦系数并没有发生明显的飞升，此时，流动处于湍流过渡区而层流仍然处于主导地位。

研究结果表明凹穴及内肋组合结构不仅会对传热性能造成影响，而且还会对管内压降造成影响。为了衡量 30 组微通道传热性能及流动性能的优劣，采用热阻 R_{th} 和泵功 PP 进行评价，表达式如下[17]：

$$R_{th} = \frac{T_{w,max} - T_{in}}{Q} \qquad (2.35)$$

$$PP = u_{in} A_{ch} \Delta p \qquad (2.36)$$

式中，$T_{w,max}$、T_{in}、Q 及 A_{ch} 分别表示加热面的最高温度（K）、流体入口温度（K）、系统输入的总热量（W）和固-液管内传热面积（m²）。

2. 目标函数方程的构建

在多目标优化的问题中，通常的数学表达式如下[18]：

$$\begin{aligned} &\min f(X) \\ &\text{subject to} \quad g(X) \leqslant 0 \\ &\qquad\qquad\quad h(X) \leqslant 0 \\ &\qquad\qquad\quad X \in R^n \end{aligned} \qquad (2.37)$$

式中，$f(X)$ 为目标函数，$X=[x_1, x_2, x_3, \cdots]^T$ 为决策变量；R^n 为欧氏空间，表示带有 n 个决策变量向量；$g(X) \leqslant 0$ 为不等式约束条件；$h(X)=0$ 为等式约束条件。

在多目标优化之前，首先需要构建目标函数的近似方程。以根据模拟结果得到的热阻 R_{th} 和泵功 PP 作为目标函数、凹穴高 e_1 及肋高 e_2 作为目标函数的自变量，然后通过 Origin 软件作出热阻和泵功的散点分布图，并根据散点的分布情况确定近似方程的拟合方式。

图 2.7 为热阻和泵功的散点分布图，可以看到热阻随着肋高 e_2 的增大明显地减小，而泵功随着肋高 e_2 的增大明显地增大，这表明热阻和泵功是两个相互冲突的参数。然而，对于目标函数方程的构建，图上 30 组数据是远远不够的，并且数据点之间也不连续。因此，可以通过变量与约束函数之间的关系构建目标函数方程，如响应平面近似法（response surface approximation method，RSA）。RSA 是拟合离散响应多项式函数的常用方法之一[19]，通过已知数据点及其响应值来建立近似模型，其本质就是对离散已知点数据进行拟合的一种数学方法[20]。根据图 2.7 中热阻和泵功的散点分布情况，分别通过多项式回归和抛物线多项式形式的迭代算法近似拟合热阻和泵功的目标函数方程，表达式如下：

$$R_{th}(e_1,e_2) = b_0 + b_1 e_1 + b_2 e_1^2 + b_3 e_1^3 + b_4 e_1^4 + b_5 e_1^5 \\ + b_6 e_2 + b_7 e_2^2 + b_8 e_2^3 + b_9 e_2^4 + b_{10} e_2^5 \tag{2.38}$$

$$PP(e_1,e_2) = a_0 + a_1 e_1 + a_2 e_2 + a_3 e_1^2 + a_4 e_2^2 \tag{2.39}$$

其中，式 (2.38) 和式 (2.39) 中目标函数的系数见表 2.4。

表 2.4　式 (2.38) 和式 (2.39) 中目标函数的系数

系数	值	系数	值
a_0	0.0288	b_3	−13501.0003
a_1	−0.0070	b_4	160750.0049
a_2	−2.801	b_5	−785333.3614
a_3	0.1914	b_6	−507.0548
a_4	117.4465	b_7	44321.9263
b_0	3.4694	b_8	−1520550
b_1	−12.8004	b_9	7268970
b_2	581.7550	b_{10}	362117000

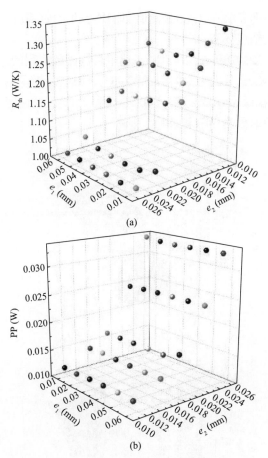

图 2.7　(a)热阻和(b)泵功的散点分布图

图 2.8 是根据拟合公式(2.38)和式(2.39)所构建的响应平面示意图，可知，热阻和泵功的模拟结果基本分布在曲面上，这说明所构建的曲面能很好地反映热阻和泵功散点值的分布情况。

为了验证拟合公式的准确性，可根据多元统计系数 R^2 和平均相对偏差 AARD%进行验证，表达式如下：

$$R^2 = 1 - \frac{\sum\limits_{j=1}^{N}\left(P_j - E_j\right)^2}{\sum\limits_{j=1}^{N}\left(P_j\right)^2} \tag{2.40}$$

$$\text{AARD\%} = \frac{100}{N}\sum\limits_{j=1}^{N}\left|\frac{P_j - E_j}{P_j}\right| \tag{2.41}$$

式中，P、E 及 N 分别表示模拟值、预测值和数据点的个数。结果表明，当 $0.9 < R^2 < 1$ 时，目标函数满足精度要求。

经计算，在式(2.40)和式(2.41)中，热阻目标函数方程的多元统计系数 R^2 和平均相对偏差 AARD%分别为 0.9741 和 0.93%，泵功目标函数方程的多元统计系数 R^2 和平均相对偏差 AARD%分别为 0.9965 和 1.07%，这说明上述所构建的目标函数方程可以准确地预测热阻和泵功。

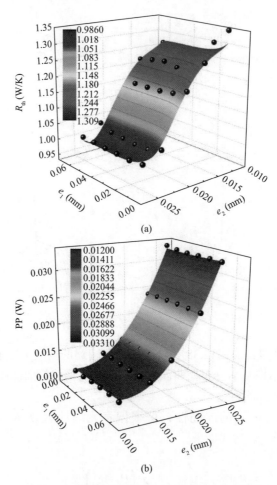

图 2.8　(a)热阻和(b)泵功的响应平面示意图

选择 NSGA-II 算法是一种具有快速非支配排序和多样性保持的多目标优化算法，它是根据 Pareto 的支配性和最优性来判别解的，通过对种群中参数个体进行选择、交叉及变异等遗传操作实现群体内个体重组迭代的过程，最终逐渐逼近最优解。对于 Tri. C-Tri. R 复杂结构微通道而言，其多目标遗传优化的数学模型如下：

$$\min f(e_1, e_2) = \min\left\{R_{\text{th}}(e_1, e_2), \text{PP}(e_1, e_2)\right\}$$
$$\text{subject to} \quad 0.01 \leqslant e_1 \leqslant 0.06$$
$$0.01 \leqslant e_2 \leqslant 0.03 \quad (\text{单位}:\text{mm})$$
$$Re < 600$$

(2.42)

在 MATLAB 软件中设置 2000 步的迭代，种群大小、交叉和变异的概率分别设置为 100、0.3 和 0.1。当满足判别条件时，输出 Pareto 最优解集，否则重复上述过程直到满足判别条件为止。

为了方便后期分析，通过 k 均值聚类法对 Pareto 最优解进行聚类。k 均值聚类算法是一种集简单和经典于一体的基于距离的聚类算法。通过数据点与聚类中心之间的距离关系对数据点进行分类，即所谓的聚类点(clustering)，当两者距离越近时，其相似度越大。具体步骤是首先随机选取 K 个聚类点作为初始聚类中心，然后计算每个数据点与聚类中心的距离，把每个数据点分配给距离最近的聚类中心，将聚类中心及分配给它的数据点归结为一类。迭代过程中聚类中心会根据数据点的特征不断变化，当满足某个终止条件时，停止计算并输出最终结果。初始聚类中心的个数 K 初始值的选取可由下列表达式求出：

$$K \approx \sqrt{\frac{n}{2}}$$

(2.43)

式中，n 表示数据点的个数。

通常对于聚类点个数 K 的选取是随意的，所选聚类点个数 K 越大，所对应的误差平方和(SSE)也越小，而 SSE 的值越小则说明该分类方式可靠程度越高。误差平方和的表达式如下：

$$\text{SSE} = \sum_{j=1}^{t}\left(P_j - Q_j\right)^2$$

(2.44)

式中，P_j 和 Q_j 分别表示聚类中心和属于该聚类中心的数据点。

通常当 $\text{SSE}_{k-1} > \text{SSE}_k \approx \text{SSE}_{k+1}$ 时，聚类点的个数取 K 较为合适。根据计算，选取的聚类点个数 K 为 4。

表 2.5 是通过 k 均值聚类法得到的四组代表性解模拟值与预测值的对比。如表所示，四组代表性的热阻和泵功与模拟值之间的最大误差分别为 2.34% 和 2.92%，这表明四组代表性解的预测值能与模拟值吻合得较好。

表 2.5　四组代表性解模拟值与预测值的对比

聚类点	设计变量		预测值		模拟值	
	e_1(mm)	e_2(mm)	R_{th}(W/K)	PP(W)	R_{th}(W/K)	PP(W)
1（区域1）	0.0211	0.0127	1.2632	0.0121	1.2927	0.0125
2（区域2）	0.0314	0.0189	1.1394	0.0178	1.1235	0.0178
3（区域3）	0.0415	0.0200	1.1004	0.0198	1.0855	0.0196
4（区域4）	0.0572	0.0224	1.0169	0.0252	1.0161	0.0253
参考（区域5）	0.05	0.0183	—	—	1.1660	0.0164

图 2.9 是 Pareto 优化解集和四个聚类点的示意图。蓝点表示 Pareto 最优解集，连续曲线表示最优解集的变化趋势，粉色星形点表示所有设计结构的模拟值，绿色圆点表示由 k 均值聚类法聚类得到的四组代表性解。如图 2.9 所示，许多模拟数据点分布在 Pareto 曲线之外，这意味着在优化之前，存在着许多不合理的结构设计，这些设计虽然泵功较小，但是其传热性能较弱。

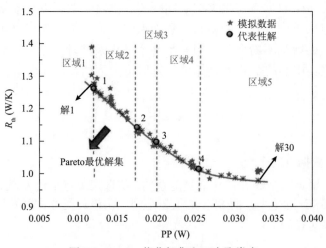

图 2.9　Pareto 优化解集和四个聚类点
（扫描封底二维码可查看本书彩图内容，余同）

此外，四组代表性解将 Pareto 最优解集分成了五个区域，分别表示了五类情况：①热阻的影响远大于泵功（区域 1）；②热阻的影响大于泵功（区域 2）；③热阻的影响与泵功相近（区域 3）；④热阻的影响小于泵功（区域 4）；⑤热阻的影响远小于泵功（区域 5）。四组代表性解的结构参数分别为：①e_1=0.0211 mm，e_2=0.0127 mm；②e_1=0.0314 mm，e_2=0.0189 mm；③e_1=0.0415 mm，e_2=0.0200 mm；④e_1=0.0572 mm，e_2=0.0224 mm。最理想的情况下，热阻和泵功应同时达到最小化，但是，这在实际工程应用中无法实现。因为一个参数的优化往往会伴随着另外一个参数的恶化，因此在对微通道进行综合性能评价时，往往需要同时考虑两个参数的影响。在所有的区域中，区域 2～4 的数值点更接近理想位置，表明这些区域上的微通道结构能获得更优的流动传热性能。

2.2.2　四组代表性结构流动与传热分析

为了对比优化前后结构流动与传热特性的差异，从流动和传热两个方面进行分析。图 2.10 为 $z=0.1$ mm 截面上四组代表性微通道、矩形微通道及参考微通道后半段（6.2 mm$\leqslant x\leqslant 7.0$ mm）的温度分布云图。

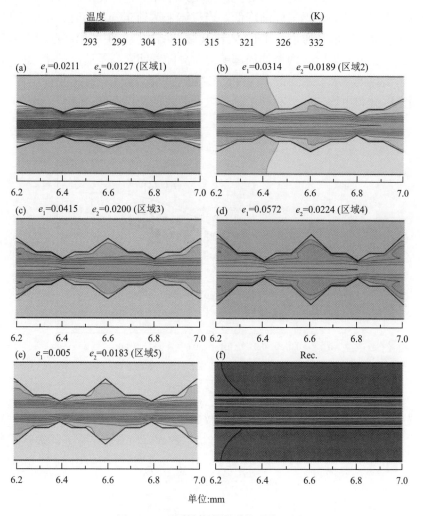

图 2.10　不同结构微通道的温度云图

　　如图 2.10 所示，相比于矩形微通道，Tri. C-Tri. R 复杂结构微通道的壁温更低，流体温度分布更均匀。当流体流过凹穴及内肋区域时，流体的运动规律会发生变化，凹穴区域内会产生回流，从而促进了冷热流体的混合、强化管内传热。随着凹穴高及肋高的增大，管内流体的扰动变得更加剧烈，而这种剧烈的扰动能更有效地打断热边界层的发展，利用流动发展时传热系数较高的特性，Tri. C-Tri. R 复杂结构微通道后半段的传热性能并不会明显地衰减。对比通道 3 和通道 5 可知，相比于凹穴，肋对传热性能的影响更大，故通道 4 的传热性能最强。

　　图 2.11 是 Re=258 时，壁温与流体温度在流动方向上的变化规律。可以看出，在相同的初始条件下，所有通道的流体温度几乎相同，但是流动方向上的局部壁温随着凹穴高及肋高的增大逐渐降低。当流体未达到充分发展时，由于入口段的传热系数较高，矩形微通道与 Tri. C-Tri. R 复杂结构微通道的局部壁温差异较小；当流动达到充分发展时，两者的局部壁温差异随着凹穴高及肋高的增大而增大，并在通道出口处 (x/L_{ch}) 达到最大为 9 K。这也意味着 Tri. C-Tri. R 复杂结构微通道的底面温度分布更均匀，更有利于延长电子芯片的使用寿命。

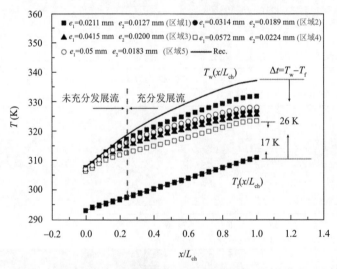

图 2.11　局部壁温与局部流体温度的变化

　　图 2.12 为四组代表性微通道、矩形微通道和参考微通道在流动方向上局部努塞尔数 Nu_x 和摩擦系数 f_x 的比较。局部努塞尔数 Nu_x 和摩擦系数 f_x 的表达式如下：

$$Nu_x = \frac{h_x D_h}{\lambda_f} = \frac{q_w A_{film}}{\Delta T_x A_{ch}} \cdot \frac{D_h}{\lambda_f} \qquad (2.45)$$

$$f_x = \frac{2\Delta p D_h}{\rho L_x u_{in}^2} \qquad (2.46)$$

其中，ΔT_x 及 L_x 分别表示局部位置的固-液温差(K)和局部截面的位置(mm)。

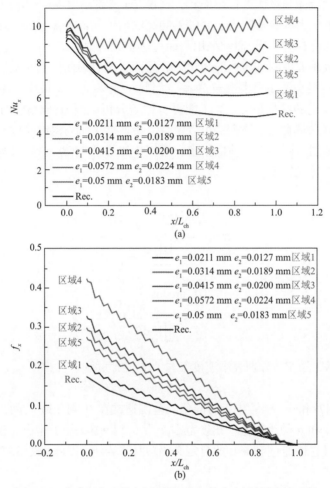

图 2.12　流动方向上的(a)局部努塞尔数和(b)局部摩擦系数

如图 2.12(a)所示，矩形微通道的局部努塞尔数 Nu_x 沿流动方向不断减小，而 Tri. C-Tri. R 复杂结构微通道由于凹穴及内肋组合结构的作用，局部努塞尔数 Nu_x 沿流动方向出现了周期性的变化。然而，由于管道后半段的流体温度更高，不可避免地会出现传热恶化的现象，这在矩形微通道中表现更为明显。相比于矩形微通道，Tri. C-Tri. R 复杂结构微通道的传热恶化现象明显弱于矩形微通道，连续凹穴及内肋组合结构能有效地打断热边界层的发展，强化微通道后半段的传热能力，所以 Tri. C-Tri. R 复杂结构微通道的整体传热能力更强。而当凹穴高及肋高增大到一定尺寸时，会出现通道后半段的传热能力比管程前半段强的情况，如通道 4(区域 4)，但是所对应的摩擦阻力也是最大的，约为 0.4。从流动方面来看，不同结构微通道所对应的流动特性也不同。如图 2.12(b)所示,凹穴及内肋等突起结构能有效增大流体与壁面的接触面积,这使 Tri. C-Tri. R 复杂结构微通道产生了较矩形微通道更大的摩擦阻力,并随着肋高的增大局部摩擦系数也逐渐减小。

在流动与传热分析中,通常采用表面传热系数对微通道的传热性能进行分析,一般传热系数越大说明其传热能力越强。然而,虽然表面传热系数能准确地表示流体与通道接触边界的热量传递速率,但是这始终是一个最终结果,并不能很好地指导微通道的结构设计。为了能更有效地分析微通道强化传热的机理,Guo等[21]提出了场协同原理,该方法可以定量分析速度矢量与温度梯度和速度矢量与速度梯度之间的协同关系。他们指出,可用传热协同角(β)和速度协同角(α)进行表述,计算表达式如下:

$$\alpha = \frac{\iiint_{\Omega} \arccos \frac{\vec{U} \cdot \nabla \vec{U}}{|\vec{U}| \cdot |\nabla \vec{U}|}}{\iiint_{\Omega} dV} \tag{2.47}$$

$$\beta = \frac{\iiint_{\Omega} \arccos \frac{\vec{U} \cdot \nabla \vec{T}_{f}}{|\vec{U}| \cdot |\nabla \vec{T}_{f}|}}{\iiint_{\Omega} dV} \tag{2.48}$$

式中,$\vec{U}$、$\nabla \vec{T}$ 及 $\nabla \vec{U}$ 分别表示速度矢量、温度梯度和速度梯度;下标 Ω 表示流体域。

在式(2.47)和式(2.48)中,协同角的范围通常在 0°到 180°之间,这里为了便于分析,取 β 和 α 的绝对值,角度范围变为 0°到 90°。基于体积加权平均值的平均协同角可以直接通过 Fluent 的自定义函数计算得出,因此,式(2.47)和式(2.48)可改写为下式:

$$\alpha = \arccos \left(\frac{\left| u \frac{\partial u}{\partial x} + v \frac{\partial u}{\partial y} + w \frac{\partial u}{\partial z} \right|}{\sqrt{u^2 + v^2 + w^2} \sqrt{\left(\frac{\partial u}{\partial x}\right)^2 + \left(\frac{\partial u}{\partial y}\right)^2 + \left(\frac{\partial u}{\partial z}\right)^2}} \right) \tag{2.49}$$

$$\beta = \arccos \left(\frac{\left| u \frac{\partial T}{\partial x} + v \frac{\partial T}{\partial y} + w \frac{\partial T}{\partial z} \right|}{\sqrt{u^2 + v^2 + w^2} \sqrt{\left(\frac{\partial T}{\partial x}\right)^2 + \left(\frac{\partial T}{\partial y}\right)^2 + \left(\frac{\partial T}{\partial z}\right)^2}} \right) \tag{2.50}$$

　　根据 Guo 等的解释，传热协同角和速度协同角的值越小，传热速率和管内压降越大。图 2.13 是不同结构微通道的局部传热协同角，可以看出在凹穴及内肋所在区域中，会出现较小的局部传热协同角。Li 等[22]指出，在这些区域中，流体的扰动和热边界层的再生长能改善速度矢量和温度梯度之间的协同关系。随着肋高的增大，局部传热协同角也会明显地降低。Bi 等[23]和 Zhai 等[24]也发现了类似的现象，他们指出在截面急剧收缩的区域，局部传热协同角较小。然而，在矩形微通道中，由于流动传热已充分发展，因此，在 6.2 mm<x<7.0 mm 的截面上局部传热协同角均为 90°。

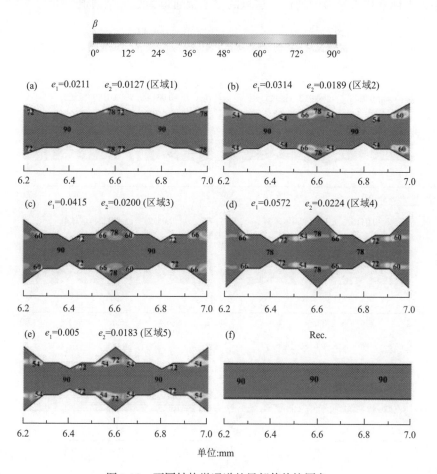

图 2.13　不同结构微通道的局部传热协同角

　　图 2.14 是不同结构微通道的局部速度协同角对比。可以看出，较小的局部速度协同角出现在凹穴及内肋所在区域，说明在这些区域中摩擦损失较大。随着肋高的增大，流体扰动程度增强，速度矢量与速度梯度之间的协同关系得以改善，

局部速度协同角进一步减小。在这些区域中，局部传热协同角和局部速度协同角的变化趋势是一致的，即强化传热的同时管内压降也会增大，因此，为了综合考虑流动与传热两方面因素对微通道整体传热性能的影响，采用强化传热因子 η 进行评价，其计算表达式如下[25]：

$$\eta=\left(\frac{Nu}{Nu_0}\right)\Big/\left(\frac{f}{f_0}\right)^{\frac{1}{3}} \tag{2.51}$$

式中，下标 0 代表参考微通道，这里的参考微通道为矩形微通道。

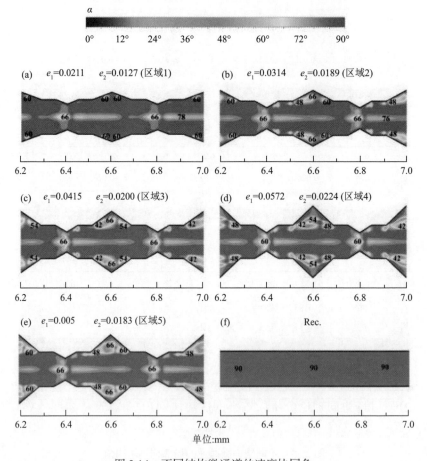

图 2.14　不同结构微通道的速度协同角

图 2.15 是强化传热因子、平均速度协同角及平均温度协同角的比较。可以看出，通道 5 的平均速度协同角和平均传热协同角最小，为 81.23° 和 85.65°；而通

道 1 的平均速度协同角和平均传热协同角最大，为 85.71° 和 88.47°。这表明在凹穴高及肋高较大时，速度矢量与速度梯度和速度矢量与温度梯度之间的夹角都更小，两者之间的协同作用也更强。五种通道的强化传热因子分别为 1.08、1.12、1.15、1.23 和 1.16，相比于矩形微通道，所有 Tri. C-Tri. R 复杂结构微通道的强化传热因子均大于 1，说明三角形凹穴及内肋组合结构对微通道的强化传热作用远大于摩擦阻力所造成的恶化作用。

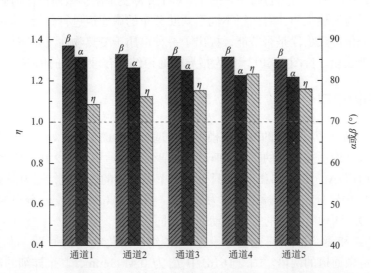

图 2.15　强化传热因子、平均速度协同角及平均温度协同角的比较

2.2.3　小结

本节结合 RSM、NSGA-Ⅱ 及 k 均值聚类法，对 30 组 Tri. C-Tri.R 复杂结构微通道结构进行优化。以热阻 R_{th} 和泵功 PP 作为目标函数，凹穴高 e_1 及肋高 e_2 作为设计变量，研究了不同尺寸微结构，如凹穴高及肋高对微通道流动与传热特性的影响，得到的主要结论如下所述。

（1）相比于矩形微通道，Tri. C-Tri. R 复杂结构微通道在流动方向上的局部壁温更低，而在通道 4 中，最大固-液温差下降了 9 K。

（2）通过场协同理论分析，较小的传热协同角（β）和速度协同角（α）均出现在凹穴及内肋所在的区域中；流体的扰动和热边界层的再发展可以有效地改善速度矢量与温度梯度之间的协同关系强化传热；通道 4 的强化传热因子最高，为 1.23。综上所述，结构优化可以有效地提高微通道在高热流密度下的整体传热性能。

2.3　微结构形式对流动与传热性能的影响

在微通道的流动与传热过程中,微结构尺寸会对热阻及泵功产生显著的影响,而相比于凹穴,内肋的作用更大。因此,本节将着重针对肋的分布形式展开一系列的研究,并以凹穴高及肋高相同的 Tri. C-Tri. R 复杂结构微通道作为研究对象,纳米流体作为换热工质,对四组不同形式肋分布的微通道进行分析。同时,为了有效评价强化传热手段是否节能,提出了一种可用于变热物性流体综合传热性能评价的改进性能评价图(PEP),作为指导微通道结构合理设计的依据。

2.3.1　物理模型

根据 Zhai 等[1]所设计的微通道模型,通过改变肋的位置,如图 2.16 所示,设计了四种微结构形式不同的 Tri. C-Tri. R 复杂结构微通道。图 2.16(a)为参考微通道,记为通道 A。图 2.16(b)为肋只分布在壁面一侧的微通道,记为通道 B。图 2.16(c)为肋偏置分布的微通道,记为通道 C。图 2.16(d)为肋交错分布的微通道,记为通道 D。四种微通道的管内流动面积相同。其中,通道 A、C 及 D 分别设置了 25 组凹穴和 24 组肋,而通道 B 设置了 25 组凹穴及单边 24 个肋,故通道 B 的肋高是其他微通道的两倍。图 2.16(d)中 L_4 为 0.4143 mm,其余详细的尺寸参数见 2.1.1 节。

2.3.2　建立性能评价图模型

众所周知,任何强化传热的方法都不可避免地会增大摩擦损失。为了综合考虑流动和传热两方面的影响,Fan 等[26]首次引入性能评价图(PEP)对优化前后的结构进行了分析,其中,$\ln(Nu/Nu_0)$ 和 $\ln(f/f_0)$ 分别为坐标 X 和 Y。此后,Ji 等[27]基于 Fan 的模型,提出了另外一种可用于评价流量不等时优化前后结构性能的改进性能评价图。然而,在 Ji 和 Fan 的模型中,流体的热物理性参数通常认为是常数,对于某些热物性参数受温度影响较大的流体上述模型并不适用,如纳米流体等。

为了使性能评价图的适用范围更广,本节对 Fan(范氏)模型进行了改进并提出一种可用于变热物性流体综合传热性能评价的改进性能评价图。根据 Fan 等的解释,基液的平均摩擦系数 f 和平均努塞尔数 Nu 可根据下列形式进行拟合。

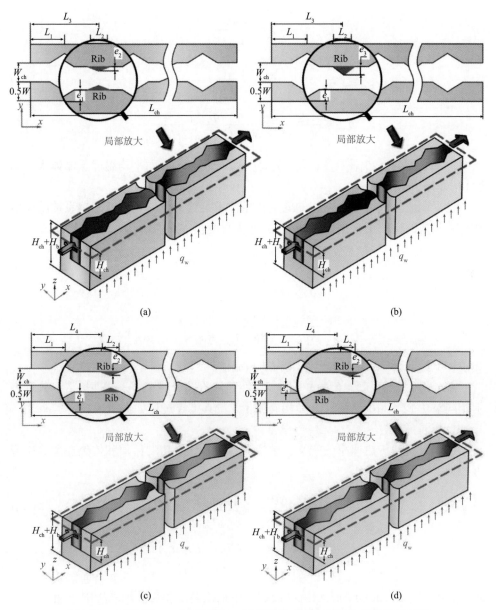

图 2.16　(a)通道 A；(b)通道 B；(c)通道 C 及 (d)通道 D 的结构示意图

$$f_{bf}(Re) = C_1 Re^{m_1} \tag{2.52}$$

$$Nu_{bf}(Re) = C_2 Re^{m_2} \tag{2.53}$$

式中，f、Nu 及 Re 分别表示平均摩擦系数、平均努塞尔数和雷诺数。

f 及 Nu 可根据下列公式计算得出。

$$f = \frac{2\Delta pD}{\rho L_{ch}u^2} \quad (2.54)$$

$$Nu = \frac{h_{ave}D}{\lambda} \quad (2.55)$$

$$h_{ave} = \frac{Q}{NA_{ch}\Delta T} = \frac{q_w A_{flim}}{N\Delta T(2W_{ch}+2H_{ch})L_{ch}} \quad (2.56)$$

式中，$\Delta T = T_b - 0.5(T_{in}+T_{out})$；$T_b$、$T_{in}$ 及 T_{out} 分别表示底面平均温度、流体入口温度和出口温度。

根据以上公式可知，在相同的工作条件下，纳米流体与基液摩擦系数的比值和努塞尔数的比值可根据以雷诺数 Re 作为自变量的函数求出，表达式如下：

$$\frac{f_{nf}}{f_{bf}} = \left(\frac{f_{nf}}{f_{bf}}\right)_{Re} \left(\frac{Re_{nf}}{Re_{bf}}\right)^{m_1} \quad (2.57)$$

$$\frac{Nu_{nf}}{Nu_{bf}} = \left(\frac{Nu_{nf}}{Nu_{bf}}\right)_{Re} \left(\frac{Re_{nf}}{Re_{bf}}\right)^{m_2} \quad (2.58)$$

式中，下标 bf 及 nf 分别表示基液和纳米流体。

Zhai 等[28]根据工作条件的不同，将性能评价图分成了"三线四区"，分别表示相同泵功 PP、相同压降 Δp 和相同流量 V。其推导过程如下所述。

1) 相同泵功时

根据泵功和传热速率的定义，纳米流体与基液泵功的比值和传热速率的比值可根据下列表达式求出。

$$\frac{PP_{nf}}{PP_{bf}} = \frac{(Au\Delta P)_{nf}}{(Au\Delta P)_{bf}} = \frac{(AufL_{ch}\rho u^2 / D)_{nf}}{(AufL_{ch}\rho u^2 / D)_{bf}} \quad (2.59)$$

$$\frac{Q_{nf}}{Q_{bf}} = \frac{(hA\Delta t_m)_{nf}}{(hA\Delta t_m)_{bf}} = \frac{(Nu\lambda / DA\Delta t_m)_{nf}}{(Nu\lambda / DA\Delta t_m)_{bf}} \quad (2.60)$$

式中，A、L_{ch} 及 Δt_m 分别表示流动面积、单根微通道的长度和平均固-液温差。

在通道结构相同时，以上公式可简化为

$$\frac{PP_{nf}}{PP_{bf}} = \frac{(f\rho u^3)_{nf}}{(f\rho u^3)_{bf}} = \frac{f_{nf}}{f_{bf}} \cdot \frac{(\rho^{-2}\mu^{-3})_{nf}}{(\rho^{-2}\mu^{-3})_{bf}} \cdot \frac{Re_{nf}^3}{Re_{bf}^3} = a_1 \frac{f_{nf}}{f_{bf}} \cdot \frac{Re_{nf}^3}{Re_{bf}^3} \quad (2.61)$$

$$\frac{Q_{nf}}{Q_{bf}} = \frac{Nu_{nf}}{Nu_{bf}} \cdot \frac{\lambda_{nf}}{\lambda_{bf}} = a_2 \frac{Nu_{nf}}{Nu_{bf}} \quad (2.62)$$

$$a_1 = \frac{(\rho^{-2}\mu^{-3})_{\mathrm{nf}}}{(\rho^{-2}\mu^{-3})_{\mathrm{bf}}} \tag{2.63}$$

$$a_2 = \frac{\lambda_{\mathrm{nf}}}{\lambda_{\mathrm{bf}}} \tag{2.64}$$

式中，λ 表示导热系数。

在相同泵功时，式(2.61)可以改写为

$$\frac{f_{\mathrm{nf}}}{f_{\mathrm{bf}}} = \frac{1}{a_1}\left(\frac{Re_{\mathrm{nf}}}{Re_{\mathrm{bf}}}\right)^{-3} \tag{2.65}$$

然后，将式(2.65)代入式(2.57)中、式(2.62)代入式(2.58)中，可得

$$\frac{Re_{\mathrm{nf}}}{Re_{\mathrm{bf}}} = \left[a_1\left(\frac{f_{\mathrm{nf}}}{f_{\mathrm{bf}}}\right)_{Re}\right]^{-\frac{1}{3+m_1}} \tag{2.66}$$

$$\frac{Q_{\mathrm{nf}}}{Q_{\mathrm{bf}}} = a_2\frac{Nu_{\mathrm{nf}}}{Nu_{\mathrm{bf}}} = a_2\left(\frac{Nu_{\mathrm{nf}}}{Nu_{\mathrm{bf}}}\right)_{Re}\left(\frac{Re}{Re_{\mathrm{bf}}}\right)^{m_2} \tag{2.67}$$

将式(2.67)代入式(2.66)，可得

$$\frac{Q_{\mathrm{nf}}}{Q_{\mathrm{bf}}} = a_2\left(\frac{Nu_{\mathrm{nf}}}{Nu_{\mathrm{bf}}}\right)_{Re} a_1\left(\frac{f_{\mathrm{nf}}}{f_{\mathrm{bf}}}\right)_{Re}^{-\frac{m_2}{3+m_1}} = \left(\frac{a_2 Nu_{\mathrm{nf}}}{Nu_{\mathrm{bf}}}\right)_{Re} \bigg/ \left(\frac{a_1 f_{\mathrm{nf}}}{f_{\mathrm{bf}}}\right)_{Re}^{\frac{m_2}{3+m_1}} \tag{2.68}$$

式(2.68)表示在相同泵功时，微通道管内不同流体之间传热速率的比值。其他工作条件下的表达式同样可通过控制压降和流量不变的方式，采用类似的推导方式得出。

2) 相同压降时

$$\frac{\Delta P_{\mathrm{nf}}}{\Delta P_{\mathrm{bf}}} = \frac{(fL\rho u^2 / D)_{\mathrm{nf}}}{(fL\rho u^2 / D)_{\mathrm{bf}}} = \frac{(f\rho u^2)_{\mathrm{nf}}}{(f\rho u^2)_{\mathrm{bf}}}$$
$$= \frac{f_{\mathrm{nf}}}{f_{\mathrm{bf}}}\frac{(\rho^{-1}\mu^{-2})_{\mathrm{nf}}}{(\rho^{-1}\mu^{-2})_{\mathrm{bf}}}\left(\frac{Re_{\mathrm{nf}}}{Re_{\mathrm{bf}}}\right)^2 = a_3\frac{f_{\mathrm{nf}}}{f_{\mathrm{bf}}}\left(\frac{Re_{\mathrm{nf}}}{Re_{\mathrm{bf}}}\right)^2 = 1 \tag{2.69}$$

将式(2.69)代入式(2.57)，得到式(2.70)：

$$\frac{Re_{\mathrm{nf}}}{Re_{\mathrm{bf}}} = \left(\frac{a_3 f_{\mathrm{nf}}}{f_{\mathrm{bf}}}\right)_{Re}^{-\frac{1}{2+m_1}} \tag{2.70}$$

将式(2.70)分别代入式(2.58)和式(2.60)，得式(2.71)：

$$\frac{Q_{\text{nf}}}{Q_{\text{bf}}} = \frac{a_2 Nu_{\text{nf}}}{Nu_{\text{bf}}} = \left(\frac{a_2 Nu_{\text{nf}}}{Nu_{\text{bf}}}\right)_{Re} \bigg/ \left(\frac{a_3 f_{\text{nf}}}{f_{\text{bf}}}\right)_{Re}^{\frac{m_2}{2+m_1}} \tag{2.71}$$

式中，$a_3 = \dfrac{(\rho^{-1}\mu^{-2})_{\text{nf}}}{(\rho^{-1}\mu^{-2})_{\text{bf}}}$。

3) 相同流量时

在相同流量时，表达式可根据公式(2.62)直接得出：

$$\frac{Q_{\text{nf}}}{Q_{\text{bf}}} = a_2 \frac{Nu_{\text{nf}}}{Nu_{\text{bf}}} \tag{2.72}$$

因此，将式(2.70)、式(2.71)和式(2.72)对数化可得式(2.73)：

$$\ln\left(\frac{Nu_{\text{nf}}}{Nu_{\text{bf}}}\right)_{Re} = b + k_1 \ln\left(\frac{f_{\text{nf}}}{f_{\text{bf}}}\right)_{Re} \tag{2.73}$$

图 2.17 是改进性能评价图的示意图，横坐标和纵坐标分别表示在雷诺数 Re 相同时，纳米流体与基液之间摩擦系数的比值和努塞尔数的比值。图中三根分界线的位置可由式(2.73)确定。表 2.6 是三根分界线中 b 和 k_1 的表达式，其值可根据不同工作条件下的计算表达式求出。由于系统输入的热量是恒定的，因此，热量输入量与工质种类无关。由此可得：$Q_{\text{nf}}/Q_{\text{bf}} = 1$。$m_1$ 和 m_2 的值由式(2.52)和式(2.53)得出，其中 a_1 和 a_2 的值可根据换热工质的热物性参数计算求得。

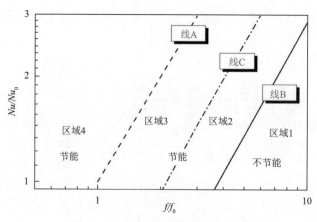

图 2.17 改进性能评价图的示意图

表 2.6　三根分界线中 b 和 k_1 的表达式

	b	k_1
直线 A	$\ln\dfrac{Q_{\text{nf}}}{Q_{\text{bf}}}=0$	直线经过点 $(1,1)$
直线 B	$\ln\dfrac{Q_{\text{nf}}}{Q_{\text{bf}}}-\ln a_2+\dfrac{m_2}{3+m_1}\ln a_1$	$\dfrac{m_2}{3+m_1}$
直线 C	$\ln\dfrac{Q_{\text{nf}}}{Q_{\text{bf}}}-\ln a_2+\dfrac{m_2}{2+m_1}\ln a_3$	$\dfrac{m_2}{2+m_1}$

此外，值得注意的是，图 2.17 中三根分界线将性能评价图划分成四个区域，根据 Fan 的解释，当数据点落在区域 1 时，说明该结构在设计上并不节能，强化后的传热劣于强化前的，即 Nu/Nu_0 小于 f/f_0，强化后的压降增大效果大于传热效果；当数据点落在区域 2 时，说明在相同泵功时，强化后的效果优于强化前的；当数据点落在区域 3 时，说明在相同压降时，强化后的效果优于强化前的；当数据点落在区域 4 时，说明在相同流量时，强化后的效果优于强化前的。由此说明，在区域 2～4 上虽然伴随着摩擦损失的增大，但是传热效果的提升更为明显，结构设计也更为合理。在性能评价图中，分界线的斜率越大，则该区域的传热强化越明显，故区域 4 的强化传热性能效果最佳，其次是区域 3、区域 2。此外，可以发现，改进的性能评价图和范氏模型基本一致，但是经过改进后，该方法能用于变热物性流体的评价。

性能评价图的绘制可分为三个步骤：首先，根据 f 和 Nu 的关联式确定 m_1 和 m_2 的值；然后，通过 m_1 和 m_2 计算出 b 和 k_1 的值，并确定三根分界线的位置；最后，计算出每个工作点的 f 和 Nu 值，并判断其落在哪个区域上。

2.3.3　基于纳米流体流动与传热特性分析

纳米流体作为一种较为理想的换热工质，目前已被广泛地应用在许多工程领域中。为了进一步地提高微通道的传热性能，结合纳米流体高导热系数的特点，以 Al_2O_3/水作为换热工质，通过数值模拟的方法进行分析。由于悬浮颗粒的粒径非常小，通常范围在 0～100 nm 之间，因此，目前对于纳米流体的定义并没有统一的标准。有的学者认为悬浮颗粒粒径太小，纳米流体可看作是单相流体，而有的学者认为由于颗粒的存在，纳米流体应该看作是混合流体，所以在计算模型的选择上存在着一定的困难[29]。在单相模型中，纳米流体被看作是相对稀释的、均匀的及连续的单一流体；而在多相模型中，基液看作是第一相，纳米颗粒看作是第二相。

单相模型通常是将颗粒和基液合并看作是新的一相(纯流体)，并根据关联式计算纳米流体的热物性参数，然后通过 Fluent 的多元线性图表输入不同温度下所对应的密度、比热容、导热系数及动力黏度[30]。其中，层流状态下单相模型的控制方程已在 2.2.1 小节中提及，这里不再进行赘述。

多相模型则是通过分开定义第一相和第二相进行计算的。在计算之前，首先需要确定每一相的热物性参数。由于液体的导热系数和动力黏度受温度的影响程度较大，因此，基液的热物性参数需要通过多元线性图表进行输入。而颗粒受温度的影响程度较小，这里只需要对 20℃时颗粒的热物性参数进行输入即可。纳米颗粒为 Al_2O_3（粒径为 36 nm），其密度、比热容及导热系数分别为 3600 kg/m³、765 J/(kg·K) 和 36 W/(m·K)。根据 2.1 小节计算模型的选择可知，当把纳米流体看作是混合流体进行计算时，采用混合模型较为合适，混合模型的控制方程如下[31]：

连续性方程：
$$\nabla \cdot \left(\rho_m \vec{u}_m \right) = 0 \tag{2.74}$$

$$\rho_m = \sum_{k=1}^{N} \varphi_k \rho_k \tag{2.75}$$

$$\vec{u}_m = \frac{\sum\limits_{k=1}^{k} \varphi_k \rho_k \vec{u}_k}{\rho_m} \tag{2.76}$$

式中，下标 k 和 m 分别表示单独的每一相(液相/固相)和混合相；ρ_m 和 $\vec{u}_m$ 表示平均密度和平均速度。

动量方程：
$$\nabla \cdot (\rho_m \vec{u}_m \vec{u}_m) = -\nabla p_m + \nabla \cdot [\mu_m (\nabla \vec{u}_m + \nabla \vec{u}_m^{\mathrm{T}})] - \nabla \cdot \left(\sum_{k=1}^{k} \varphi_k \rho_k \vec{u}_{dr,k} \vec{u}_{dr,k} \right) \tag{2.77}$$

式中，μ_m 表示平均动力黏度；$\vec{u}_{dr,k}$ 表示相间滑移速度；μ_m 和 $\vec{u}_{dr,k}$ 可根据下列公式计算得出。

$$\mu_m = \sum_{k=1}^{k} \varphi_k \mu_k \tag{2.78}$$

$$\vec{u}_{dr,k} = \vec{u}_k - \vec{u}_m \tag{2.79}$$

能量方程：
$$\nabla \cdot [\varphi_k \vec{u}_k (\rho_k h_k + p)] = \nabla \cdot (\lambda_{\mathrm{eff}} \nabla T - c_p \rho_m \overline{ut}) \tag{2.80}$$

$$\lambda_{\text{eff}} = \sum \varphi_k \lambda_k \tag{2.81}$$

式中，h_k 表示每一相(液相/固相)的焓值；$\overline{ut}$ 和 λ_{eff} 分别表示纳米流体的扩散通量和导热系数。

入口流速设置为 0.5～3.5 m/s、流体初始温度设置为常温(T_{in}=293 K)、出口压力设置为大气压力、底部热流密度设置为 10^6 W/m^2、上壁面设置为绝热。求解器基于压力-速度求解基、SIMPLE 算法、梯度基于最小二乘法、压力采用 PRESTO、体积分数采用一阶迎风、能量和动量均采用为二阶迎风。在计算过程中，对出口温度进行监测，当残差曲线均小于 10^{-6} 时认为计算收敛。

在数值模拟之前首先需要对网格独立性及模型方法进行验证。如图 2.18 所示，采用混合网格对 Tri. C-Tri. R 复杂结构微通道进行划分，即规则区域采用结构网格，不规则区域采用非结构网格。图 2.18(a) 及 (b) 分别表示固体域和流体域。图 2.18(c) 及 (d) 分别表示肋所在区域和凹穴所在区域的局部放大图。

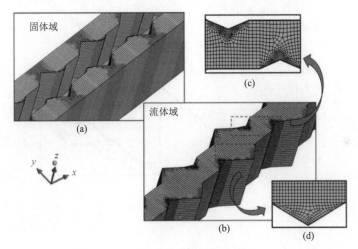

图 2.18　计算网格
(a) 固体域；(b) 流体域；(c) 肋所在区域的局部放大图；(d) 凹穴所在区域的局部放大图

为了保证计算结果的准确性，需要对网格独立性进行验证，如图 2.19 所示为网格独立性验证。选取通道 D 作为验证通道，四种网格数量分别为 444.9 万(非常密)、401.4 万(很密)、327.2 万(较密)和 262.3 万(较粗糙)。如图 2.19(a) 所示，相比于最密的网格，另外三种网格的局部努塞尔数(Nu_x)的最大误差不超过 1.62%、2.73%和 2.86%。同样地，如图 2.19(b) 所示，局部压降(Δp_x)的最大误差不超过 1.39%、2.25%和 2.86%。因此，为了节省计算资源，所选取的网格数量为 327.2 万。

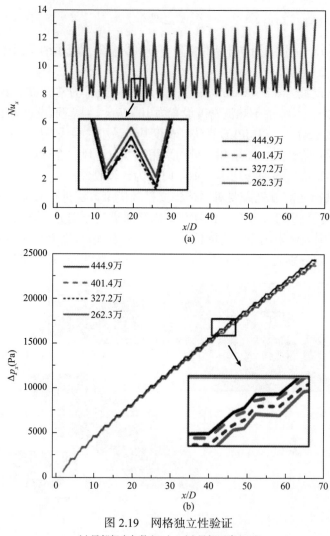

图 2.19　网格独立性验证

(a) 局部努塞尔数 (Nu_x)；(b) 局部压降 (Δp_x)

　　为了验证模型方法的准确性，采用与 Lee 等实验相同的物理模型[32]，在相同的初始条件下对体积分数为 1% 和 2% 的纳米流体进行计算，对比单相模型和多相模型与实验之间的误差。图 2.20 是模拟值与实验值的对比。如图 2.20(a) 所示，单相模型和混合模型在体积分数为 1% 和 2% 时，传热系数与实验之间的最大误差分别为 28.4% 和 7.5%。如图 2.20(b) 所示，在体积分数为 1% 和 2% 时，压降与实验之间的最大误差分别为 3.71% 和 3.6%。并且由于颗粒的布朗运动和微对流等现象，随着纳米粒子体积分数的增大，单相模型和实验之间的误差也越来越大，这在其他文献中也出现了类似的现象。

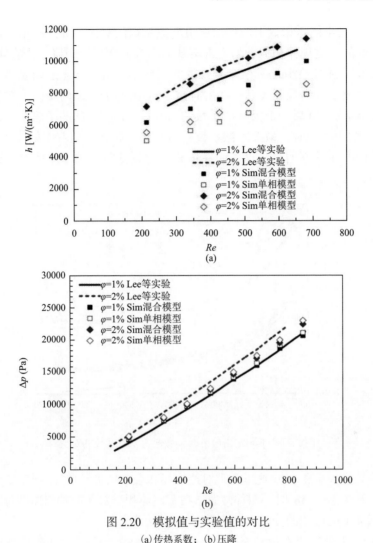

图 2.20 模拟值与实验值的对比
(a) 传热系数；(b) 压降

Moraveji 等[33]通过单相模型和多相模型(VOF、混合、欧拉)分别计算了体积分数为 0.139%、0.278%和 1.734%时的努塞尔数，结果表明，欧拉模型和混合模型与实验的吻合度较高，而单相模型和实验的吻合度较低。Behzadmehr 等[34]研究了质量浓度为 1%时纳米流体的管内传热情况，他们采用了单相模型和多相模型，并与 Xuan 和 Li 的实验进行了对比，结果表明，多相模型的计算值和实验值更为接近。Kalteh 等[35]还对水-Cu 纳米流体在水平微通道中的流动与传热特性进行了研究，结果表明，相比于其他模型，混合模型能与实验较好地吻合。此外，由于关联式并不能很好地预测纳米流体的导热系数和动力黏度，因此采用单相模型进行计算时会产生较大的误差。综上所述，选用混合模型进行接下来的数值模拟计算。

图 2.21 是不同雷诺数下四种微通道摩擦系数的对比。如图所示，四种微通道摩擦系数的变化规律相似，均随雷诺数的增大而缓慢地下降。而在雷诺数 *Re* 约为 582 时，由于受到肋和纳米颗粒的共同作用，流动状态逐渐脱离了层流变化规律，摩擦系数出现了飞升。在所有微通道中，通道 B 的摩擦系数最大，在雷诺数 *Re* 约为 140 时，最大摩擦系数约为 0.9，而通道 D 的摩擦系数最小，在雷诺数 *Re* 约为 140 时，最大摩擦系数约为 0.55。此外，随着体积分数的增大，摩擦系数的变化并不明显，这说明在体积分数较低时，纳米流体对摩擦阻力的影响较小。

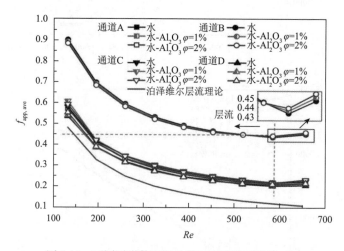

图 2.21　不同雷诺数下四种微通道摩擦系数的对比

为了作进一步的分析，这里分别对速度场和温度场进行研究。图 2.22 和图 2.23 分别为雷诺数 *Re*=258 时，四种微通道在不同体积分数下的轴向速度分布和 z = 0.1 mm 截面上的流线图分布。

如图 2.23 所示，在流动充分发展时(x=7.4～8.2 mm)，由于黏性作用，近壁面流体速度几乎为零，沿径向方向的流体速度逐渐增大，并在管道中心达到最大值。随着体积分数的增大，流体速度的变化并不明显，这说明纳米颗粒对于强化传热的效果远大于压降增大的效果。相比于流道截面不变的区域，肋所在区域的速度梯度更大，相反地，凹穴所在区域的速度梯度也更小。这说明肋对管内压降的影响更明显，而相比于肋的分布形式，肋高更为重要，故通道 B 的管内压降最大。而通道 A、C 及 D 的凹穴高及肋高完全相同，但是通道 A 和 C 的肋为对称分布，而通道 D 的肋为交错分布。所以在流动方向上，通道 A 和 C 流道截面的变化程度更大，因此，通道 A 和 C 的管内压降较通道 D 更大。

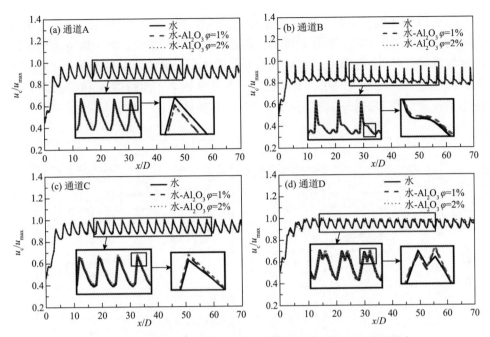

图 2.22　Re=258 时，四种通道在不同体积分数下的轴向速度分布

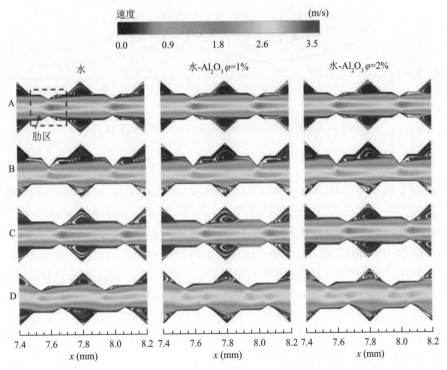

图 2.23　Re=258 时，z=0.1 mm 截面上四种通道在不同体积分数下的流线图分布

图 2.24 为不同雷诺数下流体温度和底面壁温的分布。如图所示，所有工况的温度均随着雷诺数的增大而逐渐降低。随着体积分数的增大，四种微通道的流体温度均没有发生明显的变化，而底面壁温随着体积分数的增大而降低。此外，在所有微通道中，通道 B 的底面壁温最低，通道 D 次之，而通道 A 和 C 最高，这说明了通道 B 和 D 在结构设计上有着较好的传热性能。

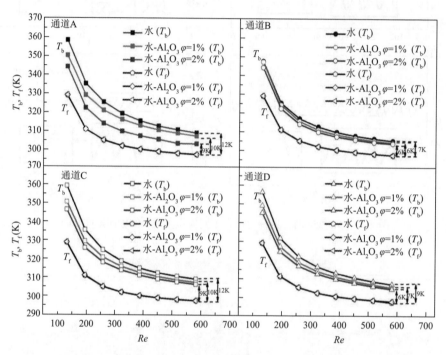

图 2.24　不同雷诺数四种微通道的流体温度和底面壁温的分布

图 2.25 为 $Re = 258$ 时，$z = 0.1$ mm 截面上四种通道在不同体积分数下的温度分布。由于纳米颗粒高导热系数的特点及颗粒的不规则运动，在一定体积分数下四种微通道均能表现出较好的传热性能。在流体域中，通道 A 和 C 的温度等值线分布较密，而通道 B 和 D 的温度等值线分布较疏，这表明通道 A 和 C 这两种结构的冷热流体混合能力较弱，主流中的冷流体不能及时对近壁面处的热流体进行冷却，从而降低了近壁面处固体和液体之间的传热速率，导致这两种通道的传热性能较差。在通道 B 中，由于肋高较大，管内的局部扰动更强，故通道 B 的传热能力最强。在通道 D 中，交错排列分布的肋能更加有效地打断热边界层的发展强化传热，而这种结构在强化传热的同时能有效降低管内压降，因此，相比于通道 B，通道 D 的整体传热性能更好。

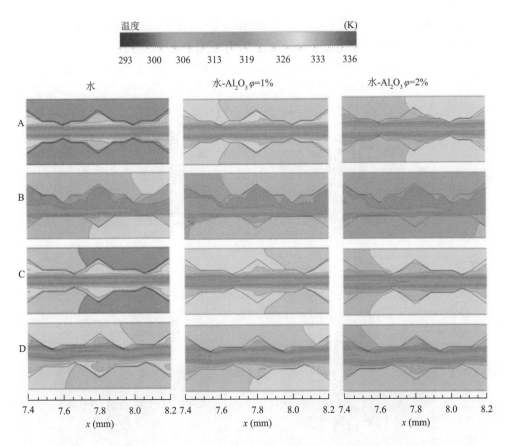

图 2.25　Re=258 时，z=0.1 mm 截面上四种通道在不同体积分数下的温度分布

为了综合地分析流动和传热的共同影响，采用强化传热因子 η 对其进行评价。如图 2.26 所示，四种微通道的强化传热因子均随体积分数的增大而增大。在雷诺数 Re=582 时，相比于水，采用体积分数为 2%的 Al_2O_3/水纳米流体时，四种微通道的强化传热因子 η 分别提升了 25.81%、24.58%、25.25%和 26.80%。此外，通道 D 在高雷诺数(Re=582)时，最高的强化传热因子为 2.2517。这表明通道 D 的结构在设计上存在着一定的优势，相比于通道 B，强化传热的提升效果比压降增大效果更大，因此，通道 D 在实际的微电子领域中更有意义。

虽然强化传热因子能有效地评价不同微通道的综合传热性能，但是这始终是一个最终的结果。而在性能评价图(PEP)中，横纵坐标分别为努塞尔数的比值 Nu/Nu_0 和摩擦系数的比值 f/f_0。在实际应用中，通过数据点的分布就能直观地判断强化传热的效果、压降增大的效果及整体的传热性能，并且能快速判断计算工况是否节能，因此，这种方法更为简便。下面将采用改进的性能评价图对四种微通道作进一步的分析。首先，在工质为水的情况下，拟合出四种微通道的平均摩

擦系数 f_{bf} 和平均努塞尔数 Nu_{bf}，这里采用 1-stop 拟合工具进行拟合，拟合公式如表 2.7 所示。b 和 k_1 可根据 m_1 和 m_2 的值计算得出。

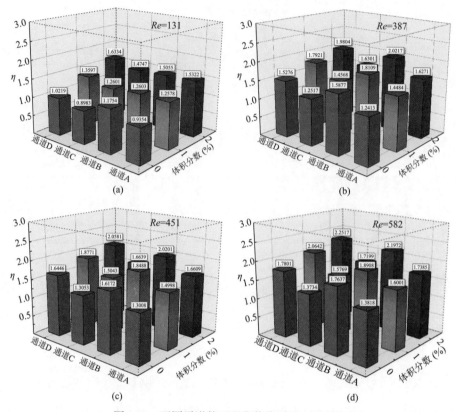

图 2.26　不同雷诺数下强化传热因子 η 的对比

表 2.7　四种微通道平均摩擦系数和努塞尔数的拟合式

	摩擦系数的拟合公式	努塞尔数的拟合公式	m_1	m_2
通道 A	$f=15.51Re^{0.68}$	$Nu=0.13Re^{0.70}$	−0.68	0.70
通道 B	$f=10.55Re^{-0.51}$	$Nu=0.35Re^{0.61}$	−0.51	0.61
通道 C	$f=15.16Re^{-0.68}$	$Nu=0.13Re^{0.70}$	−0.68	0.70
通道 D	$f=15.94Re^{-0.70}$	$Nu=0.12Re^{0.75}$	−0.70	0.75

　　基于 Al_2O_3/水纳米流体的四种微通道的性能评价图如图 2.27 所示。由于纳米颗粒的加入对摩擦系数的影响并不明显，因此所有的数据点均落在了区域 3 和区域 4 上。随着体积分数的增大，微通道的传热性能明显增强，即 $Nu_{2\%}/Nu_0$ 大于

$Nu_{1\%}/Nu_0$。这说明纳米颗粒的加入对于微电子设备的能源管理有着非常重要的意义。经对比发现，通道 D 的工作点斜率最大，这表明通道 D 摩擦损耗最小，整体传热性能最优。该结果与强化传热因子的分析结果一致，但是其更为简单直观，故更适用于实际工程的应用。

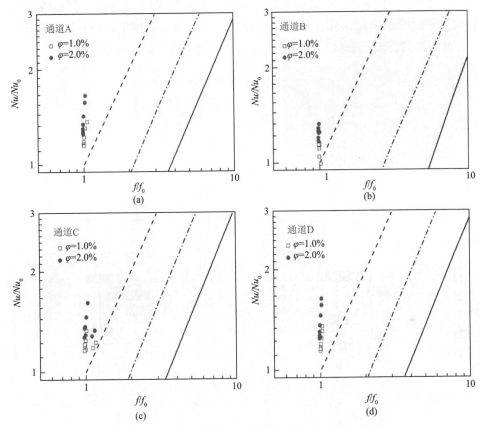

图 2.27　基于 Al$_2$O$_3$/水纳米流体的四种微通道的性能评价图

此外，微通道热沉底面的温度分布同样会对微电子设备的寿命造成影响。为了评价微通道热沉底面温度的均匀性，采用 Ansari 等[36]所提出的平均绝对温度偏差(MATD)δ_T 进行表征，δ_T 的表达式如下：

$$\delta_T = \frac{\left|T_{b,max} - T_{b,avg}\right| + \left|T_{b,min} - T_{b,avg}\right|}{2} \tag{2.82}$$

式中，$T_{b,max}$、$T_{b,min}$ 及 $T_{b,avg}$ 分别表示微通道热沉底面最高温度(K)、底面最低温度(K)和底面平均温度(K)；δ_T 值越小说明底部温度分布越均匀。

图 2.28 是不同雷诺数下四种微通道的平均绝对温度偏差。如图所示，在四种

微通道中, 通道 B 的平均绝对温度偏差最小, 通道 D 次之, 然后是通道 C、通道 A。相比于水, 在 $Re=258$ 时, 采用体积分数为 2% 的纳米流体作为换热工质, 通道 A、B、C 及 D 的平均绝对温度偏差分别减小了 4.8%、6.4%、3.3% 和 5.8%。虽然通道 B 的温度分布最均匀, 但是肋高却是其他通道的两倍, 因此管内压降较另外三种微通道的更大, 整体的传热性能劣于通道 D。而相比于参考微通道(通道 A), 这种结合纳米流体和优化结构的设计方案能够有效地消除壁面上的局部热点、减小底面的平均绝对温度偏差, 从而提高设备的整体的传热性能。

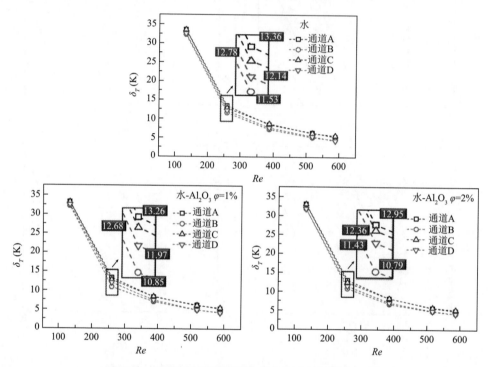

图 2.28 不同雷诺数下四种微通道的平均绝对温度偏差

2.3.4 小结

本节提出了一种改进的性能评价图,用于评价变热物性流体的整体传热性能。结合 Al_2O_3/水纳米流体和四种微通道的优势, 通过数值模拟对雷诺数范围为 $0\sim582$、体积分数为 $0\sim2\%$ 的工况进行研究, 得到如下结论:

(1)根据范氏模型所改进的性能评价图可用于变热物性流体的评价。

(2)根据数值模拟的结果, 所研究的数据点均落在区域 3 和区域 4 上。这表明在相同流量和相同压降时, 强化传热的效果大于压降增大的效果。

(3)肋高及肋的分布对微通道管内流动与传热特性的影响非常明显。相比于水，在体积分数为 2%、$Re=258$ 时，通道 B 的底面温度下降了 6.4%。然而，由于管内压降较小及传热性能较高，通道 D 的整体传热性能最好。

2.4　多孔介质微通道强化传热研究

2.4.1　物理模型

根据 Lu 等[37]设计的微通道，对 Tri. C-Tri. R 复杂结构微通道进行优化。内壁面两侧设置为多孔介质，材料为硅，孔隙率 ε 为 0.5～0.7。为了防止制冷剂的流失，微通道热沉的最外侧设置为固体硅，如图 2.29(a)所示。不考虑多孔介质与底座之间的接触热阻，同时为了方便计算，选取一根微通道进行数值模拟，如图 2.29(b)所示。通道结构俯视图如图 2.29(c)所示，尺寸参数参见 2.1 节的通道 A。

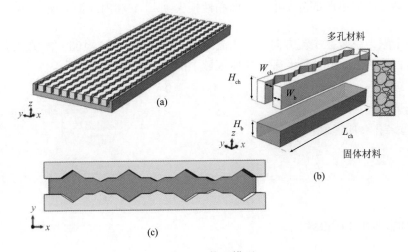

图 2.29　物理模型

(a)微通道热沉三维示意图；(b)单根微通道的示意图；(c)俯视图

采用 Fluent 多孔介质模型及两相混合模型，入口流速设置为 0.5～3.5 m/s。体积分数为 0.05%的 Al_2O_3-TiO_2/水混合纳米流体作为换热工质，初始温度设置为 20℃。其中，Al_2O_3 和 TiO_2 的体积分数均为 0.025%，TiO_2 的粒径、密度、比热容及导热系数分别为 50 nm、4250 kg/m³、686.2 J/(kg·K) 和 8.9538 W/(m·K)。通过数值模拟的方法研究不同工况下多孔介质微通道的流动与传热特性。

表 2.8 是网格独立性验证。如表所示，当网格数为 207.62 万时，与最密网格相比，壁面平均温度 $T_{b,ave}$ 和压降 Δp 分别减小了 0.34%和 0.79%。在四种网格中的误差最小，因此选用数量为 207.62 万的网格进行数值模拟计算。

表 2.8 网格独立性验证

序号	网格数量（万）	$T_{b,ave}$ (K)	$\left|\dfrac{T_{b,ave(n)}-T_{b,ave(1)}}{T_{b,ave(1)}}\right|$%	Δp (kPa)	$\left|\dfrac{\Delta p_{(n)}-\Delta p_{(1)}}{\Delta p_{(1)}}\right|$%
1	76.63	320.71	2.44	49438.00	7.9
2	106.96	326.84	0.57	53057.54	1.16
3	207.62	327.61	0.34	53252.16	0.79
4	253.13	328.72	—	53677.86	—

2.4.2 模型方法验证

Fluent 多孔介质模型实际上是在定义了多孔介质区域内添加一个根据经验假设为主的流动阻力，本质上，多孔介质模型仅仅只是在动量方程上叠加一个动量源项。动量源项由两部分所组成，即黏性损失项 $\dfrac{\varepsilon\mu}{K_p}\vec{u}$ 和内部损失项 $\dfrac{\rho_f\varepsilon^2 C_F}{\sqrt{K_p}}|\vec{u}|\vec{u}$。通常两个阻力系数在主流方向和非主流方向上的差值不超过 1000 倍。在换热工质为水时，流体域、固体域及多孔介质区域上的控制方程如下[38-40]：

连续方程：
$$\nabla\cdot\left(\rho_f\vec{u}\right)=0 \tag{2.83}$$

动量方程：

（1）多孔介质区域：

$$\frac{\rho_f}{\varphi}\nabla\cdot\left(\frac{\vec{u}\vec{u}}{\varphi}\right)=-\nabla p+\frac{\mu}{\varphi\rho_f}\nabla^2\cdot\vec{u}-\left(\frac{\varepsilon\mu}{K_p}+\frac{\rho_f\varepsilon^2 C_F}{\sqrt{K_p}}|\vec{u}|\right)\vec{u} \tag{2.84}$$

（2）非多孔介质区域：

$$\rho_f(\vec{u}\cdot\nabla)\vec{u}=-\nabla p+\mu\nabla^2\cdot\vec{u} \tag{2.85}$$

式中，ρ_f 为液相密度；ε 为多孔介质材料的孔隙率；∇p 为压力梯度；μ 为动力黏度；K_p 和 C_F 分别为渗透率和无量纲阻力系数，表达式如下[41]：

$$K=\frac{D_h^2\varepsilon^3}{[150(1-\varepsilon)^2]} \tag{2.86}$$

$$C_F=\frac{1.75}{\sqrt{150}\varepsilon^{3/2}} \tag{2.87}$$

能量方程：

(1) 多孔介质区域：

$$（固相）\ 0=\nabla(k_{\text{seff}}\nabla T_s)+h_v(T_s-T_f) \tag{2.88}$$

$$（液相）\ (\rho c_p)\bar{u}\nabla T_f=\nabla(k_{\text{eff}}\nabla T_f)+h_v(T_s-T_f) \tag{2.89}$$

(2) 非多孔介质区域：

$$\text{div}(\bar{u}T)=\text{div}\left(\frac{k}{\rho c_p}\text{grad}T\right)+\frac{S_T}{\rho} \tag{2.90}$$

式中，$k_{\text{seff}}=(1-\varepsilon)k_s$；$h_v=a_{\text{sf}}h_{\text{sf}}$；$a_{\text{sf}}=6(1-\varepsilon)D_h$；$k_{\text{eff}}=\varepsilon k_f$。$k_{\text{seff}}$ 和 k_{eff} 分别表示固相和液相的有效导热系数；h_v 表示体积对流传热系数；T_f 表示流体温度；T_s 表示固体温度；T 表示多孔区域的流体温度；S_T 表示源相；a_{sf} 表示面比；h_{sf} 表示固液两相之间的对流传热系数；k_s 及 k_f 分别表示多孔介质中固、液两相的导热系数。

图 2.30 是所选用的计算模型验证。如图 2.30 (a) 所示，对多孔介质模型进行验证。采用与 Hetsroni 等[42]实验完全相同的物理模型进行验证。结果表明，在孔隙率 ε 分别为 0.32 和 0.44 时，模拟与实验之间管内压降的最大误差不超过 8.93% 和 8.65%。如图 2.30 (b) 所示，对多相模型进行验证。结果表明，在体积分数为 2% 时，混合模型所计算的管内压降和传热系数与实验之间的最大误差不超过 3.6% 和 3.71%。这表明所采用的多孔介质模型及多相模型均能与实验较好地吻合。

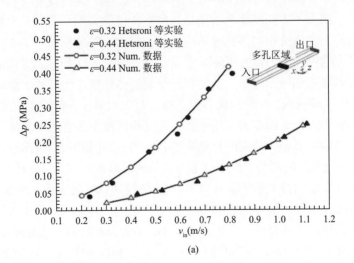

(a)

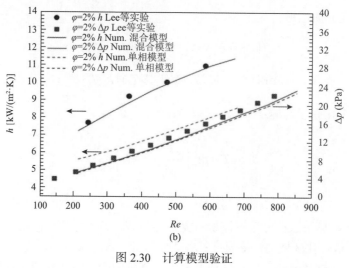

图 2.30　计算模型验证
(a)多孔模型；(b)多相模型

2.4.3　流动与传热机理分析

　　为了研究多孔介质对管内流动与传热特性的影响，对孔隙率不同的多孔介质微通道进行分析。图 2.31 是工质为水时不同孔隙率下的速度云图及流线图分布。如图所示，通道不设置多孔介质时，由于流体具有黏性，近壁面上流体速度无滑移，在肋区上流道截面急剧收缩，管内流速明显增大，产生较大的压降。研究表明，设置多孔介质能有效解决压降增大的问题。Li 等[43]通过设置一定尺寸的多孔肋和固体肋，研究了不同类型肋对流动与传热特性的影响。他们发现相比于固体肋，采用对称及交错分布的多孔介质内肋时，管内压降分别减小了 57% 和 12%。而采用多孔介质针肋时，管内压降减小了 67%。如图 2.31 所示，流体能从多孔介质肋中通过并渗透到壁面内部，这使得近壁面流体速度产生滑移。此时，管内流速减小，管内压降减低，这种现象类似于通过超疏水壁面降低管内压降[44]。然而，随着孔隙率的增大，壁面渗透作用增强，速度梯度减小，管内压降进一步降低。

　　图 2.32 是 $x=3.6$ mm 截面的径向速度分布图。如图所示，径向速度分布呈现出"中间高两边低"的趋势，说明管道左右两侧的流量相同。当流动充分发展时，在不设置多孔介质的微通道中，管道中心($y=0$)流速达到最大值，为 3.22 m/s。而当设置了多孔介质后，流体的运动特性会发生变化，部分流体会从多孔肋通过，并且由于壁面渗透作用增强，管道流量减小，最大流速降低。当孔隙率为 0.5 时，管内最大流速为 1.75 m/s；而当孔隙率为 0.7 时，管内最大流速为 1.52 m/s，下降了约 15%。此外，由于壁面渗透作用增强，管壁内流体的流动规律会出现相反的现象。在孔隙率为 0.5 时，管壁内最小流速为 0.22 m/s；当孔隙率增大到 0.7 时，管

壁内最小流速为 0.26 m/s。上述现象均表明，多孔介质会改变管内流体的运动规律，从而产生不同的流动与传热特性。

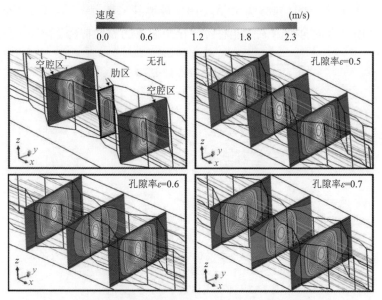

图 2.31 不同孔隙率下的速度云图及流线图分布(v_{in}=1.5 m/s、水)

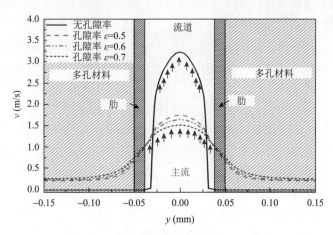

图 2.32 径向速度分布(v_{in}=1.5 m/s、水)

　　流体流动特性的不同会造成压降的不同。图 2.33 所示为微通道在不同雷诺数下压降的变化。可以看到，所有工况的压降均随着雷诺数 Re 的增大而增大。相比于固体微通道，多孔介质微通道能够有效降低近壁面流体的速度梯度，降低管内压降。随着孔隙率增大，壁面渗透作用增强，主流道的流量减少，管内流速降低从而导致管内压降减小，这在 Wang 等[45]的研究中也出现了类似的现象。此外，随着混合纳米颗粒的加入，管内压降的增大并不明显。在雷诺数 Re=322 时，水在孔隙率为 0.5 的多孔介质微通道中管内压降为 15.76 kPa，而采用 Al_2O_3-TiO_2/水混合纳米流体时，管内压降为 17.01 kPa，仅提升了 7.93%。这表明在实际应用中，多孔介质结合混合纳米流体能有效优化微通道的流动特性。

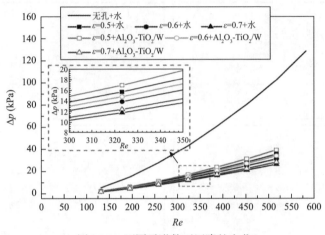

图 2.33　不同雷诺数下压降的变化

多孔介质不仅影响管内流体的流动特性，还会对微通道的传热特性造成影响。图 2.34 是工质为水时不同孔隙率下多孔介质微通道温度分布的云图。如图所示，相比于不设置多孔介质，在雷诺数 Re 为 257 时，孔隙率为 0.7 的多孔介质微通道壁面平均温度降低了约 3%。这是由于在多孔介质区域内，流体能在壁面内发生传热，从而产生了额外的传热面积。但是，在没有使用多孔介质时，流体温度分布等值线较密，温度梯度较大，管道中心冷流体与近壁面热流体之间的混合能力较弱。这导致了近壁面流体不能及时被冷却，从而降低固-液耦合面的热传导效率。在设置多孔介质后，管道中心流体和近壁面流体之间的温差减小，管内流体温度分布更为均匀。然而，随着孔隙率的增大，虽然流体温度梯度进一步减小，但是由于壁面渗透作用的增强，管内流量逐渐减少，因此在孔隙率较高时壁面温度反而更高。

图 2.35 为不同工况下雷诺数对平均努塞尔数的影响。如图所示，采用水作为换热工质时，固体壁面微通道的平均努塞尔数为 10.51、孔隙率为 0.7 的多孔介质微通道平均努塞尔数为 20.02，而孔隙率为 0.5 的多孔介质微通道平均努塞尔数为 21.11(Re=517)。可以发现，在一定范围内平均努塞尔数随着孔隙率的增大而增大，但是当达到了某个临界条件时，随着孔隙率的增大，平均努塞尔数反而减小。这主要是由主流道的传热系数降低造成的。虽然管壁内固-液触面积随着孔隙率的增大而增大，但是由于主流道的流量减小，因此通道的传热能力反而下降，这在 Lu 等[37]的研究中也出现了类似的现象。此外，结合 Al_2O_3-TiO_2/水混合纳米流体

的特点能有效提高微通道的传热性能。在雷诺数 Re 为 517 时，采用混合纳米流体作为换热工质，孔隙率为 0.5 的多孔介质微通道传热性能提升了 30.82%，孔隙率为 0.6 的多孔介质微通道传热性能提升了 25.86%，而孔隙率为 0.7 的多孔介质微通道传热性能提升了 19.87%。这说明在微通道结构设计时，混合纳米流体是一种较为理想的换热工质。当结合一定孔隙率的多孔介质时，微通道的传热性能可作进一步的提升。

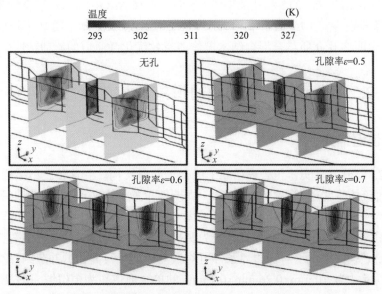

图 2.34 不同孔隙率下的温度云图分布（v_{in}=1.5 m/s、水）

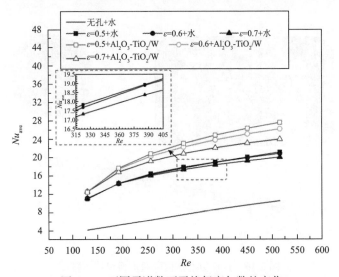

图 2.35 不同雷诺数下平均努塞尔数的变化

2.4.4　小结

本节对多孔介质微通道传热进行了研究,从温度场和速度场两方面进行分析,得到的结论如下所述。

(1)在 Re=257 时,相比于没有多孔介质的结构,孔隙率 ε 为 0.7 的多孔介质微通道平均壁面温度下降了约 3%,这表明多孔介质能有效强化传热。

(2)在雷诺数 Re=322 和孔隙率为 0.5 时,水和 Al_2O_3-TiO_2/水混合纳米流体的管内压降分别为 15.76 kPa 和 17.01 kPa,使用纳米流体工质其压降仅提升了7.93%,说明多孔介质结合混合纳米流体能有效优化微通道的流动特性。

2.5　鲨鱼仿生结构微通道流动与传热性能研究

2.5.1　模型描述

图 2.36(a)为真实鲨鱼表皮盾鳞上的微型肋条结构。受这种微型结构的启发,设计了鲨鱼仿生肋条(简称仿生肋条),周期性布置于微通道底部,以期强化传热的同时,尽可能地降低工质流动阻力。图 2.36(b)为含有十条微通道的微型换热器示意图,可以看出,该装置具有较为明显的对称性。针对具有较强对称性的结构,Fluent 软件提供了对称边界条件可对数值模型进行简化,并节约计算资源。因此,以尺寸为 10 mm×0.26 mm×0.1 mm 的单个通道作为模拟域,图 2.36(c)为单个微通道示意图。通过 Fluent 软件中的对称边界条件对整个微型换热器性能进行研究。

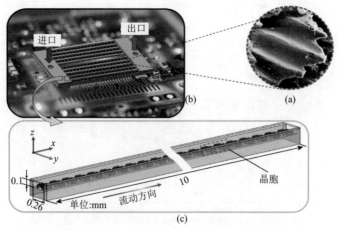

图 2.36　鲨鱼仿生结构微通道换热器示意图

(a)鲨鱼表皮盾鳞结构;(b)微通道换热器;(c)单个微通道

　　表 2.9 总结了微通道中仿生肋条的四种周期性布置方案以及仿生肋条尺寸参数。仿生肋条周期性布置于微通道底部，每个周期之间的间隔为 0.05 mm。通过周期性布置的仿生肋条以破坏流动和热边界的发展从而强化传热，降低传热不可逆性。仿生肋条长度有相等(E)和不相等(N)两种方案，排布模式有平行(P)和交错(S)两种方案。不同的肋条长度方案与排布模式两两组合得到四种布置方案，分别为等长平行排布肋条、等长交错排布肋条、非等长平行排布肋条以及非等长交错排布肋条，并分别记为 EP、ES、NP 和 NS。肋条高度 H 范围在 0.01～0.1 mm，不同肋条高度间隔 0.01 mm。因此，在层流条件下(Re=50～1000)，研究了 40 个不同微通道的流动与传热特性。此外，设置了相同通道尺寸的矩形微通道 Rec. 作为参考微通道。微通道壁面材料为硅，其导热系数、密度及比热容分别为 148 W/(m·K)、2329 kg/m^3 和 712 J/(kg·K)。

表 2.9　仿生肋条排布模式

肋条长度	等长肋条(E)		不等长肋条(N)	
排布方式	平行排布(P)	交错排布(S)	平行排布(P)	交错排布(S)
单个布置周期 (mm)				
肋条高度	仿生肋条高度 H: 0.01～0.1 mm			
缩写	EP1～EP10	ES1～ES10	NP1～NP10	NS1～NS10

　　目前一般的通道尺寸划分方法是按照通道水力直径 D_h 进行划分。按照水力直径的大小，将各种管道分为常规通道、细小通道、微米通道、纳米通道。表 2.10 为按水力直径的通道分类。本节所研究的所有微通道水力直径在 200 μm 以下，因此都属于微通道。对于微通道换热，还应考虑以下几个因素：连续性假设是否适用、入口效应对微通道换热的影响、工质的热物性参数随温度的变化。

表 2.10　按水力直径的通道分类

名称	水力直径(mm)
常规管道	>3
细小管道	0.2～3

续表

名称	水力直径(mm)
微米管道	0.01～0.2
纳米管道	<0.01

1. 连续性假设适用性

由于微通道特征尺寸较小,有可能会导致连续性介质假设失效,Navier-Stoke 方程(简称 N-S 方程)不适用。因此,必须验证连续性介质假设的适用性。对于微通道流动换热,需要考虑连续性假设是否成立,判断的标准为通道尺寸是否远大于工质纳米粒子的平均自由程。其中,Service 等[46]指出,在微尺度下可通过克努森数(Knudsen number,Kn)判断流动换热是否满足连续性假设。克努森数表达式如下:

$$Kn = \frac{\varLambda}{D_h} \tag{2.91}$$

式中,$\varLambda$ 为工质去离子水的分子平均自由程,本节中为 10^{-10} m;D_h 为微通道的水力直径,本节研究的所有微通道的水力直径数量级均在 10^{-4} m。当 $Kn \leqslant 10^{-3}$ 时,N-S 方程和无滑移边界适用;当 $10^{-3} \leqslant Kn \leqslant 0.1$ 时,N-S 方程适用,而无滑移边界条件不适用。综上,由式(2.91)计算可得,Kn 约为 10^{-6}($<<10^{-3}$)。因此,模拟中 N-S 方程及无滑移条件仍适用。

2. 入口段效应

数值模拟所采用的工质是去离子水,为黏性流体,同时微通道热壁面设置为无滑移边界条件。因此,在工质流动过程中,无限接近微通道壁面位置的工质流速设置为 0。同时,壁面对流体影响效果在远离壁面过程中迅速降低,流体速度迅速增长。最终,在经过一个薄层后,流体速度变化速率降低,且慢慢增长至主流速度。其中,这种在接近壁面位置流体流速发生剧烈变化的薄层被称为流动边界层。同时,流动边界层在接近入口位置较薄,沿着流动方向逐渐变厚,最后在流动充分发展后边界层厚度不再发生变化。与流动边界层类似,流动与传热过程中在接近热壁面位置同样存在一个薄层,流体温度在远离壁面过程中发生剧烈变化;而在远离该薄层的其他位置流体的温度梯度较小。该薄层被称为热边界层。

在通道流动换热中,传热边界层在流动未充分发展时,通道努塞尔数受通道位置与雷诺数的变化影响较为明显。而在流动充分发展后,通道努塞尔数基本不再变化;上述现象即为入口效应。其中,通道的流动入口段长度 L_h 与传热入口段

长度为 L_t 分别计算如下：

$$L_h = 0.05ReD_h \tag{2.92}$$

$$L_t = cRePrD_h \tag{2.93}$$

式中，Re、D_h 及 Pr 分别表示雷诺数、水力直径(m)和普朗特数；本节中 c 均取 0.1。

在分析常规尺度通道的流动与传热问题时，由于通道长度较长，入口效应对通道整体流动传热影响不明显，一般可忽略入口效应[47]。但微通道尺寸较小、热流密度较高，工质在微通道中温度变化较大，流动换热过程中入口效应的影响不可忽略。接近微通道入口位置热边界层最薄，传热系数最大。而随着流动的发展，热边界层逐渐变厚，传热系数逐渐减小。

因此，在传热入口段长度相同时，长度较短通道的平均传热系数要比长度较长通道的更高。对此，可采用 Rosa 等[48]提出的 Graetz 数判断入口效应是否可忽略。当 $Gz<10$ 时，分析微通道流动传热时可忽略入口效应。公式如下：

$$Gz = \frac{RePrD_h}{L_{ch}} \tag{2.94}$$

式中，去离子水温度 298 K 时，普朗特数 Pr 为 7.02。将本节研究的所有微通道尺寸参数与运行工况参数代入式(2.94)进行计算，结果表明本研究中 Gz 范围为 10.12～109.50，需要考虑入口效应。

3. 工质的热物性参数

在微通道流动换热过程中，工质与热壁面不断换热，使得工质温度在流动方向上发生较大变化，其物性也因此发生较大的变化。因此，在微通道流动传热模拟时，必须考虑工质热物性参数随温度的变化。

表 2.11　不同温度下去离子水的热物性参数

温度(K)	密度(kg/m³)	比热容[J/(kg·K)]	导热系数[W/(m·K)]	动力黏度(mPa·s)
298	997.04	4181.7	60.621	0.89309
308	994.04	4179.5	62.144	0.72128
318	990.24	4180.3	63.455	0.59734
328	985.73	4183.1	64.582	0.50481
338	980.6	4187.4	65.54	0.43382
348	974.9	4193.2	66.342	0.37814
358	968.69	4200.7	66.996	0.33366
368	961.98	4210.1	67.509	0.29757

本节中换热工质为去离子水，假设其热物性随温度分段线性变化。表 2.11 为不同温度下去离子水的热物性参数。如表所示，去离子水温度从 298 K 上升至 368 K 过程中，去离子水动力黏度与导热系数变化较为明显。其中动力黏度降低了 66.7%，导热系数增大了 11.3%。

综上所述，为考虑微尺度效应并简化微通道流动传热数值模型，本节进行如下假设：①模拟工况选取较小的雷诺数(50~1080)，保证微通道内的流体流动为稳态、不可压缩、层流流动；②微通道流动换热工质为去离子水，其为牛顿流体；③去离子水的热物性会随温度变化而变化，而微通道壁面固体材料物性参数为常数；④忽略重力、其他体积力以及热辐射的影响；⑤考虑入口效应。采用三维固-液共轭模型对微通道内流动与传热特性进行数值模拟研究。其中连续性、动量和能量方程分别表示为

连续性方程：

$$\nabla \bar{u} = 0 \qquad (2.95)$$

动量方程：

$$\rho_{\mathrm{f}} \left(\bar{u} \nabla \bar{u} \right) = -\nabla p + \nabla \cdot \left(\mu_{\mathrm{f}} \nabla \bar{u} \right) \qquad (2.96)$$

能量方程：

$$\nabla \rho_{\mathrm{f}} c_{p,\mathrm{f}} \left(\bar{u} \cdot \nabla T \right) = \nabla \left(\lambda_{\mathrm{f}} \cdot \nabla T_{\mathrm{f}} \right) \qquad (2.97)$$

$$\nabla \left(\lambda_{\mathrm{s}} \cdot \nabla T_{\mathrm{s}} \right) = 0 \qquad (2.98)$$

式中，u、p、T_{f}、ρ_{f}、$c_{p,\mathrm{f}}$ 和 λ_{f} 分别是流体速度(m/s)、压力(Pa)、温度(K)、密度(kg/m³)、比热容[kJ/(kg·K)]和导热系数[W/(m·K)]，T_{s} 和 λ_{s} 则是固体温度及导热系数。

设定初始边界条件如下所述。

速度入口：流体以均匀速度进入微通道，$u=u_{\mathrm{in}}$；固定入口流体温度为 298 K，$T=T_{\mathrm{in}}=298$ K。

压力出口：在通道出口设置恒定大气压力，$P=P_{\mathrm{out}}=0$ Pa。

恒定热流密度加热：在通道底部设置恒定热流密度，$-\lambda_{\mathrm{s}} \dfrac{\partial T}{\partial z} = q_{\mathrm{w}} = 1 \times 10^6$ W/m²。

在流体与固体耦合的固体壁面设置为耦合边界条件，且无表面滑移。在基于有限体积法求解器的 ANSYS Fluent 18.0 中进行数值求解。动量方程和能量方程采用二阶迎风格式求解。通过监测连续性、能量和动量方程的残差以及特定面上的温度和速度值，判断模拟结果的收敛性，收敛准则设置为 1×10^{-6}。

2.5.2　数值计算方法及模型验证

通过数值模拟结果计算摩擦系数 f，模拟所得的雷诺数 Re 和 f 值计算如下：

$$Re = \frac{\rho_f u_{in} D_h}{\mu_f} \tag{2.99}$$

$$f = \frac{2\Delta p D_h}{\rho_f L u_{in}^2} \tag{2.100}$$

对应的微通道局部摩擦系数 f_x 计算方法如下：

$$f_x = \frac{2(P_{in} - P_x) D_h}{\rho_f L_x L u_{in}^2} \tag{2.101}$$

式中，Δp、P_{in}、P_x、u_{in} 和 μ_f 和 L_x 分别表示通道进出口压降(Pa)、入口压力(Pa)、局部截面压力(Pa)、入口速度(m/s)、黏度(Pa·s)和局部截面的位置(m)。D_h 的定义如下：

$$D_h = \frac{2W_{ch} H_{ch}}{W_{ch} + H_{ch}} \tag{2.102}$$

式中，H_{ch} 和 W_{ch} 分别表示单个微通道的高度(m)和宽度(m)。

微通道对流传热系数 h、Nusselt 数 Nu 和局部 Nusselt 数 Nu_x 的计算方法如下：

$$h = \frac{q_w A_{flim}}{[T_w - 0.5(T_{out} - T_{in})](W_{ch} + 2H_{ch})L} \tag{2.103}$$

$$Nu = \frac{h D_h}{\lambda_f} \tag{2.104}$$

$$Nu_x = \frac{q_w W_{ch} D_h}{\lambda_f (T_{w,x} - T_{f,x})(W_{ch} + 2H_{ch})} \tag{2.105}$$

式中，q_w、A_{flim}、T_w、T_{in}、T_{out}、$T_{w,x}$ 及 $T_{f,x}$ 分别表示热流密度(W/m²)、微通道加热面积(m²)、换热面平均温度(K)、进口和出口流体的温度(K)、局部截面固体壁面平均温度(K)及局部截面流体平均温度(K)。

为评价微通道综合传热性能，定义了一个无量纲性能参数，即强化传热因子 η：

$$\eta = (Nu/Nu_0)/(f/f_0)^{1/3} \tag{2.106}$$

为综合研究仿生肋条对微通道流动与传热两方面的影响，使用 Fan 等[49]开发的性能评价图(如图 2.37 所示)分析仿生肋条及其高度对微通道的整体热性能的影响。

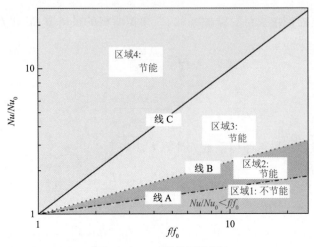

图 2.37　Fan 性能评价图

图中三根分界线的位置通过以下公式确定。

$$\ln(Nu/Nu_0) = b + k\ln(f/f_0) \tag{2.107}$$

式中, 系数 b 和 k 计算如下:

$$线 A: b = 0, k = m_2/(3 + m_1)$$

$$线 B: b = 0, k = m_2/(2 + m_1)$$

$$线 C: b = 0, k = 1$$

$$f_0 = c_1 Re^{m_1} \tag{2.108a}$$

$$Nu_0 = c_2 Re^{m_2} \tag{2.108b}$$

从公式 (2.108) 中得出的 c_1、c_2、m_1 和 m_2 的拟合值分别为 50.4210、0.5851、–0.9590 和 0.3768, 线 A、B 和 C 的相应 k 值分别为 0.1846、0.3619 和 1。

如图 2.37 所示, 性能评价图被划分为四个区域。当数据点位于区域 1, 表明改进结构微通道相较于参考微通道传热增强效果低于压降的增大效果, 无节能效果。当数据点落在区域 2 时, 表明在相同泵功下, 具有节能效果; 当数据点落在区域 3 时, 说明在相同压降时, 具有节能效果; 当数据点落在区域 4 时, 说明在相同流量时, 具有节能效果。数据点越接近 Y 轴, 流动阻力越低, 数据点越接近 X 轴, 传热性能越差。此外, 根据范氏模型, 数据点的斜率越大, 节能的效果就越明显。

热能是一种能量品质较低的能量形式，其在传递过程中无法被完全利用。当流体在微通道内流动并传递热能时，会出现不可逆的损失，导致热能品质下降。本节采用熵产最小化原理分析微通道中流动和传热过程的不可逆损失，以评估微通道换热器的热能利用效率。微通道流动换热过程中，单位体积熵产率计算如下[52]：

$$S = S_T + S_f = \frac{q_w A_{\text{flim}}(T_w - T_f)}{T_w T_f} + \frac{H_{\text{ch}} W_{\text{ch}} u_{\text{in}}}{\rho_f T_f} \Delta P \tag{2.109}$$

式中，S_T 和 S_f 分别代表由微通道传热与流动产生的熵产。

此外，定义了熵产增大数 $N_{\text{s,a}}$，其计算公式如下：

$$N_{\text{s,a}} = \frac{S}{S_0} \tag{2.110}$$

式中，S 和 S_0 分别为仿生结构微通道和矩形微通道的单位体积熵产。$N_{\text{s,a}}$ 的值小于 1，表明由于微通道不可逆性降低，微通道与矩形微通道相比更为节能。

采用 ICEM 软件对微通道计算区域进行网格划分。图 2.38 为仿生结构微通道单个周期计算区域网格结构。如图所示，微通道采用结构化网格。网格的质量对数值模拟结果的准确性有很大影响。网格节点数越大，计算结果精度越高；同时，计算量与计算时间也会增大。因此，为确定合适的网格节点数，须进行网格独立性验证。采用四种不同数量的网格对比分析进行独立性分析。选取 NS3 微通道，分别设计了 4 种网格数。表 2.12 为 Re=350 时 NS 微通道（H=0.03 mm）在不同网格数下 f 和 Nu 的相对误差。结果表明，与网格数最多、计算精度最佳的网格 4 相比，网格 3 模拟结果中 f 和 Nu 最大误差分别为 0.21% 和 0.08%。因此，本节研究中选取网格 3 进行数值模拟计算。

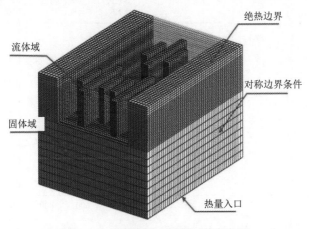

图 2.38　微通道单个周期网格划分图

表 2.12   网格独立性验证

序号	节点数	Nu	相对误差(%)	f	相对误差(%)
网格 1	1083700	9.8659	2.09	0.4771	2.22
网格 2	1904600	9.7516	0.91	0.4793	1.74
网格 3	2807000	9.6714	0.08	0.4868	0.21
网格 4	3988000	9.6633	—	0.4878	—

为了对数值算法的准确性进行验证,将矩形微通道的数值模拟结果与理论值进行对比。对于矩形微通道内中的层流流动,Shah[16]提出了表观平均摩擦系数表达式。

未充分发展时,

$$fRe = 24\left(1 - 1.3553\alpha_c + 1.9467\alpha_c^2 - 1.7012\alpha_c^3 + 0.9564\alpha_c^4 - 0.2537\alpha_c^5\right) \quad (2.111)$$

充分发展时,

$$f'Re = \sqrt{\left[\frac{3.2}{LD_hRe}\right]^2 + \left(fRe\right)^2} \quad (2.112)$$

式中,α_c 为通道高宽比,本节中为 0.5。

图 2.39 为矩形微通道及不同仿生结构微通道摩擦系数的变化。如图所示,对比分析了矩形微通道摩擦系数理论值、模拟值及本节部分仿生结构微通道摩擦系

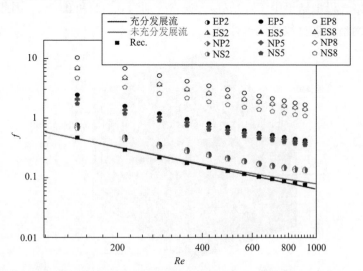

图 2.39   矩形微通道及部分仿生结构微通道摩擦系数的变化

数模拟值。结果显示，矩形微通道 f 模拟值和理论值之间的最大误差为 4.5%。这说明所采用的模拟方法满足模拟精度。此外，仿生结构微通道的 f 值随肋条高度增大而增大，并高于矩形微通道的值。在相同的肋条高度下，f 模拟值自高至低分别为 EP、ES、NP 和 NS。在 $H=0.02$ mm、$Re=350$ 时，EP、ES、NP 和 NS 微通道的 f 值分别为 0.296、0.280、0.284 和 0.268，而 $H=0.08$ mm 时，f 模拟值分别增加到 4.181、3.004、3.080 和 2.172。但在研究的工况中（$Re<1000$），微通道 f 值始终未出现随 Re 增大突增的情况，这说明所研究工况下微通道内工质流动都处于层流状态。

2.5.3　通道结构型式及仿生肋高的影响

为研究仿生肋条结构型式对微通道流动传热的影响，对不同仿生结构微通道热壁面温度场与极限流线进行分析。图 2.40 为 $Re=350$ 和 $H=0.05$ mm 时，不同仿生结构微通道底部极限流线和温度分布。如图所示，由于仿生肋条的作用，微通道内工质可流动区域周期性扩张与收缩，同时，主流流体在仿生肋条前分离，又在仿生肋条尾部重新附着。对比不同仿生结构微通道极限流线发现，对于等长肋条（EP 和 ES），流线大部分保持平行，二次流动现象仅发生在两个仿生肋条之间。然而，对于非等长肋条（NP 和 NS），流线不再是直线。为了更全面观察肋条尾部的二次流现象，如图 2.40 所示，截取了该区域流线的三维放大图，可以看出二次流动不仅沿流动方向发展，同样沿肋条高度方向发展。

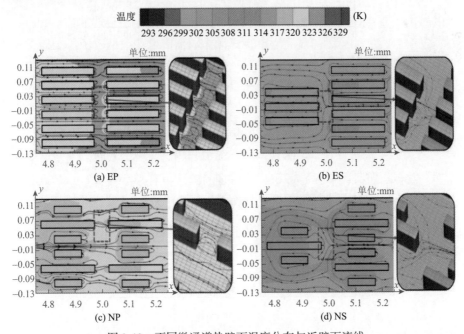

图 2.40　不同微通道热壁面温度分布与近壁面流线

微通道传热性能受到流场的影响显著。如图 2.40 所示，与平行排布肋条（EP 和 NP）微通道相比，交错排布的肋条（NS 和 ES）微通道的温度分布明显更低，原因是交错排布有利于二次流动的扩散，从图 2.40 中可观察到与 EP 和 NP 微通道相比，在 NS 和 ES 微通道中二次流动的扩散面积更大，这使得冷热流体混合更为充分，微通道换热也因此增强。

图 2.41 为 H=0.05 mm 和 Re=350 时，四种仿生结构微通道局部摩擦系数 f_x 和局部努塞尔数 Nu_x 变化情况。可以看出，四种仿生结构微通道 f_x 和 Nu_x 值都沿流动方向逐渐降低，且降低过程中数值还存在波动。数值波动是由于仿生肋条造

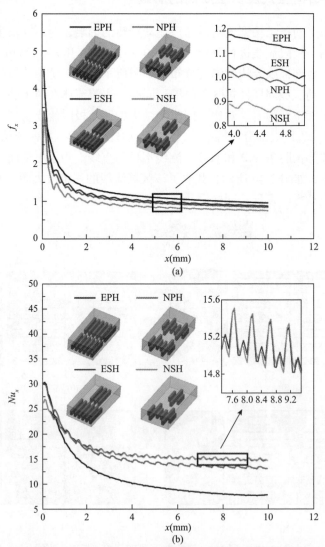

图 2.41　四种仿生结构微通道局部摩擦系数 f_x(a) 和局部努塞尔数 Nu_x(b)

成的流动面积周期性收缩与扩张。此外，四种仿生结构微通道中，NS 微通道既能保证二次流的充分扩散，又能最大限度地避免有效流动面积的减少，因此具有最低的 f_x 和最高的 Nu_x。

进一步研究了不同仿生结构微通道的传热性能、流动摩擦系数和综合性能。如前所述，肋条排布方式和高度都对微通道流动和传热性能有很大影响。以参考微通道对应参数为基准，定义了无量纲摩擦系数 f/f_0 与努塞尔数 Nu/Nu_0。图 2.42 为四种仿生结构微通道 f/f_0 和 Nu/Nu_0 值随仿生肋条高度 H 和雷诺数 Re 的变化。结果表明，当 Re 不变时，增加 H 会使 f/f_0 的值急剧上升[图 2.42(a)]。造成流动阻力增加原因有：一方面增加肋条高度导致微通道内的流动面积减少，当流体绕过肋条时产生的压力变化更大；另一方面，仿生肋条周围的二次流动导致机械能损失，从而增加了流动阻力。在四种不同的结构型式中，NS 微通道有效流动面积的损失最小，因此 f/f_0 最低。

从图 2.42(b) 可看出，四种仿生结构微通道 Nu/Nu_0 在 1.12～6.44 的范围内变化，这说明带有仿生肋条的微通道与矩形微通道相比，传热效果明显增强。这可能是由于：①仿生肋条的存在使得流体流动方向和速度变化，破坏了流动和传热边界层；②布置仿生肋条增大了有效传热面积；③在仿生肋条作用下微通道内产生了较多的二次流动，促进了流体混合。此外，肋条的高度越大，传热面积就越大，对边界层的破坏效果也明显，从而增强了传热。此外，从图 2.42(b) 还观察到，肋条高度为 0.02 mm 和 0.05 mm 时，仿生肋条交错排列的 ES 与 NS 微通道

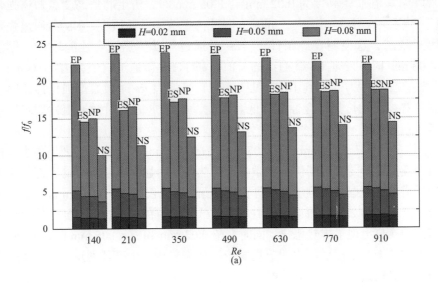

(a)

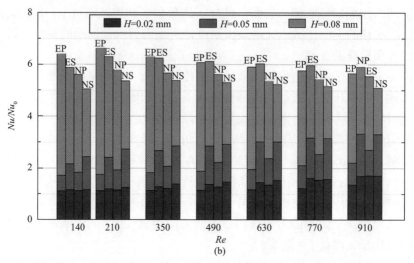

图 2.42　四种微通道(a) f/f_0 和(b) Nu/Nu_0 随肋条高度和雷诺数的变化

传热性能明显更高。而在肋条高度为 0.08 mm 时，四种微通道中 NS 微通道的传热性能最低。这可能是由于随着仿生肋条高度增加，NS 微通道与 ES 微通道相比，由仿生肋条产生的传热面积明显更小，传热性能强化效果相较于其余布置模式不明显。

图 2.43 为三种肋条高度下不同仿生结构微通道流动传热强化传热因子 η 随 Re 的变化。在肋条高度为 0.02 mm 与 0.05 mm 时，仿生肋条高度微通道强化传热因子都随 Re 增大而增大。同时，四种仿生结构微通道中，NS 微通道强化传热因子最高，这说明在此条件下 NS 微通道流动传热综合性能较好。仅仅在 H=0.08 mm 时，发现 ES 微通道的 η 值略高于 NS 微通道。但在 H=0.08 mm 时，ES 微通道的最大 f/f_0 达到了 17(见图 2.42)，且增大 Re 时微通道强化传热因子呈下降趋势，流动传热综合性能降低。因此，H=0.08 mm 时微通道性能对比结果参考价值较低。

图 2.44 为 H=0.02 mm、H=0.05 mm、H=0.08 mm 三种肋条高度下仿生结构微通道的性能评价图。由于仿生肋条强化传热性能明显，本节研究的大部分仿生结构微通道工况数据点都位于性能评价图的第 3 区。仅仅在 H=0.08 mm 时，部分工况数据点位于第 2 区，而且数据点斜率较低，说明在这个肋条高度时仿生结构微通道流动换热出现了传热恶化。同时，H=0.02 mm 和 H= 0.05 mm 时，NS 微通道数据点相较于其他通道斜率明显更高，这代表着相较于其他通道，NS 微通道摩擦损失相对较低，传热能力最好。

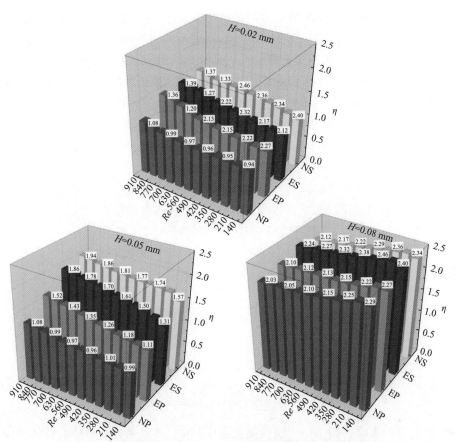

图 2.43　三种肋条高度下不同仿生结构微通道强化传热因子

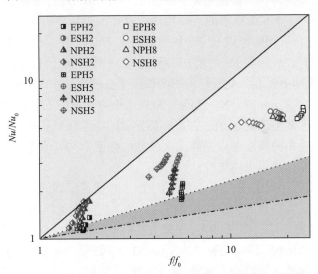

图 2.44　三种肋条高度下仿生结构微通道流动传热性能评价图

为了更准确地确定 NS 微通道的最佳肋条高度，对比研究了 NS 微通道不同肋条高度下流动传热性能。图 2.45 为 NS 通道不同肋条高度下性能评价图。从性能评价图可看出，NS 微通道的数据点大部分都位于第三区，表明在相同压降时，具有节能效果。而对比 NS 微通道不同肋条高度下数据点斜率发现，肋条高度增大至 H=0.06 mm 时，数据点还依旧保持较高的斜率，而继续增大肋条高度，数据点斜率便迅速降低，这说明出现了传热恶化。

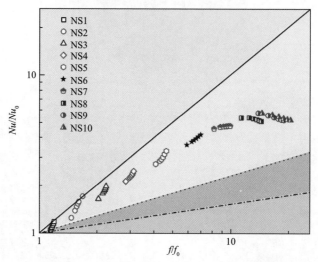

图 2.45　NS 通道不同肋条高度下性能评价图

以上分析表明，四个仿生结构微通道中，NS 微通道具有最佳的整体流动和传热性能。然而，最佳的仿生肋条高度还需要进一步分析。因此，引入熵产原理对不同肋条高度下 NS 微通道的流动传热综合性能进行分析。图 2.46 为 NS 微通道传热熵产 S_T 与流动熵产 S_f 随 Re 和肋条高度 H 的变化。由图 2.46 可看出，当肋条高度相同时，S_f 随着 Re 的增加而明显增加[图 2.46(b)]，这可能是由于在高 Re 下的二次流动更强烈。此外，S_f 的增长速率也随着 Re 的增加而增加，特别是在 Re=910、H=0.1 mm 时，NS 通道的 S_f 是矩形微通道的 6.9 倍。NS 微通道的 S_f 值明显高于矩形微通道的 S_f 值，并且在固定 Re 时与 H 呈正相关。出现这种现象的原因是增加肋条的高度可以提高二次流动的强度，同时使得流动阻力增大，从而提高了流体流动的不可逆转性。

从图 2.46(a) 中可看出，随着 Re 的增加，S_T 值逐渐降低。这是因为增加流体的动能可以提高传热效率，减少由于传热热阻造成的能量损失。布置仿生肋条后，微通道的 S_T 明显下降，同时 S_T 随 H 增大而降低。这是由于增加肋条的高度可以增加有效的传热面积，同时增强二次流动强度。因此，微通道中的传热热阻减少，从而降低了传热的不可逆性，导致 S_T 值降低。

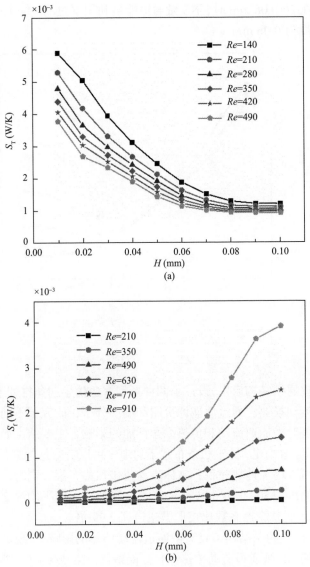

图 2.46　NS 微通道熵产随肋条高度变化
(a)传热熵产；(b)流动熵产

图 2.47 为 NS 微通道熵产增大数 $N_{s,a}$ 随肋条高度 H 和 Re 的变化。结果表明，除了高 H=0.1 mm 外，其余肋条高度下 NS 微通道 $N_{s,a}$ 值都低于 1，与矩形通道相比，所有 NS 微通道的总熵产较低，流动传热过程的能量利用率较高。同时，在 H<0.06 mm 时，$N_{s,a}$ 值几乎随着 H 的增加而线性下降，然后达到一个转折点。在 H>0.06 mm 时，$N_{s,a}$ 的值与 Re 呈正相关。这是由于在较高的肋条高度和较高的 Re 时，S_f 的增长速率较大。在 H=0.06 mm 和 Re=770 时，NS 微通道具有最低 $N_{s,a}$

值 0.43，说明在 H=0.06 mm 时，NS 微通道能量利用率更高。综上所述，NS 微通道最佳肋条高度为 0.06 mm。

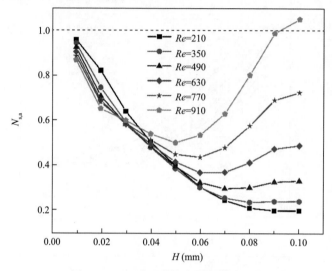

图 2.47 NS 微通道熵产增大数的变化

2.5.4 小结

受鲨鱼表皮盾鳞结构启发，设计了四种新型鲨鱼仿生肋条排列于微通道底部，以强化微通道流动换热。通过性能评价图和熵产分析，研究了不同仿生肋条排列方式和肋条高度对微通道流动和传热综合性能的影响，主要结论如下所述。

（1）与矩形通道相比，仿生肋条布置于通道中可以有效地提高传热性能，这是由于仿生肋条可以增加传热面积，破坏流动与传热边界层。同时，也产生了更高的流动阻力。在 Re=350 和 H=0.05 mm 时，NS 微通道底面平均温度同比矩形微通道降低了 30 K，而其摩擦系数比矩形微通道高 2.99 倍。

（2）研究了仿生肋条结构型式对微通道流动传热的影响。发现具有交错排列不等长仿生肋条的 NS 微通道流动传热综合性能最佳。在 Re=350、H=0.05 mm 时，四种仿生结构微通道中，NS 微通道强化传热因子最高，为 1.76。此外，从性能评价图也可看出，同比之下 NS 微通道节能效果最佳。

（3）通过熵产分析，研究了仿生肋条高度 H 下 NS 微通道流动和传热性能。结果表明 NS 微通道最佳肋条高度为 0.06 mm。在 H=0.06 mm 和 Re=770 时，NS 微通道熵产增大数 $N_{s,a}$ 最低，为 0.43，这表明在此条件下 NS 微通道能量利用率更高。

2.6　仿生结构微通道的结构设计

2.6.1　模型描述与验证

图 2.48 为鱼鳞仿生结构微通道示意图。由图 2.48(a) 可看出，鱼鳞结构均匀分布于微通道底部，并以同尺寸壁面光滑的矩形微通道作为参考。鱼鳞结构分为普通鱼鳞(NF)、垂直劈缝鱼鳞(VF)和等比劈缝鱼鳞(EF)结构。其中，参考 Dey 等[50]实验中鱼鳞结构作普通鱼鳞(NF)，沿流动方向将垂直劈缝鱼鳞按前沿宽度五等分，等比劈缝鱼鳞按前沿和后沿宽度五等分。

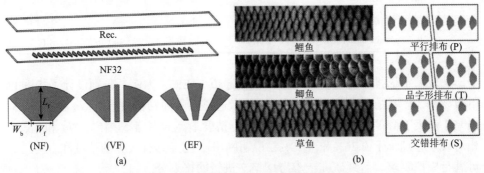

图 2.48　鱼鳞仿生结构微通道示意图

(a) 普通、垂直劈缝及等比劈缝鱼鳞结构；(b) 三种鱼鳞结构排布方式

表 2.13 为鱼鳞仿生结构微通道的部分尺寸参数。同时，沿流动方向(y 轴)将鱼鳞个数分别设计为 4、8、16 及 32。如图 2.48(b) 所示，受自然界中不同鱼类的鱼鳞排布状态[51]启发，分别设计了三种排布方式：平行排布(P)、品字形排布(T)及交错排布(S)。表 2.14 为由鱼鳞结构、个数及排布方式任意组合而成的 36 种鱼鳞仿生结构微通道。

表 2.13　鱼鳞仿生结构微通道部分尺寸参数

参数	数值(mm)
通道长度 L	20.00
通道高度 H	0.10
通道宽度 W	1.50
鱼鳞流向方向长度 L_f	0.31
鱼鳞高度 H_f	0.05
鱼鳞前沿宽度 W_f	0.21
鱼鳞侧沿宽度 W_b	0.21

表 2.14　鱼鳞仿生结构微通道组合方式及名称

鱼鳞结构布置方案 / Y 方向鱼鳞个数	4	8	16	32
平行排布普通鱼鳞结构	P-NF4	P-NF8	P-NF16	P-NF32
平行排布垂直劈缝鱼鳞结构	P-VF4	P-VF8	P-VF16	P-VF32
平行排布等比劈缝鱼鳞结构	P-EF4	P-EF8	P-EF16	P-EF32
品字形排布普通鱼鳞结构	T-NF4	T-NF8	T-NF16	T-NF32
品字形排布垂直劈缝鱼鳞结构	T-VF4	T-VF8	T-VF16	T-VF32
品字形排布等比劈缝鱼鳞结构	T-EF4	T-EF8	T-EF16	T-EF32
交错排布普通鱼鳞结构	S-NF4	S-NF8	S-NF16	S-NF32
交错排布垂直劈缝鱼鳞结构	S-VF4	S-VF8	S-VF16	S-VF32
交错排布等比劈缝鱼鳞结构	S-EF4	S-EF8	S-EF16	S-EF32

选取品字形排布等比劈缝鱼鳞结构微通道 T-EF32 为例，分别设计了 5 种网格数。表 2.15 为在 Re=1180 时，T-EF32 微通道在不同网格数下的 Nu 和 f 数相对误差。从表 2.15 可以看到，网格 2 与计算精度最高的网格 5 相比，Nu 和 f 数的相对误差分别小于 0.26% 和 0.28%，说明网格 2 已经具有较高的精度和省时性，可满足模拟要求。后续研究皆参考网格 2 进行网格划分。

表 2.15　网格独立性验证

	网格节点设置($L×W×H$)	Nu	相对误差(%)	f	相对误差(%)
网格 1	800×60×16	21.9410	3.24	0.050341	0.40
网格 2	800×100×16	21.1958	0.26	0.050402	0.28
网格 3	1600×60×16	21.3190	0.32	0.050441	0.20
网格 4	1600×80×16	21.2011	0.24	0.050425	0.23
网格 5	1600×100×16	21.2510	—	0.050540	—

为验证数值模型的准确性，将数值模拟的结果与文献中的实验值及理论值进行对比分析。图 2.49 为温度及摩擦系数的模拟值与理论值及实验值的对比。从图 2.49(a) 可知，数值模拟结果与 Dey 等[50]实验值相比，换热面平均温度及出口流体温度最大误差分别为 0.56% 和 0.68%。由图 2.49(b) 可看出，参考通道的摩擦系数模拟值与 Shah 等[16]层流状态理论值相比，最大误差为 3.2%，说明层流状态下数值模型的精度较高。此外，相比于参考通道，鱼鳞结构微通道的摩擦系数更大。但在 0<Re<1180 范围内，不同鱼鳞结构微通道摩擦系数都没有出现明显突增，这说明鱼鳞结构的加入并没有使层流-湍流转捩点提前，在 0<Re<1180 时，各个通

道都处于层流状态，所采用数值模型精度仍能满足模拟要求。

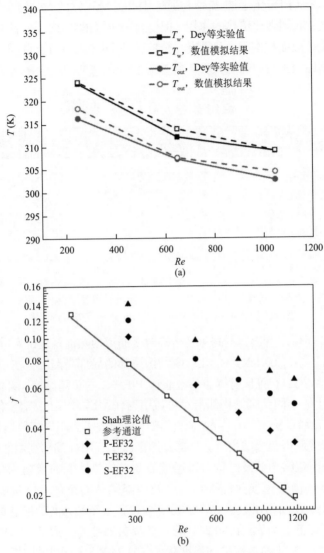

图 2.49 模拟值与实验值[50]和理论值[61]的对比
(a)温度对比；(b)摩擦系数对比

2.6.2 鱼鳞结构及个数的影响

首先，研究鱼鳞结构对微通道内流动与传热性能的影响。图 2.50 为 $Re=740$ 时平行排布鱼鳞结构微通道(P-32)在普通、垂直劈缝及等比劈缝鱼鳞结构时换热面局部温度分布及极限流线。从图 2.50 可看出，布置于微通道底部的鱼鳞结构将主流流体分离,并通过鱼鳞结构侧沿引射到通道两侧,形成垂直于流动方向(x 轴)的二次流。这有利于近壁面热流体与通道中心处冷流体的充分混合、流动与传热边界层再发展,起到强化传热的作用。但受排布方式的限制,平行排布的鱼鳞结构产生的二次流扩散面积有限,并没有完全覆盖整个通道,在接近壁面两侧产生了局部高温区。这说明平行排布方式并不能充分发挥鱼鳞结构的强化流动传热作用。

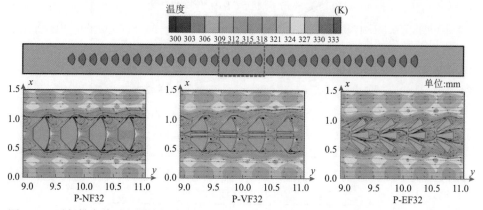

图 2.50　平行排布普通鱼鳞结构(P-NF32)、平行排布垂直劈缝结构(P-VF32)及平行排布等比劈缝结构(P-EF32)换热面局部温度分布及极限流线图

　　从图 2.50 还可以看出,不同鱼鳞结构对微通道换热面温度的影响较小(换热面平均温差最大不超过 0.16 K),仅在鱼鳞结构尾部的局部高温区存在差异(垂直劈缝鱼鳞微通道 P-VF32 和等比劈缝鱼鳞微通道 P-EF32 中鱼鳞结构尾部的局部高温区更小)。这是由于不同鱼鳞结构侧沿对主流引射作用影响不大,对整体温度分布可忽略。但是,鱼鳞结构尾部存在的局部停滞区会导致小面积局部传热恶化,在相同条件下加入劈缝使得鱼鳞结构后方局部停滞区减小,因此局部高温区面积减小。

　　其次,研究鱼鳞个数及结构对微通道流动与传热性能的影响。图 2.51 为平行排布时鱼鳞结构微通道换热面平均温度及压降随鱼鳞个数及结构的变化。从图 2.51(a)可看出,在高雷诺数下($Re>290$),随着鱼鳞个数增加,所有微通道换热面平均温度明显降低。当 $Re=1180$ 时,等比劈缝鱼鳞结构微通道(P-EF)的鱼鳞个数从 4 增加到 32 个时,换热面平均温度降低了 3.25 K。而在低雷诺数下($Re=290$),当鱼鳞个数从 16 增加到 32 时,等比劈缝鱼鳞结构微通道(P-NF)的换热面平均温度却出现小幅度升高。这是因为在低雷诺数下鱼鳞结构对流体扰动明显,由此产生的二次流强度可以明显破坏流动和传热边界层,增加鱼鳞个数使得流动与传热边界层一直处于不断发展阶段,并且增加了有效传热面积,起到强化传热的作用;而在雷诺数较高下,鱼鳞结构对流体扰动效果不明显。从图 2.50 可知,普通鱼鳞结构尾部形成的局部停滞区较大,当鱼鳞个数从 16 增加到 32 时,普通排布鱼鳞结构微通道局部停滞区产生的高温区面积快速增大,使得换热面平均温度上升。

从图 2.51(b)可看出，通道压降随着鱼鳞个数增加而升高。当 Re=1180、鱼鳞个数从 4 增加到 32 时，平行排布等比劈缝鱼鳞结构微通道的压降增大了 46.15%。造成压降增大的原因有：一方面，增加鱼鳞个数导致微通道内的有效流域减小，流体绕过鱼鳞结构时所产生的压降增大；另一方面，鱼鳞结构周围的二次流导致机械能损失产生额外压降，鱼鳞个数增加导致由二次流产生的压降增大。同时，劈缝的存在避免了通道有效流域过度减小，特别是等比劈缝鱼鳞结构，流体绕过等比劈缝鱼鳞结构时产生的压降最低。因此，从图 2.51(b)可观察到，三种鱼鳞结构微通道中等比劈缝结构微通道压降最低。在 Re=1180、鱼鳞个数为 32 时，平行排布等比劈缝鱼鳞结构微通道 P-EF 相较于平行排布普通鱼鳞结构微通道 P-NF 压降减小了 8.2%。

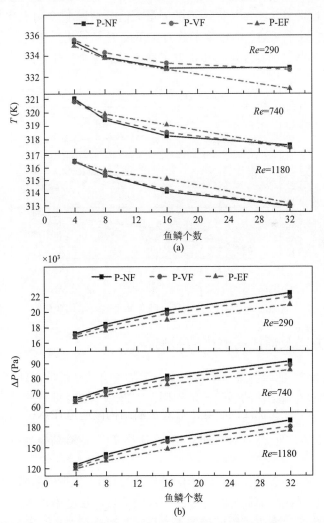

图 2.51　平行排布鱼鳞结构微通道(a)换热面温度及(b)通道压降随鱼鳞个数及结构的变化

鱼鳞结构在强化换热的同时会产生额外的压降，因此有必要通过强化传热因子 η 评价微通道内综合传热性能。图 2.52 为平行排布鱼鳞结构微通道强化传热因子 η 随鱼鳞个数及结构的变化。可以看出，鱼鳞结构微通道的强化传热因子 η 都在 1.05～1.39 范围内，均高于 1，说明相较于参考通道综合传热性能得到提高。各通道强化传热因子 η 随鱼鳞个数增加而增大(仅在 Re=290、鱼鳞个数从 16 增加到 32 时，普通鱼鳞结构微通道 P-NF 的 η 从 1.12 下降至 1.08)。由此可知，当鱼鳞个数为 32 时，所有鱼鳞结构微通道都具有较高 η 值，由此确定鱼鳞结构微通道的最佳个数为 32。同时，带劈缝鱼鳞结构的微通道强化传热因子在鱼鳞数为 32 时均高于普通鱼鳞结构微通道。在 Re=1180、鱼鳞个数为 32 时，垂直劈缝鱼鳞结构微通道与等比劈缝鱼鳞结构微通道的 η 最大值分别为 1.39 和 1.38，高于普通鱼鳞结构微通道。综上所述，在鱼鳞个数为 32 时，鱼鳞结构微通道的流动传热综合性能最佳，并且劈缝的存在进一步提升了微通道的综合传热性能。

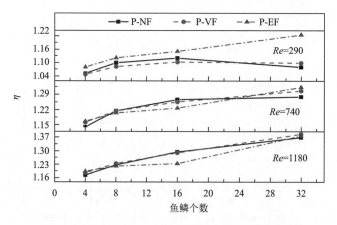

图 2.52　强化传热因子 η 随鱼鳞个数及结构变化

2.6.3　排布方式及通道高宽比的影响

鱼鳞个数为 32 的带劈缝鱼鳞结构微通道的综合传热性能最佳,但平行排布方式不能充分发挥鱼鳞结构的强化传热作用,需进一步研究排布方式对劈缝鱼鳞结构微通道的流动与传热性能的影响。因此，选取鱼鳞个数为 32 时，对比研究排布方式(平行、品字形及交错)对两种劈缝(垂直及等比)鱼鳞结构微通道内流动与传热性能的影响。

图 2.53 为 Re=740 时，垂直劈缝鱼鳞(VF-32)和等比劈缝鱼鳞(EF-32)在不同排布方式下微通道换热面局部温度分布及极限流线。从图中可看出，平行排布下由鱼鳞结构产生的二次流扩散面积较小，导致其温度分布比品字形和交错排布明

显高。此外，由于品字形排布的鱼鳞结构微通道有效传热面积更大，热壁面温度
分布温度略低。

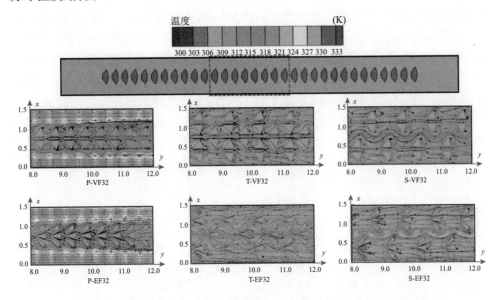

图 2.53　不同排布方式下鱼鳞结构微通道换热面温度分布及极限流线图

　　图 2.54 为排布方式对鱼鳞结构微通道换热面温度和压降的影响。从图 2.54(a)
可看出，在相同排布方式下，垂直劈缝鱼鳞结构微通道与等比劈缝鱼鳞结构微通
道的换热面平均温度差异较小。但在相同劈缝鱼鳞结构下，不同排布方式对微通
道换热面平均温度影响较大。当 $Re=290$ 时，品字形排布比平行排布微通道的换
热面平均温度升高了 3.86 K。不同排布方式下鱼鳞结构微通道平均温度从低到高
分别为：品字形、交错、平行排布。如图 2.54(b) 所示，不同排布方式的鱼鳞结
构微通道压降从低到高分别为：平行、交错、品字形排布。这是因为品字形排布
与交错排布下鱼鳞结构产生的二次流更为剧烈，造成更大的机械能损失，相较于
平行排布压降更大；此外，品字形排布有效流域更小，导致流体绕过鱼鳞结构产
生的压降更大，压降进一步增大。

　　图 2.55 为不同排布方式下劈缝鱼鳞结构微通道强化传热因子 η 随雷诺数的变
化。所有微通道强化传热因子 η 均随着雷诺数增大而增大，但增幅逐渐减小。这
是由于增大雷诺数，在增强通道内流体扰动强化换热的同时也增大了流动阻力，
且随着雷诺数增大，流动阻力对微通道流动换热的影响逐渐占据主导地位；特别
是在高雷诺数区，继续增大雷诺数微通道强化传热因子基本不再上升：雷诺数自
960 增大至 1180 时，T-VF32 微通道强化因子由 1.94104 增大至 1.94534，增幅为
0.221%；S-EF32 微通道强化传热因子由 1.87914 增大至 1.88326，增幅为 0.219%。

同时，从图 2.55 可看出，品字形排布的鱼鳞结构微通道的强化传热因子 η 值明显高于其他两种排布方式。在 $Re=1180$ 时，品字形排布等比劈缝微通道 T-EF32 强化传热因子 η 比平行排布等比劈缝微通道 P-EF32 高了 0.703，增幅为 51.09%。同时，在相同排布方式下，采用等比劈缝鱼鳞结构的微通道强化传热因子 η 更高。在 $Re=1180$ 时，品字形排布等比劈缝微通道 T-EF32 的强化传热因子 η 值比品字形排布垂直劈缝微通道 T-VF32 提高了 0.13，增幅为 7.01%。由此可见，采用品字形排布等比劈缝鱼鳞结构微通道 T-EF32 的综合传热性能最佳。

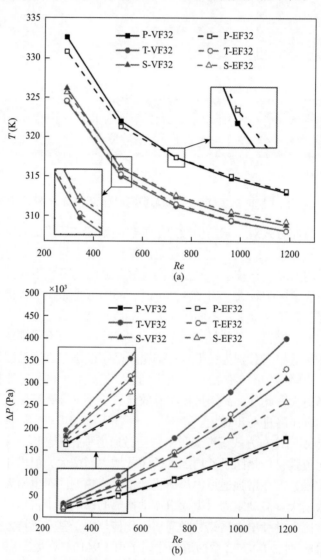

图 2.54　平行排布鱼鳞结构微通道 (a) 换热面温度及 (b) 通道压降随鱼鳞个数及结构的变化

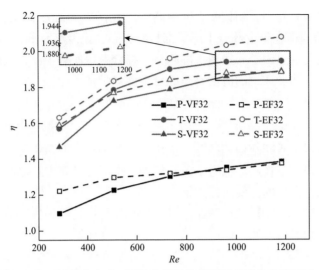

图 2.55　不同排布方式下劈缝鱼鳞结构微通道的强化传热因子 η

参考 Dey 等[50]实验中微通道几何尺寸（固定微通道高宽比 $H_{ch}/W_{ch}=1/30$），分析了不同鱼鳞结构对微通道流动传热的影响，但微通道高宽比对流动传热综合性能的影响还不明晰。因此，通过固定微通道宽度增大微通道高度的方式改变微通道高宽比 H_{ch}/W_{ch}，对比研究了高宽比对微通道流动传热的影响。图 2.56 为品字形排布下等比劈缝鱼鳞结构微通道高宽比对强化传热因子 η 的影响。与图 2.55 类似，由于增大雷诺数时，通道内流体扰动更为剧烈，强化了换热，使得所有高宽比下微通道强化传热因子 η 都随着雷诺数增大而增大。此外，对比不同高宽比下微通

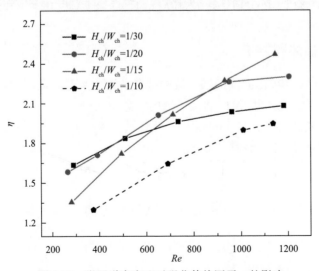

图 2.56　微通道高宽比对强化传热因子 η 的影响

道强化传热因子 η 发现，相较于微通道高宽比 $H_{ch}/W_{ch}=1/30$，增大高宽比 H_{ch}/W_{ch} 至 1/20 时，微通道在绝大部分工况下都具有更高强化传热因子 η；而继续增大高宽比微通道强化传热因子 η 呈现下降趋势。综合考虑所有工况，微通道高宽比为 1/20 时，鱼鳞结构微通道的流动传热综合性能最佳。

2.6.4 小结

将鱼鳞与鲨鱼盾鳞结构相结合，优化设计了一种新型鱼鳞仿生结构微通道，通过数值模拟研究了在层流状态下鱼鳞结构、个数及排布方式对微通道流动与传热性能的影响，得到的主要结论如下：

(1)鱼鳞结构微通道可以有效降低换热面温度。这是因为鱼鳞结构可将主流流体分离并引射到通道两侧，促进冷热流体混合，强化微通道换热。

(2)采用带劈缝鱼鳞结构微通道并合理增加鱼鳞个数对微通道综合传热性能起到强化作用。在平行排布条件下，当鱼鳞个数为 32 时，带劈缝的鱼鳞结构微通道的综合传热性能最佳。

(3)选择合适的排布方式与微通道高宽比可显著提高微通道综合传热性能。品字形排布的等比劈缝鱼鳞结构微通道由于压降更低，二次流扩散面积及有效传热面积较大，综合传热性能较好。当 $Re=1180$、鱼鳞个数为 32 时，品字形排布等比劈缝鱼鳞结构的微通道的 η 值最大，为 2.08。同时，高宽比 H_{ch}/W_{ch} 自 1/30 增大至 1/20 时，微通道强化传热因子 η 可进一步提升。

2.7 基于多目标遗传算法的复杂结构微通道结构参数优化

2.7.1 模型描述和方法

采用 Zhai 等[52]提出的圆形凹穴及内肋微通道为参考通道，对其进行结构参数优化。图 2.57 为圆形凹穴及内肋微通道的示意图。

采用基于有限体积法的 Fluent 18.0 软件进行了数值模拟。稳态、层流及三维流动与传热过程的控制方程[53]如下：

$$\nabla \vec{U} = 0 \tag{2.113}$$

$$\rho_f c_{p,f} \vec{U} \cdot \nabla T = \nabla \cdot \left(\lambda_f \cdot \nabla T \right) \tag{2.114}$$

$$\rho_f c_{p,f} \vec{U} \cdot \nabla T = \nabla \cdot \left(\lambda_f \cdot \nabla T \right) \tag{2.115}$$

式中，ρ_f 为密度，kg/m³；$c_{p,f}$ 为比热容，J/(kg·K)；λ_f 为导热系数，W/(m·K)。

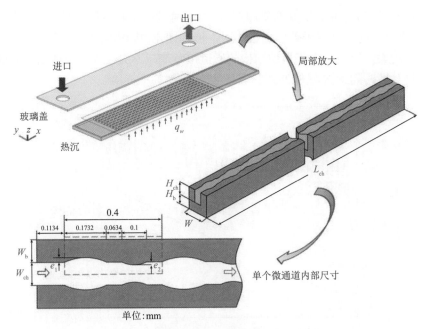

图 2.57　圆形凹穴及内肋微通道示意图

速度入口，流体温度设置为 293 K 及入口速度为 2 m/s。底面加热，热流密度为 $q_w = 10^6$ W/m^2。通道两侧壁面为对称条件，用 SIMPLEC 算法求解上述方程，其收敛准则则小于 10^{-6}。图 2.58 为微通道网格划分图。如图所示，由于通道内肋区和凹穴区结构的复杂性，采用非均匀的结构网格划分，而在矩形区域采用结构化网格划分。在分析模拟结果之前，先对网格独立性及微通道单相层流流动与传热模型进行验证。

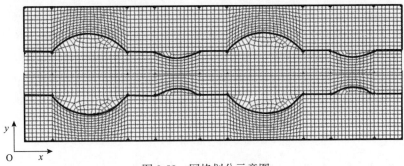

图 2.58　网格划分示意图

图 2.59 为通道速度分布及流体温度分布沿流动方向无量纲长度的变化。选取通道尺寸为 $e_1 = 0.01$ mm，$e_2 = 0.0113$ mm 进行检验，选取三种网格尺寸(33.8 万、82.9 万及 161.5 万)进行独立性检验，分别为 33.8 万(稀疏)网格、82.9 万(较密)网格及 161.5 万(极密)网格。从图 2.59 可以看到，相比网格数是 82.9 万和网格数

161.5 万的速度值的最大误差不超过 1%，温度值最大误差不超过 0.52%，表明网格数是 82.9 万时，结果误差已经很小了。但是使用 33.8 万网格来划分通道，其结果误差较大。因此，由于其他结构的通道尺寸变化不大，为了保证结果的准确性和节省计算时间，按照 82.9 万的网格数来划分。

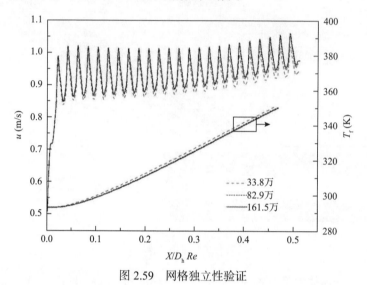

图 2.59　网格独立性验证

图 2.60 为矩形微通道层流理论值与圆形凹穴及内肋微通道摩擦系数的对比。矩形微通道层流的摩擦系数可由式 (2.116) 计算[16]，而圆形凹穴及内肋微通道摩擦系数则根据模拟的压降值由式 (2.117) 计算，如下所示：

$$f_{\text{app,ave}} Re = \sqrt{\left[\frac{3.2}{L_{\text{ch}}/(D_{\text{h}} \cdot Re)}\right]^2 + \left(2fRe\right)^2} \tag{2.116}$$

式中

$$fRe = 96\left(1 - 1.3553\alpha_{\text{c}} + 1.9467\alpha_{\text{c}}^2 - 1.7012\alpha_{\text{c}}^3 + 0.9563\alpha_{\text{c}}^4 - 0.2537\alpha_{\text{c}}^5\right)$$

$$f_{\text{app,ave}} = \frac{2\Delta p D_{\text{h}}}{\rho_{\text{f}} L_{\text{ch}} u_{\text{in}}^2} \tag{2.117}$$

式中，ΔP、D_{h} 及 α_{c} 分别为压降 (Pa)、通道水力直径 (m) 及通道宽高比。

同时，图 2.60 也是通道模拟的摩擦系数 (散点) 与由公式 (2.117) 计算的理论层流摩擦系数 (直线) 的验证。由于凹穴高及内肋高的变化，在相同入口速度 2 m/s 时，雷诺数的变化范围为 350～370。选取通道最大结构 (e_1=0.06 mm，e_2=0.0284 mm) 和最小结构 (e_1=0.01 mm，e_2=0.0113 mm) 分别对比，从图 2.60 中可以看到，当 $Re<700$ 时，各模拟值的变化趋势与理论值一样，符合层流模型，但由于凹穴及内肋的存在，增大了流体内部的扰动，其压降均大于矩形微通道，因此摩擦系数也高于矩形微通道的。但当 $Re>700$ 时，随着扰动的继续增大，其流动已不再是层流。因此，此次模拟的通道结构入口速度选择为 2 m/s，对应的雷诺数变化范围为 350～370，均符合层流范围。

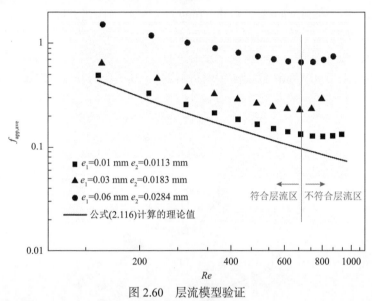

图 2.60 层流模型验证

2.7.2 多目标遗传优化理论

在工程应用中，很多问题都需要同时考虑多个目标函数的优化，这些目标函数相互约束，甚至有可能相互冲突，所以需要从所有可能的解集中找到最合理、最优的解。将遗传算法引进多目标函数的优化，可以使群体进化和行搜索多个目标，逐步找到问题的最优解。

本节以凹穴高 e_1 及内肋高 e_2 为变量，模拟 30 组不同结构参数的圆形凹穴及内肋微通道的流动与传热情况，其中凹穴高和肋高的变化范围分别为 0.01 mm$<$$e_1<$0.06 mm 和 0.01 mm$<$$e_2<$0.03 mm。对于微通道而言，传热增强的同时压降也相应地增大。因此，为了得到通道最优传热性能，选择影响传热的热阻 R_{th} 和影响流动的泵功 PP 为目标函数，当热阻和泵功同时最小时，通道的综合传热性能最优。热阻和泵功的计算式如下：

$$R_{th} = \frac{T_{b,max} - T_{in}}{Q} = \frac{T_{b,max} - T_{in}}{q_w A_b} \tag{2.118}$$

$$PP = N A_{ch} u_{in} \Delta P \tag{2.119}$$

式中，$T_{b,max}$ 为加热底面最大温度，K；T_{in} 为通道入口流体温度，K；Q 为加热功率，W；q_w 为热流密度，W/m^2；A_b 为加热底面面积，m^2；N 为通道总数；A_{ch} 为单根通道横截面积，m^2；u_{in} 为入口速度，m/s；ΔP 为压降，Pa。

在进行遗传算法优化前，首先根据模拟结果分别由式（2.118）、式（2.119）计算得出热阻及泵功值，构建由变量（e_1,e_2）组成目标函数方程 $z=f(e_1,e_2)$，可以采用响应平面近似法（response surface methodology，RSM）来构建方程。

图 2.61 为热阻及泵功随凹穴高及内肋高变化的散点图（由模拟结果计算得到）。根据热阻及泵功值的散点分布情况，分别在 Origin 软件里用多项式回归（Poly2D）和 Logistic 回归（LogisticCum）实现响应平面的构建，其拟合的方程形式如下所述。

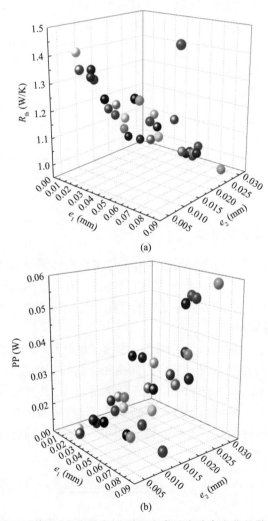

图 2.61　热阻（a）及泵功（b）随凹穴高及内肋高变化的散点图

根据三维响应平面的形状，采用非线性平面拟合方程。

$$R_{\text{th}}(e_1, e_2) = a_0 + a_1 e_1 + a_2 e_2 + a_3 e_1^2 + a_4 e_1 e_2 + a_5 e_2^2 \tag{2.120}$$

$$\text{PP}(e_1, e_2) = b_0 + \frac{b_1}{\left[1 + \exp\left\{\dfrac{b_2 - e_1}{b_3}\right\}\right]\left[1 + \exp\left\{\dfrac{b_4 - e_2}{b_5}\right\}\right]} \tag{2.121}$$

图 2.62 为由拟合公式(2.120)和式(2.121)计算的热阻及泵功值随凹穴高及内肋高的变化情况。可以看到，计算值基本分布在曲面上，说明曲面能很好地反映出热阻和泵功散点值的分布情况。表 2.16 列举了热阻和泵功预测方程的性能评价指标。热阻和泵功目标函数方程的确定系数 R^2 分别为 0.9329 及 0.9966。表 2.17 为入口速度为 $u_{\text{in}}=2$ m/s 时对应的目标函数的系数值。

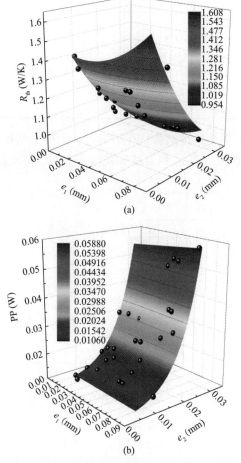

图 2.62　热阻(a)及泵功(b)随凹穴高及内肋高变化的拟合公式曲面图

表 2.16　泵功和热阻预测方程的性能评价指标

目标函数	RMSE	MRPE(%)	SSE	R^2
PP	7.2613×10^{-4}	2.1455	1.5818×10^{-5}	0.9966
R_{th}	0.0312	2.3211	0.0293	0.9329

以此目标函数为依据，建立微通道结构参数的多目标遗传优化的数学模型如下：

$$\min f(e_1,e_2) = \min\left\{R_{th}(e_1,e_2),PP(e_1,e_2)\right\}$$

$$\text{s.t.}\qquad 0.01 < e_1 < 0.06 \quad (单位：mm)$$

$$0.01 < e_2 < 0.03 \qquad\qquad\qquad (2.122)$$

$$u_{in} = 2\,m/s \quad Re = 350 \sim 370$$

表 2.17　目标函数的系数值

相关系数	数值	相关系数	数值
a_0	1.63269	b_0	0.00879
a_1	−1.67079	b_1	23.1628
a_2	−34.55847	b_2	0.64573
a_3	58.54313	b_3	0.67058
a_4	−134.25445	b_4	0.06442
a_5	545.93731	b_5	0.00714

　　如图 2.63 所示，实现微通道结构优化的多目标遗传算法操作步骤分为三部分：第一步数值模拟，设计凹穴高 e_1 和肋高 e_2 的变量参数，由模拟结果计算热阻及泵

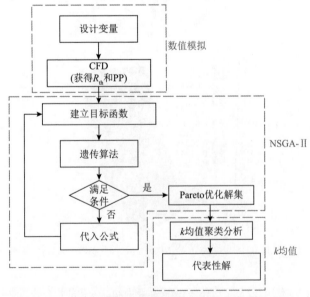

图 2.63　微通道结构优化的多目标遗传算法操作流程

功值。第二步为遗传操作过程，为了避免迭代次数较少时和交叉概率、变异概率大小的设定，对问题求解的精度和收敛速度有影响，本节通过试算法确定设置迭代 2000 步，交叉概率设置为 0.9，变异概率设置为 0.08。经过非支配排序算法 NSGA-Ⅱ得到最优的解集，即 Pareto 优化解集。第三步采用 k 均值聚类分析对最优解集进行 4 大聚类，得到 4 个代表性解。

2.7.3　结果分析与讨论

如图 2.64 为由多目标遗传算法得到的热阻及泵功的 Pareto 优化解集。其中，连续曲线为 Pareto 优化解集，1、2、3、4 点为由 k 均值聚类法所得到的代表解。

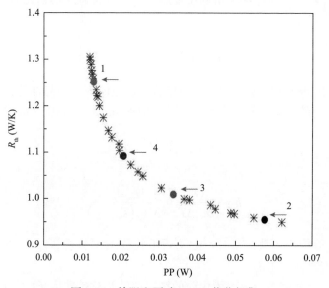

图 2.64　热阻和泵功 Pareto 优化解集

图 2.64 表示在相同的泵功下，位于 Pareto 优化解集线上的值为该结构下对应的最优热阻，可以看到大多数的模拟值（未优化前的结构）均位于线外，说明这些结构都不是最优的。其中，工况 1 表示热阻较大、泵功较小的情况；工况 2 表示热阻较小、泵功较大的情况。为了方便在工程上的应用，设计者可以通过微通道的凹穴高和内肋高的组合，适应实际的工况。

表 2.18 为目标函数的 Pareto 优化值与模拟值的对比。从表中可以看到，热阻的优化值和计算模拟值的平均误差在 2.06%左右；泵功的优化值和计算模拟值的平均误差在 1.39%左右，说明吻合度比较高。然而，这一部分误差产生的原因主要是回归目标函数的构建造成的。

表 2.18　目标函数的 Pareto 优化值与模拟值的对比

聚类点	变量参数		Pareto 优化值		模拟值	
	e_1(mm)	e_2(mm)	R_{th}(W/K)	PP(W)	R_{th}(W/K)	PP(W)
1	0.0239	0.0112	1.2595	0.0110	1.3054	0.0117
2	0.0492	0.0293	1.0209	0.0380	1.0224	0.0370
3	0.0436	0.0245	1.1353	0.01784	1.1366	0.0181
4	0.0368	0.0193	1.0942	0.0238	1.0542	0.0229

由前面分析可知，通道传热性能强化的同时流动阻力也会增大，即热阻下降的同时泵功增大。因此，可采用强化传热因子 η 评价微通道强化后和强化前的综合传热性能，其计算式如下：

$$\eta = \left(Nu \, / \, Nu_0 \right) / \left(f_{\text{app,ave}} \, / \, f_{\text{app,ave0}} \right)^{1/3} \tag{2.123}$$

当 $\eta>1$ 时，说明在相同泵功下，强化后微通道的综合传热性能优于未强化的。0 表示未优化前的通道，选取参考通道（e_1=0.05 mm，e_2=0.0182 mm）。Nu 公式为

$$Nu = \frac{hD_{\text{h}}}{\lambda_{\text{f}}} \tag{2.124}$$

$$h = \frac{Q}{NA_{\text{ch}}\Delta T} = \frac{q_w A_{\text{b}}}{NA_{\text{ch}} \left(T_{\text{b}} - T_{\text{f}} \right)} \tag{2.125}$$

式中，h 为表面传热系数，W/(m²·K)，可由式(2.125)计算；T_{b} 为加热底面平均温度，K；T_{f} 为流体平均温度，K。

图 2.65 为 4 个聚类点及未优化前的微通道的强化传热因子的对比。由图可知，4 个代表性点对应微通道的凹穴高和内肋高组合结构的强化传热因子都大于 1，表明经过多目标遗传算法优化后的微通道结构的强化传热效果大于未优化前的（e_1=0.05 mm，e_2=0.0183 mm）强化传热效果，其中点 4 的通道结构（e_1=0.0368 mm，e_2=0.0193 mm）对应的综合传热性能最优。相比较图 2.64 和图 2.65 可以发现，

图 2.64 曲线前端的工况 1 和后端的工况 2 的强化传热因子都比较小，而中间段的工况 3 和工况 4 强化传热因子都比较大，表明在热阻较大或泵功较大的工况条件下综合传热效果没有热阻和泵功比较均匀时的工况传热效果好。因此，多目标遗传算法在一定的工况范围内可以提供优化解集。

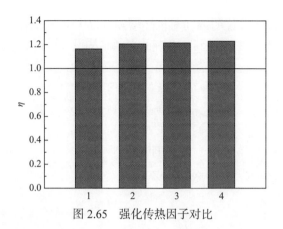

图 2.65　强化传热因子对比

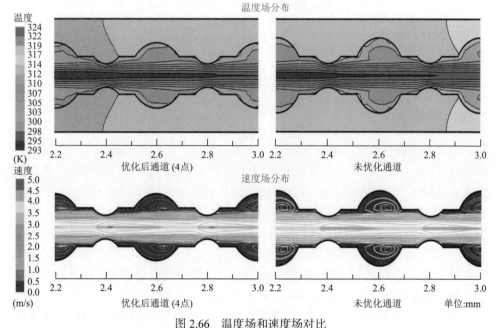

图 2.66　温度场和速度场对比

　　图 2.66 为优化后 4 点对应的结构通道与未优化通道的温度场与速度场内部分布情况。从温度场可看出，优化后的通道结构内流体中心温度高于未优化前的，且壁面温度更低，说明该通道的换热效果好。原因可从速度场分布可知，在凹穴区由于面积增大速度下降形成涡旋；而在肋区流动边界层被肋高打断，流动区域变窄，速度加快，扰动增强，引起压损。

　　图 2.67 为优化后 4 点对应的通道结构与未优化通道的 Nu_x 数随通道长度的分布情况。从图中可以看到，圆形凹穴与内肋微通道的 Nu_x 数流动方向呈波动变化，其传热情况均优于相同尺寸的矩形微通道。曲线波谷处为凹穴区，其传热情

况低于波峰处的内肋区,说明内肋对传热增强效果大于凹穴的。优化后的通道 Nu_x 数比未优化的增大了约27%。因此,合理的通道结构设计可以有效地提高传热性能。

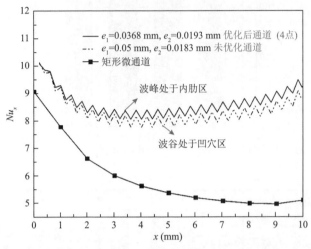

图 2.67 局部 Nu_x 数随流动方向的变化

2.7.4 小结

本节采用多目标遗传算法对圆形凹穴及内肋组合的微通道进行结构优化,利用 Fluent 18.0 对任意凹穴高及内肋高组合的 30 组微通道结构进行模拟,建立以微通道结构参数为变量的多目标遗传优化的数学模型,得到的主要结论如下所述。

(1)采用响应平面近似法构建热阻及泵功的目标函数,其多元统计系数 R^2 分别为 0.9329 和 0.9966,说明函数精确度高。

(2)本节通过试算法确定设置迭代 2000 步,交叉的概率设置为 0.9,变异概率为 0.08,通过非支配排序遗传算法(NSGA-Ⅱ)运算得到最优解集,用 k 均值聚类法对最优解集进行聚类,最终得到 4 个代表性解。

(3)由强化传热因子分析可知,优化后的微通道结构综合传热性能高于未优化前的微通道结构,说明合理的结构设计能使凹穴及内肋连续打断热边界层、增强内部扰动,使内部温度场分布更均匀,表明多目标遗传算法可提供一定工况范围内的优化解集。

<h2 style="text-align:center">参 考 文 献</h2>

[1] Zhai Y, Xia G, Liu X, Li Y F. Exergy analysis and performance evaluation of flow and heat transfer in different micro heat sinks with complex structure[J]. International Journal of Heat and Mass Transfer, 2015, 84: 293-303.

[2] Rosa P, Karayiannis T G, Collins M W. Single-phase heat transfer in microchannels: The importance of scaling effect[J]. Applied Thermal Engineering, 2009, 29: 3447-3468.

[3] Wu J M, Zhao J Y, Tseng K J. Parametric study on the performance of double-layered microchannel heat sink[J]. Energy Conversion and Management, 2014, 80: 550-560.

[4] Buongiorno J. Convective transport in nanofluids[J]. International Journal of Heat and Mass Transfer, 2006, 128: 240-250.

[5] Einstein A. Investigation on the Theory of the Brownian Movement[M]. New York: Dover, 1956.

[6] Murshed S M, Estellé P. A state of the art review on viscosity of nanofluids[J]. Renewable and Sustainable Energy Reviews, 2017, 116: 1134-1152.

[7] Noni A D, Garcia D E, Hotza D. A modified model for the viscosity of ceramic suspensions[J]. Ceramics International, 2002, 28: 731-735.

[8] Nguyen C, Desgranges F, Roy G, Galanis N, Mare T, Boucher S, Mintsa H A. Temperature and particles-size dependent viscosity data for water-based nanofluids-hysteresis phenomenon[J]. International Journal of Heat and Fluid Flow, 2007, 28: 1492-506.

[9] Williams W C, Buongiorno J, Hu W L. Experimental investigation of turbulent convective heat transfer and pressure loss of alumina/water and zirconia/water nanoparticle colloids (nanofluids) in horizontal tubes[J]. International Journal of Heat and Mass Transfer, 2008, 130: 042412.

[10] Boroomandpour A, Toghraie D, Hashemian M. A comprehensive experimental investigation of thermal conductivity of a ternary hybrid nanofluid containing MWCNTs-titania-zinc oxide/ water-ethylene glycol (80：20) as well as binary and mono nanofluids[J]. Research Synthesis Methods Synth, 2020, 268: 116501.

[11] Sahoo R R, Kumar V. Development of a new correlation to determine the viscosity of ternary hybrid nanofluid[J]. International Communications in Heat and Mass Transfer, 2019, 111: 104451.

[12] Das S K, Putra N, Thiesen P, Roetzel W. Temperature dependence of thermal conductivity enhancement for nanofluids[J]. Journal of Heat Transfer-Transactions of the Asme, 2003, 125: 567-574.

[13] Moring L. Scaling effects for liquid flows in microchannels[J]. Heat Transfer Engineering, 2006, 27: 64-73.

[14] Moghari R M, Akbarinia A, Shariat M, Talebi F, Laur R. Two phase mixed convection Al_2O_3-water nanofluid flow in an annulus[J]. International Journal of Multiphase Flow, 2011, 37: 585-595.

[15] Moraveji M K, Ardehali R M. CFD modeling (comparing single and two-phase approaches) on thermal performance of Al_2O_3/water nanofluid in mini-channel heat sink[J]. International Communications in Heat and Mass Transfer, 2013, 44: 157-164.

[16] Shah R K, London A L. Laminar Flow Forced Convection in Ducts[M]. New York: Elsevier, 1978.

[17] Shen H, Zhang Y C, Wang C C, Xie G. Comparative study for convective heat transfer of counter-flow wavy double-layer microchannel heat sinks in staggered arrangement[J]. Applied

Thermal Engineering, 2018, 137: 228-237.

[18] 玄光男, 程润伟. 遗传算法与工程优化[M]. 于歆杰, 周根贵, 译. 北京: 清华大学出版社, 2003.

[19] Badhurshah R, Samad A. Multi-objective optimization of a bidirectional impulse turbine[J]. Proceedings of the Institution of Mechanical Engineers, Part A: Journal of Power and Energy, 2015, 229: 584-596.

[20] 马兆允, 徐亚栋. 多项式响应面方法在结构近似分析中的应用[J]. 科技资讯, 2006: 111-112.

[21] Guo Z Y, Li D Y, Wang B X. A novel concept for convective heat transfer enhancement[J]. International Journal of Heat and Mass Transfer, 1998, 41: 2221-2225.

[22] Li F, Zhu W H, He H. Field synergy analysis on flow and heat transfer characteristics of naonfluid in microchannel with non-uniform cavities configuration[J]. International Journal of Heat and Mass Transfer, 2019, 144: 118617.

[23] Bi C, Tang G H, Tao W Q. Heat transfer enhancement in mini-channel heatsinks with dimples and cylindrical grooves[J]. Applied Thermal Engineering, 2013, 55: 121-132.

[24] Zhai Y L, Li Z H, Wang H, Xu J X. Analysis of field synergy principle and the relationship between secondary flow and heat transfer in double-layered microchannels with cavities and ribs[J]. International Journal of Heat and Mass Transfer, 2016, 101: 190-197.

[25] Ma L, Yang J, Liu W, Zhang X. Physical quantity synergy analysis and efficiency evaluation criterion of heat transfer enhancement[J]. International Journal of Thermal Sciences, 2014, 80: 23-32.

[26] Fan J, Ding W, Zhang J, He Y L, Tao W Q. A performance evaluation plot of enhanced heat transfer techniques oriented for energy-saving[J]. International Journal of Heat and Mass Transfer, 2009, 52: 33-44.

[27] Ji W, Fan J, Zhao C, Tao W Q. A revised performance evaluation method for energy saving effectiveness of heat transfer enhancement techniques[J]. International Journal of Heat and Mass Transfer, 2019, 138: 1142-1153.

[28] Zhai Y, Xia G, Liu X. Heat transfer enhancement of Al_2O_3-H Numerical investigation of flow and heat transfer in a microchannel with fan-shaped reentrant cavities and internal ribs O nanofluids flowing through a micro heat sink with complex structure[J]. International Communications in Heat and Mass Transfer, 2015, 66: 158-166.

[29] Kumar V, Sarkar J. Two-phase numerical simulation of hybrid nanofluid heat transfer in minichannel heat sink and experimental validation[J]. International Communications in Heat and Mass Transfer, 2018, 91: 239-247.

[30] Ghale Z, Haghshenasfard M, Esfahany M N. Investigation of nanofluids heat transfer in a ribbed microchannel heat sink using single-phase and multiphase CFD models[J]. International Communications in Heat and Mass Transfer, 2015, 68: 122-129.

[31] Lotfi R, Saboohi Y, Rashidi A M. Numerical study of forced convective heat transfer of Nanofluids: Comparison of different approaches[J]. International Communications in Heat and Mass Transfer, 2010, 37: 74-78.

[32] Lee J, Mudawar I. Assessment of the effectiveness of nanofluids for single-phase and two-phase heat transfer in micro-channels[J]. International Journal of Heat and Mass Transfer, 2007, 50: 452-463.

[33] Moraveji M K, Ardehali R M. CFD modeling（comparing single and two-phase approaches）on thermal performance of Al_2O_3/water nanofluid in mini-channel heat sink[J]. International Communications in Heat and Mass Transfer, 2013, 44: 157-164.

[34] Behzadmehr A, Saffar-Avval M, Galanis N. Prediction of turbulent forced convection of a nanofluid in a tube with uniform heat flux using a two phase approach[J]. International Journal of Heat and Fluid Flow, 2007, 28: 211-219.

[35] Kalteh M, Abbassi A, Saffar-Avval M, Harting J. Eulerian-Eulerian two-phase numerical simulation of nanofluid laminar forced convection in a microchannel[J]. International Journal of Heat and Fluid Flow, 2011, 32: 107-116.

[36] Ansari D, Kim K Y. Hotspot thermal management using a microchannel-pin-fin hybrid heat sink[J]. International Journal of Thermal Sciences, 2018, 134: 27-39.

[37] Lu G, Zhao J, Lin L, Wang X D, Yan W M. A new scheme for reducing pressure drop and thermal resistance simultaneously in microchannel heat sinks with wavy porous fins[J]. International Journal of Heat and Mass Transfer, 2017, 111: 1071-1078.

[38] 陶文铨. 数值传热学（第 2 版）[M]. 西安：西安交通大学出版社, 2001：1-591.

[39] 刘伟, 范爱武, 黄晓明. 多孔介质传热传质理论与应用[M]. 北京：科学出版社, 2006.

[40] Nield D A, Bejan A. Convection in Porous Media [M]. New York: Spring-Verlag, 2006.

[41] 隆瑞, 马雷, 刘伟. 内插多孔介质微通道热沉的数值模拟[J]. 水电能源科学, 2011, 29: 205-208.

[42] Hetsroni G, Gurevich M, Rozenblit R. Sintered porous medium heat sink for cooling of high-power mini-devices[J]. International Journal of Heat and Fluid Flow, 2006, 27: 259-266.

[43] Li F, Ma Q, Xin G, Zhang J, Wang X. Heat transfer and flow characteristics of microchannels with solid and porous ribs[J]. Applied Thermal Engineering, 2020, 178: 15639.

[44] Ou J, Rothstein J P. Direct velocity measurements of the flow past drag-reducing ultrahydrophobic surfaces[J]. Physics of Fluids, 2005, 17: 103606.

[45] Wang Y, Huang L X, Mei D Q, Feng Y, Qian M. Numerical modeling of microchannel reactor with porous surface microstructure based on fractal geometry[J]. International Journal of Hydrogen Energy, 2018, 43: 22447-22457.

[46] Service R F. Coming soon: The pocket DNA sequencer[J]. Science, 1998, 282: 399-401.

[47] Moghari R M, Akbarinia A, Shariat M, Talebi F, Laur R. Two phase mixed convection Al_2O_3-water nanofluid flow in an annulus[J]. International Journal of Multiphase Flow, 2011, 37: 585-595.

[48] Rosa P, Karayiannis T G, Collins M W. Single-phase heat transfer in microchannels: The importance of scaling effects[J]. Applied Thermal Engineering, 2009, 29: 3447-3468.

[49] Fan J F, Ding W K, Zhang J F. A performance evaluation plot of enhanced heat transfer techniques oriented for energy-saving[J]. International Journal of Heat and Mass Transfer, 2009, 52: 33-44.

[50] Dey P, Hedau G, Saha S K. Experimental and numerical investigations of fluid flow and heat transfer in a bioinspired surface enriched microchannel[J]. International Journal of Thermal Sciences, 2019, 135: 44-60.

[51] 张忠彬. 仿生鱼鳞微结构制造及其减阻性能研究[D]. 长春: 长春理工大学, 2021.

[52] Zhai Y L, Xia G D, Liu X F, Li Y F. Heat transfer in the microchannels with fan-shaped reentrant cavities and different ribs based on field synergy principle and entropy generation analysis[J]. International Journal of Heat and Mass Transfer, 2014, 68: 224-233.

[53] Yadav V, Baghel K, Kumar R, Kadam S T. Numerical investigation of heat transfer in extended surface microchannels[J]. International Journal of Heat and Mass Transfer, 2016, 93: 612-622.

第 3 章　微通道沸腾传热及气泡动力学

3.1　多孔介质微通道两相流动沸腾研究

3.1.1　多相模型选择依据

在流动与传热的过程中，根据组成成分可将工质分为纯流体(只有一种物质)或混合流体(由两种或以上的物质组成)。不同种类流体在数值计算时需要选择不同的计算模型。当换热工质中存在两种及以上物质或物理状态时，通常采用多相模型。相比于单相模型，多相模型的计算精度更高，但是会占用大量的计算资源。其中，多相模型包括了欧拉-欧拉模型及欧拉-拉格朗日模型。欧拉-欧拉模型是将每一相看作连续相进行处理，而欧拉-拉格朗日模型则是将第一相看作连续相，其余相看作离散相进行处理。在多相模型中，欧拉-欧拉模型包括 VOF 模型、混合模型及欧拉模型，而欧拉-拉格朗日模型包括离散相模型(DPM)。

VOF 模型是一种应用在固定欧拉网格的表面跟踪技术，能有效地描述相界面上的特征，适用于两相及多相流体之间没有相互穿插的情况。在数值模拟时，通过单独的动量方程和穿过区域内每一相流体的体积分数进行求解。在每个计算单元内，所有相的体积分数之和为 1。如果第 q 相流体的体积分数记为 α_q，则存在以下三种情况：

(1) $\alpha_q=0$，表示计算单元内不存在第 q 相流体；

(2) $\alpha_q=1$，表示计算单元内只存在第 q 相流体；

(3) $0<\alpha_q<1$，表示计算单元内同时包含了第 q 相流体和其他流体。

该模型适用于模拟分层或自由表面流，如射流破裂、流体中气泡的运动及气液相截面的稳态或瞬态处理问题。在处理有限空间或大容器沸腾传热的问题时，可通过用户自定义函数(user-defined function，UDF)或 VOF 模型中 Lee 的蒸发-冷凝模型(evaporation and condensation model)进行求解。在蒸发-冷凝模型中，液体与蒸汽之间质量的传递通过蒸汽运输方程控制。

$$\frac{\partial}{\partial t}(\alpha_v \rho_v) + \nabla \cdot (\alpha_v \rho_v \overrightarrow{V_v}) = \dot{m}_{lv} - \dot{m}_{vl} \tag{3.1}$$

式中，下标 v 表示蒸汽相；α_v、ρ_v、$\vec{V}_v$、$\dot{m}_{lv}$ 及 $\dot{m}_{vl}$ 分别表示蒸汽体积分数(%)、蒸汽密度(kg/m^3)、蒸汽相速度(m/s)、蒸发传质速率$(kg \cdot m^{-3}/s)$和冷凝传质速率$(kg \cdot m^{-3}/s)$。

在公式(3.1)中，根据主相温度与饱和温度之间关系，蒸发(冷凝)时传质速率的表达式如下所述。

当 $T_l > T_{sat}$ 时(蒸发)：

$$\dot{m}_{lv} = \text{coeff} \times \alpha_l \rho_l \frac{(T_l - T_{sat})}{T_{sat}} \tag{3.2}$$

当 $T_v < T_{sat}$ 时(冷凝)：

$$\dot{m}_{vl} = \text{coeff} \times \alpha_v \rho_v \frac{(T_{sat} - T_v)}{T_{sat}} \tag{3.3}$$

式中，coeff 是一个调节系数，也称为松弛时间；T_{sat}、T_l 及 T_v 分别为饱和温度(K)、液相温度(K)和气相温度(K)。蒸发-冷凝模型中能量方程的源相可根据传质速率与气化潜热的乘积求得。

混合模型是一种简化的多相流模型，假定在短空间尺度上达到局部平衡，相间耦合作用较为强烈，混合相中只有一相是可压缩的，忽略流体黏性阻力，各相间会发生相互贯穿的情况。不同于 VOF 模型，混合模型中使用了滑移速度的概念，允许各相间存在速度差。可模拟多相流体混合，通过求解混合相的连续性方程、动量方程、能量方程、第二相的体积分数方程及相对速度的代数表达式得出结果。适用于求解颗粒分散范围较宽广的情况，如沉降及旋风分离器等。所以对于纳米流体的数值模拟，采用混合模型是一种较为有效的方法。

欧拉模型是 Fluent 中最为复杂的一种多相流模型，通过建立多个动量方程和连续性方程来求解每一相。压力项与界面交换系数相互耦合，耦合方式依赖于所含相的情况。对于颗粒流(流-固)和非颗粒流(流-流)的处理也是不同的，需要根据实际的流动情况对各参数进行合理设定。该方法适用于气泡柱、上浮、颗粒悬浮及流化床等。其特点是计算结果精度较高、耗费的计算资源极大、对服务器性能要求高、计算时间较长、收敛速度较慢及计算稳定性较差。研究表明[1]，对于低体积分数的纳米流体而言，混合模型和欧拉模型的计算结果近似。因此为了节省计算资源，对于纳米流体数值模拟采用混合模型进行计算较为合适。

相比于欧拉-欧拉模型，离散相模型可以在拉氏坐标下模拟流场中的离散相。离散颗粒相通常可简化为球形(表示液滴或气泡)，且均匀分布在连续的液相中。对于求解混合相中颗粒的运动及分布情况(如颗粒雾化、纳米流体等)，离散相模型是一种比较有效的方法。该方法能有效追踪粒子在流动场中的运动轨迹并计算由颗粒引起的热量/质量传递。在初始化时，可对颗粒的初始位置、速度、尺寸及初始温度进行设置。这里假定第二相非常稀薄，通常小于 10%～12%，颗粒-颗粒之间的相互作用及颗粒体积分数对连续相的影响均可忽略。稳态离散相模型适用于求解具有确切定义的入口与出口边界条件问题，不适用于求解模拟连续相中颗粒无限期悬浮的问题。而对于模拟搅拌釜、混合器及流化床等问题的求解，采用非稳态离散相模型较为合适。

3.1.2　壁面接触设定及模型验证

物理模型如图 3.1 所示，为了减弱管径对气泡生长的影响，通道宽度 W_{ch} 设置为 0.2 mm，高度 H_{ch} 设置为 0.1 mm，其他结构参数见表 3.1。

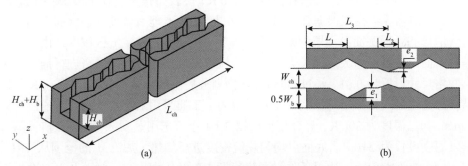

图 3.1　(a) Tri. C-Tri. R 复杂结构微通道的三维示意图和 (b) 局部截面图

表 3.1　微通道内部的结构尺寸

序号	参数	值
1	L_1	0.2 mm
2	L_2	0.1 mm
3	L_3	0.4 mm

在微通道流动沸腾传热的过程中，气化核心首先出现在固-液耦合面上。为了能更好地捕捉成核的气泡形态，需要对该区域网格局部加密。研究结果表明[2]，近壁面最小网格尺寸由气泡临界半径 r_c 决定，通常最小网格尺寸取气泡临界半径的 1/10。气泡临界半径 r_c 可由公式 (3.4) 计算所得。

$$r_c = \frac{2\sigma T_{sat}}{h_{lv}\rho_v \Delta T_{sat}} \tag{3.4}$$

式中，σ 表示表面张力系数 (N/m)；T_{sat} 表示饱和温度 (K)；ΔT_{sat} 表示液体过热度；h_{lv} 表示气化潜热 (J/kg)；ρ_v 表示气相密度 (kg/m³)。

表面张力对计算结果的影响取决于两组无量纲数，分别是雷诺数 Re 和毛细数 Ca 以及雷诺数 Re 和韦伯数 We。当 $Re \ll 1$ 时，表面张力的重要程度取决于毛细数 Ca；当 $Re \gg 1$ 时，表面张力的重要程度取决于韦伯数 We。

$$Ca = \frac{\mu U}{\sigma} \tag{3.5}$$

$$We = \frac{\sigma}{\rho L U^2} \tag{3.6}$$

其中，U 是入口流速。若毛细数 $Ca \gg 1$ 或韦伯数 $We \ll 1$，则说明表面张力效应对计算结果的影响程度较小。

查 REFPROP 8.0 可知，水在温度为 310 K 时，表面张力系数 σ 为 0.0701 N/m。此时，气泡临界半径可根据公式(3.4)计算得出。为了能有效捕捉近壁面上刚成核的气泡形态，近壁面第一层网格厚度设置为 10^{-6} mm。在主流区域中，由于气泡随着壁面过热度的增大逐渐长大，故该区域可采用尺寸较大的网格进行捕捉，最小网格尺寸设置为 0.01。经过 Gambit 网格划分后矩形微通道和 Tri. C-Tri. R 复杂结构微通道的网格数量均控制在 150 万以内。工质采用液态水，入口流速设置为 2 m/s，初始温度为 300 K，计算模型根据 3.1.1 小节选用蒸发-冷凝模型进行计算，蒸发温度设置为 310 K。底面以均匀热流密度进行加热，热流 q 的范围从 1×10^5 W/m^2 到 6×10^5 W/m^2。边界条件设置为速度入口及压力出口，侧面及上壁面均为绝热。基于压力-速度求解器采用非稳态计算，算法选用 PISO，动量方程及能量方程均设置为二阶迎风，松弛因子的设定如表 3.2 所示。

表 3.2　松弛因子的设定

松弛因子	数值
压力	0.3
密度	1
体积力	1
动量	0.7

时间步长的设定可根据公式(3.7)计算得出。

$$Co_t = \frac{\Delta t}{\tau} = \frac{\Delta t \cdot v}{\Delta L} \tag{3.7}$$

式中，Δt 表示时间步长(s)；$\tau = \Delta L / v$，表示流体微团流经计算单元所需要的时间(s)；时间步长越大对应的 Co_t 越大，说明计算精度越低，当 $Co_t > 250$ 时，计算被强迫终止。

为保证计算精度及节省计算时间，经试算，时间步长设置为 $1×10^{-6}$ s 较为合适。当连续性方程、动量方程及能量方程的残差曲线分别小于 10^{-4}、10^{-5} 和 10^{-6} 时，可认为计算达到收敛。

当表面张力达到力学平衡时，液滴的形状不再发生变化，此时，可得到表观接触角的简化热力学模型。在平衡状态下，附着在壁面上的液滴的接触角可以通过杨氏方程进行描述[3,4]，表达式如下：

$$\gamma_{sv} - \gamma_{sl} = \gamma_{lv} \cos\theta_e \tag{3.8}$$

式中，γ_{sv}、γ_{sl} 及 γ_{lv} 分别表示固相-气相、固相-液相和液相-气相的表面张力；θ_e 为表观接触角。这里假设壁面的表面均匀、干净、光滑、各向同性且不发生变形。

图 3.2 为表观接触角及不同种类流体接触角变化的示意图[5]。如图 3.2(a)所示，表观接触角 θ_e 表示壁面和液膜切线之间的夹角。值得注意的是，不同种类流体由于表面张力不同，其表观接触角的范围也不同。如图 3.2(b)所示，亲水性流体的表观接触角一般小于 90°，而疏水性流体表观接触角通常大于 90°。为了保证模拟结果的准确性，在数值模拟时勾选 wall adhesion 选项，经试算水和壁面的接触角设置为 90°。

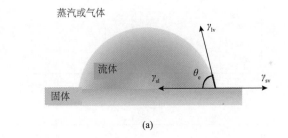

(a)

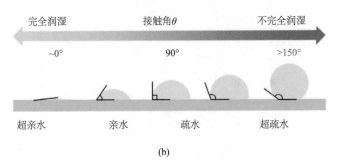

(b)

图 3.2　(a)表观接触角 θ_e 及 (b)不同种类流体接触角的变化[5]

为了验证蒸发-冷凝模型的准确性，采用水力直径为 1 mm 的矩形微通道进行计算并对比了 Sun 等[6]所提出的关联式。Sun 等[6]通过测量 2505 组管径范围在

0.21～6.05 mm 的水平管在不同工况下的沸腾传热系数，拟合得到的关联式如式 (3.9) 和式 (3.10) 所示。

$$h_{tp} = \frac{6Re_{lo}^{1.05} Bo^{0.54}}{We_l^{0.191} (\rho_l / \rho_g)^{0.142}} \frac{\lambda_l}{d_h} \qquad (3.9)$$

$$We_l = \frac{G^2 D_h}{\sigma \rho_l} \qquad (3.10)$$

如图 3.3(a) 所示，在入口流速范围从 2 m/s 到 5 m/s 时，模拟值与实验值能较好地吻合。如图 3.3(b) 所示，沸腾传热系数的最大误差不超过 ±10%。因此，认为蒸发-冷凝模型可用于微通道流动沸腾过程的数值计算。

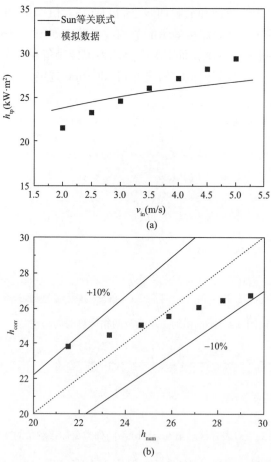

图 3.3　不同速度下模拟值与 Sun 等[6]关联式的对比：(a) 传热系数；(b) 误差

3.1.3 两相流动及沸腾传热特性分析

图 3.4 是在质量流速 $G=1996\ kg/(m^2\cdot s)$ 及热流密度 $q=6\times10^5\ W/m^2$ 时,不同微通道单相及两相传热的局部壁温。如图所示,随着加热的进行,单相传热时后半段的局部壁温明显升高,这是因为后半段流体温度过高,传热能力减弱。虽然凹穴及内肋能有效打断热边界层的发展,但是仍然不能满足现在微电子设备日益增长的散热的需求。为了更进一步地增强微通道的传热性能,可通过相变的方式强化传热。如图 3.4 所示,相比于单相传热,两相传热在矩形微通道(Rec.)中最大壁温下降了 4.13%,而在 Tri. C-Tri. R 复杂结构微通道中,最大壁温下降了 2.77%。这是由于当流体发生相变时,在距离通道入口一段距离处最先产生气泡(通常不产生气泡的区域称为过冷段),并随着壁面过热度的增大,产生的气泡数量会越来越多,固-液之间的传热能力也逐渐增强。可以看到,在 $x>2$ mm 时,局部壁温的曲线变化趋势明显与单相传热时不同,增长趋势更为缓慢,这表明气泡的快速生长能有效改善微通道后半段壁温过高的问题。

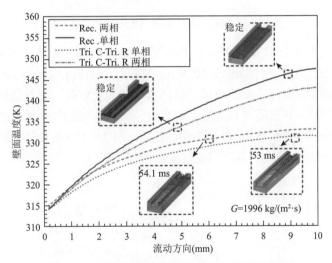

图 3.4 不同微通道单相及两相传热的局部壁温

值得注意的是,虽然两相传热是一种非常有效的强化传热手段,但是由于微通道的结构尺寸较小,管径通常与气泡处于同一数量级。在传统矩形微通道中,随着质量流量的减小及热流密度的增大,小气泡会逐渐合并形成更大的气泡堵塞通道,从而造成局部传热恶化。从流动方面来看,由于大气泡的移动速度较为缓慢,流体的运动会受到阻碍,并且小气泡的生长、脱离及合并等现象也会增强管内扰动,因此两相传热时的管内压降比单相传热时更大。图 3.5 是在质量流速 $G=1996\ kg/(m^2\cdot s)$ 及热流密度 $q=6\times10^5\ W/m^2$ 时,不同微通道单相及两相传热的局部压降。如图所示，在凹穴及肋和气泡的共同作用下，Tri. C-Tri. R 复杂结构微通道两相传热时所对应的局部压降更大。

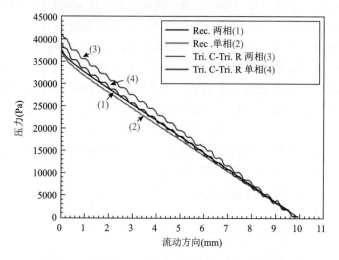

图 3.5　不同微通道单相及两相传热的局部压降

为研究气泡生长规律对流动传热参数的影响，图 3.6 对比了质量流速 $G=$ 1996 kg/$(m^2 \cdot s)$ 及热流密度 $q=6 \times 10^5$ W/m^2 时矩形微通道和 Tri. C-Tri. R 复杂结构微通道出口温度的变化。如图所示，当沸腾未达到稳定时，随着加热的进行，流体温度逐渐上升，并且随着热流密度的增大，流体温度的波动越来越剧烈。可以发现，矩形微通道在 $t \approx 35$ ms 时沸腾达到稳定，而 Tri. C-Tri. R 复杂结构微通道在 $t \approx 40$ ms 时沸腾达到稳定，且出口流体温度的波动更大。

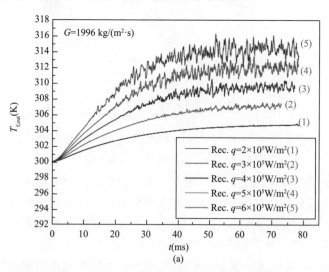

(a)

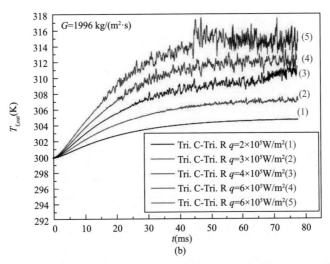

图 3.6　不同时刻下(a)矩形微通道和(b)Tri. C-Tri. R 复杂结构微通道出口流体温度的变化

　　当沸腾达到稳定时，矩形微通道和 Tri. C-Tri. R 复杂结构微通道 P 点(固-液耦合面轴线 x=9.6 mm 处)温度的变化如图 3.7 所示。可以看到，在高质量流速下，复杂结构微通道 P 点的温度略低于矩形微通道，且两者的温度波动都非常小。这表明在该工况下，两种微通道在沸腾传热的过程中均不会发生局部传热恶化。图 3.8 是在质量流速 G=1996 kg/($m^2\cdot$s)时，矩形微通道和 Tri. C-Tri. R 复杂结构微通道在不同热流密度下两相传热系数。如图所示，在热流密度 q=2×10^5～6×10^5 W/m^2时，传热系数均随热流密度的增大而逐渐上升。相比于 Tri. C-Tri. R 复杂结构微通道，矩形微通道的两相传热系数在 q=5×10^5 W/m^2 时，增长速率开始减缓，这都表明在高热流密度时，Tri. C-Tri. R 复杂结构微通道有着更好的传热性能。

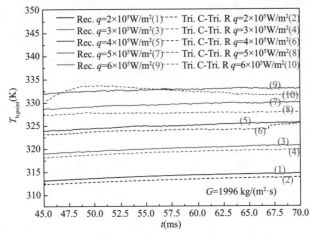

图 3.7　不同时刻矩形微通道和 Tri. C-Tri. R 复杂结构微通道 P 点温度的变化

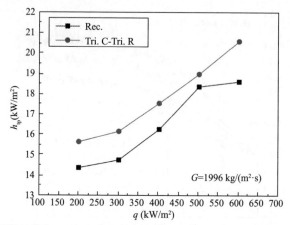

图 3.8 矩形微通道和 Tri. C-Tri. R 复杂结构微通道在不同热流密度下的传热系数

为了更进一步地研究影响微通道两相流动沸腾传热的因素，在热流密度 $q=6\times10^5\,\mathrm{W/m^2}$ 下，对比了矩形微通道和 Tri. C-Tri. R 复杂结构微通道在不同质量流速下的气泡分布图。图 3.9 是质量流速 $G=1996\,\mathrm{kg/(m^2\cdot s)}$ 时，矩形微通道和 Tri.

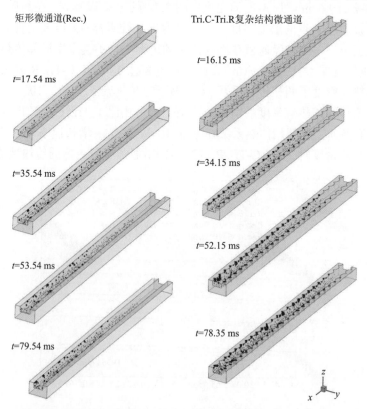

图 3.9 矩形微通道和 Tri. C-Tri. R 复杂结构微通道气泡分布图

C-Tri. R 复杂结构微通道气泡分布图。如图所示，当壁面达到一定过热度时（通常 $\Delta t > 4℃$），矩形微通道（$t=17.54$ ms）和 Tri. C-Tri. R 复杂结构微通道（$t=16.15$ ms）在固-液耦合面上均会产生一定数量的汽化核心。随着加热的进行，壁面过热度增大，汽化核心的数量增多，核态沸腾起始点发生提前（简称 ONB 点）。在 $t=34.15$ ms 时，发现凹穴及内肋所在区域的气泡会迅速长大，这与 Li 等[7]的实验现象相似。结果表明，在几何结构较为尖锐的区域，气泡更容易成核。在 $t\approx53$ ms 时，矩形微通道（$t=53.54$ ms）和 Tri. C-Tri. R 复杂结构微通道（$t=52.15$ ms）的沸腾传热过程逐渐趋于稳定，气泡的生长速率与气泡的脱离速率趋于一致，整个沸腾过程处于一个动态平衡当中，此时泡状流是管内的主要流型。上述现象说明了较高的质量流速能促使气泡及时脱离壁面，从而避免了气泡堆积造成局部传热恶化。

　　图 3.10 是质量流速 $G=99.8$ kg/($m^2\cdot$s) 时矩形微通道和 Tri. C-Tri. R 复杂结构微通道气泡分布图。如图所示，在较低质量流速下，气泡成核时间更短，汽化核心的数量更多。在 $t=16$ ms 和 $t=12$ ms 时，矩形微通道和 Tri. C-Tri. R 复杂结构微通道的 ONB 点均发生了提前。在 $t\approx28.2$ ms 时，由于小气泡的聚集与合并，矩形微通道管内会出现较大的气泡，而凹穴及内肋等微结构能有效促使气泡破裂，故 Tri. C-Tri. R

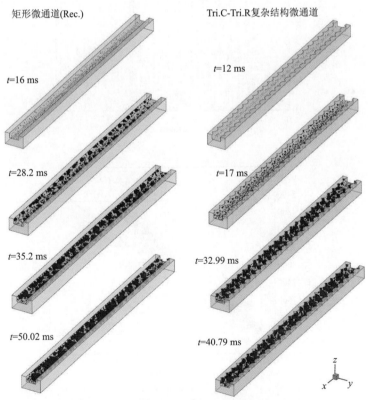

图 3.10　矩形微通道和复杂结构微通道气泡分布图

复杂结构微通道的气泡尺寸较小。在 t=50.02 ms 时, 发现气泡的脱离速率小于气泡的生长速率, 此时矩形微通道管内堆积了大量的气泡, 管内流型主要以受限泡状流及弹状流为主, 并且由于管内气泡堵塞, 流动及传热参数均会发生较大的波动。

为了研究低质量流速下矩形微通道和 Tri. C-Tri. R 复杂结构微通道的沸腾传热特性, 如图 3.11(a)所示, 对比了两种微通道在不同位置上的截面含气率。相比于 Tri. C-Tri. R 复杂结构微通道, 矩形微通道中间区域的气泡更多, 截面含气率更大。而凹穴及内肋等微结构能有效地促使大气泡破裂并分解成小气泡随主流离开, 所以此时后半段的截面含气率更小。如图 3.11(b)所示, 对比了矩形微通道和 Tri. C-Tri. R 复杂结构微通道在不同位置上的局部压降。可以看到, 随着沸腾的进行, 两种微通道的压降均出现了较大的波动。然而, 由于凹穴及内肋所造成的流体扰动程度更为剧烈, 因此曲线 2 较曲线 1 处在更高的位置上。

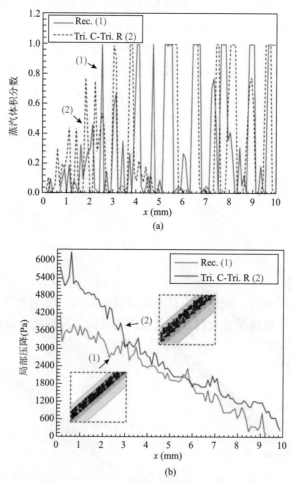

图 3.11　矩形微通道和 Tri. C-Tri. R 复杂结构微通道的 (a) 截面含气和 (b) 局部压降

　　图 3.12 是矩形微通道和 Tri. C-Tri. R 复杂结构微通道在不同时刻下的局部流体温度。如图所示，在质量流速 $G=99.8$ kg/(m²·s) 和热流密度 $q=6\times10^5$ W/m² 时，两种微通道在不同时刻下的局部流体温度均随着加热的进行逐渐升高。在 30 ms<t<46 ms 时，矩形微通道流体温度的波动程度更大，流体温度更低。这表明矩形微通道中气泡的含量更高，固-液之间的热量传递速率更慢。此时，气泡不能及时脱离壁面，管内气泡体积越来越大，当壁面黏性阻力大于流体的作用力时，大气泡会堆积在固-液耦合面上，导致冷流体不能及时润湿热壁面造成局部传热恶化。此外，由于气体的导热系数较液体小得多，当气泡堆积在壁面时，此处的液体会被蒸干并产生局部热点。因此，在低质量流速下，Tri. C-Tri. R 复杂结构微通道能有效抑制沸腾不稳定，并强化微通道的两相流动沸腾传热。

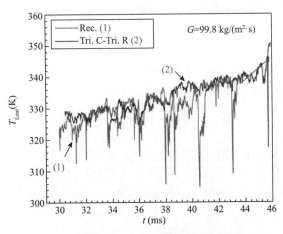

图 3.12　不同时刻下两种微通道的局部流体温度

3.1.4　小结

　　分别对多孔介质微通道及微通道的两相流动沸腾传热进行研究，从温度场和速度场两方面进行分析，发现高质量流速能有效抑制不稳定沸腾，从而避免造成局部传热恶化。在低质量流速时，凹穴及内肋等微结构均能有效地促使气泡快速破裂，避免造成堵塞。相比于矩形微通道，Tri. C-Tri. R 复杂结构微通道有着更好的传热性能。

3.2　仿生结构微通道沸腾传热性能

3.2.1　数学及物理模型

　　在流动沸腾问题中，工质存在两种物理状态。为有效地描述气液两相界面上的特征及捕捉气泡在微通道内的运动特性，选用 VOF 模型耦合连续表面张力模型，通过用户自定义函数构建两相流动模型与沸腾模型，以此开展微通道流动沸腾相关特性研究。

VOF 模型基于欧拉网格可对两种或多种互不溶流体实现表面的准确跟踪。引入附加的体积分数场物理量 α，并规定在每个计算单元内，所有相的体积分数之和为 1。在进行求解时，各相流体共享一个方程组。计算域内的变量与物性参数都通过各相对应参数体积分数加权平均计算得到。如果将液相流体的体积分数表示为 α_l，则存在以下三种情况：

(1) $\alpha_l = 0$，表示计算单元内仅存在蒸汽；

(2) $\alpha_l = 1$，表示计算单元内只存在液相；

(3) $0 < \alpha_l < 1$，表示计算单元内同时存在液相与蒸汽。

连续性方程如下：

$$\frac{\partial}{\partial t}(\alpha_l \rho_l) + \nabla \cdot (\alpha_l \rho_l \vec{V}_l) = S_l \tag{3.11}$$

$$\frac{\partial}{\partial t}(\alpha_v \rho_v) + \nabla \cdot (\alpha_v \rho_v \vec{V}_v) = S_v \tag{3.12}$$

式中，α_l 和 α_v 分别是液体和蒸汽的体积分数，源项 S_l 和 S_v 是由于蒸发和凝结引起的质量转移率。

流体的物理参数值取两相体积分数的加权平均值，以密度为例。

$$\rho = \alpha_v \rho_v + (1 - \alpha_v)\rho_l \tag{3.13}$$

一个单一的动量方程在整个计算域中被求解，得到的速度场被所有阶段共享。动量方程通过以下方式求解。

$$\frac{\partial}{\partial t}(\rho \vec{v}) + \nabla(\rho \vec{v}\vec{v}) = -\nabla p + \nabla \cdot \left[\mu(\nabla \vec{v} + \vec{v}^{\mathrm{T}})\right] + \rho \vec{g} + \vec{F} \tag{3.14}$$

式中，$\vec{v}$、$\vec{g}$ 及 $\vec{F}$ 分别代表流体速度、重力和表面张力，都作用于动量方程的源项。

每个阶段共享的能量方程如下：

$$\frac{\partial}{\partial t}(\rho E) + \nabla(\vec{v}[\rho E + p]) = \nabla \cdot (k_{\mathrm{eff}} \nabla T) + S_h \tag{3.15}$$

式中，S_h 是源项，可以通过将潜热乘以蒸发引起的质量转移得到，而流体的能量 E 和温度 T 是通过取两相能量的质量加权平均值计算。

$$E = \frac{\alpha_1 \rho_1 E_1 + \alpha_v \rho_v E_v}{\alpha_1 \rho_1 + \alpha_v \rho_v} \tag{3.16}$$

微尺度下，两相流动中表面张力的影响占主导，同比之下重力的影响几乎可以忽略不计，气液界面的变形与运动受到表面张力、惯性力和黏性力的共同作用，进而影响沸腾换热特性[8]。本节通过 Brackbill 等[9]提出的连续表面力(CSF)模型计算动量方程中的表面张力 $\vec{F}$，单位面积的表面张力计算如下：

$$\vec{F}_{vol} = \sigma \kappa \vec{n} |\nabla \alpha| \frac{2\rho}{\rho_1 + \rho_v} \tag{3.17}$$

式中，σ、κ 及 $\vec{n}$ 分别为曲率半径(1/m)、表面张力系数(N/m)和单位法向。通过查阅 REFPROP 软件可知，310 K 时，水的表面张力系数为 0.0701 N/m。

曲率 κ 与单位法向计算如下：

$$\kappa = -(\nabla \cdot \vec{n}) \tag{3.18}$$

$$\vec{n} = \frac{\nabla \alpha}{|\nabla \alpha|} \tag{3.19}$$

汽泡的存在及其与界面的接触角对强化传热起着重要作用。为此，引入了附加的壁面黏附模型(wall adhesion)模型，通过该模型对近壁面气液相表面曲率进行调整。

令 θ_w 为壁面处的接触角，则临近壁面的单元处相界面法向为

$$\vec{n} = \vec{n}_w \cos\theta_w + \vec{t}_w \sin\theta_w \tag{3.20}$$

式中，$\vec{n}_w$ 和 $\vec{t}_w$ 分别为壁面法向和切向的单位矢量。

两相相变的传热传质机理和过程非常复杂。为了模拟相变过程，通常采用简化的数学模型。在涉及沸腾和冷凝相变问题时，还需要增加附加的方程组，这会使得数学模型更加复杂。此外，在微观尺度环境或高热流区域的沸腾相变过程中，急剧的质量和能量变化提高了非稳态问题的求解难度。

目前，基于 VOF 方法捕捉相界面的相变模拟简化数学模型被广泛应用。这些相变模型往往直接与网格局部的温度或温度梯度相关，并通过建立温差与能量方程之间的联系来实现传热的数学建模。Lee 模型[10]、Yang 模型[11]、Schrage 模型[12]、温度恢复模型[13]是比较有代表性的相变模型。在沸腾和冷凝相关问题的数值模拟中广泛使用 Lee 模型。这是因为该模型方程简单，容易实现，并且早期获得了主流 CFD 商业软件的推广使用。Lee 模型的能量源项方程假设流体相变发

生于定压且准平衡的环境中，假设液体和蒸气分别在界面处达到热力学平衡，根据主相温度与饱和温度之间关系，蒸发(冷凝)时传质速率的表达式如下：

当 $T_1 > T_{sat}$ 时(蒸发)，

$$\dot{m}_{lv} = \text{coeff} \times \alpha_1 \rho_1 \frac{(T_1 - T_{sat})}{T_{sat}} \tag{3.21}$$

当 $T_v > T_{sat}$ 时(冷凝)，

$$\dot{m}_{vl} = \text{coeff} \times \alpha_v \rho_v \frac{(T_{sat} - T_v)}{T_{sat}} \tag{3.22}$$

式中，coeff 为蒸发冷凝因子，经试算取值为 10；T_{sat}、T_1 及 T_v 分别为饱和温度(K)、液相温度(K)及气相温度(K)。

针对本节的研究问题，工质采用液态水，蒸发温度设置为 310 K。入口设置为速度入口，质量流量为 498～996 kg/(m²·s)，入口温度为 298 K。出口设置为压力出口，出口压力为绝对压力 6500 Pa。微通道底部热壁面设置均匀热流密度进行加热，热流密度 q_w 范围从 100 kW/m² 到 1200 kW/m²。其余壁面均设置为绝热边界条件。在 ANSYS Fluent 18.0 中进行数值求解，基于压力-速度求解器采用非稳态计算，算法选用 PISO，动量方程及能量方程均设置为二阶迎风。

图 3.13 为尺寸 10 mm×0.26 mm×0.1 mm 的矩形微通道和仿生结构微通道的模拟域。通过 Fluent 软件中的对称边界条件对整个微型换热器性能进行研究。其中，仿生结构微通道由仿生肋条与三角形凹穴周期性布置于微通道底部组成，每个周期性布置之间的间隔为 0.05 mm。三角形凹穴为等腰三角形，底边长度为 0.2 mm，凹穴高为 0.04 mm。仿生肋条高度为 0.01 mm，其余尺寸参数与第 2 章中仿生肋条一致。通过设计周期性仿生肋条来增加流动沸腾的汽化核心，而三角形凹穴可以限制气泡过度生长，避免出现局部干涸现象。微通道壁面材料为硅。

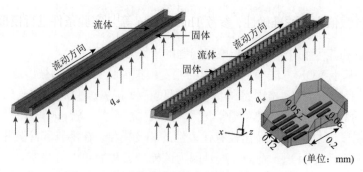

图 3.13　矩形微通道与仿生结构微通道示意图

3.2.2　模型验证

气泡容易在加热底面某点、肋及凹穴等微结构附近产生,为了精确捕捉近壁面的气泡生长特性,在接近热壁面的位置进行网格加密,第一层网格设置最小尺寸为 0.0005 mm,之后每层网格高度在远离壁面方向以 1.1 的增长率设置。两种通道均设置为结构化网格。为确定合适的网格节点数,以仿生结构微通道在质量流量为 $G=996$ kg/$(m^2 \cdot s)$、底部热流密度为 600 kW/m^2 时的流动沸腾情况为例进行网格独立性验证,分别设置 5 种网格数量:40.6 万、59.7 万、81.2 万、99.3 万和121.8 万。图 3.14 为网格独立性验证,可以看出,当网格数从 40.6 万增加到 59.7万时,热壁面温度增长较为明显,然而,继续增大网格数时,热壁面温度变化速率降低,慢慢趋于平稳。当网格数从 81.2 万增加到 121.8 万时,热壁面温度仅增大 0.13%。因此,在后续的数值模拟研究中都使用 81.2 万个网格的配置进行计算,既保证结果精确性又节约计算时间。

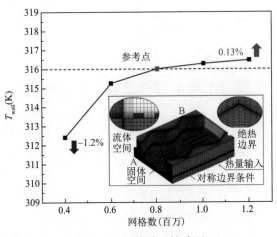

图 3.14　网格独立性验证

为验证数值方法的准确性,参考 Thiangtham 等[14]实验条件进行模拟。实验采用矩形铜基微通道,通道水力直径为 0.421 mm、长度为 40 mm,换热工质为 R134a,固定入口质量流速 150 kg/$(m^2 \cdot s)$,干度 0.1 进行微通道流动沸腾。图 3.15 为流动沸腾数值模型结果验证,可以看出,数值模拟结果与 Thiangtham 等实验结果较符合。在不同热流密度下,微通道内流动沸腾流型演变基本一致,热壁面平均温度最大误差为 2.41%。综上所述,本次数值模拟所采用的流动沸腾数值模型精度满足模拟需求。

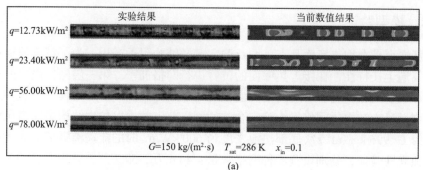

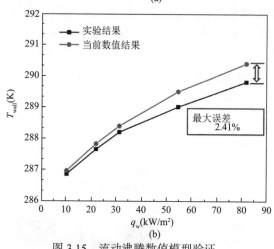

图 3.15　流动沸腾数值模型验证

(a)流型验证；(b)温度验证

3.2.3　流型变化及判定

在微通道底部布置仿生肋条以增加流动沸腾的汽化核心，并在微通道侧壁面设计了周期性的凹穴微结构，有望实现强化微通道换热以及降低流动沸腾不稳定性的效果。同时，由于微结构存在，使得气泡行为发生变化，同时也会对仿生结构微通道内流型演变产生影响，进而改变微通道内流动沸腾的换热性能。因此，为了解微通道内流动沸腾过程中微结构对气泡生长行为、流型演变和传热特性之间的联系，揭示仿生结构微通道沸腾传热的强化机制，对微通道内气泡行为进行了研究。由于多个气泡间相互作用复杂，选择单个气泡的整个生长过程来研究气泡的行为。

图 3.16 为 G=996 kg/(m²·s)，q_w=600 kW/m² 时，矩形微通道(Rec.)与仿生结构微通道(Bionic)在前半段 0～5 mm 位置气泡成核和长大的演变过程。深蓝色和灰色分别代表气泡和通道壁面，通道内其余位置被液态去离子水充满。在过冷沸腾中，当水达到饱和温度时，在热壁面上气泡开始成核。如图 3.16 所示，对于矩形微通

道，沸腾的汽化核心在热壁面上随机分布；而对于仿生结构微通道，沸腾的汽化核心则主要集中于微通道侧壁面和仿生肋条附近。这是因为仿生肋条增强了流体扰动，从而促进了流体与热壁面间的流动换热。对比两种微通道 0～5 mm 位置气泡行为发现，仿生结构微通道稳定产生沸腾汽化核心的位置在 2.65 mm 处，同比矩形微通道更靠前，靠前了 1.22 mm。在 21.2 ms 时，矩形微通道区域 A 中气泡成核，至 21.8 ms 时，气泡才完全脱离壁面，脱离壁面时，气泡直径约 0.028 mm。在 20.5 ms 时，仿生结构微通道区域 B 中出现气泡成核，在 21.1 ms 时气泡脱离壁面，此时气泡直径为 0.02 mm。对比发现，相较于矩形微通道，在仿生结构微通道流动沸腾过程中，气泡脱离壁面所需时间更短，且脱离壁面时气泡直径更小。

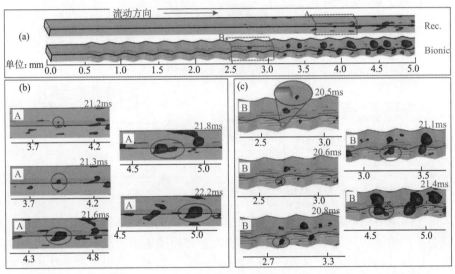

图 3.16　G=996 kg/(m²·s)、q_w=600 kW/m² 时，微通道 0～5 mm 段气泡演变过程

　　微结构在影响气泡的成核和生长的同时，也会影响气泡的运动和合并行为。这导致微通道流动沸腾流型变化，进而影响沸腾传热性能。图 3.17 为 G=996 kg/(m²·s)、q_w=600 kW/m² 时，矩形微通道与仿生结构微通道在后半段 5～10 mm 位置的气泡生长和合并的演变过程。随着时间的推移，气泡逐渐长大并接触到通道壁面。随后，气泡被液态工质推动继续往微通道出口移动，这个过程中，相邻的气泡相接触时便会合并成一个更大的弹状气泡，气泡流动由泡状流逐渐转变为弹状流。如图 3.17 所示，在通道长度 5 mm 处微通道中气泡都已经生长至稳定的泡状。在 28.5 ms 时，矩形微通道区域 C 中存在两个相邻气泡，气泡直径小于微通道宽度，且前端气泡刚刚与壁面产生的气泡完成合并。随着时间的推移，两个汽泡继续生长，且两气泡间距离逐渐缩小。最终在 29.4 ms 时，C 区域两个气泡再次合并，刚开始合并时气泡形状接近子弹头形状，完全合并后气泡直径相较于之前增大明显，且受到通道限

制，呈现弹状。仿生肋条结构微通道的区域 D 中气泡生长过程基本与矩形微通道一致。不同的是，在仿生结构微通道气泡生长过程中，在微结构附近新产生了更多的小气泡，并不断与经过的气泡合并，这使得仿生结构微通道中气泡生长合并的速度加快，泡状流至弹状流转变时间和位置比矩形微通道提前。

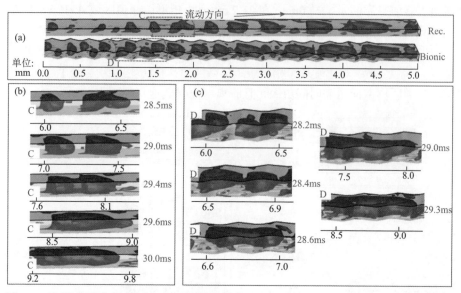

图 3.17 矩形微通道(a 和 b)与仿生结构微通道(a 和 c)在 5～10 mm 段局部气泡演变过程

图3.18为不同质量流量下矩形微通道与仿生结构微通道热壁面温度分布与沸腾流型。在相同质量流量下，增大热流密度会使得微通道流动沸腾流型转变位置提前。如图 3.18(b)所示，在 G=996 kg/(m²·s) 时，矩形微通道与仿生结构微通道都在 q_w=300 kW/m² 时出现了气泡，主要集中在接近微通道出口位置，此时两种类型的微通道的沸腾流型均为泡状流。随着热流密度的增大，气泡的成核点位置不断提前。在 q_w=600 kW/m² 时，微通道出口附近气泡生长与合并至受到通道限制，流动沸腾流型发展至弹状流。继续增大热流至 q_w=1200 kW/m² 时，不同微通道出口附近沸腾流型主要以弹状流为主，气泡运动程度剧烈，气液两相相互影响。

总之，在热流密度较大时，接近通道入口的位置气泡数量较小，且基本依附于热壁面上，但工质沿着管长不断受热蒸发使得气泡也在流动方向上不断合并长大。沿着流动方向，气泡尺寸逐渐增大，在微通道出口附近汽泡受到壁面尺寸限制，沸腾流型从泡状流过渡到弹状流，甚至在高热流密度下(q_w=1200 kW/m²)，气泡继续生长拉长，发展至弹状流。对比不同微通道流动沸腾流型发现，在相同热流密度下，由于仿生肋条与凹穴等微结构的存在，仿生结构微通道的气泡核化点数量增加和生成位置靠前，沸腾起始点位置也更接近通道入口，强化了沸腾传热，因此仿生结构微通道热壁面温度明显更低。此外，由于微结构的存在，微通道流动沸腾过程中出口附近接近壁面位置也一直存在较多流体。

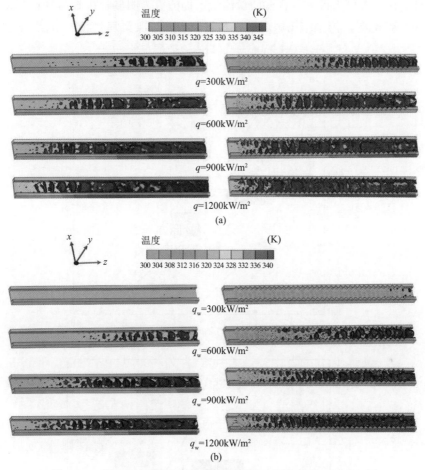

图 3.18　不同质量流量下微通道流动沸腾流型与热壁面温度云图

(a) G=498 kg/(m²·s)；(b) G=996 kg/(m²·s)

　　对比图 3.18(a) 和 (b) 发现，增大质量流量，微通道流动沸腾流型也会明显发生变化。随着质量流量的增大，主流更加迅速地将壁面核化点产生的气泡带走，这导致气泡来不及充分生长与融合，体积较小，拉伸程度也较小。流动沸腾流型发展至弹状流所需热流也更大。在 G=498 kg/(m²·s) 条件下，壁面热流增大至 q_w=300 kW/m² 时微通道出口沸腾流型便发展至弹状流；而在 G=996 kg/(m²·s) 条件下，壁面热流增大至 q_w=600 kW/m² 时微通道出口才出现弹状流。

　　图 3.19 为 G=498 kg/(m²·s) 与 G=996 kg/(m²·s) 时，两种微通道的流型判定图。由于热流密度增加，微通道内气泡成核密度增加，气泡会聚集合并得更大，导致

流型演变。因此可看出，在不同质量流量下，随着热流密度增加，微通道流型发生变化依次为泡状流→塞状流→环状流。对比不同通道流型演变发现，仿生结构微通道流型变化位置更为提前，且低质量流量下提前更为明显。在 $G=498\ kg/(m^2 \cdot s)$、$q_w=300\ kW/m^2$ 时，仿生结构微通道在 8.01 mm 处过渡至弹状流，相较于矩形微

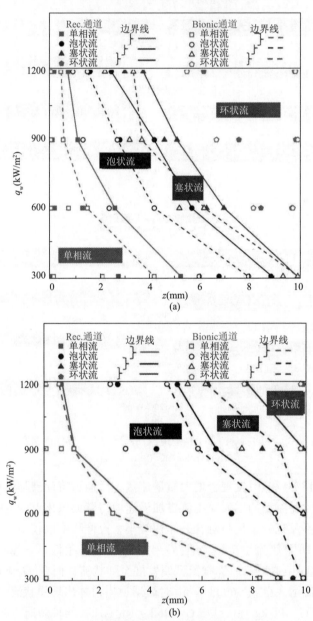

图 3.19 不同质量流量下微通道流动沸腾流型判定图

(a) $G=498\ kg/(m^2 \cdot s)$；(b) $G=996\ kg/(m^2 \cdot s)$

通道提前了 1.02 mm。这是由于布置仿生肋条增加了汽化核心，在沸腾过程中新增更多的小气泡促进气泡生长与合并，进而使得沸腾流型演变更为迅速，这也与图 3.18 中现象一致。此外，如图 3.19 所示，在同等热流下，发现低质量流量下的流型转变位置相较于高质量流量时也明显提前。

3.2.4　流动沸腾不稳定性及传热特性分析

图 3.20 为 $G=498\ \text{kg/(m}^2\cdot\text{s)}$ 时，矩形微通道和仿生结构微通道热壁面最高温度随时间的波动曲线。从图中可看出，在 $G=498\ \text{kg/(m}^2\cdot\text{s)}$ 时两种微通道热壁面最高温度都在 20 ms 后达到动态平衡。对比两种微通道热壁面最高温度波动发现，矩形微通道波动更为明显，热壁面最高温度波动 ±2.4 K。在 $q_w=600\ \text{kW/m}^2$ 时，两种微通道内流型差异较小，均以泡状/弹状流为主。相较于矩形微通道，仿生结构微通道内仿生肋条与凹穴附近稳定产生了更多的气泡，气泡脱离频率也更高。因此，仿生结构微通道的热壁面最高温度更低，温度稳定性更好，动态平衡后热壁面最高温度波动为 ±0.8 K。在 $q_w=1200\ \text{kW/m}^2$ 时，两种微通道中流型过渡至环状流，可以看出，环状流下的热壁面最高温度波动比泡状/弹状流（$q_w=1200\ \text{kW/m}^2$）下更大。这是因为随着热流密度增大，微通道中气泡生长受限开始向上游膨胀，导致沸腾不稳定性增大，矩形微通道热壁面最高温度波动增大至 ±4.1 K。而在环形流下，凹穴结构有利于产生稳定的液膜，使得仿生结构微通道相较于矩形微通道发生局部干涸频率更低，持续时间更短，局部干涸面积更小。最终，仿生结构微通道相较于矩形微通道热壁面最大温度始终较低，且温度稳定性较好，热壁面最高温度波动仅为 ±1.1 K。

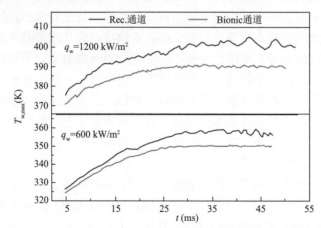

图 3.20　$G=498\ \text{kg/(m}^2\cdot\text{s)}$ 时，微通道热壁面最高温度随时间的波动曲线

图 3.21 为 $G=498\ \text{kg/(m}^2\cdot\text{s)}$ 时，矩形微通道和仿生结构微通道入口压力随时

间的波动曲线。由于仿生肋条对两相流体的阻挡、分离作用使得仿生微通道的入口压力相较于矩形微通道明显增大。在低热流密度下(q_w=600 kW/m^2)，两种微通道中流型均以泡状/弹状流为主，通道入口压力波动幅度基本一致，矩形微通道入口压力波动为±5.2 kPa，仿生结构微通道入口压力波动为±5.5 kPa。而热流密度增加到q_w=1200 kW/m^{2}时，两种微通道中流型过渡至环状流。在此流型下，矩形微通道入口压力波动为±48.4 kPa;同样是由于仿生结构微通道在凹穴结构作用下产生了稳定的液膜，微通道入口压力的稳定性明显提升，入口压力波动为±32.5 kPa，同比矩形通道降低32.8%。

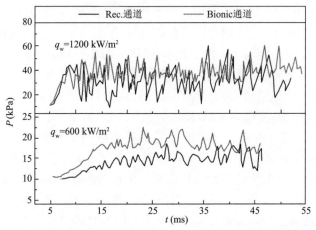

图 3.21　G=498 kg/(m^2·s)时，微通道入口压力随时间的波动曲线

微通道内流动沸腾主要有两种传热机制[15]：核态沸腾主导与流动沸腾主导。在中等蒸汽质量时，微通道内核态沸腾占主导地位，其主要流型包括泡状流与弹状流。当微通道内以核态沸腾主导时，沸腾传热特性受气泡动力学影响。气泡脱离频率、气泡脱离直径和沸腾汽化核心密度都会影响微通道流动沸腾传热特性。当微通道内整体蒸汽质量较高时，对流沸腾占主导地位，其主要流型为环状流。对流沸腾传热机制与单相强制对流传热机制相似，但由于存在气泡的扰动，液膜蒸发相较于单相对流传热性能明显更强。对流沸腾主导时传热性能取决于质量流量和蒸汽质量。在本节中，基于这两种流动沸腾换热机理和流动模式，详细讨论了微通道内的流动沸腾换热。

为了分析微结构对沸腾传热的影响，比较了矩形微通道与仿生结构微通道沸腾曲线。图 3.22 为不同质量流速下，矩形微通道与仿生结构微通道的沸腾曲线，图中 $T_{sup,ave}$ 为微通热壁面平均过热度。从图中可看出，$T_{sup,ave}$ 随热流密度增大而增大。壁温过热度在单相区急剧上升，在核态沸腾起始点(ONB)开始后趋于平缓。ONB 处的过热度为 0.84～2.27 K，并且随着质量流速增大而略微增加。这说明质量流速较高时，需要更高的热流密度和壁面过热度才能触发气泡核化。相同壁面过热度下，质量流速越大，壁面热流密度越大，即微通道的散热能力随质量流速增加而提高。此外，当热流密度一定时，质量流速越大，则微通道的壁面过热更低。仿生结构微通道与矩形微通道相比：①微通道沸腾曲线的斜率更大；②在相同壁面温度条件下，微通道有效热流密度更高；③在相同热流密度条件下，微通道壁面温度更低。总之，仿生结构微通道的传热性能更好，底面温度更低。

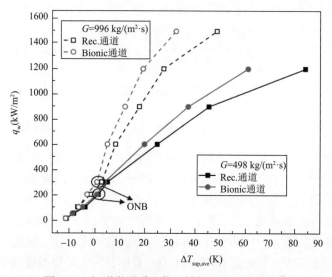

图 3.22　矩形微通道和仿生结构微通道沸腾曲线

图 3.23 为不同质量流速下，矩形微通道和仿生结构微通道的平均两相传热系数随热壁面热流密度的变化。由图可看出，在 G=498 kg/(m²·s) 条件下，矩形微通道和仿生结构微通道在热流密度 100 kW/m² 至 300 kW/m² 时传热系数都迅速增长，随后继续增大热流密度，在 G=996 kg/(m²·s) 时，矩形微通道在 300 kW/m² 后出现传热恶化，而仿生结构微通道在壁面热流大于 600 kW/m² 后传热系数才开始降低。这是由于在热流较低时，微通道刚开始发生相变，通道整体蒸汽质量较低，通道内以核态沸腾为主导，此时增大热流，沸腾汽化核心越多，强化了传热。而热流较大时，微通道内气泡迅速生长至受限气泡，沿着流向方向快速生长，并产生局部干涸，传热系数便迅速降低。由于凹穴结构可以使得液膜沿通道壁面持续发展，不易发生传热恶化，仿生结构微通道传热系数临界热流密度更高，相较于矩形微通道传热性能提升明显。G=498 kg/(m²·s)、q_w=600 kW/m² 时，仿生结构微通道的传热系数为矩形微通道的 1.45 倍。

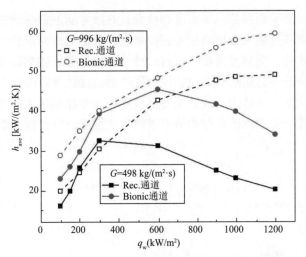

图 3.23　矩形微通道和仿生结构微通道流动沸腾平均传热系数

　　此外，增大质量流量，一方面使得微通道内气泡脱离频率明显提升，强化了换热；另一方面也促进了流动沸腾过程中的壁面再湿润，避免了传热恶化。在 G=996 kg/(m²·s) 时，所有热流密度下，微通道内流型以泡状、弹状流为主，微通道内传热机制由核态沸腾主导,增大热流使得气泡脱离直径和汽化核心密度增大，通道平均传热系数增大。仿生结构微通道与矩形微通道相比，核化汽化核心密度及气泡脱离频率较大，因而在 G=996 kg/(m²·s) 时，仿生结构微通道平均传热同样明显高于矩形微通道。

　　图 3.24 为 G= 996 kg/(m²·s) 时，矩形微通道与仿生结构微通道局部含气率与温度分布。如图所示，在不同热流密度下，微通道局部含气率 x 值都沿着通道流动方向周期性波动。这表示在液体之间存在体积不一的气泡。在高热流密度（q_w=1200 kW/m²）下，更多的液体发生相变产生蒸汽，因此，在微通道中更容易形成细长的气泡。对比不同微通道局部含气率发现，在接近入口附近差异较大。仿生结构微通道由于仿生肋条的存在，通道中产生了更多的核化点，并且，仿生肋条与凹穴结构都增大了微通道内传热面积，强化了换热；最终，不同热流下仿生结构微通道接近入口位置含气率都明显较高(图 3.24)。

　　由图 3.24 观察不同微通道局部温度分布发现，凹穴处由于存在回流区，流速降低，产生了局部高温区，气泡在此区域迅速生长。此外，由于在热壁面处流体与壁面换热温度升高，接近壁面处流体温度明显高于通道中心主流流体温度，直至发生相变后产生气泡。同时，微尺度下表面张力的作用被放大，气泡在其作用下与壁面脱离，往通道中心靠近。

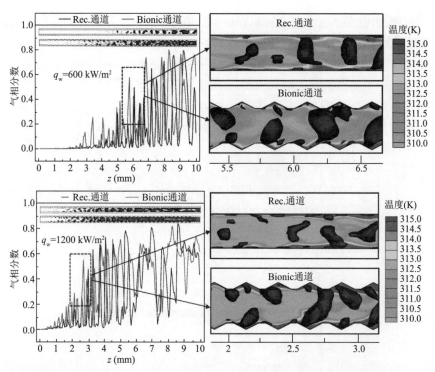

图 3.24　G= 996 kg/(m²·s)时，不同热流密度下微通道局部含气率与温度分布
(a) q_w=600 kW/m²；(b) q_w=1200 kW/m²

　　为分析微通道沸腾流动换热性能，取两种微通道局部传热系数进行对比分析。图 3.25 为 G=996 kg/(m²·s)时，不同热流密度下矩形微通道与仿生结构微通道局部传热系数在流动方向上的变化。从图中可以观察到，矩形通道与仿生结构微通道传热系数在入口位置较高，这是由于在微通道入口附近流动换热处于单相状态，且由于入口效应，入口处传热边界层较薄，但沿着流动方向传热边界层逐渐变厚，单相传热系数降低，直至微通道内发生相变，传热系数迅速增大。在接近出口位置时，传热系数虽然较高，但波动也越大；对比即时微通道沸腾流型发现：局部传热系数波动较大时微通道流型为弹状流或环形流。原因是流动沸腾过程中，气泡不断生长直至受到微通道壁面限制，微通道壁面附近液体层越来越薄，一旦出现局部干涸，便导致局部传热系数迅速降低，最终在出现环状流的微通道出口附近局部传热系数出现大幅波动。

　　对比不同微通道局部传热系数发现，仿生结构微通道的传热系数整体高于矩形微通道，在 q_w=1200 kW/m² 时，矩形通道传热系数平均值为 49203 W/(m²·K)，仿生结构通道传热系数平均值为 59648 W/(m²·K)，同比提升 21.2%，特别是在高热流密度，接近出口位置，相较于矩形微通道局部传热系数提升明显。如图 3.26

(b)所示，当热壁面热流 q_w=1200 kW/m² 时，在 8.0 mm 位置处仿生结构微通道局部传热系数同比矩形微通道提升 60.44%。

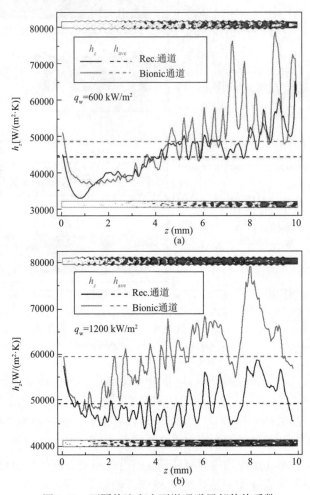

图 3.25　不同热流密度下微通道局部传热系数

3.2.5　小结

　　采用 VOF 模型耦合连续表面张力模型与 Lee 模型对微通道流动沸腾进行模拟，研究了微结构对微通道内气泡生长过程、沸腾流型演变及沸腾传热特性的影响，微结构强化沸腾传热的机制，得到的主要结论如下所述。

　　(1)微结构可增加通道内汽化核心密度，强化沸腾传热。仿生结构微通道相较于矩形微通道气泡核化点明显更多，沸腾起始位置也更接近入口，沸腾流型变化位置更为提前，强化了沸腾传热，因此仿生结构微通道热壁面温度明显更低。在

G=498 kg/(m²·s)、q_w=900 kW/m² 时，仿生结构微通道的热壁面平均温度相较于为矩形微通道降低了 20.4 K。

（2）微结构在环状流下有利于维持微通道内稳定的液膜蒸发，提升沸腾稳定性。流动沸腾过程中，气泡生长受限，出现局部干涸，导致沸腾不稳定性，壁面温度与入口压力剧烈波动。凹穴结构使得通道内发生局部干涸，频率更低，持续时间更短，局部干涸面积更小，因此仿生结构微通道壁面温度与入口压力更为稳定。

（3）仿生结构微通道临界热流密度明显更高。在 G=498 kg/(m²·s) 条件下，壁面热流大于 600 kW/m² 后，仿生结构微通道平均传热系数才开始降低，且相较于矩形微通道平均传热系数提升明显。在 G=498 kg/(m²·s)、q_w=600 kW/m² 时，仿生结构微通道的传热系数为矩形微通道的 1.45 倍。

3.3　微通道超临界流动与传热性能

随着科技的发展，电子产品的集成度越来越高，伴随着其性能增长而带来的高发热量也逐渐成为制约电子芯片工作效率与寿命的关键问题[16]，当换热效率较低时，过大的温差会导致㶲损失，不仅会降低能量利用效率，严重情况下还会影响换热设备的使用寿命。

研究人员一直在寻找改善传统微通道热沉(MCHS)传热能力的方法[17]。研究的重点是用更高效的传热工质取代传统的工作流体——水[18]，尽管这种性能的提升往往不得不增加散热器的摩擦损失[19,20]。纳米流体作为高性能工质，在加入固体颗粒后表现出更好的传热能力[21]。但纳米颗粒沉积的问题仍未得到有效解决，这对散热器的持续稳定运行构成了影响[22]。另一种有效的散热方法则是利用亚临界流体沸腾带来的潜热。但这种技术也伴随着一定的风险，流体沸腾时气泡的形成和持续存在会导致壁温迅速升高，以至于损坏设备[23]。与此相反，超临界流体(supercritical fluids)完全没有类似的问题。超临界流体的类沸腾特性为其提供了出色的传热特性，并杜绝了气泡的形成。因此，它可以有效地降低与传热过程相关的风险。

近期，超临界二氧化碳(supercritical CO_2, sCO_2)在微通道散热器中的应用受到广泛关注。超临界二氧化碳是其中一种常用的超临界流体，其温度在 304.13 K、压力在 7.38 MPa 以上即可达到超临界状态，如图 3.26 所示，超临界二氧化碳具有高导热系数、低黏度及较低的工作压力等优点，在新一代核电系统、太阳能发电系统及散热器等领域得到了广泛的应用[24]，使用 sCO_2 代替传统工质应用于换热器(heat exchanger)或热沉也是近年来的研究热点之一。

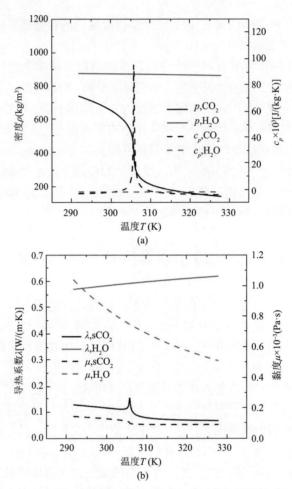

图 3.26　7.6 MPa 压力下超临界二氧化碳与常压水的热物性质变化情况
(a) 密度与比热容；(b) 导热系数与黏度

　　综上所述,超临界二氧化碳有望替代传统流体成为下一代散热器的换热工质,但其在微观尺度上的流动和传热特性尚不清楚,流动加速效应带来的影响也需要进一步研究。因此,本节将讨论超临界流体在微尺度下的流动、传热性能,并针对其温度分布不均的现象提出了结构优化的方法。

3.3.1　数学及物理模型

　　图 3.27 为结构复杂的微通道示意图。此前的研究表明[25],凹穴和肋的组合可以有效地打断单相流动中的边界层,使冷热流体充分混合从而提高微通道的传热性能,但该结构对于超临界流体是否拥有同样的效果还未知,通道材料为硅(Si),

水力直径约 0.133 mm。除入口和出口各 0.1 mm 延长段外，25 组三角形凹穴及内肋组合的微结构依次均匀分布于通道侧壁面，凹穴和肋的尺寸及通道细节的详细规格见表 3.3。后续的优化仅仅调整凹穴和肋的数量，而不改变 MCHS 的整体尺寸。如图 3.27(c) 所示，为了便于排列，将微结构总数减少到了 18 组，并将 18 组微结构以不同的间距分别排列为均匀肋微通道(MC-UR)、两等分肋微通道(MC-2PR)和三等分肋微通道(MC-3PR)。在 MC-2PR 中，前后两部分肋的数量分别为 6 和 12，而在 MC-3PR 中，三个部分的肋数量分别为 3、6 和 9。

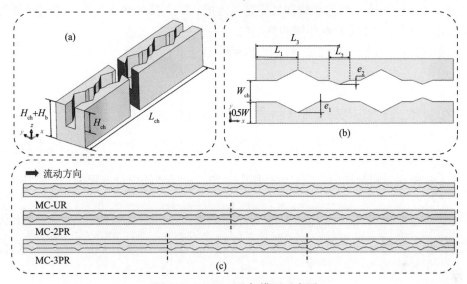

图 3.27　MHCS 几何模型示意图

(a) 三维示意图；(b) 局部截面图；(c) 凹穴-肋的设计

表 3.3　几何模型详细参数

参数	数值(mm)	参数	数值(mm)
微通道高度 H_{ch}	0.2	内肋长度 L_2	0.1
硅基底高度 H_b	0.15	内肋距起点距离 L_3	0.4
微通道宽度 W_{ch}	0.1	通道长度 L_{ch}	10.2
通道壁厚 W	0.2	凹穴高度 e_1	0.05
凹穴距起点距离 L_1	0.2	内肋高度 e_2	0.0183

模型的下壁面设置恒定的 $100\ kW/m^2$ 均匀热流,模型的上壁面设置绝热条件,通道左右两侧面设为对称边界条件。通道进口设置为质量流速入口,出口设置为压力出口。sCO_2 的物性取自 NIST 数据库 REFPROP 9.1[26],且将其编译成 UDF 文件导入 Ansys Fluent 2022 软件中,利用有限体积法求解。工质的质量流速范围

在 $100\sim1000$ kg/$(m^2\cdot s)$，此前的研究表明[27,28]，当 $Re>600$ 时，水在该复杂结构微通道内的摩擦系数 f 即出现飞升，流动处于紊流状态。因此，模拟研究的水的雷诺数 Re 均小于 600，选择层流模型，而 sCO_2 的 Re 在 $600\sim2700$ 范围内，选择 SST k-ω 湍流模型。动量、能量方程采用二阶迎风差分格式，压力-速度耦合方程采用 SIMPLEC 算法求解。当连续性方程的归一化残差小于 10^{-5}，而其他方程的归一化残差小于 10^{-6}，且出口流量保持不变时，认为计算是收敛的。

为了简化计算，对数值模型采用以下假设：①流动为单相、稳态流动，无内热源；②通道固体材料的热物理性质是恒定的；③工质的热物理性质随温度变化而变化；④忽略 MCHS 对环境的热损失。

根据以上假设，其控制方程如下所示[29]。连续性方程为

$$\nabla \rho_f u = 0 \tag{3.23}$$

式中，ρ_f 和 u 分别为流体密度（kg/m^3）和流体速度（m/s）。动量方程为

$$\rho_f (u\nabla u) = -\nabla p + \mu \nabla^2 u \tag{3.24}$$

式中，μ 和 p 分别为动力黏度（Pa·s）和压力（Pa）。流体的能量方程为

$$\rho_f c_p (u\nabla T_f) = k_f \nabla^2 T_f \tag{3.25}$$

式中，c_p、T_f 和 k_f 分别为流体比热容[J/$(kg\cdot K)$]、温度（K）和导热系数[W/$(m\cdot K)$]。固体的能量方程为

$$k_s \nabla^2 T_s = 0 \tag{3.26}$$

式中，k_s 和 T_s 分别为固体导热系数[W/$(m\cdot K)$]和温度（K）。

SST k-ε 模型融合了 k-ε 模型对充分发展主流区域湍流计算的鲁棒性和 k-ω 模型对近壁面区域流体流动特性的细致捕捉，能够较为准确地模拟 sCO_2 在通道内的流动换热，SST k-ω 中湍动能 k 和比耗散率 ω 的输运方程如下[30]：

$$\frac{\partial}{\partial t}(\rho k) + \frac{\partial}{\partial x_i}(\rho k u_i) = \frac{\partial}{\partial x_j}\left(\Gamma_k \frac{\partial k}{\partial x_j}\right) + G_k - Y_k + S_k \tag{3.27}$$

$$\frac{\partial}{\partial t}(\rho\omega) + \frac{\partial}{\partial x_i}(\rho\omega u_i) = \frac{\partial}{\partial x_j}\left(\Gamma_\omega \frac{\partial \omega}{\partial x_j}\right) + G_\omega - Y_\omega + S_\omega + D_\omega \tag{3.28}$$

式中，Γ_k 和 Γ_ω 分别表示 k 和 ω 的有效扩散项；G_k 和 G_ω 则分别表示产生项；Y_k 和 Y_ω 表示由湍流产生的耗散项；S_k 和 S_ω 表示自定义源项；D_ω 表示交叉扩散项。

使用对流换热系数 h 研究流体在微通道内的换热能力。

$$h = \frac{q}{T_\mathrm{w} - T_\mathrm{f}} \tag{3.29}$$

式中，q 为热沉底部的热流密度 $(\mathrm{W/m^2})$，T_w 为与流体接触的微通道下壁面平均温度 (K)。

$$\Delta p = p_\mathrm{in} - p_\mathrm{out} \tag{3.30}$$

式中，p_in 和 p_out 分别为入口和出口压力 (Pa)。水力直径 d_h 定义为

$$d_\mathrm{h} = \frac{4A_\mathrm{h}}{C} \tag{3.31}$$

式中，A_h 和 C 分别为通道截面面积 $(\mathrm{m^2})$ 和周长 (m)。总表面摩擦系数 f_app 定义为

$$f_\mathrm{app} = \Delta p \cdot \frac{d_\mathrm{h}}{L_\mathrm{ch}} \cdot \frac{1}{2\rho_\mathrm{f} u_\mathrm{ave}^2} \tag{3.32}$$

式中，u_ave 和 L_ch 为流体平均速度 $(\mathrm{m/s})$ 和通道长度 (m)。雷诺数 Re 定义为

$$Re = \frac{\rho_\mathrm{f} u d_\mathrm{h}}{\mu} \tag{3.33}$$

为了衡量不同流体间压降的影响，使用泵功 W(pumping power, PP) 进行评价。

$$W = \frac{\dot{m}}{\rho_\mathrm{f}} \Delta p \tag{3.34}$$

式中，$\dot{m}$ 为流体质量流量 $(\mathrm{kg/s})$。

在流体流经微通道以后，不可避免地会出现熵的增加，熵产率分析可以帮助寻找强化传热和流动损失之间的相对平衡点。通道内的熵产包括两部分：由流体与壁面温差所产生的熵产 $S_{\mathrm{g},\Delta T}$，其计算方法见式 (3.35)；流体在通道内流动摩擦产生的熵产 $S_{\mathrm{g},\Delta p}$，其计算方法见式 (3.36)。以上两方面的熵产共同组成式 (3.37)所示的总熵产率 S_g [31]。

$$S_{\mathrm{g},\Delta T} = \frac{qA(T_\mathrm{w} - T_\mathrm{f})}{T_\mathrm{w} T_\mathrm{f}} \tag{3.35}$$

$$S_{\mathrm{g},\Delta p} = \frac{\dot{m}}{\rho_\mathrm{f} T_\mathrm{f}} \Delta p \tag{3.36}$$

$$S_\mathrm{g} = \frac{qA(T_\mathrm{w} - T_\mathrm{f})}{T_\mathrm{w} T_\mathrm{f}} + \frac{\dot{m}}{\rho_\mathrm{f} T_\mathrm{f}} \Delta p \tag{3.37}$$

式中，A 为通道受热面面积(m^2)。

3.3.2 模型验证

图 3.28 为复杂矩形微通道的网格与独立性验证。使用 ANSYS-ICEM CFD 进行模型和网格的生成。采用结构化分块法生成六面体网格单元。确保相同的拓扑结构在固体和流体域的固体、流体界面处保持 1∶1 的节点连接。为确保一定计算精度且尽量节省计算资源，设计了 5 种不同数量的网格，保持流体近壁面 $y^+ \leqslant 1$ 的前提下，改变网格数量，分析不同网格数量下流体沿程压降情况。边界条件为：入口温度 T_{in}=303 K，压强 p=7.6 MPa，质量流速 G=200 kg/($m^2 \cdot$s)，热流密度 q=100 kW/m^2。5 种网格数量分别命名为 mesh 1～mesh 5，数量分别为 112.2 万、146.6 万、247.1 万、267.7 万、400.5 万。以 mesh 5 为基准，mesh 1 的流体压降与其相差 8.54%，随着网格数量增加，流体压降与 mesh 5 的相对误差逐渐减小，mesh 4 与 mesh 5 的相对误差仅为 0.36%。考虑到计算精度与计算效率，选取 mesh 4 开展后续计算。

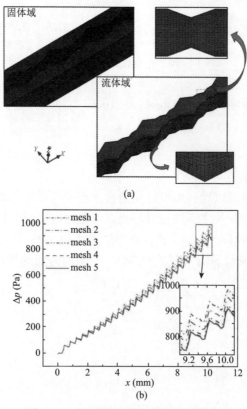

图 3.28　(a)网格划分与(b)独立性验证

为了验证复杂结构微通道数学模型的可靠性，首先选取类似形状的微通道物理模型，与 Chai 等[32]的实验数据进行对比，比较雷诺数在 150～600 范围内的 $f \cdot Re$ 和 Nu 变化，通道水力直径为 0.133 mm，微通道长度为 10 mm。图 3.29(b) 为模拟结果与实验数据的对比。从结果可以看出，数值计算结果与实验数据保持了较好的一致性，$f \cdot Re$ 最大相对误差为 12.37%，Nu 最大相对误差为 9.31%。

为确保工质 sCO_2 在近似尺度下的模型准确性，图 3.29(c) 和 (d) 中使用 Jiang 等[33]实验中水力直径为 270 μm 的圆管进行 sCO_2 工质的验证。从图中可以看到，模拟结果与实验数据吻合较好，Re 和壁温 T_w 的最大相对误差分别为 7.51% 和 3.45%，因此该模型适用于预测 sCO_2 在 MCHS 中的流动和换热特性。

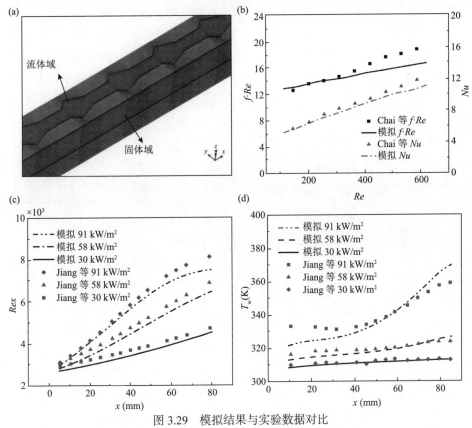

图 3.29　模拟结果与实验数据对比

(a) 验证[32]所使用的通道模型；(b) $f \cdot Re$ 和 Nu 沿程变化；(c) 雷诺数沿程变化；(d) 壁温沿程变化

3.3.3　超临界流动与传热特性

图 3.30 为入口温度 T_{in}=303 K 时质量流速对 sCO_2 和水对流换热系数与压降的影响。从图 3.30(a) 中可以发现，sCO_2 和水在微通道散热器中的对流换热性能存

在较大差异，并且在不同的质量流速下表现出不同的特性，当质量流速 $G<$ $300\,kg/(m^2\cdot s)$ 时，sCO_2 的对流换热系数低于水的。图 3.30(b) 为近壁面流体温度 $T_{f,\,bottom}$ 沿程曲线，位于通道下壁面上方 0.01 mm，可以解释低流速下 sCO_2 换热系数较低的原因，此时 sCO_2 在通道内停留时间更长，近壁区大部分流体温度超过拟临界温度，导致传热出现恶化。而当 G 逐渐从 $300\,kg/(m^2\cdot s)$ 增大到 $800\,kg/(m^2\cdot s)$ 时，sCO_2 对流换热系数开始超过水，且增长迅速。这是由于在高质量流速下，通道内的 sCO_2 平均温度降低，流体温度大部分保持在拟临界点附近，从而增加了对流换热系数。当质量流速进一步增加到 $800\,kg/(m^2\cdot s)$ 时，sCO_2 相对于水的对流换热系数最高，多达 32.35%，但增长缓慢，说明微通道已经处于较低的温度，继续增加质量流速对于换热能力的提高并不明显。

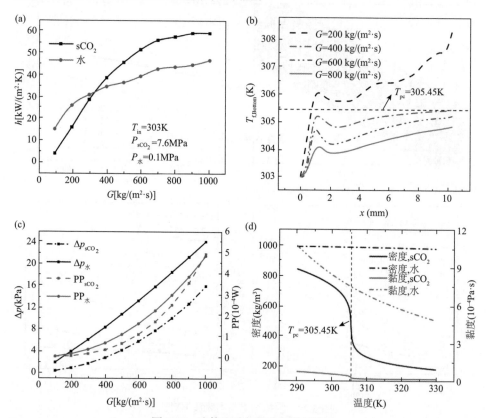

图 3.30　流体流动与换热特性的变化
(a) 对流换热系数随质量流速变化；(b) 壁面温度沿程变化；(c) 压降与泵功随质量流速变化；
(d) 密度和黏度随温度的变化

　　通过压降可以直观地判断流体流经微通道时的摩擦损失，图 3.30(c) 为压降与泵功随质量流速的变化，可以看出 sCO_2 的压降优势。在相同的质量流速范围内，

sCO_2 的压降均低于水，相比于水平均降低了 49.9%。图 3.30(d) 为流体热物性质随温度变化情况。结合图 3.31(c)、(d) 可知，sCO_2 的低压降优势主要得益于其黏度随温度升高而降低，且黏度在拟临界点附近出现大幅降低，这可以抵消质量流速增加带来的压降的增长。

　　由于两种工质密度不同，使用泵功比较两种工质流经微通道的能量损失。图 3.30(c) 表明，在大多数质量流速条件下，sCO_2 的泵功小于水，特别是在 $G=$ 200 kg/(m²·s) 时，相对于水降低了 62.15%。但同时，当质量流速更高，$G>$ 1000 kg/(m²·s)，sCO_2 相对于水的泵功优势会消失。这是由于流体通过微通道的压降主要由黏度和密度共同影响，而此时密度的变化起到主要的作用，通道内 sCO_2 密度的降低使得流体流速增加，导致摩擦损失增加。

　　图 3.31 为不同温度下流体流动与换热特性，为了研究 sCO_2 在拟临界温度 (305.45 K) 附近的流动换热特性变化，保持流体质量流速 $G=600$ kg/(m²·s)，逐步增大入口温度。如图 3.31(a) 所示，sCO_2 的对流换热系数在 301 K$<T_{in}<$306 K 范围

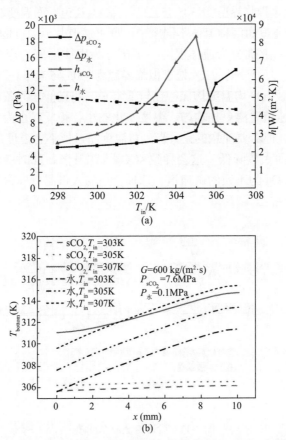

图 3.31　不同 T_{in} 下 (a) 流体压降与对流换热系数及 (b) 底面温度沿程变化

内保持较高水平，最高达到同 T_{in} 下水的 2.38 倍。但值得注意的是，当入口温度超过 305 K 以后，sCO_2 的对流换热系数出现大幅度降低。图 3.31 (a) 还给出了 sCO_2 在不同入口温度下的压降变化情况：当 T_{in} 在 298～305 K 时，sCO_2 能够保持相对较低的整体压降，该温度范围内压降平均相比于水降低了 46%，这是因为此时通道内流体平均温度较低，流体密度还未发生变化，而在拟临界点附近骤降，流体速度增加幅度较小。但当 $T_{in}>305$ K 后，通道内跨过拟临界温度的流体快速增加，这些快速流动的流体使得整体压降出现剧增，且越远离拟临界温度，压降越大。

在微通道中，壁面温度是一个关键指标，用来衡量通道的换热效果。从图 3.30 (b) 中可以看出，sCO_2 的热物性质在拟临界点附近随温度变化非常敏感。当入口温度分别为 303 K、305 K 时，微通道下壁面温度缓慢升高，此时 sCO_2 的整体壁温保持较低水平，平均壁温相比于同条件下以水为工质的微通道降低了 2.9 K、4.5 K，这表明该温度范围内 sCO_2 能够很好地控制壁温，从而达到保护设备的目的。但当入口温度达到 307 K，超过拟临界温度 (305.45 K) 后，sCO_2 通道壁面温度发生了突增。

图 3.32 为微通道内两种流体不同入口温度下通道截面温度的分布情况，保持 $G=600$ kg/$(m^2 \cdot s)$，上部分为流体温度，下部分为固体温度。当入口温度分别为 303 K、305 K 时，大部分的 sCO_2 处于拟临界温度 (305.45 K) 附近或低于拟临界温度，流体和固体区域平均温度均保持在较低水平，明显低于同条件下的水，且该条件下的 sCO_2 通道壁温更加均匀，温度变化较小，相反以水为工质的微通道壁面温度变化较大。但需要注意的是，当入口温度超过拟临界温度后，sCO_2 的比热会随着温度升高而大幅降低，这会导致 sCO_2 大幅升温，同时壁温也大幅上升。因此，对于以 sCO_2 为工质的微通道，选择合适的入口温度非常重要，以确保其具有最佳的换热性能。

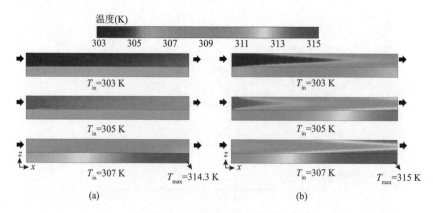

图 3.32　微通道截面温度图

(a) sCO_2；(b) 水 ($y=0$，z 方向放大 4 倍)

图 3.33 为两种流体熵产率变化趋势，保持 T_{in}=303 K。从图中可知，温差引起的熵产占据了总熵产的大部分。随着质量流速的增加，流体与壁面之间温差减小，从而导致 $S_{g,\Delta T}$ 逐渐减小。但同时更大的流速也带来更大的摩擦损失，使得 $S_{g,\Delta p}$ 逐渐增大，导致两种流体总的熵产率呈现先降后升的趋势，sCO_2 的变化更为明显。对于 sCO_2 来说，在质量流速为 700 kg/(m²·s) 左右时，熵产率达到最小值，后续随着质量流速的增加，其熵产率缓慢上升。与水相比较，sCO_2 在 G<300 kg/(m²·s) 时，熵产率大于水，但随着质量流速的增加，sCO_2 的熵产率快速下降。当质量流速 $G{\geqslant}400$ kg/(m²·s) 时，sCO_2 的熵产率小于水；在 G=600 kg/(m²·s) 时，sCO_2 的熵产率仅为同条件下水的 77%。

图 3.33(b) 为不同入口温度下的熵产率变化，保持 G=600 kg/(m²·s)。由于水的热物性质随温度变化较小，其熵产率变化很小，但 sCO_2 的熵产率随入口温度的变化发生了较大波动。在较低入口温度（T_{in}<301 K）下，sCO_2 熵产率相比于水更高；随着入口温度逐渐从 301 K 上升到 305 K，通道内 sCO_2 的流体温度升高，换热性能增强，这使得熵产率迅速降低，在 T_{in}=305 K 时相比于水 S_g 降低了 53.4%；但 T_{in}>305 K 后，跨过拟临界温度后的流体温度快速上升，这使 $S_{g,\Delta T}$ 增加，同时流体密度的减小使得 $S_{g,\Delta p}$ 增加，总体熵产率出现快速上升的趋势。

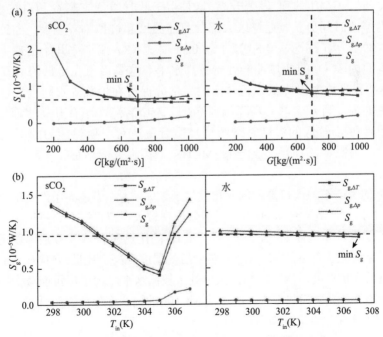

图 3.33　熵产率随(a)质量流速及(b)入口温度的变化

综合不同质量流速与不同入口温度的熵产率变化情况，为了使该条件下的sCO₂换热能力尽可能高的同时降低流动损失，应当避免流体质量流速过小，保持在 700 kg/(m²·s) 左右最佳。同时还需要控制流体入口温度，使其工作在拟临界温度附近，以此获得最佳的流动与换热性能。

在公开文献中，使用超临界流体作为工作介质在 MCHS 的流动换热特性研究相当罕见，这主要是由于超临界流体热物理性质具有不稳定性，某一超临界流体特定边界条件下的实验结果难以推广到其他超临界流体，甚至同一流体不同压力下的热物性质变化情况都不一致。此前的研究[34,35]已经证明在相同流体的不同压力之间，甚至不同超临界流体之间的入口无量纲焓 h^* 在一定范围内是等效的，因此，采用换热工质的 h^* 代替进口温度。h^* 的计算方法如下：

$$h^* = \frac{\beta_{pc}}{c_{p,pc}}(h - h_{pc}) \tag{3.38}$$

图 3.34 展示了 S_g 随入口边界条件的变化，可以发现 q/G 对于 sCO₂ 的影响十分明显。如图 3.34(a) 所示，在 h^* 值保持恒定（$h^* = -0.23$）的情况下，最低熵产率 S_g（排序 1）仅为最高熵产率 S_g（排序 72）的 20.5%。当质量流速 $q/G >$ 0.33 kJ/kg 时，sCO₂ 的熵产显著升高，这是由于此时质量流速 G 相对较小，sCO₂ 在通道内停留时间更长，近壁区大部分流体温度超过拟临界温度，导致传热出现恶化。而当 q/G 逐渐从 0.33 减小到 0.11 时，sCO₂ 熵产率开始迅速下降，这表明该区间内 sCO₂ 的换热性能处于较高水平。这是由于在更低的 q/G 下，通道内的 sCO₂ 平均温度降低，流体温度大部分保持在拟临界点附近，这强化了流体换热能力。当 q/G 进一步降低到 0.1 后，sCO₂ 熵产率有升高的趋势，说明微通道已经处于较低的温度，继续增加质量流速对于换热能力的提高并不明显，同时，过高的流速反而会导致 MCHS 摩擦损失的增加，不利于设备稳定运行。

sCO₂ 的熵产率随入口温度的变化发生了较大波动。当边界条件处于过小或者过大的 h^* 时（$h^* < -0.6$ 或 $h^* > 0.2$），通道熵产率较大，特别是在跨过拟临界温度以后，sCO₂ 的熵产率快速上升，这时由于 sCO₂ 的比热在 h^* 大于 0 后出现迅速下降的趋势，导致此状态下的 sCO₂ 吸收热量后的温度升高会比 h^* 状态下更多。同样地，过低入口温度下 sCO₂ 的比热也处于较低水平。为了尽可能减少换热过程中的能量损失，提高换热效率，应当使 MCHS 的熵产率保持在较低水平，控制流体入口 h^* 不要超过 0，但也不宜过低。

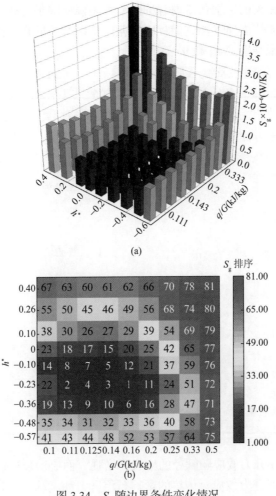

图 3.34　S_g 随边界条件变化情况

(a)三维柱状图；(b)对应的热图

3.3.4　流动加速效应

超临界流体(SCF)在拟临界温度附近的密度、比定压热容、热导率和动力黏度等物性参数均会发生较大变化，而流体密度的剧烈变化是导致浮升力效应和流动加速效应出现的根本原因。超临界流体在管内进行对流传热时，由于近壁面附近流体温度与主流区温度相差较大，导致沿径向方向流体存在较大的密度梯度，从而产生浮升力效应[36]。由于加热管内沿程温度升高以及压力减小，导致超临界流体体积膨胀，流速增大，使得边界层内切应力减小，进而抑制湍动能的生成并使壁面热阻增大，该现象称为流动加速效应[37]。表 3.4 给出了部分研究者总结的与流动加速效应相关的判别式。现有的研究大多仅局限于宏观尺度下的流动加速特性考察，Jiang 等[38]的研究既考虑了热膨胀，也同时考虑到了压降产生的加速度效应，由此提出了判别式 K_v 和 q^+。

表 3.4　流动加速效应判别式

工作介质	流动方向	d_h(mm)	判别式	阈值
sCO$_2$[39]	竖直向上/向下	0.27	$K_v = \dfrac{4q_\mathrm{w}d}{Re^2\mu c_p T}$	9.5×10^{-7}
sCO$_2$[40]	竖直向上/向下	0.27	$K_v = \dfrac{4q_\mathrm{w}d}{Re^2\mu c_p T}$	3×10^{-6}
sCO$_2$[41]	水平	2	$K_v = \dfrac{4q d_\mathrm{in}\alpha_p}{Re^2\mu_b c_p}$	3×10^{-6}
sRP-3[42]	水平	2～10	$K_v = \dfrac{4q_\mathrm{w}d\beta}{Re^2\mu_b c_p}$	3×10^{-6}
SCW[43]	水平/竖直向上	26	$K_v = \dfrac{4q_\mathrm{w}''D_\mathrm{i}}{Re_b^2\mu_b c_{p,b}T_b} \approx \dfrac{4q^+}{Re_b}$	3×10^{-6}
sCO$_2$[38]	竖直向上/向下	0.0992	$K_v = K_{VP} + K_{VT} = -\dfrac{\mathrm{d}}{Re}\beta_T\dfrac{\mathrm{d}p}{\mathrm{d}x} + \dfrac{4q_\mathrm{w}d\alpha_p}{Re^2\mu_b c_p}$	9.5×10^{-7}
sCO$_2$[44]	竖直向上/向下	4.5	$q^+ = \dfrac{q_\mathrm{w}''\beta_b}{Gc_{p,b}}$	5×10^{-4}
sCO$_2$[45]	水平	7.75	$q^+ = \dfrac{q\beta_b}{Gc_{p,b}}$	5×10^{-4}

一般来说，浮升力效应随管径的增大而增强，而流动加速效应往往在微细管中更加重要[38]。浮升力效应对传热的影响与浮升力和流动方向有关，而流动加速效应的方向一般与流动方向相同，因此总会起到弱化传热的效果。当管尺寸减小到微米尺度时，浮力效应降低，然而，流动加速效应，包括由于热膨胀引起的流动加速度和由于管内压降引起的流动加速度比在大管中更显著。在对常规尺寸通道的流动加速效应研究中，由于压降所占整体工作压力比例较小，通常忽略压降所引起的流动加速效应，仅考虑热膨胀引起的流动加速，但在微米尺度通道中，压力所引起的流动加速效应不能被忽略。然而，现有的研究主要集中于超临界流体宏观尺度上的流动和传热特性。因此，需要进一步研究 sCO$_2$ 在微通道中的流动和换热现象，特别是微尺度流动加速效应的影响。

为了确定表 3.4 中提出的判别式的适用性，在水平微尺度矩形通道中设置了周向上非均匀加热条件的影响。选取了两个具有代表性的 K_v 和 q^+ 进行换热系数的数值计算，比较了其在水力直径为 0.133 mm 的通道内的换热情况。在流体压力为

7.6 MPa、入口温度为 304 K、K_v 在 $1×10^{-7}$～$1.5×10^{-5}$，对应的 q^+ 在 $1×10^{-4}$～$2×10^{-3}$ 范围内，计算了有流动加速效应和无流动加速效应下光滑矩形管的换热系数比值 (h/h_0)，以确定流动加速效应导致发生恶化的起点和不同判别式的适用性。为了排除浮升力的影响，重力设为 0，在无流动加速效应情况的数值模拟中，对通道流体设定恒定的密度，保证其在流动方向上没有密度变化。结合文献给出的判别式和阈值，验证了流动加速效应判别式在微米尺度非均匀加热条件下矩形管的适用性。

图 3.35 显示了 q^+ 和 K_v 两种流动加速效应判别式，q^+ 高估了流动加速效应的阈值，h/h_0 在 $5×10^{-4}$ 之前就发生了大幅度的下降。Jiang 等[38]提出的阈值 K_v=$9.5×10^{-7}$ 相比于前者能够较好地显示流动加速效应恶化传热的阈值，当 K_v 大于 $9.5×10^{-7}$ 时，由于流动加速效应引起流动的层流化，传热受到抑制。

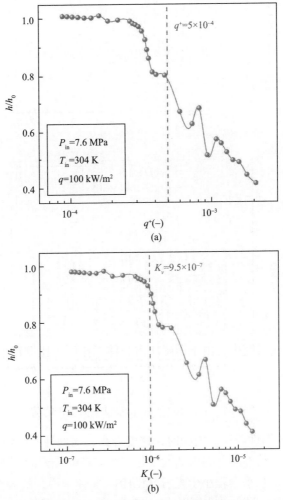

图 3.35　h/h_0 随 (a) q^+ 和 (b) K_v 的变化情况

图 3.36 为两种质量流速[200 kg/(m²·s) 和 400 kg/(m²·s)]条件下光滑 MCHS 与带有微结构的 MCHS 的 K_v 沿流动方向变化的情况。如图所示，两种质量流速条件下凹穴-内肋结构均能有效降低通道的整体流动加速效应，这有利于缓解流动加速效应带来的传热恶化。值得注意的是，凹穴-内肋结构的 MCHS 的 K_v 在流动方向上出现了明显的周期性波动，这是由于流体通过周期性扩张的凹穴时，密度出现降低，这一现象是由于流体通过周期性膨胀的腔体时速度的降低所引起的。

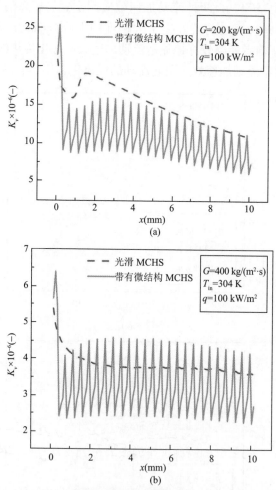

图 3.36　不同条件下 K_v 沿流动方向变化情况

在流体通过周期性收缩的内肋时，密度升高，周期性的扩张与收缩同时作用造成了整体 K_v 在流动方向上的周期性变化。在 $G=200$ kg/(m²·s) 中，凹穴-内肋结构的 MCHS 的 K_v 几乎全程小于光滑 MCHS，整体来说，K_v 降低了 28.9%。在 $G=400$ kg/(m²·s) 中，凹穴-内肋结构的 MCHS 的 K_v 在大部分时候也要小于光滑

MCHS，但在流体通过凹穴结构时，扩张的通道导致流体密度降低，这使得流动方向上少部分区域的 K_v 大于光滑 MCHS，总体 K_v 仍降低了 15.4%。

3.3.5 基于温度均匀分布的结构优化

由 3.3.3 节熵产率的变化可知，当微结构在 MCHS 内沿流动方向均匀布置时，难以应付较大 q/G 条件下的换热情况，这是由于此时的 MCHS 内流体与固体温差较大，导致由温差引起的熵产率大幅增加。为了优化大 q/G 条件下 MCHS 内温度均匀性，降低温差过大引起的能量损失，对 MCHS 内微结构的排布方式进行了调整，在保持凹穴-肋组合数量不变下，提高温度均匀性。

为优化水平矩形微通道流动方向上的温度分布不均匀性，设计了在流动方向上不均匀排布的三角凹穴组合内肋微通道，保持微元结构总数不变，分别将通道在流动方向上等分成 2 份和 3 份，依次命名为 MC-2PR 和 MC-3PR，将均匀肋布置的微通道命名为 MC-UR。设置入口温度 305 K，在 q/G 从 0.125～0.5 范围内模拟计算了不同通道的流动换热能力。

图 3.37 给出了三种不同结构 MCHS 同一平面上的流体和壁面温度沿流动方向变化情况（x-y 平面，z=0.1 mm）。尽管三种 MCHS 结构不同，但流体温度的曲线具有大致相同的趋势，而壁面温度的变化趋势则完全不同。微结构排列方式的改变使 MCHS 沿流动方向的温度分布发生了显著变化。其中，当 G=200 kg/(m²·s) 时，MC-UR 的最大和最小壁温差为 5.3 K，而 MC-2PR 和 MC-3PR 的最大和最小壁温差分别为 2.8 K 和 1.8 K。

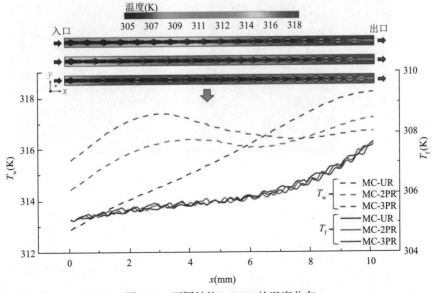

图 3.37 不同结构 MCHS 的温度分布

　　与 MC-UR 的壁面温度持续上升的曲线相反，MC-2PR 的壁面温度在距离进口约 4 mm 处出现初始升高后逐渐下降，然后在 6 mm 左右再次上升。这种变化主要是由于随着微结构数量的增加，流体扰动增加，从而引起 sCO_2 的传热系数的增强，导致相应位置的壁面温度下降。MC-3PR 的壁面温度变化与 MC-2PR 相似，但由于结构差异，上游段的壁面温度极大值比 MC-2PR 出现得更早，达到的值也更高。因此，在大多数位置，MC-3PR 的壁温普遍高于 MC-2PR。

　　图 3.38 给出了三种不同结构的 MCHS 换热系数沿流动方向的变化情况，从中可以看出换热系数（heat transfer coefficient，HTC）在不同通道流动方向上的变

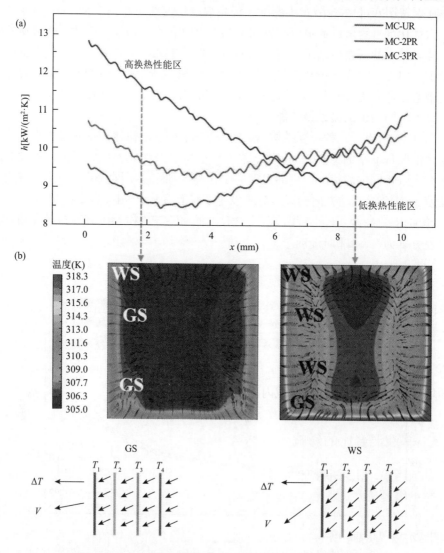

图 3.38　(a)不同结构的 HTC 沿程分布和(b)局部场协同关系

化趋势。在 MC-UR 中，沿流动方向 HTC 几乎单调下降，上游换热系数较高，下游换热系数较低。其中，最大传热系数比最小传热系数高出了 42.0%，导致通道内换热能力分布极其不均匀，MCHS 下游换热恶化。MC-2PR 和 MC-3PR 的微结构在通道上游分布较少，这使得能够在通道中下游布置更加密集的微结构，虽然牺牲了上游区域的部分换热系数，但有效增强了中下游换热系数。因此，MCHS换热系数的总体波动变化能够保持在一个较小的范围内。在给定边界条件下，MC-2PR 的传热系数的波动最小，仅为 16.0%，MC-3PR 的波动次之，为 30.0%。

　　Guo 等[46]提出的场协同理论认为，在特定的速度场和温度梯度分布下，速度场和温度梯度之间的夹角(场协同角)对对流换热强度有本质的影响。场协同理论认为，在流体的物性和速度一定的条件下，当速度梯度和温度梯度之间的夹角较小或更接近平行时，换热效果更好，且随着角度的减小，换热强度增强。图 3.38(b)分别显示了典型高换热性能区和低换热性能区 MC-UR 通道截面温度梯度和速度的协同作用。总体而言，MCHS 在上游的协同良好区(good synergy，GS)多于下游，弱协同区(week synergy，WS)较少。V 与 ΔT 的关系表明，在矩形通道的四个直角附近，速度矢量与温度等温线对齐，V 与 ΔT 之间较大的角度说明了该区域处于较弱的协同角状态，在这种状态下 sCO_2 的对流换热作用较弱，导热是冷热部分之间的主要换热机制。

　　当流体从平行布置的常规矩形微通道入口流出时，沿通道逐渐吸收热量，并通过出口退出通道，完成换热。对于之前研究的常规工质，如水，在入口和出口温度范围内，物理性质没有发生剧烈变化。因此，水沿流动方向的换热系数波动极小。相比之下，超临界二氧化碳吸热后的物理性质发生了剧烈变化。一旦升温超过拟临界温度，超临界二氧化碳的换热性能迅速下降。本质上，sCO_2 在通道的前半段表现出强大的传热能力，在后半段恶化。这是由于流体在通道中吸收热量时，在下游通道壁附近积累了高温流体。在没有额外干扰的情况下，这些具有高温流体的区域产生了高热阻，显著降低了 sCO_2 的换热系数，导致 MCHS 壁面温度分布不均匀。这些问题严重影响了高功率设备的安全稳定运行。利用温度方差 δ^2 的均匀性来量化通道固体区域内的温度。

$$\delta^2 = \frac{\sum_{i=1}^{n}(T_{h,i} - T_{h,\text{ave}})^2}{n} \tag{3.39}$$

　　图 3.39 为 $T_{\text{in}} = 305\ \text{K}$、$q = 100\ \text{kW/m}^2$、$G = 200 \sim 800\ \text{kg/(m}^2 \cdot \text{s)}$（对应 q/G 范围为 $0.125 \sim 0.5\ \text{kJ/kg}$）边界条件下，三种结构 MCHS 的温度均匀性和强化传热因子 η 变化情况。如图 3.39(a)所示，随着 q/G 的增加，通道内的单位质量的流体需要带走更多的热量，流体温度升高导致壁面温度升高，随后温度方差增大。当 q/G

达到 0.5 kJ/kg 时，MC-UR 结构的温度变化最大，δ^2 达到 2.6，显著大于其他两种结构。此时，MC-2PR 和 MC-3PR 的温度方差分别只有 0.36 和 0.16。MC-2PR 在三个较小的 q/G 值中表现出最小的温度变化。在 $q/G = 0.5$ kJ/kg 的最大情况下，MC-3PR 表现出最小的温度方差，表明 MC-2PR 更适合较小的 q/G 情况，而 MC-3PR 更适合于较大的 q/G 条件，换句话说，随着换热条件的恶化，需要进一步增加通道下游的微结构数量来增强扰动，以避免温度飞升的情况。微通道 MC-2PR 和 MC-3PR 在壁面上的温度分布比 MC-UR 更均匀，说明结合由疏到密排列的微结构可以显著提高温度均匀性。同样值得注意的是，过度的下游收缩会减少上游的微结构数量，导致温度均匀性降低。

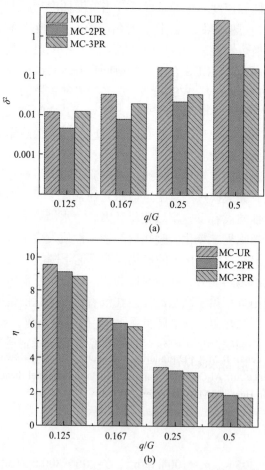

图 3.39 (a) δ^2 和 (b) η 在不同结构 MCHS 内的变化

图 3.39(b) 显示了不同结构下强化传热因子 η 的变化，反映了微观结构对 MCHS 强化传热和摩擦损失的综合影响。随着 q/G 的增大，MCHS 的强化传热系

数减小，但即使在较大的 q/G 值下，η 仍能保持在 2 左右。结果表明，微观结构通过强化流体扰动和破坏边界层，有效地增强了 MCHS 的传热能力。但在 MCHS 中，微观结构的非均匀排列对整体换热能力的增强影响很小。与均匀排列方式相比，非均匀布置 MC-2PR 和非均匀布置 MC-3PR 的 η 值反而均略有降低。当 q/G 值较小时，η 的减小幅度相对较小。在 $q/G = 0.125$ 时，MC-2PR 和 MC-3PR 的 η 值分别下降了 4.4% 和 7.1%。然而，当 q/G 值较大时，η 值的下降更为明显，MC-2PR 的 η 降低了 6.7%，而 MC-3PR 的 η 显著降低了 13.2%。

3.3.6 小结

本节主要建立三维流固耦合传热模型，模拟研究了以 sCO_2 为换热工质的微通道散热器的流动、换热特性。探究了流动加速效应对微米尺度 MCHS 的影响。针对超临界流体 MCHS 壁面温度分布不均匀的问题，讨论了两种不均匀的三角形凹穴和内肋结构对 MCHS 传热性能的影响，进一步提高了温度分布的均匀性。主要结论如下所述。

(1) 熵产速率 S_g 随 q/G 和 h^* 的增大先增大后减小。当 h^* 约为 0.2、q/G 在 0.1~0.2 范围内时，系统的换热性能最佳。

(2) 流动加速效应对 MCHS 的换热有负面影响，但可以通过加入凹穴-内肋结构来缓解。在 $G = 200\ kg/(m^2 \cdot s)$ 时，复杂结构微通道的流动加速系数 K_v 比传统光滑微通道降低了 28.9%。

(3) 优化设计后的 MCHS 显著提高了系统的温度均匀性。在 $q/G = 0.5\ kJ/kg$ 时，MC-2PR 和 MC-3PR 的温度方差 δ^2 分别仅为 0.36 和 0.16，显著低于 MC-UR 的 2.6。

参 考 文 献

[1] Moraveji M K, Ardehali R M. CFD modeling (comparing single and two-phase approaches) on thermal performance of Al$_2$O$_3$/water nanofluid in mini-channel heat sink[J]. International Communications in Heat and Mass Transfer, 2013, 44: 157-164.

[2] 郭雷. 微细通道两相流动沸腾传热机理及实验[D]. 济南: 山东大学, 2011: 1-135.

[3] Song J, Fan L. Temperature dependence of the contact angle of water: A review of research progress, theoretical understanding, and implications for boiling heat transfer[J]. Advances in Colloid and Interface Science, 2021, 288: 102339.

[4] Yong T. An essay on the cohesion of fluids[J]. Proceedings of the Royal Society of London, 1805(95): 65-87.

[5] Adam N K. Use of the term "Young's equation" for contact angles[J]. Nature, 1957: 180-809.

[6] Sun L, Mishima K. An evaluation of prediction methods for saturated flow boiling heat transfer in mini-channels[J]. International Journal of Heat and Mass Transfer, 2009, 52: 5323-5329.

[7] Li Y F, Xia G D, Ma D D, Yang J L, Li W. Experimental investigation of flow boiling characteristics in microchannel with triangular cavities and rectangular fins[J]. International Journal of Heat and Mass Transfer, 2020, 148: 119036.

[8] 吴赞. 沸腾两相流微尺度强化传热机理研究与预测模型[D]. 杭州: 浙江大学, 2013.

[9] Brackbill J U, Kothe D B, Zemach C. A continuum method for modeling surface tension[J]. Journal of Computational Physics, 1992, 100: 335-354.

[10] Jain S S, Mani A, Moin P. A conservative diffuse-interface method for compressible two-phase flows[J]. Journal of Computational Physics, 2020, 418: 109606.

[11] Yang Z, Peng X F, Ye P. Numerical and experimental investigation of two phase flow during boiling in a coiled tube[J]. International Journal of Heat and Mass Transfer, 2008, 51: 1003-1016.

[12] Schrage R W. A theoretical study of interphase mass transfer[M]. Columbia: Columbia University Press, 1953.

[13] Wu H L, Peng X F, Ye P, Gong Y E. Simulation of refrigerant flow boiling in serpentine tubes[J]. International Journal of Heat and Mass Transfer, 2007, 50: 1186-1195.

[14] Thiangtham P, Keepaiboon C, Kiatpachai P, Asirvatham L G, Mahian O, Dalkilic A S, Wongwises S. An experimental study on two-phase flow patterns and heat transfer characteristics during boiling of R134a flowing through a multi-microchannel heat sink[J]. International Journal of Heat and Mass Transfer, 2016, 98: 390-400.

[15] Mudawar I. Two-phase microchannel heat sinks: Theory, applications, and limitations[J]. Journal of Electronic Packaging, 2011, 133: 041002.

[16] Lu B, Meng W J, Mei F. Microelectronic chip cooling: An experimental assessment of a liquid-passing heat sink, a microchannel heat rejection module, and a microchannel-based recirculating-liquid cooling system[J]. Microsystem Technologies, 2012, 18(3): 341-352.

[17] Acharya S. Thermo-fluidic analysis of microchannel heat sink with inline/staggered square/elliptical fins[J]. International Communications in Heat and Mass Transfer, 2023, 147: 106961.

[18] Li Z, Lu D, Wang Z, Cao Q. Analysis on flow and heat transfer performance of sCO$_2$ in airfoil channels with different fin angles of attack[J]. Energy, 2023, 282: 128600.

[19] Yao P, Zhai Y, Ma M, Li Y, Wang H. An improving performance evaluation plot (PEP) for energy management in microchannel heat sinks by using nanofluids[J]. International Communications in Heat and Mass Transfer, 2020, 117: 104808.

[20] Liu Q, Tao Y, Shi L, Huang Y, Peng Y, Wang Y. Experimental investigations on the thermal performance of a novel ground heat exchanger under the synergistic effects of shape-stabilized phase change material and nanofluid[J]. Energy, 2023, 284: 128635.

[21] Xuan Z, Wang S, Zhai Y, Wang H. Thermodynamic performance of Al$_2$O$_3$-Cu-CuO/water (W) ternary nanofluids in the full-flow regime of convective heat transfer[J]. Experimental Thermal Fluid Science, 2023, 147: 110959.

[22] Zhai Y, Yao P, Shen X, Wang H. Thermodynamic evaluation and particle migration of hybrid nanofluids flowing through a complex microchannel with porous fins[J]. International Communications in Heat Mass and Transfer, 2022, 135: 106118.

[23] Sia G D, Lim C S, Tan M K, Chen G M, Hung Y M. Anomalously enhanced subcooled flow boiling in superhydrophobic graphene-nanoplatelets-coated microchannels[J]. International Communications in Heat and Mass Transfer, 2023, 146: 106932.

[24] Huang D, Wu Z, Sunden B, Li W. A brief review on convection heat transfer of fluids at supercritical pressures in tubes and the recent progress[J]. Applied Energy, 2016, 162: 494-505.

[25] Zhai Y, Li Z, Wang H, Xu J. Analysis of field synergy principle and the relationship between secondary flow and heat transfer in double-layered microchannels with cavities and ribs[J]. International Journal of Heat and Mass Transfer, 2016, 101: 190-197.

[26] Lemmon E W, Huber M L, Mclinden M O. NIST Standard Reference Database 23: Reference Fluid Thermodynamic and Transport Properties-REFPROP, Version 9.1 | NIST[Z]. https://tsapps.nist.gov/publication/get_pdf.cfm?pub_id=912382, 2013.

[27] Peitaoyao, Zhai Y, Li Z, Shen X, Wang H. Thermal performance analysis of multi-objective optimized microchannels with triangular cavity and rib based on field synergy principle[J]. Case Studies in Thermal Engineering, 2021, 25: 100963.

[28] Yao P, Zhai Y, Ma M, Li Y, Wang H. An improving performance evaluation plot (PEP) for energy management in microchannel heat sinks by using nanofluids[J]. International Communications in Heat and Mass Transfer, 2020, 117: 104808.

[29] Leng C, Wang X, Yan W, Wang T. Heat transfer enhancement of microchannel heat sink using transcritical carbon dioxide as the coolant[J]. Energy Conversion and Management, 2016, 110: 154-164.

[30] Menter F R. Two-equation eddy-viscosity turbulence models for engineering applications[J]. AIAA Journal, 1994, 32: 1598-1605.

[31] Tu Y, Zeng Y. Comparative study of the thermal and hydraulic performance of supercritical CO_2 and water in microchannels based on entropy generation[J]. Entropy, 2022, 24(9): 1312.

[32] Chai L, Xia G, Wang L, Zhou M, Cui Z. Heat transfer enhancement in microchannel heat sinks with periodic expansion-constriction cross-sections[J]. International Journal of Heat and Mass Transfer, 2013, 62: 741-751.

[33] Jiang P, Zhang Y, Zhao C, Shi R. Convection heat transfer of CO_2 at supercritical pressures in a vertical mini tube at relatively low reynolds numbers[J]. Experimental Thermal and Fluid Science, 2008, 32(8): 1628-1637.

[34] Kumar N, Basu D N. Thermalhydraulic assessment and design optimization of incorporating flow obstructors in a supercritical minichannel heat sink[J]. Applied Energy, 2023, 349: 121666.

[35] Ambrosini W, Sharabi M. Dimensionless parameters in stability analysis of heated channels with fluids at supercritical pressures[J]. Nuclear Engineering and Design, 2008, 238: 1917-1929.

[36] Jiang P, Zhang YH, Zhao C, Shi R. Convection heat transfer of CO_2 at supercritical pressures in

a vertical mini tube at relatively low Reynolds numbers[J]. Experimental Thermal Fluid and Sciences, 2008, 32: 1628-1637.

[37] Jiang P, Zhang Y, Shi R. Experimental and numerical investigation of convection heat transfer of CO_2 at supercritical pressures in a vertical mini-tube[J]. International Journal of Heat and Mass Transfer, 2008, 51: 3052-3056.

[38] Jiang P, Liu B, Zhao C, Luo F. Convection heat transfer of supercritical pressure carbon dioxide in a vertical micro tube from transition to turbulent flow regime[J]. International Journal of Heat and Mass Transfer, 2013, 56: 741-749.

[39] Wang J, Guo P, Yan J, Zhu F, Luo X. Experimental study on forced convective heat transfer of supercritical carbon dioxide in a horizontal circular tube under high heat flux and low mass flux conditions[J]. Advance Mechanical Engineering, 2019, 11: 753314796.

[40] Cheng Z, Tao Z, Zhu J, Wu H. Diameter effect on the heat transfer of supercritical hydrocarbon fuel in horizontal tubes under turbulent conditions[J]. Applied Thermal Engineering, 2018, 134: 39-53.

[41] Lei X, Li H, Zhang W, Dinh N T, Guo Y, Yu S. Experimental study on the difference of heat transfer characteristics between vertical and horizontal flows of supercritical pressure water[J]. Applied Thermal Engineering, 2017, 113: 609-620.

[42] Kim D E, Kim M. Experimental investigation of heat transfer in vertical upward and downward supercritical CO_2 flow in a circular tube[J]. International Journal of Heat Fluid Flow, 2011, 32: 176-191.

[43] Kim T H, Kwon J G, Kim M H, Park H S. Experimental investigation on validity of buoyancy parameters to heat transfer of CO_2 at supercritical pressures in a horizontal tube[J]. Experimental Thermal Fluid and Sciences, 2018, 92: 222-230.

[44] Wahl A, Mertz R, Laurien E, Starflinger J. Heat transfer deterioration in vertical sCO_2 cooling in 3 mm tube[J]. Energy, 2022, 254: 124240.

[45] McEligot D M, Coon C W, Perkins H C. Relaminarization in tubes[J]. International Journal of Heat and Mass Transfer, 1970, 13: 431-433.

[46] Guo Z Y, Li D Y, Wang B X. A novel concept for convective heat transfer enhancement[J]. International Journal of Heat and Mass Transfer, 1998, 41: 2221-2225.

第4章 混合纳米流体热物性能变化规律

4.1 混合纳米流体制备及稳定性表征

纳米颗粒由于比表面积大、表面活性高，很容易发生团聚[1]，从而影响混合纳米流体的稳定性。因此，纳米流体稳定性因素分析显得非常重要。超声振荡、控制 pH 值、添加分散剂或表面活性剂等因素都会对混合纳米流体稳定性产生影响。为了避免 pH 值、添加分散剂对导热系数测量的影响，本节只研究了超声时间对稳定性的影响，通过沉淀法和透射电子显微镜(TEM)来判断混合纳米流体的稳定性；基于实验测量的导热系数，采用多元线性回归(multiple linear regression,MLR)模型对混合纳米流体导热系数进行预测，并得出模型的相关参数。

4.1.1 "两步法"制备

混合纳米流体需要良好的分散稳定性才能应用其优良的导热系数，为了得到分散性优良的纳米流体，通过沉淀法和透射电子显微镜(TEM)法分析不同基液比下的 Cu/Al_2O_3-EG/W 混合纳米流体稳定性。表 4.1 所示为不同的仪器设备型号和生产厂家的详细信息；图 4.1 所示为所需仪器设备实物图；表 4.2 列出了实验所需材料与试剂的详细信息，包括纳米颗粒的粒径大小、产品纯度、生产公司。

表 4.1 实验仪器设备列表

名称	型号	生产厂家
电子天平	ML304T/02	上海达平仪器有限公司
磁力搅拌器	JK-MSH-HS	上海精学科学仪器有限公司
超声振荡仪	CP-3010GTS	中土和泰(北京)科技有限公司
导热系数测定仪	Hot Disk TPS 2500S	瑞典 Hot Disk 有限公司
黏度测定仪	DV3T	美国阿美特克有限公司
透射电子显微镜	JEM-2100	日本电子株式会社

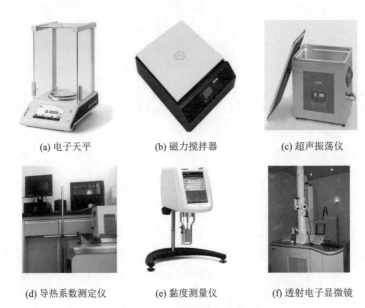

(a) 电子天平　　　　　(b) 磁力搅拌器　　　　　(c) 超声振荡仪

(d) 导热系数测定仪　　(e) 黏度测量仪　　　　　(f) 透射电子显微镜

图 4.1　实验仪器设备实物图

表 4.2　实验材料与试剂列表

名称	化学式	纯度	产地
氧化铝纳米颗粒	Al_2O_3 (20 nm，50 nm)	≥99.90%	北京德科岛金科技有限公司
铜纳米颗粒	Cu (50 nm)	≥99.90%	北京德科岛金科技有限公司
乙二醇	$(CH_2OH)_2$	≥99.5%	国药集团化学试剂有限公司
氧化铜	CuO (50 nm)	≥99.99%	北京德科岛金科技有限公司
氧化锌	ZnO (30 nm)	≥99.99%	北京德科岛金科技有限公司
去离子水	H_2O	≥99.99%	实验室自制

纳米流体的传热特性较之传统换热工质更加优异，主要原因是在于纳米颗粒，这些微小的固体颗粒悬浮在液体中，通过各种作用机理有效增大了纳米流体的导热系数；但其具体内部机理较为复杂，根据目前的研究，其主要作用如下：

(1)固体颗粒的导热系数远大于液体分子，加入一定固体颗粒会改变混合物内分子运动，增强混合物内部的能量传递过程，基液分子在纳米颗粒表面形成一层纳米界面，界面层可以看作一个"热桥"，增加纳米颗粒与基液分子间的热量传递，使得导热系数增大。

(2)纳米流体中的纳米颗粒会受到布朗力的作用做无规则地扩散运动，纳米颗粒与液体分子之间也存在运动，固体颗粒会与液体分子之间通过微对流传递能量，且随着温度的上升，这些纳米颗粒与纳米颗粒、纳米颗粒与液体分子之间的热运动也会加剧，对悬浮颗粒的作用加强，粒子的布朗运动加剧，悬浮液中的水分子振动速率加快，分子碰撞频率增加，热量传递加快，导热系数增高。

准确地测量出基液导热系数值难度在于如何将基液与其他传热过程分开，避免热量消耗。目前，液体导热系数的测量方法有两种，包括稳态法和瞬态法[2]。稳态法的缺点是测量耗时长，纳米颗粒会形成沉淀，加上自然对流的影响，会导致测量结果不够精确。因此，要测量纳米流体导热系数，最好采用瞬态法测量。

瞬态热线法是瞬态法中测量导热系数的一种被广泛应用方法，但测量时需要自制试验系统，这在一定程度上会对纳米流体导热系数的测量结果造成影响。目前基于对瞬态热线法的测试原理的研究又重新发展出另外一种较为稳定的测试技术，即瞬变平面热源(transient plane source，TPS)法。

针对导热系数测量，本节实验内容采用瑞典 Hot Disk 公司生产的 TPS 2500S 型热常数分析仪，参考实物见图 4.1(d)，由 Silas Gustafsson 博士发明的瞬变平面热源法是 Hot Disk 测量的原理，这一方法可以在数秒内完成导热系数的测量。TPS 法研究技术已相对成熟，并成功得到应用。该实验设备的优点是快捷，无须特别的样品制备，温度范围能到 700℃，设备参数见表 4.3。

表 4.3　TPS2500S 型热常数分析仪设备参数

TPS2500S 型热常数分析仪	
测量项目	热导系数[W/(m·K)]
测量范围	0.005～500 W/(m·K)
测量温度	10～1000 K (−196 ～700℃)
精密度	2%以内
测试时间	可于 1～2 min 内完成测试
样品种类	固体、液体、粉末皆可测量

导热系数的测量使用 Hot Disk 热常数分析仪简化装置图，如图 4.2 所示。瞬变平面热源(TPS)法是一种广泛应用于测量导热系数的全新技术，其测量较为准确且使用方便，能够提供被研究样品的导热系数、热扩散系数以及体积比热容，遵循国际标准 ISO22007-2。这种方法基于瞬态加热平面探头的使用，也被广泛地称为的 Hot Disk 热常数分析仪。瞬变平面热源法的基础是由独特的探头、电子数据采集系统、全新的数学模型三部分组成。

图 4.3 所示为螺旋探头结构，Hot Disk 实验仪器最关键的部分是螺旋探头，该螺旋探头的半径范围在 0.492～29.40 mm 之间，也可以作为加热传感器。在做导热系数实验时，探头是被夹在绝缘薄层 Kapton 聚酰亚胺和绝缘薄层 Mica 云母之间[3]。

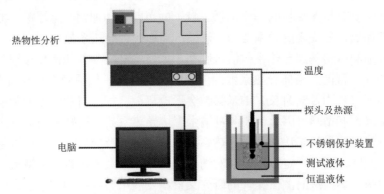

图 4.2　Hot Disk 热常数分析仪简化装置

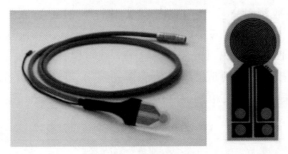

图 4.3　螺旋探头结构

实验采用 Hot Disk 2500S 热常数分析仪测量 Cu/Al$_2$O$_3$-EG/W 混合纳米流体在不同温度和基液混合比下的导热系数，为了确保测量误差达到最小，每个样品进行重复 4 次实验操作，将得到 4 次导热系数的平均值作为最终测量值。

图 4.4 为实验所测量的不同比例下的乙二醇与去离子水在 25～60℃范围内与标准值[4]的对比。从图中可以看到，在所研究的温度范围和不同基液比例下内导热系数与标准值的最大误差为±1.5%，二者吻合较好，验证了测量仪器性能的可靠性。

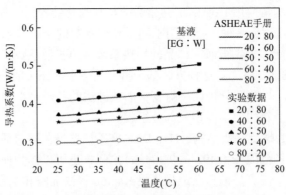

图 4.4　实验测量导热系数测量值与标准值对比[4]

　　混合纳米流体的制备在改善基液热物性参数中扮演着至关重要的角色，是建立数据驱动模型预测导热系数的第一步。在混合纳米流体制备中，最常用的方法是"两步法"。第一步通过化学或者机械工艺（例如研磨、气相法和溶胶-凝胶法）制备纳米颗粒；第二步是将制得的纳米颗粒分散在介质（如水、乙二醇、油）中，通过超声波振荡和磁力搅拌。众多学者都采用两步法制备混合纳米流体。采用两步法的优点是可以大规模生产和节约经济，缺点是纳米颗粒的聚集且制备比较麻烦。

　　图 4.5 所示为"两步法"制备流程。如图所示，以 Cu/Al$_2$O$_3$-EG/W（质量分数为 1%，纳米颗粒 Cu：Al$_2$O$_3$ 质量比为 50：50，铜粒径 50 nm，氧化铝粒径 20 nm）混合纳米流体为研究对象，采用两步法，将 Cu/和 Al$_2$O$_3$ 纳米颗粒分散于不同基液质量混合比 H$_2$O：EG（80：20、60：40、50：50、40：60、20：80）中制成混合纳米流体，温度范围为 20～60℃。具体制备过程如下所述。

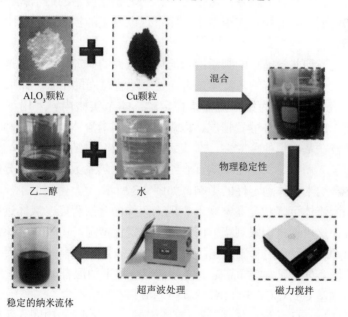

Al$_2$O$_3$颗粒　　Cu颗粒　　混合

乙二醇　　水　　物理稳定性

稳定的纳米流体　　超声波处理　　磁力搅拌

图 4.5　基于"两步法"制备 Cu/Al$_2$O$_3$-EG/W 混合纳米流体流程

　　（1）首先采用 ML304T 电子天平（量程为 0～320 g，精度为 0.0001 g）按照混合比分别称量一定质量的乙二醇和去离子水并混合；然后按照所需要制备的质量分数称取适当质量的 20 nm Al$_2$O$_3$ 和 50 nm Cu 颗粒。其中，ρ_p 与 ρ_f 分别为纳米颗粒与基液的密度，与纳米颗粒体积分数（φ_p）与质量分数（w_p）之间的关系，见式（4.1）。

$$\varphi_p = \frac{\rho_f w_p}{\rho_p + \rho_f w_p - \rho_p w_p} \tag{4.1}$$

(2) 由于纳米颗粒具有较强的表面活性，范德瓦耳斯引力会使纳米颗粒发生团聚现象，进而产生沉淀，因此，首先需要借助磁力搅拌[见图 4.1(b)]，设置的时间为 30 min；然后再用超声振荡仪[见图 4.1(c)]进行 30 min 超声波处理；最后，形成分散均匀的混合纳米流体，以便进一步研究混合纳米流体的稳定性和导热系数测量。

4.1.2　稳定性表征及优化

混合纳米流体的稳定性是进行测量导热系数的关键性因素，由于纳米颗粒的表面活性高，容易发生聚沉，因此，影响纳米流体在实际工程应用中的传热性能。

以 Cu/Al_2O_3-EG/W 混合纳米流体为研究对象，在进行混合纳米流体导热系数测量前，先对纳混合米流体的稳定性进行表征。一般而言，在基液中分散的纳米颗粒越均匀，稳定性就会越好。这是因为，均匀悬浮液中的纳米颗粒相互碰撞频率比较低，粒子之间的相互作用力小，团聚现象发生的概率就会变小。因此，不容易产生聚沉。

沉淀法是一种非常简单的判断纳米流体稳定性的研究方法，在这种方法中，上清液的浓度变化决定着纳米流体是否稳定。随着时间的增长，如果上清液的浓度没有发生变化，则认为纳米流体是稳定的。本节实验内容采用沉淀法获取了如图 4.6 所示的纳米流体静置情况，以观察混合纳米流体的稳定性；为了进一步分析纳米颗粒在基液中的分散性，本节又采用 TEM 对纳米颗粒的均匀性进行了分析，如图 4.7 所示；为了不影响混合纳米流体导热系数，本节又分析了超声振荡时间对混合纳米流体稳定性的影响，如图 4.8 所示。

混合纳米流体沉降状况在宏观上表现为流体的分层程度、液体透明度、介质底部沉淀等，这可通过肉眼观察，由此得出稳定性情况。图 4.6 为不同基液比下 Cu/Al_2O_3-H_2O/EG 混合纳米流体在开始制备时、静置 1 天、静置 2 天、静置 4 天的实物沉降图。图中观察的样品是不同基液混合比下的混合纳米流体，总共 7 组，最左侧组为水基 Cu/Al_2O_3-H_2O 纳米流体(基液只有水，不含乙二醇)，最右侧为乙二醇基 Cu/Al_2O_3-EG 纳米流体(基液只有乙二醇，不含水)，中间 5 组纳米流体的基液比为 H_2O：EG，已经在瓶盖处标出。

如图 4.6 所示，Cu/Al_2O_3-H_2O/EG 混合纳米流体初始制备时，通过肉眼很难发现分散差异情况。这说明制备的纳米流体是比较稳定的，满足用瞬态平面热源法测量纳米流体导热系数的精确性；在静置 1 天后，发现这 7 组都出现了分层现象，其中，去离子水所占基液比例越高，分层现象越明显；当静置 4 天后，从图 4.6(d) 中可以明显看出，分层现象很严重。当基液中全是去离子水时，即水基 Cu/Al_2O_3 纳米流体的分散性最差，团聚现象最严重。相比其他不同基液混合比，基液中去离子水的质量和乙二醇的质量的比例为 50：50 时，稳定性最好。

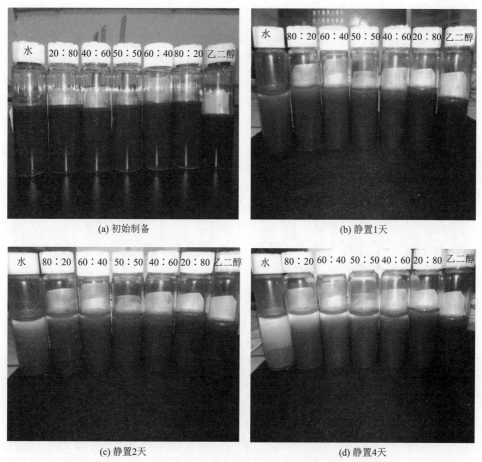

(a) 初始制备　　　　　　　　　　　(b) 静置1天

(c) 静置2天　　　　　　　　　　　(d) 静置4天

图 4.6　Cu/Al₂O₃-EG/W 混合纳米流体随时间变化沉降图

从上述可以看出，当基液中去离子水与乙二醇的质量比为 50∶50 时，Cu/Al₂O₃-H₂O/EG 混合纳米流体稳定性最好。但由于上述只是采用沉淀法宏观定性地分析混合纳米流体的稳定性，缺乏微观上的依据。为了进一步从微观上分析纳米颗粒在基液中的均匀性，以下采用 TEM 观察纳米颗粒的分散情况，从而判断稳定性。

图 4.7 为质量分数为 1.0% 的 Cu/Al₂O₃-EG/W 混合纳米流体随不同基液比变化的粒径分布。如图所示，近似球形的大颗粒为 50 nm Cu 纳米颗粒，近似棒状、块状的小颗粒为 20 nm Al₂O₃ 纳米颗粒，通过颜色深浅及密集程度可看出其分散性。图 4.7 为 Cu/Al₂O₃-H₂O/EG 混合纳米流体在去离子水与乙二醇的质量比为 80∶20、60∶40、50∶50、40∶60 的 TEM 图。可以观察到，纳米粒子间极易团聚形成尺寸更大的团聚体，图中平均粒径从小到大分别为样品 c(50∶50)<样品 b(40∶60)<

样品 a(80∶20)<样品 d(60∶40)。样品 c(50∶50)的粒径分散较均匀，因此表现为导热系数增幅最大。由图中还可以看出，混合纳米流体基液中去离子水与乙二醇质量比为 50∶50 时，纳米颗粒在基液中的均匀性最好，因此，从微观上得出的结论和从宏观上得出的结论是一致的。

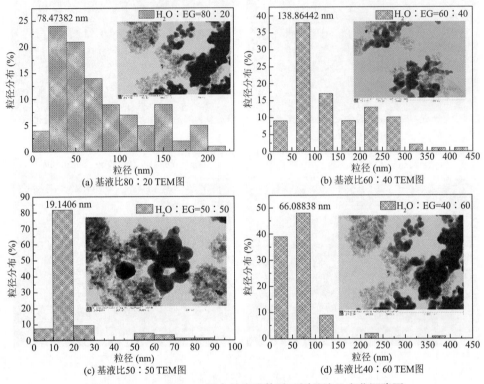

(a) 基液比80∶20 TEM图　　　　　(b) 基液比60∶40 TEM图

(c) 基液比50∶50 TEM图　　　　　(d) 基液比40∶60 TEM图

图 4.7　Cu/Al$_2$O$_3$-EG/W 混合纳米流体随不同基液比变化沉降图

　　超声是一种大多数研究人员制备稳定纳米流体常用的方法。高频振动会导致纳米颗粒均匀分散在基液上，削弱纳米颗粒的表面能，防止纳米颗粒的团聚。纳米颗粒尺寸的大小、纳米流体的类型和纳米颗粒的质量分数通常决定了超声处理的最佳时间。以基液比(H$_2$O∶EG)50∶50 的 Cu/Al$_2$O$_3$ 混合纳米流体为对象，研究超声时间对其稳定性的影响，确定了一个最佳的超声时间，使得纳米颗粒在基液中分散得更加均匀,对Cu/Al$_2$O$_3$ 混合纳米流体导热系数的测量具有重要的意义。

　　图 4.8 为 Cu/Al$_2$O$_3$-EG/W 混合纳米流体随不同超声时间变化沉降图，即纳米颗粒质量分数为1%，离子水与乙二醇的质量比是 50∶50，在常温下 Cu/Al$_2$O$_3$ 混合纳米流体在不同超声时间(5 min、15 min、30 min)后的沉降图。如图 4.8(a)所示，样品在初始制备时看起来并无差异，但在静置 4 天后，混合纳米流体出现液体分层、大量沉淀的现象；对比这四张图，可明显地看出超声 30 min 比超声 5 min 稳定性好。

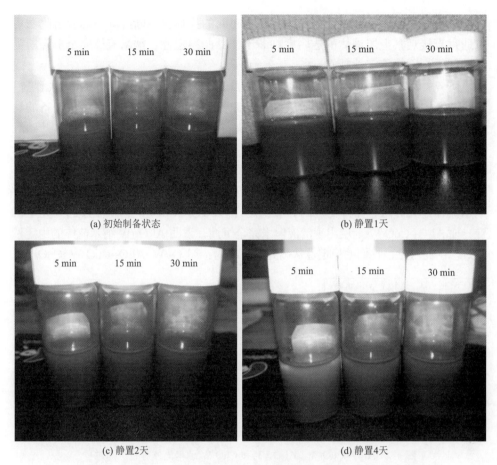

图 4.8　Cu/Al$_2$O$_3$-EG/W 混合纳米流体随不同超声时间变化沉降图

　　纳米流体保持长期悬浮稳定性不仅可以重复利用，对其热物性和流动传热特性也起着促进作用。因此，工质具有良好的稳定性是其广泛应用于传热系统的基础。

　　目前常用的稳定性表征方法有：静置沉降法、粒径统计法、紫外-可见分光分度法(UV-Vis)、场发射扫描电子显微镜(FESEM)、扫描电子显微镜(SEM)、透射电子显微镜(TEM)、光子相关谱法(PCS)等。考虑经济可行性，采用沉降观测法、电镜观测法(如 TEM)、粒径统计法和紫外-可见分光分度法(UV-Vis)对本实验制备的混合纳米流体进行稳定性表征，优选出稳定性最佳的纳米流体。

1. 稳定性表征方法

1) 静置沉降法

该方法是一种最直观、最可靠且应用场合最多的评价纳米流体稳定性的方法，纳米颗粒发生团聚后在重力的作用下随着时间的推移会不断沉降。静置沉降法可以通过直接观察上层液体的透明度判断该样品的稳定性，纳米流体完全沉降所需时间越长，说明稳定性越好。

图 4.9 为 Al_2O_3-CuO/W 混合纳米流体及其对应的一元纳米流体的静置沉降情况。从图中可以看出，在初始阶段 3 种纳米流体均匀悬浮，说明两步法制备的纳米流体在初始阶段具有良好的稳定性。经过 1 h 静置后，CuO/W 纳米流体开始沉淀，底部出现黑色絮状物(微量 CuO 颗粒沉积)，上层液体澄清。这是因为 CuO 纳米颗粒粒径大、密度高，超声能量不足以克服范德瓦耳斯引力将团聚体打碎，极易由于重力作用而沉降。6 h 后，Al_2O_3-CuO/W 纳米流体开始逐渐出现沉淀，而 Al_2O_3/W 纳米流体还无分层，保持良好的分散稳定性。1 天后 CuO/W 纳米流体已经完全沉淀，而 Al_2O_3-CuO/W 上层出现清液但未完全沉淀，说明 Al_2O_3/W 纳米流体的稳定性最好。由此可见，它们的稳定性从高到低依次为：Al_2O_3/W>Al_2O_3-CuO/W>CuO/W。

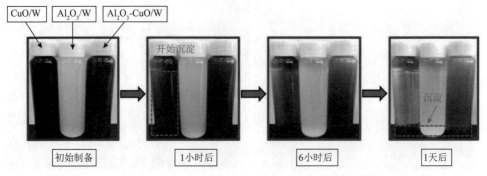

图 4.9　Al_2O_3-CuO/W、Al_2O_3/W 和 CuO/W 纳米流体静置沉降过程

2)透射电镜法

采用透射电镜法(TEM)可以直接观测体系内部纳米颗粒的分布方式和团聚状况。尤其对于混合纳米流体而言，可以清晰地观察到小粒径的纳米颗粒填充于大粒径的纳米颗粒形成的间隙。通过图像对纳米颗粒进行形貌表征，可以得到纳米颗粒的形状和团聚体尺寸大小，进而定量地判断纳米颗粒的团聚程度。

图 4.10 为 Al_2O_3-CuO/W 混合纳米流体及其对应的一元纳米流体的透射电镜(TEM)图。根据 TEM 图可以看出，Al_2O_3 和 CuO 纳米颗粒分别呈棒状和球形状，这与厂家提供的形状是一致的。从图中可以看出，CuO 纳米颗粒极易形成大的团聚体，Al_2O_3 纳米颗粒由于密度低和粒径小不易形成团聚体，在 Al_2O_3-CuO/W 混合纳米流体中，小粒径的 Al_2O_3 颗粒填充在大粒径的 CuO 颗粒形成的空隙中，团聚尺寸介于两者之间。

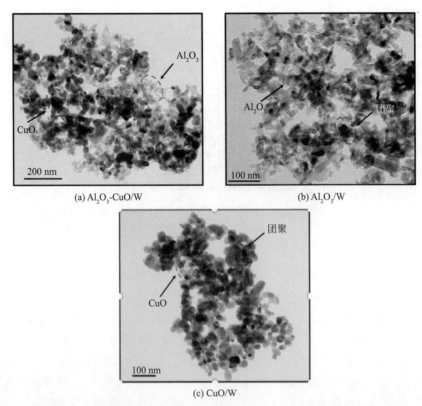

图 4.10　Al$_2$O$_3$-CuO/W 混合纳米流体及其对应的一元纳米流体的透射电镜图

3) 粒径统计法

采用肉眼观察电镜图中纳米颗粒尺寸往往易产生误差，而粒径统计法是在透射电镜图中通过 Image J 软件精确测量纳米颗粒的粒径大小，可以准确地反映某区域在特定时刻纳米颗粒的团聚程度（图 4.11）。

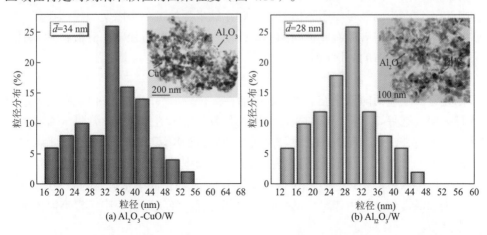

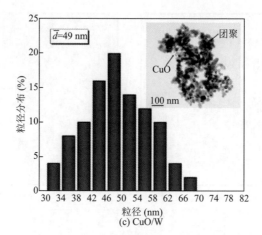

图 4.11　Al_2O_3-CuO/W 混合纳米流体及其对应的一元纳米流体粒径分布图

2. 稳定性优化方法

纳米流体稳定性一般包括热力学稳定性和动力学稳定性。从热力学角度而言，不同种类纳米颗粒共存时，能量最低是最稳定的平衡态。由于纳米颗粒往往具有较大的比表面积和表面能，使得纳米颗粒之间有发生相互团聚以降低其表面能的趋势。因此，从热力学角度看纳米流体体系是动态不稳定的。从动力学角度而言，由于纳米颗粒的小尺寸效应，小粒径的纳米颗粒具有更高的移动速度，这大大增加了纳米颗粒间的碰撞概率，纳米颗粒在范德瓦耳斯引力的作用下更容易发生团聚而导致沉淀。为了解决纳米流体的稳定性问题，通常采用物理方法和化学方法相结合来提高稳定性。

1) 物理方法

磁力搅拌和超声振荡是常用的提高纳米流体稳定性的机械物理方法。采用磁力搅拌器可以使纳米流体混合均匀，初步使一些尺寸大的团聚体分散开。普通的机械搅拌方法只能初步分散，为了达到更好的稳定性往往需要对其进行超声振荡，利用超声波产生的能量将团聚体打碎，防止纳米颗粒进一步团聚。超声振荡产生的空化效应可以打破原有粒子间的平衡，使得纳米颗粒更稳定地分散在基液中，从而提高纳米流体的分散稳定性。

2) 化学方法

化学方法包括向悬浮液中添加表面活性剂、调节溶液的 pH 值、对纳米颗粒进行表面修饰等。其中，添加表面活性剂是改善纳米流体稳定性常见的有效方法之一。通过在纳米颗粒表面吸附表面活性剂来充当屏障，可大大降低纳米颗粒之间的范德瓦耳斯力。甚至有些包裹在纳米颗粒周围的表面活性剂还可增加纳米颗粒之间的排斥力，减少颗粒间相互碰撞的概率，从而提高纳米流体的悬浮稳定性。

表面活性剂一般由亲水头部和疏水尾部构成，在实验研究中，根据需要加入不同类型的表面活性剂可将纳米颗粒由疏水表面转化为亲水表面从而增强纳米流体的分散稳定性。表面活性剂按照亲水头部可分为三类：①阴离子表面活性剂，如十二烷基硫酸钠（SDS）；②阳离子表面活性剂，如十六烷基三甲基铵溴化物（CATB）；③非离子型表面活性剂，如聚乙烯吡咯烷酮（PVP）。

图 4.12 为三种不同种类表面活性剂对 Al_2O_3-TiO_2/W 混合纳米流体的静置沉降过程的影响。从图中可看出，添加表面活性剂 CTAB 和 SDS 均能提高纳米流体的稳定性；而添加表面活性剂 PVP 的纳米流体仅在 6 小时后就发生大量沉淀，在 1 天后完全沉淀，这是由于表面活性剂 PVP 和 TiO_2 纳米颗粒相容性差导致的；静置 3 天后，添加表面活性剂 SDS 的 Al_2O_3-TiO_2/W 混合纳米流体保持了最好的悬浮稳定性。添加不同种类表面活性剂的 Al_2O_3-TiO_2/W 纳米流体稳定性大小顺序为 SDS > CTAB > PVP，因此实验选择表面活性剂 SDS 进行稳定性优化。

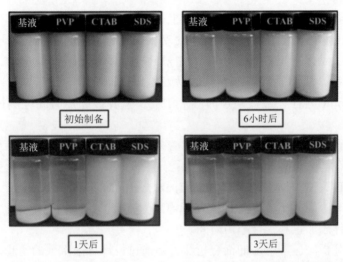

图 4.12　表面活性剂种类对 Al_2O_3-TiO_2/W 混合纳米流体稳定性影响

图 4.13 为体积分数 0.02%的 Al_2O_3-TiO_2/W 混合纳米流体的吸光度与表面活性剂质量比 y（表面活性剂与纳米颗粒的质量比）的关系。其中，表面活性剂 SDS 质量比 y 选择为 0.1、0.3、0.5、0.7、0.9。由图 4.13 分析可知，质量比从 0.1 增加大 0.5 时，吸光度逐渐增大，随着质量比进一步从 0.7 增大到 0.9 时，吸光度逐渐下降，甚至 y=0.9 的吸光度比 y=0.3 时还低。说明 Al_2O_3-TiO_2/W 混合纳米流体的稳定性随着表面活性剂 SDS 的添加量增多呈现先增加后减小的趋势，存在一个最佳表面活性剂浓度使得 Al_2O_3-TiO_2/W 纳米流体的稳定性达到最佳。因此，为了筛选出表面活性剂的最佳添加量，实验以表面活性剂质量比在 0.3～0.9 范围内进行响应面实验。

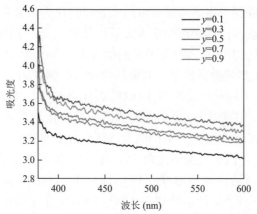

图 4.13　体积分数为 0.02% Al$_2$O$_3$-TiO$_2$/W 纳米流体的吸光度与表面活性剂质量比的关系

　　超声时间长短对纳米流体的稳定性也有较大影响。一方面，超声时间过短则缺乏足够多的超声波能量将团聚体打碎；另一方面，超声时间过长会导致纳米流体温度升高，纳米颗粒获得足够多的能量后会加剧颗粒的布朗运动，增大粒子间的碰撞概率，从而导致纳米颗粒更易发生团聚而沉淀。Li 等[5]发现超声时间在 10～90 min 内存在最佳超声时间。因此，选择该超声时间范围进行响应面实验。

　　流动沸腾传热过程由于管壁内表面的微层蒸发效应，纳米颗粒更易沉积于管内壁，因此在沸腾过程中对纳米流体的稳定性要求更为严格。为了获得稳定性最佳的 Al$_2$O$_3$-TiO$_2$/W 纳米流体，采用响应面法(response surface method，RSM)对表面活性剂 SDS 的添加量、静置时间与超声时间三个影响参数进行优化，优选出表面活性剂最佳添加量和最佳超声时间。

　　响应面分析法，即响应曲面分析法，是通过设计有限次数的实验来建立一个包括一次项、平方项和交互项的数学模型[6]，通过精确研究多个因素与响应值之间的相关性，可高效快速地确定各个影响因素的最佳条件。

　　响应面法优化过程的一般步骤包括：①单因素实验，通过实验筛选出对响应值有显著影响的重要因素，并确定单个因素取得最优条件的区间；②响应面实验，在通过爬坡实验确定显著影响因素后，即最佳因素在所选因素的区间范围，最后进行响应面实验设计。一般以三水平三因素设计实验，通过实验数据拟合回归方程绘制分析图，考察响应面的形状确定各因素的最佳值。

　　通过前期单因素实验可知，在表面活性剂质量比为 0.3～0.9 和超声时间在 10～90 min 时，分别存在最佳表面活性剂质量比和最佳超声时间。因此，选择表面活性剂质量比、超声时间、静置时间三因素作为影响值，以 Al$_2$O$_3$-TiO$_2$/W 混合纳米流体在波长为 370 nm 时的吸光度为响应值作为纳米流体稳定性的评价标准，因为在此波长下吸光度值差异明显。设计三因素三水平响应面实验，因素与水平编码如表 4.4 所示。

表 4.4　稳定性优化响应面实验因素水平编码值表

因素	编码	高中低水平		
		−1	0	1
表面活性剂质量比	A	0.3	0.6	0.9
静置时间(h)	B	0	12	24
超声时间(min)	C	10	50	90

选择 Design-Expert12 软件中的 Box-Behnken Design(BBD)模型输入三因素三水平编码值，实验设计了 17 组实验，其中有 14 组为分析实验，5 组为中心对照实验，用于估计实验误差。建立了响应面模型，实验设计及结果见表 4.5。

表 4.5　响应面实验设计及结果

序号	表面活性剂质量比	静置时间(h)	超声时间(min)	吸光度
1	0.3	12	10	3.571
2	0.6	0	90	5.343
3	0.6	12	50	5.208
4	0.3	0	50	5.872
5	0.6	24	10	3.274
6	0.9	12	10	1.463
7	0.9	24	50	0.887
8	0.6	0	10	6.047
9	0.6	12	50	5.024
10	0.6	12	50	5.399
11	0.9	0	50	5.053
12	0.3	12	90	2.075
13	0.6	12	50	4.908
14	0.6	12	50	5.249
15	0.6	24	90	1.566
16	0.3	24	50	2.236
17	0.9	12	90	0.997

利用响应面实验数据进行响应变量和影响因素的二次多项式模型拟合得到 Al_2O_3-TiO_2/W 混合纳米流体吸光度(I)与 SDS 表面活性剂质量比(A)、静置时间(B)、超声时间(C)的二次回归方程。

$$I = 5.16 - 0.6693A - 1.79B - 0.5468C + 0.2575AC - 1.84A^2 + 0.1927B^2 - 1.29C^2 \quad (4.2)$$

回归方程(4.2)的均方系数、校正均方系数和预测均方系数分别为 0.991、0.977 和 0.8941。其中，均方系数和校正均方系数均大于 0.9，且校正均方系数和预测均方系数之差小于 0.2，说明该回归模型可以准确预测 Al_2O_3-TiO_2/W 混合纳米流体的吸光度。

表 4.6 为回归模型的方差分析结果。在模型的方差分析表中，P 值是衡量控制组和实验组差异大小的指标，可通过 P 值的大小判断各因素的显著程度[7]。$P<0.05$，差异显著；$P<0.01$，差异极显著。F 值表示显著性差异水平，通过 F 值的大小可看出部分因素对响应值的影响。从表中可以看出，回归模型显著($P<0.0001$)，失拟项不显著($P=0.1494$)，说明该模型适用且具有很强的显著性。此外，由表 4.6 还可知一次项影响因素：表面活性剂质量比(A)、静置时间(B)和超声时间(C)的 P 值均小于 0.01，达到了极显著水平。在二次项中表面活性剂质量比 A^2 达到极显著水平($P<0.0001$)，其余各项均为不显著水平。通过 F 值的大小可以看出，影响 Al_2O_3-TiO_2/W 纳米流体稳定性大小因素的顺序为：静置时间>表面活性剂质量比>超声时间。

表 4.6　回归模型方差分析结果

样本	平方和	均方	F 值	P 值	显著性
模型	54.69	6.08	85.06	<0.0001	显著
A	3.58	3.58	50.21	0.0002	—
B	25.75	25.75	360.39	<0.0001	—
C	2.39	2.39	33.47	0.0007	—
AB	0.07	0.07	0.98	0.3545	—
AC	0.26	0.26	3.71	0.0954	—
BC	0.25	0.25	3.53	0.1025	—
A^2	14.23	14.23	199.16	<0.0001	—
B^2	0.15	0.15	2.19	0.1862	—
C^2	7.04	7.04	98.50	0.1025	—
残差	0.50	0.07	—	—	—
失拟项	0.35	0.12	3.13	0.1494	不显著
净误差	0.15	0.04	—	—	—

注：$P<0.05$，差异显著；$P<0.01$，差异极显著；F 值的大小可以反映部分因素对响应值的影响。

图 4.14 为回归模型的正态概率图。从图中可以看出，验证参数的残差值都大致分布在表明数据点分布趋势的直线上，说明内部残差呈正态独立分布，实验值合理且均匀[8]。图 4.15 为 Al_2O_3-TiO_2/W 混合纳米流体吸光度的实验结果和模型预

测值的对比。由图可知，数据点基本分布在斜率为 1 的直线上，说明实验数据与模型预测值之间偏差很小。因此，采用响应面法得到的实验数据与预测结果之间具有很好的一致性。

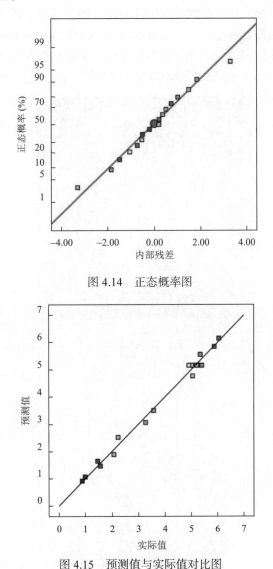

图 4.14　正态概率图

图 4.15　预测值与实际值对比图

不同影响因素之间交互作用大小可通过等高线图形状判断，一般而言，等高线图越接近椭圆说明两者间的交互作用显著性越强，圆形则表示两者交互作用不显著[9]。而响应曲面图的变化越快即坡度越大，表示影响因素对响应变量的影响越显著。

图 4.16 为静置时间和表面活性剂质量比两因素交互作用的等高线图和响应面

图。其中，图 4.16(a)等高线图上的数字标签代表吸光度的数值大小。由图可知，吸光度随表面活性剂质量比的增大呈先增加后减小的趋势，表面活性剂的最佳添加量在质量比为 0.5～0.6 之间。而静置时间越长，越多纳米颗粒发生团聚，团聚体在重力作用下沉淀，从而导致吸光度随静置时间延长而下降。等高线图接近圆形，说明静置时间和表面活性剂质量比两因素的交互作用不显著。从图 4.16(b)可知，静置时间的倾斜度大于表面活性剂质量比，说明静置时间对吸光度的影响变化幅度大，再次验证了在一次项中静置时间对吸光度的影响要大于表面活性剂质量比。

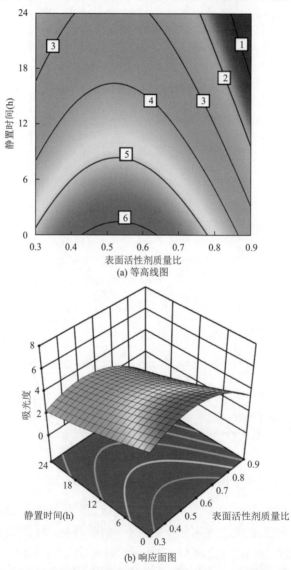

(a) 等高线图

(b) 响应面图

图 4.16　静置时间和表面活性剂质量比的交互影响作用

　　图 4.17 为超声时间和表面活性剂质量比两因素交互作用的等高线图和响应面图。由图可知，吸光度随超声时间和表面活性剂质量比的增大均呈先增加后减小的趋势，说明超声时间和表面活性剂质量比均存在最佳值使吸光度达到最大。超声时间过长会导致颗粒在高温下加剧颗粒迁移速度，颗粒间碰撞概率也随之增加，从而更易于发生团聚而沉淀[10]。由于等高线图不呈椭圆形，说明两者交互作用不显著，同时，从响应面图可以看出，表面活性剂质量比的坡度要略大于超声时间，说明表面活性剂质量比对吸光度的影响比超声时间更显著。

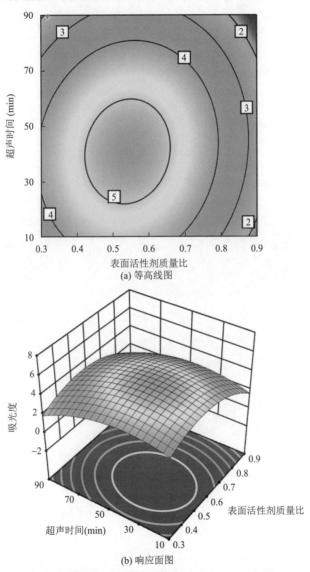

图 4.17　超声时间和表面活性剂质量比的交互影响作用

图 4.18 为超声时间和静置时间因素交互作用的等高线图和响应面图。从图 4.18(a)中可以看出，吸光度随静置时间的延长而降低，随着静置时间延长，颗粒不断发生团聚并最终导致沉淀。此外，吸光度随超声时间延长呈现先增加后减小的趋势，超声时间过长不利于纳米流体的分散稳定性。等高线图不呈椭圆状，表明两者的交互作用不显著。由图 4.18(b)可知，静置时间的走势相较于超声时间更陡峭，说明静置时间对吸光度影响的显著程度大于超声时间。综上分析，响应面结论与方差分析一致，进一步验证了试验模型拟合结果的准确性。

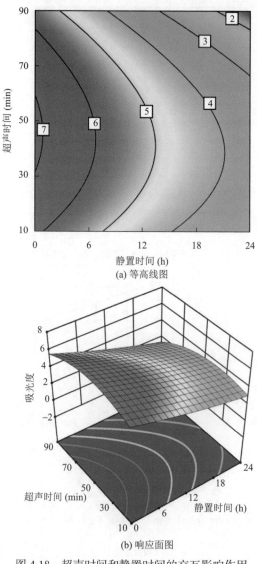

(a) 等高线图

(b) 响应面图

图 4.18　超声时间和静置时间的交互影响作用

　　图 4.19 为在实验研究范围内 Al_2O_3-TiO_2/W 混合纳米流体获得最高吸光度预测点及实现最高吸光度的期望值图。从图中可以看出，Al_2O_3-TiO_2/W 混合纳米流体在初始制备时可获得最高吸光度 7.205 的优化条件为：表面活性剂质量比为0.554、超声时间为 44.79 min。图 4.19(b) 为实现最大吸光度的期望值图，可以看出，获得稳定性优化后最大吸光度的期望值为 0.693，说明该模型实现稳定性优化结果的可能性较大，具有良好可行性。

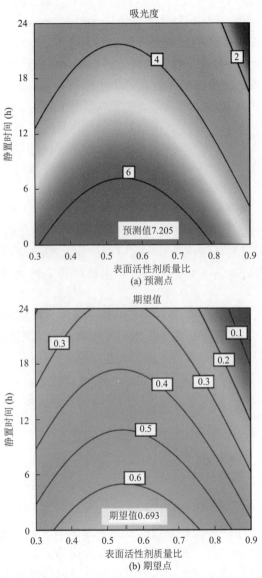

图 4.19　Al_2O_3-TiO_2/W 混合纳米流体稳定性优化结果

4.1.3 小结

本节采用两步法制备了 50 nm 和 20 nm 的 Cu/Al$_2$O$_3$-EG/W 混合纳米流体。以 Cu/Al$_2$O$_3$-EG/W 混合纳米流体为研究对象，首先，对混合纳米流体制备中所用到的主要材料与仪器进行概括，详细介绍了"两步法"制备过程；其次，通过沉淀法和 TEM 图法对比分析了混合纳米流体的稳定性，实验重点研究基液比(H$_2$O：EG)对 Cu/Al$_2$O$_3$-H$_2$O/EG 混合纳米流体稳定性和导热系数的影响；最后，基于实验测量的导热系数样本，采用多元线性回归(multiple linear regression，MLR)模型对混合纳米流体导热系数进行预测，得到如下结论。

(1)基于"两步法"制备了稳定性良好的 CuO-ZnO/EG-W 混合纳米流体，通过沉淀法和 TEM 图法分析，发现基液中去离子水与乙二醇的质量比达到 50：50 时，纳米颗粒在基液中的分散最均匀，稳定性最好；同时，也分析了不同超声时间对混合纳米流体稳定性的影响，确定最佳的超声时间为 30 min。

(2)通过实验测量了 CuO-ZnO/EG-W 混合纳米流体的导热系数随温度和基液质量混合比的变化规律。结果表明，随着基液中去离子水与乙二醇的比值增加和温度的升高，混合纳米流体导热系数都相应地增加。

(3)采用静置沉降法、透射电镜法、粒径统计法及紫外-可见分光光度法共同表征纳米流体的稳定性。结果表明，Al$_2$O$_3$-CuO/W 混合纳米流体及其一元纳米流体的稳定性从高到低依次为：Al$_2$O$_3$/W>Al$_2$O$_3$-CuO/W>CuO/W；添加不同种类表面活性剂的 Al$_2$O$_3$-TiO$_2$/W 混合纳米流体稳定性大小为：SDS>CTAB>PVP。

(4)采用响应面法对 Al$_2$O$_3$-TiO$_2$/W 混合纳米流体进行稳定性优化，结果表明，对于初始制备的 Al$_2$O$_3$-TiO$_2$/W 混合纳米流体在表面活性剂质量比为 0.554、超声时间为 44.79 min 时可获得最佳稳定性。通过方差分析可知，静置时间、表面活性剂质量比和超声时间 F 值大小分别为 360.4、50.2、33.4，可判断出对于 Al$_2$O$_3$-TiO$_2$/W 混合纳米流体稳定性影响因素的显著程度为：静置时间>表面活性剂质量比>超声时间。

4.2 二元混合纳米流体导热系数变化规律

高导热系数是混合纳米流体被广泛关注的主要原因，也是它最突出的特性。然而混合纳米流体由于多种颗粒参与的复杂内部作用，实验研究和理论至今未能解释其导热系数提高的机理。此外，在实际对流换热工业应用中，还需要通过经济性分析来选择最佳的纳米流体。为此，本节主要内容可分为三个部分：首先，分别比较研究 NP(纳米颗粒)和 BF(基液)混合比对导热系数的影响，找出影响导热系数提高的更重要因素；然后，结合价格和综合传热性能进行经济性分析，找到不同传热过程所适合的纳米流体；最后，通过协同机理分析更好地理解混合纳米流体导热系数增强的实质。

4.2.1　导热系数实验测量

为测量混合纳米流体导热系数，本实验选用瑞典 Hot Disk 公司生产的 TPS 2500S 型热常数分析仪（见图 4.2）。此热常数分析仪测量原理是采用瞬态平面热源（transient plane source，TPS）技术。该技术基于热线法技术发展而来，应用领域广泛，能够同时得到不同温度下材料的导热系数、热扩散率以及单位体积的热容等数据。测量时选用一个瞬间热平面探头，探头通过感知温度随时间的变化来计算得所测量样品的导热系数。瞬态平面热源技术有着短时高效的优点，可以在短短数秒内完成一次导热系数的测量，且便捷无须特别的样品制备，固液态样品均可测量，测量温度范围广，使用油浴加热最高温能到 700℃，设备参数见表 4.3。

测量开始前，将样品导入不锈钢容器中，充分排出其中的气泡，容器密封中间封装热传感线，热传感探头位于混合纳米流体样品中，容器整体置于恒温油浴中，探头另一头连接 Hot Disk 热物性分析仪主机，通过计算机设置测量程序，开始测量时 Hot Disk 热物性分析仪对探头施加电流，探头的温度升高，产生的热量向纳米流体中扩散，记录下温度的变化与时间的关系，通过计算机数据拟合计算得到样品导热系数。实验中测试功率为 0.05 W，导热系数测量时间为 10 s。实验中每个样品至少重复 3 次实验，并取平均值为导热系数最终测量结果。

Hot Disk TPS 2500S 热常数分析仪由特有的螺旋探头、电子数据采集系统、数学模型三部分组成。其中对于测量最关键的部分是螺旋探头，其结构参见图 4.3。螺旋探头的半径范围在 0.492～29.40 mm 之间，该探头也可以作为加热传感器。对于不同导热系数范围的样品，应选用适当型号的螺旋探头。灌装样品时，将探头夹在绝缘薄层 Kapton 聚酰亚胺和绝缘薄层 Mica 云母之间，探头需在其中加固稳定，排空其中的气体。

热常数分析仪的不确定度 (U_k) 计算[11]如下：

$$U_k = \sqrt{\left(\frac{\delta T}{T}\right)^2 + \left(\frac{\delta k_{\mathrm{nf}}}{k_{\mathrm{nf}}}\right)^2} \tag{4.3}$$

式中，T 和 k 分别为温度（℃）和导热系数[W/(m·K)]，下标 nf 表示纳米流体。由式(4.3)可知导热系数测量的最大不确定度为 3.04%。

为了验证仪器的可靠性，测量纳米流体导热系数前使用基液（去离子水）检查仪器精确度。在 20～60℃下，将测量得到的去离子水导热系数与标准值进行对比，为保证测量结果的精确性，每个条件下测量三次并取平均值。图 4.20 显示了不同温度下去离子水的测量值和理论值[11]比较，其中导热系数测量的最大偏差为 3.0%，在仪器的不确定度范围内，从而验证了数据的精确性。

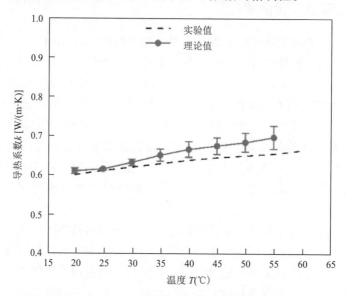

图 4.20　去离子水的导热系数测量值与理论值[11]比较

4.2.2　颗粒混合比的影响

混合纳米流体中颗粒混合比也会对热物性参数产生明显影响。但是，目前关于颗粒混合比的研究相对较少，由于颗粒间的协同作用使其对热物性参数的影响更复杂。Hamid 等[11]研究了体积浓度 1.0%，Al_2O_3：SiO_2 颗粒混合比为 20：80、40：60、50：50、60：40 和 80：20 的热物性变化情况。导热系数随着小粒径的 SiO_2 颗粒含量增大而增大，但是在颗粒混合比为 50：50 时导热系数值反而最低，但并没有解释产生这种现象的原因，该现象是否只是特例或者对于其他种类的氧化物纳米颗粒混合物都存在这种情况还尚不明确。因此，需要更多的实验来验证及解释其产生的原因。

为了验证其他氧化物混合纳米流体在颗粒混合比为 50：50 时是否存在导热系数最小值，本研究拓宽氧化物混合纳米流体的研究范围。研究导热系数随颗粒混合比的变化规律；比较颗粒（NP）混合比及基液（BF）混合比对导热系数的影响，找出提高导热系数最重要的因素。

将 Al_2O_3-TiO_2/EG-W、Al_2O_3-CuO/EG-W 和 Al_2O_3-Cu/EG-W 混合纳米流体的

导热系数与 Hamid 等[11]的研究结果 (22 nm SiO₂-50 nm Al₂O₃/EG-W) 相比较。实验体积分数和 BF 混合比分别固定在 1.0% 和 40∶60。由图 4.21 可见，温度从 20℃增加到 60℃，导热系数逐渐增加，且较高的温度下导热系数的提高会更明显。所研究的三种混合纳米流体中，导热系数均在 NP 混合比为 20∶80 时最高，且高于相应的一元纳米流体。在 20℃、20∶80 混合比下，Al₂O₃-TiO₂/EG-W、Al₂O₃-CuO/EG-W 和 Al₂O₃-Cu/EG-W 混合纳米流体的最大导热系数分别为 0.5376 W/(m·K)、0.5430 W/(m·K) 和 0.5372 W/(m·K)，然而相对应的 Al₂O₃/EG-W、TiO₂/EG-W、CuO/EG-W 和 Cu/EG-W 一元纳米流体的导热系数分别仅为 0.5245 W/(m·K)、0.5190 W/(m·K)、0.5145 W/(m·K) 和 0.4975 W/(m·K)。这表明在一定 NP 混合比下，混合纳米流体的导热系数高于一元纳米流体。此外，它还高于只含有金属纳米颗粒的一元纳米流体。这一结果也与 Sarkar 等[12]研究结果一致。然而，所研究的混合纳米流体都在 50∶50 的 NP 混合比下表现出最低的导热系数。因此 NP 混合比决定了混合纳米流体导热系数的提高。

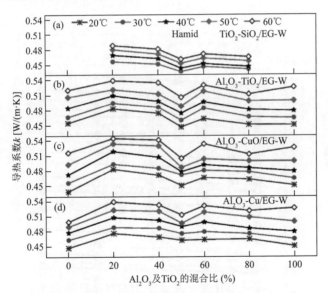

图 4.21　混合纳米流体导热系数随颗粒混合比的变化

4.2.3　基液混合比的影响

如前所述，对于所研究的三种混合纳米流体均当 NP 混合比为 20∶80 时，导热系数的增强最大。因此，在随后的研究中 NP 混合比固定为最优的 20∶80，研究 BF 混合比对混合纳米流体导热系数的影响。

图 4.22 为不同 BF 混合比和不同温度下混合纳米流体的导热系数变化。由图 4.22 (a) 可见，随着 EG 浓度的增加，三种混合纳米流体的导热系数线性下降。

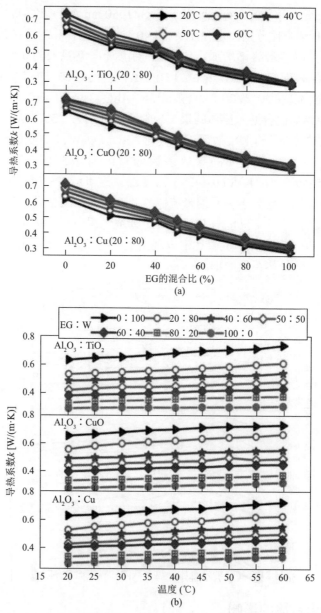

图 4.22 混合纳米流体导热系数随(a)BF 混合比及(b)温度的变化规律

这是由于 EG 的导热系数值低于水，在恒定的 NP 混合比下，混合纳米流体的导热系数仅取决于 EG 浓度，此时纳米颗粒排列的影响可以忽略。此外，图 4.22(b)表明导热系数与温度几乎成正比，因为高温下纳米颗粒之间碰撞更强烈。Chiam 等[13]在研究 Al_2O_3 纳米颗粒分散在 W-EG(40：60～60：40)基液中时，也发现了类似现象。

灵敏度分析通常用于研究变量的决定因素。Mamourian 等[14]研究了流动传热中努塞尔数对 Al_2O_3-水纳米流体的瑞利数和倾角的灵敏度。Mukhtar 等[15]采用灵敏度分析与残差分析相结合的方法来评价 MWCNTs-Kapok 籽油基纳米流体导热系数预测模型的准确性。同样，以下方程可以用来估计导热系数对 NP 混合比和 BF 混合比的灵敏度。导热系数的灵敏度可以定义如下[16]：

$$\%\text{Sensitivity of thermal conductivity} = \left[\frac{(k_{nf})_{\text{after change}}}{(k_{nf})_{\text{base condition}}} - 1\right] \times 100 \qquad (4.4)$$

图 4.23 为 20～60℃下，NP 和 BF 混合比对导热系数的灵敏度比较。三种混合纳米流体的导热系数灵敏度变化趋势相似。对于 Al_2O_3-TiO_2/EG-W 混合纳米流体，导热系数对 NP 比变化的灵敏度从 18.25% 到 31.65% 不等[图 4.23（a）]，而随 BF 混合比的变化范围为 3.19%～26.76%[图 4.23（b）]。因此，NP 混合比对所有纳米流体的导热系数的灵敏度均高于 BF 混合比。结果表明了研究颗粒混合比变化的重要性，混合纳米流体在特定比例的颗粒混合比下能产生最高的导热系数。

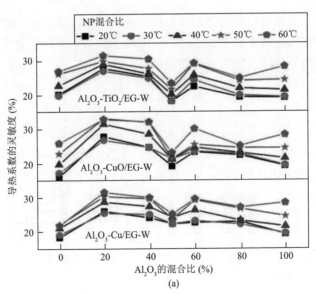

(a)

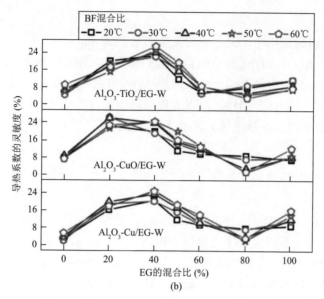

图 4.23 导热系数对 (a) NP 和 (b) BF 混合比的灵敏度分析

4.2.4 热经济性分析

从经济性角度来看，性价比因子 (price-performance factor，PPF) 是决定混合纳米流体中颗粒组合的重要参数之一。Alirezaie 等[17]将 PPF_{TCR} 定义为有效导热系数与价格的比值。具体的数学表述如下：

$$PPF_{TCR} = \frac{k_{nf}/k_{bf}}{\sum\limits_{n}^{i=1} price(\$/g)} \tag{4.5}$$

式中，k_{nf} 和 k_{bf} 分别为纳米流体和基液的导热系数。此外，n 代表不同纳米流体类型。研究表明，纳米流体的 PPF_{TCR} 指数越高，其成本和传热效率的综合性能越好，其导热性能越适合大规模应用。

在对流换热器中，任何传热系统都需要权衡高导热系数与低黏度之间的平衡关系。因此，本研究为了细分纳米流体在流动换热中的应用，筛选不同流形下适合的混合纳米流体，基于 PPF_{TCR} 提出了在层流和湍流换热中判断纳米流体性价比的新参数 PPF_C 和 PPF_{Mo}。

层流中：

$$PPF_C = \frac{C_k/C_\mu\,(>0.25)}{\sum\limits_{n}^{i=1} price(\$/g)} \tag{4.6}$$

湍流中：

$$PPF_{Mo} = \frac{Mo(>1)}{\sum\limits_{n}^{i=1} price(\$/g)} \tag{4.7}$$

PPF_C 和 PPF_{Mo} 值越高，纳米流体在不同应用中的性价比越高。

在式 (4.6) 和式 (4.7) 中，C_k/C_μ 和 Mo 可以依据工作流体在对流换热过程中的效率计算方式来计算[18]。

$$\frac{C_k}{C_\mu} = \frac{(k_{nf} - k_{bf})/k_{bf}}{(\mu_{nf} - \mu_{bf})/\mu_{bf}} \tag{4.8}$$

$$Mo = \left(\frac{k_{nf}}{k_{bf}}\right)^{0.67} \times \left(\frac{\rho_{nf}}{\rho_{bf}}\right)^{0.8} \times \left(\frac{c_{p,nf}}{c_{p,bf}}\right)^{0.33} \times \left(\frac{\mu_{nf}}{\mu_{bf}}\right)^{-0.47} \tag{4.9}$$

式中，$c_{p,nf}$ 表示纳米流体的比热。当 $C_k/C_\mu > 0.25$ 时，说明这种纳米流体有利于层流应用。$Mo > 1$ 且数值越高时，说明此时的纳米流体越适合湍流应用。

黏度和导热系数通过实验测得到，密度和比热根据混合物定律计算[19]：

$$\rho_{nf} = \varphi_{NP1}\rho_{NP1} + \varphi_{NP2}\rho_{NP2} + (1 - \varphi_{NP1} - \varphi_{NP2})\rho_{bf} \tag{4.10}$$

$$c_{p,nf} = \frac{\varphi_{NP1}\rho_{NP1}c_{p,NP1} + \varphi_{NP2}\rho_{NP2}c_{p,NP2} + (1 - \varphi_{NP1} - \varphi_{NP2})c_{p,bf}}{\rho_{nf}} \tag{4.11}$$

虽然许多经验关联可以预测单个和混合纳米流体的密度和热容量，但文献 [20] 和 [21] 中已报道，式 (4.11) 和式 (4.12) 的计算值与实验值吻合更好。

根据灵敏度分析可知，NP 混合比是影响混合纳米流体导热系数提高的一个决定性因素。因此，采用经济性分析来寻找适合不同工业应用的 NP 混合比。

图 4.24 中对不同混合纳米流体的 PPF_{TCR} 和有效导热系数进行了分析。由图 4.24 (a)～(c) 可见，Al_2O_3-TiO_2/EG-W、Al_2O_3-CuO/EG-W 和 Al_2O_3-Cu/EG-W 的有效导热系数随 NP 混合比变化的规律相似，虽然从颗粒热物性来看 Cu 纳米颗粒有最高的导热系数，但是有 Cu 颗粒参与的混合纳米流体并没有表现出更优异的导热性能。除了导热系数，纳米颗粒的价格也是影响纳米流体在实际工业中大规模应用的重要因素，因此，选择合适的工业应用纳米流体必须考虑经济分析。由图 4.24 (d) 可知，PPF_{TCR} 的值随着 Al_2O_3 纳米颗粒数量的增加而增加。在相同的颗粒混合比和温度下，PPF_{TCR} 值从高到低依次为：Al_2O_3-TiO_2/EG-W > Al_2O_3-CuO/EGW > Al_2O_3-Cu/EG-W 混合纳米流体。因此，考虑到导热系数和价

格的综合影响，Al$_2$O$_3$-TiO$_2$/EG-W 混合纳米流体是最适合导热过程的工质。

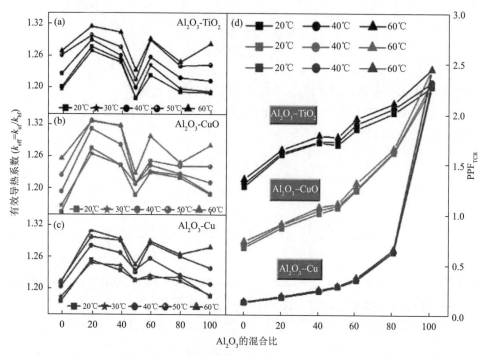

图 4.24 混合纳米流体的有效导热系数[(a)～(c)]和 PPF$_{TCR}$分析(d)

在对流换热过程中，既要考虑换热性能，又要考虑泵功，因此需要综合考虑二者的平衡关系，选择综合性能更好的混合纳米流体用于传热。图 4.25 为层流中不同纳米流体的 C_k/C_μ 和 PPF$_C$ 随温度和 NP 混合比的变化。图 4.25(a)～(c)表明，所有 NP 混合比下，Al$_2$O$_3$-Cu 混合纳米流体的 C_k/C_μ 值都大于 0.25。而对于 Al$_2$O$_3$-TiO$_2$ 混合纳米流体，当 NP 混合比为 0：100、60：40～100：0 时，C_k/C_μ 值大于 0.25。对于 Al$_2$O$_3$-CuO 混合纳米流体，C_k/C_μ 值大于 0.25 的 NP 混合比范围为 20：80、40：60 和 60：40～100：0。图 4.25(d)～(f)中分析了传热性能和价格的综合影响，表明，Al$_2$O$_3$-CuO/EG-W 混合纳米流体在 NP 混合比 60：40 时 PPF$_C$ 最高，为 0.585～4.387。然而，图中明显可见 Al$_2$O$_3$-TiO$_2$/W-EG 和 Al$_2$O$_3$-Cu/W-EG 不适合于层流应用。

图 4.26 为湍流应用中，不同混合纳米流体 Mo 和 PPF$_{Mo}$ 随温度和 NP 混合比的变化。结果可见，Al$_2$O$_3$-Cu/EG-W 混合纳米流体的 Mo 值最高，说明其可在湍流流动中拥有最佳的综合传热性能。然而，Al$_2$O$_3$/EG-W 一元纳米流体的 PPF$_{Mo}$ 值高于其他纳米流体。因此，考虑成本的情况下，湍流流动中的最佳传热工质为 Al$_2$O$_3$/EG-W 一元纳米流体。

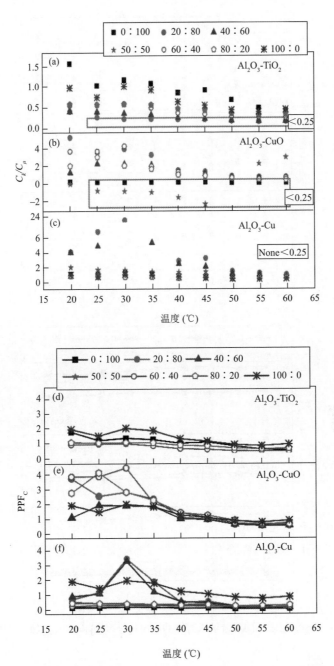

图 4.25　层流中不同混合纳米流体 C_k/C_μ[(a)～(c)]和 PPF$_C$[(d)～(f)]随温度的变化

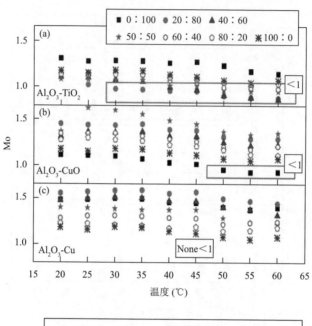

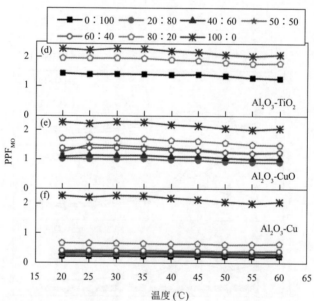

图 4.26 湍流中不同混合纳米流体的 Mo[(a)～(c)]和 PPF_{Mo}[(d)～(f)]

在纳米流体实际应用前，选择合适的纳米流体类型，在最低的成本下达到最佳的传热效率使其更适合工业应用就显得尤为重要。从经济性角度看，Al_2O_3-TiO_2/EG-W 混合纳米流体是热传导的有效工作流体，在层流应用中，Al_2O_3-CuO/EG-W 混合纳米流体更有利。然而，混合纳米流体由于黏度较高的影响，并不适合于湍流应用。Al_2O_3-EG/W 一元纳米流体是湍流中的最佳选择。

4.2.5　小结

为了研究混合纳米流体中颗粒混合比及基液混合比对导热系数影响的重要性，探究了混合纳米流体导热系数的增强机理。本节研究了不同类型混合纳米流体的导热系数随 NP 及 BF 混合比的变化；在实验结果的基础上，利用经济性分析寻找适合工业应用的高效纳米流体；基于颗粒热物性及一元纳米流体与混合纳米流体的对比，对导热系数增强的协同机理进行了分析，以更好地理解混合纳米流体导热系数增强的本质，主要结论如下所述。

(1)混合纳米流体的导热系数不会随着 NP 混合比的增加而简单地增加。当 NP 混合比为 20∶80 时，混合纳米流体导热系数最高。由于协同机理的影响，混合纳米流体的导热系数高于一元纳米流体，甚至高于仅含金属纳米颗粒的一元纳米流体。

(2)通过灵敏度分析发现，对于混合纳米流体导热系数增强的影响，NP 混合比比 BF 混合比更重要。通过经济性分析可知，层流条件下，Al_2O_3-CuO/EG-W 混合纳米流体最有利，而 Al_2O_3-EG/W 一元纳米流体是湍流应用的最佳选择。

(3)基于实验结果发现，将不同尺寸的纳米颗粒分散到基液中，会使纳米颗粒周围的液体分子有序排列，形成更加致密的固液界面层，从而产生合理的传热网络和较高的导热系数。

4.3　二元混合纳米流体流变特性研究

流变特性是流体的固有性质，它直接影响着流动系统的泵功、对流换热系数和压降等。对于混合纳米流体，由于其特有的协同机制——多种颗粒尺寸的变化造成繁杂多变的结构，使其影响机制更加复杂。且目前有关纳米颗粒粒径对黏度影响的研究存在着局限性和矛盾性，对混合纳米流体流变特性的研究还很少。因此，本节首先研究了表面活性剂对流变特性的影响，确定混合纳米流体综合性能最优下的表面活性剂浓度；随后，深入研究纳米颗粒粒径对 Al_2O_3-Cu/W 混合纳米流体黏度和流变行为的影响，找出影响规律；最后，引入协同机理，综合分析纳米颗粒粒径和体积分数对黏度的共同影响机理。

4.3.1 基本流变特性

实验采用美国 Brookfield 公司生产的 DV3T 旋转数字流变仪来测量混合纳米流体黏度，仪器为应变控制型流变仪，即通过控制施加的应力产生应变。测量的几何结构为同轴圆筒，一般同轴圆筒间的流畅是不均匀的，即剪切速率随圆筒的径向方向变化。当内、外筒间距很小时，同轴圆筒间产生的流动可以近似为简单的剪切流动。因此，同轴圆筒是测量中、低黏度流体的最佳选择，该黏度测量设备的优点是表面积大、应力灵敏度高、对不稳定体系的适应性好，因此用于对纳米流体黏度的测量。DV3T 旋转数字流变仪实物如图 4.27 所示。

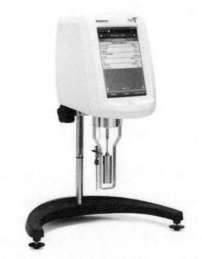

图 4.27　DV3T 旋转数字流变仪示意图

旋转黏度仪测量不确定度 (U_μ) 计算如下[22, 23]：

$$U_\mu = \sqrt{\left(\frac{\delta T}{T}\right)^2 + \left(\frac{\delta \mu_{nf}}{\mu_{nf}}\right)^2} \tag{4.12}$$

式中，T 和 μ 分别为温度(K)、黏度(Pa·s)，下标 nf 表示纳米流体。

由式(4.12)可知黏度测量值的最大不确定度为 1.11%。为确保测得的准确性，测量混合纳米流体黏度前使用基液(去离子水)对仪器精确度进行检查。在 20～60℃下，将去离子水黏度的测量值与理论值进行对比，为保证测量结果的准确性，每个条件下测量 3 次，取平均值为最终测量结果。图 4.28 中将实验测量值与理论值[24]进行对比，并在实验值上清晰地标注了测量误差，测量误差最大仅为 1.05%，这表明实验测量误差在仪器的不确定度范围内，从而验证了数据的精确性。一般来说，水基混合纳米流体的黏度与水的黏度处于相同数量级，仪器可用于混合纳米流体黏度测量。

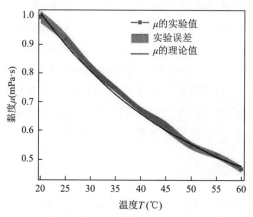

图 4.28 去离子水的黏度测量值与理论值[22]对比

流体在受到外部剪切力作用时发生变形(流动过程)，流体内部此时会对变形产生抵抗，并将这种抵抗以内摩擦的形式表现出来。所有流体在有相对运动时都要产生内摩擦力，这是流体的一种固有物理属性，称为流体的黏滞性或黏性。流体在流动过程中的黏度与作用力之间的关系表现出多种情况，主要可将其分为牛顿流体与非牛顿流体两类。

(1)牛顿液体:流体层之间单位面积的内摩擦力或剪切应力与速度梯度或剪切速率成正比的流体。牛顿内摩擦定律对这种流体作了理论描述[25]。

$$\tau = \mu \dot{\gamma} \tag{4.13}$$

式中，τ、μ 和 $\dot{\gamma}$ 分别代表流体的剪切应力(Pa)、黏度(m·Pa)和剪切速率(s^{-1})。

由上式可知，牛顿流体的剪切应力随剪切率线性变化，其线性常数称为黏度。牛顿流体没有弹性，且不可收缩。

(2)非牛顿流体:黏度随剪切速率的变化呈非线性关系。其黏度不再是常数。此时黏度不仅与流体的物理性质有关，还与受到的剪切应力和剪切速率有关，即流体的流动情况会改变其内摩擦特性。这种流体特性可由式(4.14)表示。

$$\tau = \mu \dot{\gamma} = m \dot{\gamma}^{n-1} \dot{\gamma} \tag{4.14}$$

式中，m 和 n 分别为一致性指标和幂指数。

显然 $n=1$ 时，式(4.13)同式(4.12)，此时流体为牛顿流体。

对于非牛顿流体又可根据 n 的范围具体细分，当 $n<1$ 时，非牛顿流体具有剪切稀化(shear-thinning)行为，黏度随流速梯度增大而减小，这种现象称为剪

切稀化现象，是由于流体中的颗粒发生定向、伸展、变形或分散等使流体阻力变少而造成的。这是因为动能较大时将导致颗粒间形成较弱的絮凝，而流速增大时将破坏这种絮凝使黏度减小。也可能因为颗粒为棒状或片状，静止时颗粒运动受阻，当受到剪切时，颗粒因形成队列而黏度减小。剪切稀化现象是可逆的。

而 $n > 1$ 的非牛顿流体，具有剪切稠化(shear-thickening)行为，黏度随流速梯度增大而增大。这是因为当颗粒浓度很高并接近最紧密排列时，两层间相对运动将使颗粒偏离最紧密排列，体积有所增加，需消耗额外能量。或者因为当流速增加而使颗粒动能增高时，可能发生絮凝，使黏度增大。

4.3.2　表面活性剂的影响

如前文所述，在高浓度表面活性剂的情况下，表面活性剂对稳定性的影响更为明显。此外，加入表面活性剂使纳米流体体系黏度增加，因此还需确定表面活性剂浓度对混合纳米流体流变特性的影响，判断牛顿流体和非牛顿流体也是研究纳米流体流变学特性的关键问题[25]。在前文中确定了 PVP 为有效的表面活性剂，这一节还需进一步研究表面活性剂浓度对混合纳米流体流变特性的影响，使用质量分数为 0.005%~0.05%之间的 PVP 表面活性剂，研究使混合纳米流体黏度较低的最佳表面活性剂浓度。

图 4.29 为混合纳米流体黏度随 PVP 浓度和剪切速率的分布。显然黏度随温度的升高而减小，随 PVP 浓度的增加而增大。当 $w_{PVP} < 0.02\%$ 时，随着剪切速率的增加，Al_2O_3-TiO_2/W 及 Al_2O_3-CuO/W 混合纳米流体黏度均略有增加，与纯水黏度接近。这可能是由于液体和纳米颗粒之间的表面能降低和团聚所致[25]，表明纳米颗粒在剪切力下的重新排列所导致的剪切变稀行为[26]。

随着 PVP 浓度的进一步提高，表面活性剂对纳米流体黏度的影响变得更加明显。当 $w_{PVP} > 0.02\%$，两种纳米流体黏度均显著增加。值得注意的是，过量的表面活性剂分子会在液体和纳米颗粒之间形成一层薄而密的层，阻止了空间排斥力，从而削弱了体系的空间稳定性[27]。因此，随着表面活性剂浓度的增加，体系内颗粒更趋于团聚。此外，纳米颗粒团簇的大小显著增加了纳米流体的黏度。

图 4.30 为不同温度和不同浓度 PVP 下剪切应力随剪切速率的变化。对于所研究的纳米流体，剪切应力随温度的升高而增大。此外，高温及高浓度 PVP 表面活性剂下 Al_2O_3-TiO_2/W 混合纳米流体剪切力的变化趋势更为随机。Esfe 等[28]在研究 MWCNT-ZnO 和 MWCNT-ZrO_2 油基纳米流体的流变行为时也得出了相同的结论。

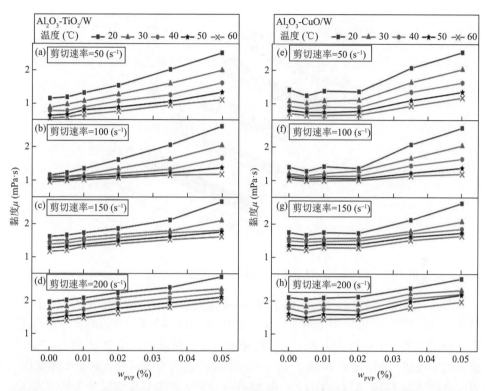

图 4.29　Al₂O₃-TiO₂/W[(a)~(d)]、Al₂O₃-CuO/W[(e)~(h)]混合纳米流体黏度随 PVP 浓度
和剪切速率的变化

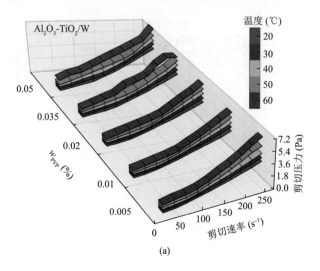

(a)

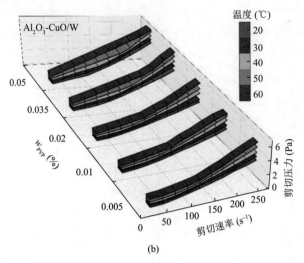

图 4.30　不同表面活性剂浓度及温度下，剪切应力对剪切速率的影响

图 4.31 为幂指数 (n) 和一致性指数 (m) 随温度和表面活性剂浓度的变化规律。对于 Al_2O_3-TiO_2/W 混合纳米流体，加入 PVP 表面活性剂后，n 值略高于 1。这表明它稍微偏离了牛顿行为，表现为剪切稠化的非牛顿流体；而对于 Al_2O_3-CuO/W 混合纳米流体，n 值低于 1 (除了 w_{PVP} =0.01%)，表现为剪切稀化的非牛顿流体。因此根据式 (4.14)，Al_2O_3-TiO_2/W 和 Al_2O_3-CuO/W 纳米流体都属于非牛顿流体。这个结果还表明，在水基纳米流体中加入表面活性剂和纳米颗粒可以改变基液的流变行为。

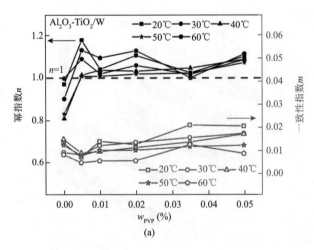

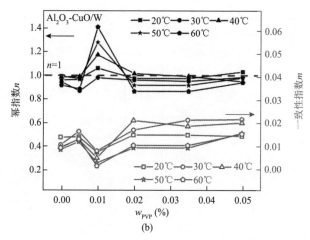

图 4.31　不同表面活性剂浓度下 n 和 m 的变化

4.3.3　颗粒尺度的影响

本节探究了纳米颗粒尺度对混合纳米流体黏度的影响，以体积分数为 0.3%、0.6%、1.0% 和 1.5% 的 Al_2O_3-Cu/W 混合纳米流体为研究对象，为了减少变量方便分析，固定 Cu 纳米颗粒的大小 (50 nm)，选用三种不同尺寸的 Al_2O_3 纳米颗粒 (20 nm、30 nm 和 50 nm)，制备后的纳米流体样品分别命名为 20 nm-Al_2O_3-Cu/W、30 nm-Al_2O_3-Cu/W 和 50 nm-Al_2O_3-Cu/W 混合纳米流体。Al_2O_3 与 Cu 的颗粒混合比固定为 80:20。之所以选择这样的比例，是因为在 4.2.2 节的研究中，Al_2O_3-Cu/W 混合纳米流体的颗粒混合比为 20:80 时导热系数最高。

图 4.32 表示剪切速率为 200 s^{-1} 时，不同粒径 Al_2O_3-Cu/W 混合纳米流体黏度的变化。当体积分数为 0.3% 时 [图 4.32 (a)]，混合纳米流体黏度随纳米颗粒粒径的增大而增大。图 4.32 (b)～(d) 中，当体积分数在 0.6%～1.5% 范围内时，黏度随颗粒粒径大小波动变化表明，30 nm-Al_2O_3-Cu/W 呈现出最低的黏度。这说明基于不同的体积分数，黏度随粒径变化表现出不同的规律。纳米颗粒的大小和体积分数共同控制着流体体系中颗粒的数量和间距。因此，这两个因素对黏度的影响是相互交织的，在研究纳米流体黏度变化时需要同时考虑体积分数与颗粒尺度的影响。Hu 等[29]在研究一元纳米流体黏度时也发现了体积分数和纳米颗粒尺寸之间有趣的交互作用。他们提出，在研究纳米颗粒粒径对黏度的影响时，有必要明确以哪个体积分数为基础。

图 4.33 为不同纳米颗粒粒径和体积分数对黏度的影响。在相同体积分数下，黏度均随着体积分数的增加而增加，这与一元纳米流体规律相同[30]。在 30℃下，体积分数从 0.3%～1.5%，20 nm-Al_2O_3-Cu/W、30 nm-Al_2O_3-Cu/W 和 50 nm-Al_2O_3-Cu/W

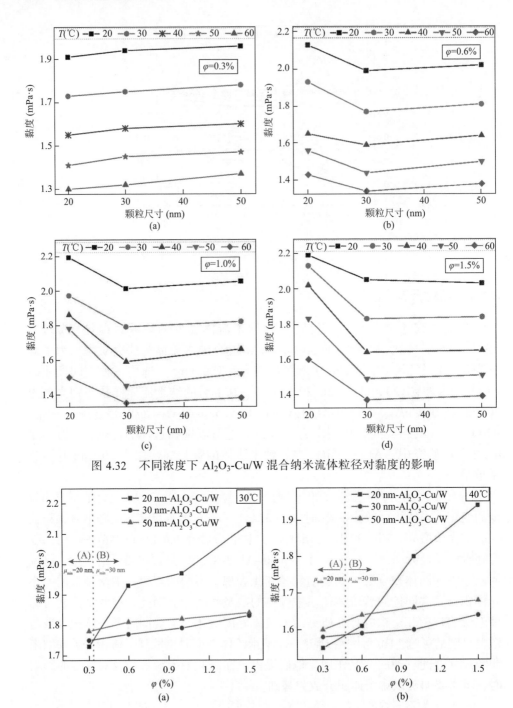

图 4.32　不同浓度下 Al_2O_3-Cu/W 混合纳米流体粒径对黏度的影响

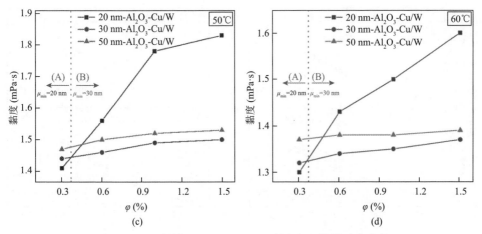

图 4.33　不同粒径 Al_2O_3-Cu/W 混合纳米流体的黏度变化

混合纳米流体的黏度分别增加了 23.1%、4.6% 和 3.4%。显然，随着体积分数的增加，20 nm-Al_2O_3-Cu/W 的黏度增量明显高于 30 nm-Al_2O_3-Cu/W 和 50 nm-Al_2O_3-Cu/W。小尺度的纳米颗粒由于表面能高，容易团聚；体积分数的增加意味着参与团聚的纳米颗粒数量增加，颗粒间间距减小。两种效应的叠加使黏度变化更加明显。

　　显然在图 4.33 中，体积分数为 0.3% 时，20 nm-Al_2O_3-Cu/W 混合纳米流体黏度最低（区域 A）。当体积分数大于 0.3% 时，30 nm-Al_2O_3-Cu/W 和 50 nm-Al_2O_3-Cu/W 黏度较低（区域 B）。这说明对于混合纳米流体，在小体积分数时，含有一种小粒径颗粒的混合纳米流体黏度较低，而在高体积分数时，有两种大粒径颗粒参与的混合纳米流体黏度较低。产生这种现象的原因将在 4.3.4 节机理分析中进行详细解释。因此，在混合纳米流体工业应用中，根据一定的体积分数选择合适的粒径，可以获得更理想的黏度特性。

　　为了研究混合纳米流体的流变行为，研究了剪切速率、剪切应力及黏度之间的关系。图 4.34 为不同纳米颗粒粒径下剪切应力与剪切速率的关系。显然，多数情况下剪切速率随剪切应力的增大而非线性的增大，说明三种粒径下 Al_2O_3-Cu/W 混合纳米流体大多呈现非牛顿行为。只有在体积分数为 0.3% 且低剪切率（<100 s^{-1}）的条件下（图 4.34），20 nm-Al_2O_3-Cu/W 混合纳米流体剪切速率与剪切应力为线性关系，具有牛顿力学行为。Nadooshan 等[31]通过研究指出，即使是对于同一种纳米流体，不同的测量条件下也能获得不同的流变行为，且对于大多数纳米流体来说，在低浓度和低剪切率下容易观察到牛顿行为，而在高浓度和高剪切率下则更容易观察到非牛顿行为。

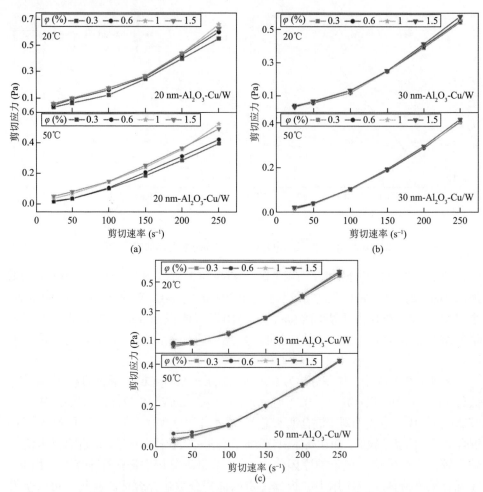

图 4.34　不同体积分数和温度下剪切应力与剪切速率的关系

图 4.35 为不同粒径下混合纳米流体黏度与剪切速率的关系。显然，20 nm-Al$_2$O$_3$-Cu/W 混合纳米流体在低剪切速率(<100 s^{-1})和低体积分数(0.3%)时表现出牛顿行为。其他情况下，黏度均随剪切率的增加而增加，表现出非牛顿流体的剪切稠化行为。显然，颗粒的加入改变了基液的流变行为。Alphonse 等[32]研究了不同粒径下 Al$_2$O$_3$/W 纳米流体的流变行为，当剪切速率大于 100 s^{-1} 时，其表现为牛顿流体。Anoop 等[33]制备了稳定的 Al$_2$O$_3$/W 纳米流体，在所有考虑的体积分数(0.5%~6%)和剪切速率(1~1000 s^{-1})下都遵循牛顿行为。这些不同的结果表明纳米颗粒类型可能在决定纳米流体的流变性能方面起着重要的作用。混合纳米流体中不同的纳米颗粒组合也可能引起不同的流变行为。

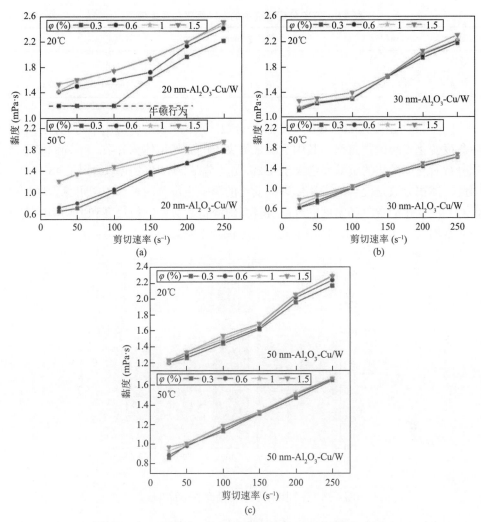

图 4.35 不同粒径混合纳米流体黏度随剪切速率的变化

4.3.4 混合纳米流体黏度变化贡献度及机理分析

方差分析(analysis of variance, ANOVA)是通过分析研究不同来源的变异对总变异的贡献率来确定可控因素对研究结果的影响,可用于研究两个及以上研究因素对总变异量是否有显著影响[34]。在科学研究中,方差分析一般用于探究不同实验条件对实验结果的影响[35]。基于 SPSS(statistical product and service solutions)软件分析体积分数、颗粒尺度及剪切速率三个因素对黏度变化的贡献率。表 4.8 说明了三个影响因素的变化范围。

表 4.8　方差分析研究中的影响因素和具体信息

因素	体积分数(%)	颗粒尺寸(nm)	剪切速率(s^{-1})
数目	4	3	6
变量	0.3、0.6、1.0、1.5	20、30、50	25、50、100、150、200、250

　　图 4.36 为温度在 20~60℃内，体积分数、颗粒尺度、剪切速率对混合纳米流体黏度变化影响的贡献率。其中贡献最为突出的显然是体积分数。不同温度下体积分数对黏度变化的贡献率均大于 45%，尤其是在 20℃下贡献率达到了 48.674%。因此，体积分数是混合纳米流体黏度变化的第一主影响因素。图中可见，体积分数对黏度变化的贡献随温度的升高有轻微的降低趋势。颗粒尺度和剪切率的贡献率非常均衡，均为 25%，且在不同温度下保持不变。

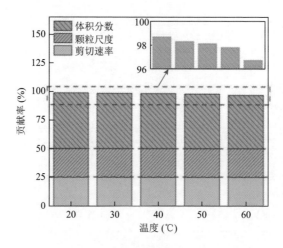

图 4.36　不同影响因素对黏度变化的贡献率

　　纳米颗粒的大小关系到纳米流体传热的实际应用，并影响纳米流体体系中的相互运动情况[36]。纳米颗粒的大小改变了团聚体的结构，从而影响纳米流体的黏度。对于混合纳米流体，由于两种或两种以上纳米颗粒的参与，其影响机理更加复杂。纳米颗粒的大小与体积分数密切相关，是影响黏度变化的重要因素。且体积分数和颗粒尺度均是可控因素，在纳米流体的制备过程中这两个因素可由制备者通过原材料选择的方式直接决定。如 4.2.2 节中提到混合纳米流体黏度变化中体积分数和颗粒尺度的影响有着交叉作用。

　　经典的胶体稳定性理论（DLVO）常被用于解释胶体颗粒之间的相互作用、聚集趋势及胶体稳定性[37]。纳米流体作为胶体分散体系已被证明适用于 DLVO 理论。DLVO 理论认为，悬浮在碱性溶液中的纳米颗粒上只有范德瓦耳斯引力和静电斥力两种作用力。考虑到纳米颗粒的微小尺寸,单个颗粒的重力和浮力可以忽略不计。因此,影响颗粒在胶体体系中分散的因素有三个:静电力、布朗运动和熵诱导分散。在 DLVO 理论中,胶体体系的长期稳定性,即体系的总势能(v_T)取决于范德瓦耳斯引力势(v_A)和静电排斥势(v_R)之间的平衡[38]。

$$v_T = v_A + v_R \qquad (4.15)$$

范德瓦耳斯力和静电斥力可计算为[39,40]

$$v_A = \frac{-AD}{24h} \qquad (4.16)$$

$$v_R = 2\pi\varepsilon\varepsilon_0 D\psi^2 \exp(-kh) \qquad (4.17)$$

式中,A、D、h、ε、ε_0、ψ 和 k 分别为与表面张力有关的 Hamaker 常数、颗粒平均半径(nm)、两个相邻纳米颗粒之间的最短距离(nm)、基液的介电常数(F/m)、真空介电常数(F/m)、表面电势(mV)和 Debye 常数。

由式(4.16)和式(4.17),根据 DLVO 理论,纳米颗粒粒径和颗粒间距都是影响胶体体系稳定性的关键因素。粒径的变化会引起颗粒间距改变;体积分数的增加也会导致体系中纳米颗粒分布致密,颗粒间距短,引力作用形成团簇。可见,颗粒间距的变化是体积分数变化的隐藏项。颗粒粒径与体积分数之间的相互作用为黏度变化提供了解释。随着颗粒粒径增大和体积分数的增加,平均颗粒间距减小,更小的平面与表面间距意味着更大的范德瓦耳斯引力和大团簇的形成,这将最终增大纳米流体的黏度[41]。

Hu 等[29]通过 DLVO 理论研究了一元纳米流体中体积分数和颗粒粒径对黏度的影响机理,他们认为评价 v_A 和 v_R 间的竞争结果是确定团聚体形成概率的关键。在较低的体积分数下,悬浮在基液中的纳米颗粒均匀分散。随着粒径的增大,由于颗粒数量的减少,颗粒间的间距增大,相互作用力减弱,最终导致黏度下降。但对于高体积分数的颗粒,团聚严重,随着粒径的增大,颗粒团聚体积增大。因此,团聚体的重力不可忽视,这不可避免地增加了黏度。混合纳米流体明显与单一纳米流体呈现相反的模式。在低体积分数下,黏度随颗粒粒径的增大而增大。反之,高体积分数下混合纳米流体也呈现相反的趋势。

混合纳米流体中更复杂的机制是其涉及两种或两种以上类型的纳米颗粒的相互作用。在上述中提到过混合纳米流体的协同效应,与相应的一元纳米流体相比,混合纳米流体由于协同作用的影响可以显著提高导热系数。通过将两种不同尺寸的纳米颗粒分散到基液中,小颗粒被大颗粒紧紧包裹,形成致密的固-液-固结构。在这种情况下,中间液体层的传热效率远远大于起桥梁作用的基液,紧凑的结构降低了团簇体的热阻，形成了合理的传热网络。混合纳米流体中黏度变化与一元纳米流体呈现不同的趋势，说明混合纳米流体中这种颗粒通过排列形成的协同机理也会对黏度产生影响，而这种颗粒的排列变化恰巧与体积分数和粒径相关。

图 4.37 描述了混合纳米流体体积分数及粒径对黏度影响的综合效果。如图 4.37(a)所示，在低体积分数时，固定一种大直径颗粒且颗粒分散均匀，加入另一种纳米颗粒，当加入小粒径的颗粒时，小直径颗粒包裹其他颗粒，形成较小的团簇，沉降速度较慢。且团簇之间的距离较大，排斥力占主导，流体中的布朗运动剧烈，表现出较低的黏度。当加入粒径较大的颗粒时，簇间间距较小，容易相互吸引，增加黏度。如图 4.37(b)所示，高体积分数下，固定一种大直径颗粒，此时颗粒间较密集。另一种粒径小的颗粒的加入时吸附效果明显，大量纳米颗粒被吸附在周围(同体积分数下大直径颗粒的颗粒数更少)，形成质量力不能忽视的大团簇，导致颗粒快速沉淀，黏度增加。当加入较大粒径的纳米颗粒时，首先，少量的颗粒不能形成致密的包裹结构；其次，大的尺寸使其无法填补小的缝隙，聚集结构稀疏，容易分散，最终呈现出较小的黏度。

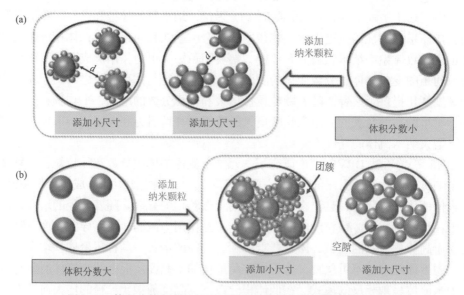

图 4.37　体积分数和颗粒尺度对混合纳米流体黏度影响的协同机理

综上所述，体积分数和纳米颗粒粒径对混合纳米流体黏度的协同作用机理不可忽视。含有一种小粒径颗粒的混合纳米流体在低体积分数下黏度较低，有两种大粒径颗粒的混合纳米流体在体积分数较高时黏度较低。由于在实际制备过程中可以由操作人员手动控制纳米颗粒的体积分数和粒径，因此所得结果对于指导制备低黏度混合纳米流体有很大的意义。

4.3.5　小结

添加表面活性剂可以明显地增强纳米流体的稳定性，但其对黏度及流动系统的总体影响不能忽略，为了研究不同影响因素下混合纳米流体黏度及流变特性的变化，本节研究了表面活性剂浓度对混合纳米流体剪切应力和黏度等流变特性的影响，以确定表面活性剂对混合纳米流体的流动行为的影响；随后，探究了颗粒粒径对黏度的影响。通过两步法制备了 20 nm、30 nm、50 nm 粒径下的混合纳米流体，在 20～60℃内检查其流变特性变化；通过对黏度变化贡献度的研究，引入协同机理，进一步分析了体积分数与颗粒尺度对黏度变化的影响机理，以更好地指导混合纳米流体在工业应用中的颗粒尺度选择。本节主要结论如下所述。

(1)混合纳米流体的黏度并不是简单地随着粒径的增大而增加。粒径对黏度的影响以体积分数作为背景：0.3%下，20 nm-Al_2O_3-Cu/W 混合纳米流体的黏度最低，在 0.3%～1.5%范围内，30 nm-Al_2O_3-Cu/W 和 50 nm-Al_2O_3-Cu/W 黏度最低。

(2)黏度随剪切率变化的测量表明，对于 0.3%的 20 nm-Al_2O_3-Cu/W 混合纳米流体，低剪切速率(<100 s^{-1})时呈现牛顿行为，其他条件下呈现非牛顿行为。30 nm-Al_2O_3-Cu/W 及 50 nm-Al_2O_3-Cu/W 表现出完整的非牛顿行为。

(3)混合纳米流体中存在不同尺度颗粒紧密黏结的协同机制，在此背景下纳米颗粒粒径与体积分数共同影响着混合纳米流体的黏度变化，小体积分数下小尺度颗粒的参与表现出更低的黏度，而大体积分数下应该选择大尺度颗粒。这与一元纳米流体表现出相反的趋势。

4.4　基于人工神经网络预测纳米流体热物性参数

4.4.1　径向基神经网络基本原理

针对混合纳米流体导热系数预测中众多影响因素之间的复杂耦合和强化导热机制问题，目前研究尚不明确。本节将基于混合纳米流体导热系数的"黑箱"的特点，应用自学习"记忆"能力和非线性预测良好的人工神经网络(ANN)，在实验测量 Cu-Al_2O_3/EG-W 混合纳米流体导热系数样本的基础上，建立了基于数据驱动的混合纳米流体导热系数预测模型，并利用反向传播神经网络(BPNN)、径向基神经网络(RBFNN)、遗传算法优化 BP 神经网络(GA-BPNN)、思维进化算法优化 BP 神经网络(MEA-BPNN)对该模型的可行性进行了详细讨论。

人工神经网络(ANN)是一种受生物神经系统启发的智能计算模型。ANN 中最广泛应用的网络结构[42]是多层感知器(MLP)。一个人工神经网络通常是由一个输入层(input layer)、含有多个隐含层(hidden layer)和一个输出层(output layer)构成。

从理论的角度出发，单隐含层人工神经网络只要神经元数据足够多就可以无限地逼近任何连续函数，然而，在实际的工程应用中，多隐含层的人工神经网络要比单隐含层神经网络效果好。如图 4.38 所示，是一个典型的双隐含层 ANN 拓扑结构，由输入层、两个隐含层和输出层组成。图中圆圈的含义代表的是一个神经元，线条连接的含义代表的是神经元之间连接的权重。

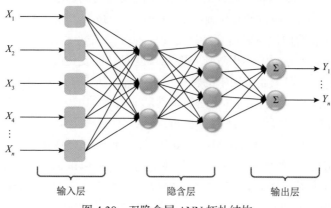

图 4.38　双隐含层 ANN 拓扑结构

BP 算法作为 ANN 中最广泛应用的算法，基本原理是正向传播求损失函数，反向传播求误差。实验自变量作为输入样本从输入层传递，权重经过标准化处理后传递给隐含层，隐含层将输入的权重执行加权和转换，传递到输出层，直到输出层计算输出的预测结果；当预测的结果与期望存在误差时，则会将误差进行反向传播，通过计算出的误差来反向依次调整隐含层到输出层的权重和偏置、输入层到隐含层的权重和偏置。如此循环两个过程，直至满足迭代停止条件。

BPNN 训练的每个样本包括输入向量 X 和期望输出量 T，网络输出值 Y 与期望输出值 T 之间的偏差，通过调整输入节点与隐含层节点、隐含层节点与输出节点之间的权值和阈值，使误差沿梯度方向下降，经过反复学习训练，确定与最小误差相对应的权值和阈值，并对实验数据进行仿真预测。

在确定神经网络拓扑结构的过程中，隐含层节点数的数目对 BPNN 的影响较大，但目前并没有一种科学的方法确定节点数，如果数目太少，BPNN 训练不出适合的网络，通过新的样本测试神经网络，容易出现过拟合；但隐含层节点数目过大，就会使训练时间过长，网络的泛化能力降低，而且误差也不一定最小。因此，存在一个最佳的隐藏层节点数。在 BP 神经网络拓扑结构中，隐含层节点数 m 根据公式 (4.18)[43]确定。

$$m = \sqrt{n+l} + a \tag{4.18}$$

其中，n 为输入层节点数；l 为输出层节点数；a 为 1～10 之间的常数。

本实验在构建 BP 神经网络过程中，对于单隐含层，隐含层节点数用式(4.18)来确定，选取隐含层为单层，可以计算出单隐含层的节点数范围在 3～11。在本实验中，隐含层数和隐含层神经元节点数的选择，都是通过计算输出值与实验值的均方误差(MSE)确定。

如表 4.9 所示，通过比较单隐含层数和双隐含层数下部分数据的 MSE 可以发现，在本实验中，双隐含层神经网络误差较好于单隐含层神经网络误差，但随着隐含层节点数的增加有可能呈相反趋势。

表 4.9　单隐含层与双隐含层神经元数目数据结果对比

第一隐含层神经元数目	第二隐含层神经元数目	传递函数	MSE
1	[3]	[tansig]	6.6904e−05
1	[3]	[logsig]	8.9818e−05
2	[3 3]	[tansig logsig]	5.5339e−05
2	[3 3]	[logsig tansig]	1.0938e−05
1	[4]	[tansig]	1.7569e−05
1	[4]	[logsig]	2.5443e−05
2	[4 4]	[tansig logsig]	2.4161e−05
2	[4 4]	[logsig tansig]	1.1368e−05
1	[5]	[tansig]	2.2638e−05
1	[5]	[logsig]	2.604e−05
2	[5 5]	[tansig logsig]	1.7056e−05
2	[5 5]	[logsig tansig]	2.3370e−05
1	[6]	[tansig]	3.7594e−05
1	[6]	[logsig]	3.0611e−05
2	[6 6]	[tansig logsig]	8.5969e−05
2	[6 6]	[logsig tansig]	1.2192e−05
1	[7]	[tansig]	3.1102e−05
1	[7]	[logsig]	2.6618e−05
2	[7 7]	[tansig logsig]	3.5957e−05
2	[7 7]	[logsig tansig]	5.1415e−05

针对本节实验研究，通过不断地试算，可以确定并设计了双隐层的 BP-ANN 神经网络拓扑结构，输入层到第一隐含层的传递函数设置为 tansig，第一隐含层到第二个隐含层的传递函数设置为 logsig，从第二个隐含层到输出层的传递函数设置为 purelin。在确定隐含层数是两层时，计算不同节点数下的 MSE 散点图(如图 4.39 所示)，通过图 4.37 表明，确定的 BP 神经网络拓扑结构是 2-4-8-1。

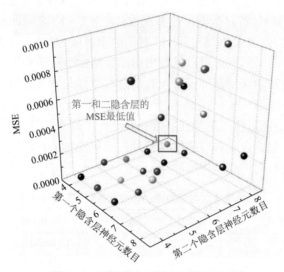

图 4.39　不同隐含层神经元数目的确定

BP 神经网络在拟合非线性函数时，虽然可以收敛，但是容易收敛到局部最小点，这是源于它的搜索是串行搜索。因此，针对本实验导热系数的预测，本节分别采用 RBFNN、遗传算法优化 BP 神经网络(GA-BPNN)、思维进化算法优化 BP 神经网络(MEA-BPNN)建立混合纳米流体 Cu-Al$_2$O$_3$/EG-W 的导热系数数据驱动模型。

RBFNN 模型是以径向基函数为激活函数，选择距离函数为隐含层节点的基函数，利用极强的非线性映射能力，可以有效提高网络学习收敛速度，避免局部极小问题，适用于处理混合纳米流体的导热系数预测。在本实验中，通过输入聚类(k 均值聚类)来确定 RBF 的中心点，相比 BPNN 具有收敛速度慢、容易陷入局部最优的缺点，RBF 具有收敛速度快、全局逼近的优点。

图 4.40 为 RBF 基本神经网络模型的 N-P-L 结构，神经网络的输入有 N 个节点，隐含层有 P 个节点，输出层有 L 个节点。其中 N 为训练样本集的样本数量，P 为隐含层节点数，L 为目标输出的个数。输入层的任一节点用 i 表示，隐含层的任一节点用 j 表示，输出层的任一节点用 y 表示。对各层的数学描述如下：$X=(x_1, x_2, \cdots, x_n)^T$ 为神经网络的输入向量，输入层的作用是将输入信息映射到隐含层，而无需任何转换处理，$\Phi_j(x)$ ($j=1, 2, \cdots, p$) 为任一隐节点的激活函数，称为"基函数"，一般选用高斯函数；W 为输出权矩阵，其中 $W_{jn}=(j=1, 2, \cdots, p; n=1, 2, \cdots, L)$ 为隐含层第 j 个节点与输出层第 n 个节点间的突触权值；$Y=(y_1, y_2, \cdots, y_L)$ 为神经网络的输出；输出层是将隐含层中节点进行输出线性组合，用来响应输入模式。

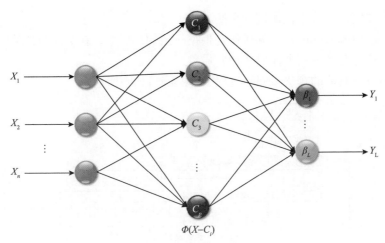

$\Phi(X-C_i)$

图 4.40　RBF 神经网络模型拓扑图

4.4.2　遗传算法优化 BP 神经网络原理

遗传算法 (GA) 最早是由密西根大学的 J. Holland 教授在 1975 年提出的[44]，是基于达尔文遗传选择和自然淘汰的生物进化过程发展而来的计算模型。遗传算法的优化原理是从随机产生的初始种群出发，采用优胜劣汰的选择策略，将优良的个体作为亲本，通过亲本个体的复制、交叉和变异来复制进化后的子代种群。一些基本的遗传学概念如下所述。

基因 (gene)：染色体的一个片段。染色体 (chromosome)：问题中个体的某种字符串形式的编码表示。种群 (population)：个体的集合，该集合内的个体数称为种群的大小。基因型 (genetype)：基因组合的模型，染色体的内部表现。表现型 (phenotype)：染色体决定性状的外部表现。进化 (evolution)：个体逐渐适应生存环境，不断改良品质的过程。适应度 (fitness)：反映个体性能的一个数量值。适应度函数 (fitness function)：在遗传算法中，评估个体的适应度以确定其遗传概率的大小。编码 (coding)：从表现型到基因型的映射。解码 (decoding)：从基因型到表现性的映射。遗传算法的基本操作包括以下操作。

(1) 选择-复制 (selection-reproduction)：选择-复制指的就是以一定的概率从种群中选择若干个体并进行复制的操作。选择概率 $P(x_i)$ 的计算公式为

$$P(x_i) = \frac{f(x_i)}{\sum\limits_{j=1}^{N} f(x_j)} \tag{4.19}$$

(2) 交叉 (crossover)：交叉操作是遗传算法中产生新个体的主要操作过程，交

叉是两个体间的部分染色体进行交换。

（3）变异（mutation）：变异操作是根据一定的小概率，在个体的某基因片段进行改变，这也是产生新个体的一种方式。

遗传算法具体的算法步骤和流程图（图4.41）如下所述。

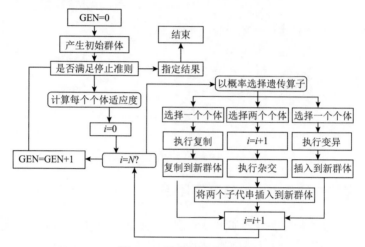

图4.41　遗传算法流程图

（1）随机生成产生一个种群，作为问题的初始解，只要初始解满足随机产生，保证了基因的多样性。

（2）计算种群中每个个体的适应度，计算出的个体适应度为评价染色体优异和后续的选择个体了提供依据。

（3）根据适应度高低的选择策略，即适应度越高的个体，选择的概率越大。

（4）对被选出的父体与母体基因执行交叉操作、变异操作，产生出子代。这样，后代在较大程度保留优秀基因的基础上，变异增加了基因的多样性，提高找到最优解的概率。

（5）判断预定的迭代次数否满足停止条件，找到适应度最高个体作为最优解，则返回并结束程序，否则继续执行迭代操作。

遗传算法（GA）是一种并行随机搜索优化方法，用于模拟自然遗传机制和生物进化理论。遗传算法能够找到复杂的问题的全局最优解，通过选择、交叉和变异操作进行筛选个体，从而保留适应度值高的个体，淘汰适应性差的个体，新产生的个体继承上一代的信息，优于上一代，重复循环直到满足条件。如果可以将通过遗传算法优化获得的最佳初始权重和阈值提供给BP神经网络并开始训练，则可以改善BP神经网络的预测精度。

GA优化BP神经网络的主要流程如图4.42所示，主要的优化步骤如下：

（1）对权重或阈值进行编码，并在一组神经元之间随机生成连接权重或阈值。

（2）输入训练样本的实验数据，计算误差值，并将绝对误差之和定义为适应度函数。

（3）如果误差较小，则筛选出绝对误差较小的个体，然后将其直接传递给下一代。

（4）通过交叉、变异和其他操作来进化当前种群并产生下一代种群。

（5）不断更新 BP 神经网络的初始权重或阈值，直到满足最终条件为止，并验证了模型的准确性。

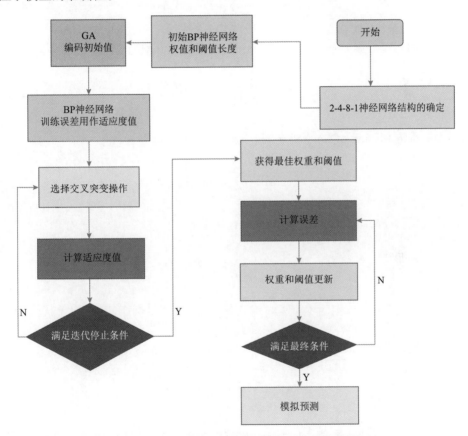

图 4.42　GA 优化 BP 神经网络权值和阈值流程

测量混合纳米流体导热系数的所有数据参考方程式（4.20）进行归一化处理，值分布在 0 和 1 之间，目的是消除不同参数之间量纲差异对神经网络学习效率和精度的影响。在该方程中，X_{nor} 为归一化值，X 为实验导热系数输入值，X_{max} 为实验导热系数输入值的最大值，X_{min} 为实验数据实际输入值的最小值。

$$X_{nor} = \frac{X - X_{min}}{X_{max} - X_{min}} \tag{4.20}$$

在从整个实验测量的导热系数数据中，其中随机选择数据里面的 70%用于训练学习，15%用于验证，剩下的 15%用于测试，防止过拟合。

在神经网络预测导热系数中，误差测量标准包括以下指标。

均方根误差(root mean squared error，RMSE)

$$RMSE = \left(\frac{1}{N} \sum_{i=1}^{N} \left(|T_i - P_i| \right)^2 \right)^{1/2} \tag{4.21}$$

平均相对百分误差(mean relative percentage error，MRPE)

$$MRPE = \sum_{i=1}^{N} \left(\left| \frac{T_i - P_i}{T_i} \right| \right) \frac{100\%}{N} \tag{4.22}$$

误差平方和(sum of squared error，SSE)

$$SSE = \sum_{j=1}^{N} (T_i - P_i)^2 \tag{4.23}$$

确定系数(coefficient of determination，R^2)

$$R^2 = 1 - \frac{\left(\sum_{i=1}^{n} (T_i - P_i)^2 \right) \Big/ N}{\left(\sum_{i=1}^{n} (T_i - \overline{T})^2 \right) \Big/ N} \tag{4.24}$$

绝对误差(absolute error，AE)

$$AE = \sum_{j=1}^{N} abs(T_i - P_i)^2 \tag{4.25}$$

式中，T_i 为实验导热系数值；P_i 为神经网络模型值；$\overline{T}$ 为实验导热系数的平均值；N 为样本数目。

对混合纳米流体导热系数数据模型进行了改进，提出了一种基于遗传算法优化的 BP 神经网络，该算法的目的是在权值范围内寻找全局最优解，并将初始的随机权值和阈值最小化以获得更好的估计值。GA-BPNN 的算法部分包括种群初始化、适应性值、选择、交叉和变异。个体的适应性值由预测导热系数与实验导热系数之间的绝对误差和决定；选择是基于轮盘赌选择(roulette wheel selection)；交叉操作是由均匀交叉(uniform crossover)进行；变异操作是以低概率发生。选择、交叉和变异算子被用来构造适合实验数据的解[45]。

GA-BPNN 中算法的训练阶段是从遗传算法开始。首先，根据权值和阈值的数量计算个体编码设计的长度。其次，用遗传算法来优化 BP 神经网络的初始权值和阈值，确定最优初始权值和阈值，不断减小误差，直至迭代。最后，将优化后的权值和阈值传递给 BPNN 来预测导热系数，用来提高模型的稳定性和精度。

4.4.3　思维进化算法优化 BP 神经网络基本原理

思维进化算法(MEA)是孙承意等[46]提出的新算法，目的是改善遗传算法训练时间长、早熟等不完善的问题。由于思维进化算法受遗传算法启发，在一些术语和内在定义方面与遗传算法中使用的术语和内在定义基本相同，但也新增了一些专业术语的定义。

公告板：公告板的功能是提供一个比较得分的平台，目的是显示群体和个体之间的得分，根据得分的高低，能够迅速找到待优化的子群体或个体。

趋同：在子种群中，个体之间会彼此竞争，进而产生新的最优个体的过程中称为趋同。在子种群中，将每个个体的得分情况进行比较，选择得分最高的最优个体，直到不再生成新的最佳个体为止，趋同过程结束。

异化：在全部子种群间互相竞争时，比较临时子种群和优胜子种群的分数，如果有一个子种群的得分高于优胜子种群的分数，原先的优胜子群体就会被释放，同时，临时子种群就会替换成优胜子种群，这个过程称为异化。

相比 BPNN 和 GA-BPNN 在混合纳米流体导热系数中的应用，MEA-BPNN 中的搜索全局寻优的能力强大，可有效地提高神经网络收敛速度和精度，同时也能避免过早收敛。在该实验中，使用 MEA-BPNN 优化每个隐含层的权重和阈值，种群中每一代的所有个体都使用迭代算法进行训练，子种群包括优胜子种群(superior group)和临时子种群(temporary group)两部分。在全局竞争过程中，优胜的个体数据记录在优胜子种群中，竞争过程的数据都记录在临时子种群中。当优胜子种群中每个个体都已经成熟(得分不再增加)，而且在各个体周围均没有更好的个体，则不需要执行趋同操作。临时子种群中得分最高的个体的得分均低于优胜子群体中任意个体的得分时，也不需要执行异化操作，此时系统达到全局最优值[47]。思维进化算法优化 BP 神经网络的实现步骤如下：

(1)设置 MEA 的相关参数，随机生成一定数量的个体，通过比较分数寻找临时个体和最优个体。将这些优秀的个体和临时的个体作为中心，围绕每个体的中心创建新的个体，获得优胜子种群和临时子种群。

（2）选取训练数据的均方误差的倒数作为各个种群和个体的得分函数，进行不断趋同、异化、迭代。对每个子种群都执行趋同化操作，直到每个子种群成熟时，将最优个体的得分用这个子种群的得分。当子种群成熟时，每个子种群的得分都会在全球公告牌中公布，在优胜子种群和临时子种群竞争过程中，执行异化操作。

（3）当执行足够多次迭代停止时，思维进化算法优化结束，输出最优个体，将最优个体进行解析，从而得到相应的 BP 神经网络的权值和阈值。将优化好的 BP 神经网络结构应用于混合纳米流体导热系数的仿真预测。

4.4.4 优化结果分析与讨论

对于 Cu/Al$_2$O$_3$-W/EG 混合纳米流体导热系数模型而言，运用 Matlab 中函数工具箱结合编程建立了 BP 神经网络，使用四层 BP 神经网络结构，包括输入层、输出层和两个隐含层。将温度 T、基液混合比（去离子水与乙二醇的比值）R 作为输入层，输出层为导热系数 k_{nf}，通过 4.4.1 节 MSE 的试算，如图 4.43 所示，确定 BP 神经网络的拓扑结构为 2-4-8-1，通过计算该结构有 48 个权值，13 个阈值。

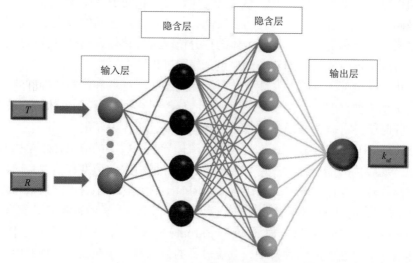

图 4.43　BPNN 预测 Cu/Al$_2$O$_3$-W/EG 混合纳米流体导热系数网络拓扑图

BP 神经网络模型作为一种有效的数据驱动预测方法，本节选取 4.1 节实验测量 Cu-Al$_2$O$_3$/EG-W 混合纳米流体导热系数进行神经网络预测分析，经过实验测量，获得了 49 组导热系数样本，选择其中的 40 组样本数据，70%数据作为训练集，15%作为验证集，15%作为测试集；剩余 9 组数据为测试样本。

图 4.44 为用 BPNN 预测混合纳米流体导热系数数据与实验测量数据对比。从图中可以清楚地看出，实验数据与预测数据在直线 $Y=T$ 附近，确定系数 R^2 为

0.9983，确定系数越接近 1，意味着 BPNN 模型预测数据与实验数据越一致，说明 BPNN 能够以较高精度预测混合纳米流体导热系数。由于 BPNN 权值的调节采用的是负梯度下降法，具有很大的局限性，存在着收敛速度慢和易陷入局部极小的问题，对于混合纳米流体导热系数预测，预测的结果还存在较大误差。RBF 神经网络（RBFNN）是一种性能优良的前馈型神经网络，可以任意精度逼近任意的非线性函数，且具有全局逼近能力，从根本上解决了 BP 网络的局部最优问题。

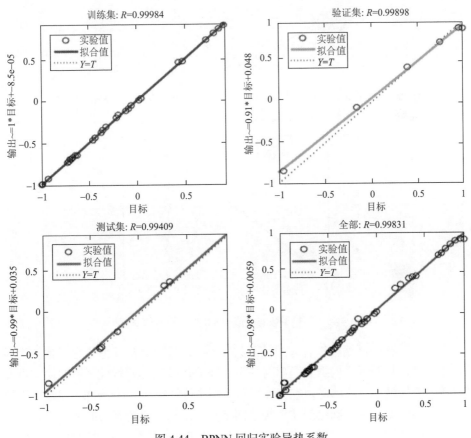

图 4.44　BPNN 回归实验导热系数

对于 RBFNN 预测混合纳米流体导热系数模型而言，如图 4.45 所示，将温度 T、基液混合比（去离子水占总基液的比值）R 作为输入层，输出层为导热系数 k_{nf}。

由图 4.46 可以看出，RBF 神经网络预测 Cu/Al_2O_3-W/EG 混合纳米流体导热系数，对于不同样本数据（训练样本、测试样本以及总体样本）而言，实验测量导热系数和预测导热系数非常接近，应用 RBF 神经网络进行 Cu/Al_2O_3-W/EG 混合纳米流体导热系数预测模型是比较精确的。在工程实践中，因为径向基神经网络

（RBFNN）模型可以任意精度逼近任何连续函数，具有强大的泛化能力，很适合处理纳米流体导热系数参数这种复杂不确定性和耦合性问题，同时节约时间及经济成本。

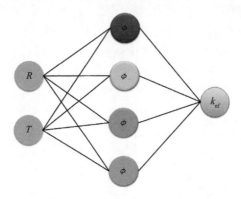

图 4.45　基于 RBFNN 的 Cu/Al$_2$O$_3$-W/EG 混合纳米流体导热系数预测模型

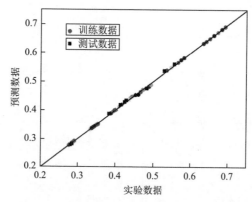

图 4.46　导热系数实验值与 RBFNN 预测值对比

　　由于 BP 神经网络在拟合非线性函数时，虽然可以收敛，但是容易收敛到局部最小点，这是源于它的搜索是串行搜索，而遗传算法的并行性，能够使其更容易收敛到全局最小点。因此，本实验可以采用遗传算法（GA）优化 BP 神经网络的初始权值和阈值。通过确定的 BP 神经网络拓扑结构，遗传算法的个体编码长度设计为 61，初始化种群大小设置为 30，初始化进化代数为 40，初始化交叉概率为 0.4，变异概率初始化为 0.1。

　　如图 4.47 所示，遗传算法的适应度值（预测输出与期望的输出之间的误差绝对值和）从第 2 代到第 20 代就产生了大的下降，从 21 代以后保持平稳，最终收敛在 0.3623，说明遗传算法优化 BP 神经网络的权值和阈值过程中，对误差递减具有较大的作用。图 4.48 显示了 GA-BPNN 预测输出导热系数和实验导热系数数据具有一致性。从该图可以明显看出，利用实验导热系数数据和经过 GA 优化的 BP

神经网络(GA-BPNN)建模能够准确预测 Cu/Al_2O_3-W/EG 的导热系数,确定系数 R^2 达到了 0.9995,表明经过 GA 优化 BP 神经网络的权值和阈值后,该神经网络模型在预测混合纳米流体导热系数精度方面提高了。

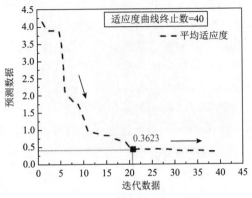

图 4.47　寻找最优个体适应度

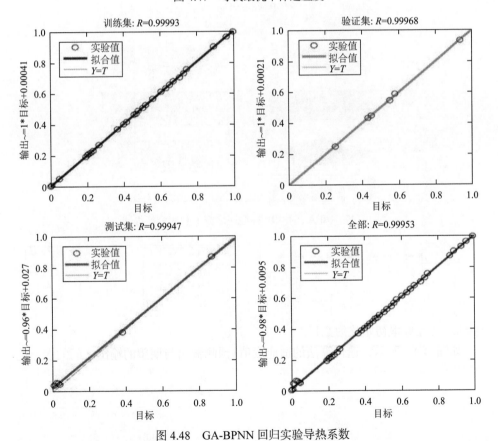

图 4.48　GA-BPNN 回归实验导热系数

针对 Cu/Al$_2$O$_3$-W/EG 混合纳米流体导热系数的预测,MEA 优化 BP 神经网络的主要流程如图 4.49 所示。本实验中,优胜子种群及临时子种群大小分别设置为 5,MEA 的种群大小设置为 200,MEA 优化的 BP 神经网络初始优胜子种群和临时子种群的趋同和异化过程见图 4.49。图 4.50 显示了 MEA-BPNN 初始子种群的趋同和异化过程。从图 4.50(a) 可以看出,经过趋同化操作,每个优胜子群体中各个子种群得分都不再增加,表明都已成熟,而且在各个子群体周围均没有更优的个体,由于 4 个亚组中没有最优个体,所以其得分没有变化。

通过比较图 4.50(a) 和 (b) 可以看出,临时子种群 1、2、3 的得分要均高于优胜子种群 2、4、5,因此需要执行三次异化操作,在临时子种群的基础上补充三个新的子种群。如图 4.50(c) 所示,每个优胜子种群都已经成熟,周围没有更好的

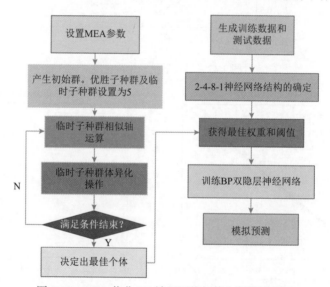

图 4.49 MEA 优化 BP 神经网络权值和阈值流程图

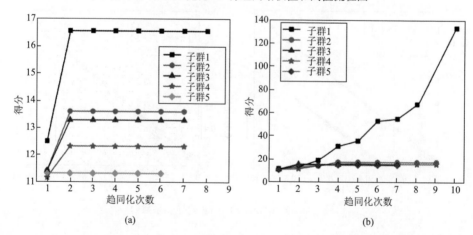

(a)   (b)

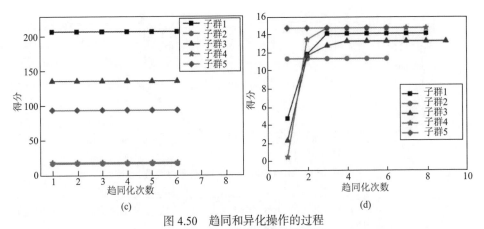

图 4.50　趋同和异化操作的过程

(a)初始优胜子种群的趋同化；(b)临时子种群的趋同化；(c)异化操作后的优胜子种群；(d)异化操作后的临时子种群

个体，因此，异化操作是不需要执行的。通过比较图 4.50(c)和(d)，每个优胜子种群在公告牌中的得分都比临时子种群得分高。临时子种群得分最高的种群低于优胜子种群得分最低的种群，模型在不进行异化操作的情况下达到全局最优值。最后根据编码规则对最优个体进行解码，得到最优初始权值和最优阈值。

从图 4.51 中的仿真结果可以看出，MEA-BP 的预测结果更接近实际值，确定系数 R^2 为 0.9997，预测精度比 GA-BPNN 的优化效果要好。这是因为相比遗传算法中的交叉和变异操作，MEA 中的全局公告板可以记得不止一代的进化信息，同时，进行趋同和异化操作，朝着更有利的方向进化。

图 4.52 为实验导热系数与预测导热系数的对比图，以 7 组数据作为新的数据用于测试不同预测模型(MLR、BPNN、GA-BPNN、RBFNN、MEA-BPNN)下的导热系数，通过图中的仿真结果可以看出，MLR 预测导热系数结果与实验数据结果有较大的偏差，BPNN、GA-BPNN 模型均具有较好的预测结果。而 MEA-BPNN 得到的数据更接近实验测量导热系数。不同评价指标也是 MEA-BPNN 神经网络预测结果精确性的证明。

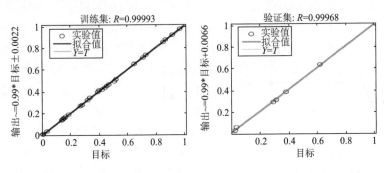

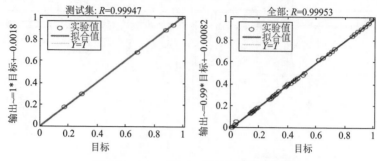

图 4.51　MEA-BPNN 回归实验导热系数

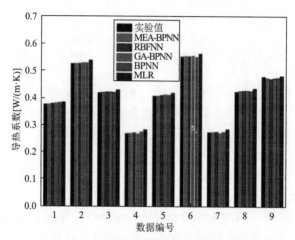

图 4.52　不同模型预测导热系数结果对比

4.4.5　小结

由于 Cu-Al$_2$O$_3$/EG-W 混合纳米流体的导热特性随变化规律不一致，本节建立了人工神经网络预测导热系数数据驱动模型。针对 BP 神经网络进行预测导热系数，效果比较好，但误差较大且极易陷入局部极小点的困境问题，分别应用了 RBF 神经网络、经遗传算法优化的 BP(GA-BP) 神经网络和思维进化算法优化BP(MEA-BP) 神经网络模型预测导热系数。对于 Cu-Al$_2$O$_3$/EG-W 混合纳米流体，输入层为基液混合比 R 和温度 T，输出层为导热系数 k_{nf}。得出以下主要结论。

（1）对于 Cu-Al$_2$O$_3$/EG-W 混合纳米流体，本节建立了 MEA-BP 神经网络模型，并与 RBF、GA-BP、BP 神经网络和 MLR 模型进行了对比，MEA-BP 模型在预测混合纳米流体导热系数方面具有明显的优点，具有良好的泛化性能和精确性，为纳米流体的热物性参数预测提供了一种有效的数据驱动建模方法。

（2）MEA 中的"全局公告板"上张贴着各个子群体的信息，可以时刻记录每个个体和子群体的得分，可以使"趋同"和"异化"操作向着正确的方向进行；

遗传算法进行交叉、变异操作时，可能会破坏群体中原始的优良基因，思维进化算法中的"异化"操作可以避免这个问题，基于思维进化算法优化 BP 神经网络（MEA-BP）可以作为一种有效的预测混合纳米流体导热系数手段，采用此数据驱动模型应用于混合纳米流体导热线系数中，具有很高的经济效应，为探究纳米流体导热系数机理提供了一种很好的辅助。

4.5　三元混合纳米流体热经济性分析

混合纳米流体的颗粒浓度和混合比直接决定了纳米流体的传热性能、制备成本和应用场景，成为决定其工业应用的重要因素。在此背景下，本节研究了 Al_2O_3-TiO_2-Cu/W 三元混合纳米流体的热-经济性，为纳米流体颗粒浓度的选取提供了新的视角。本节主要分为三个部分：首先，引入敏感性分析确定最佳颗粒配比，后根据该配比制备多种颗粒浓度的纳米流体；其次，研究了纳米流体的流变性和热物性与颗粒浓度的关系，并将三元混合纳米流体与相应的一、二元混合纳米流体的热物性进行比较；最后，通过经济分析得到层流和湍流两种流动状态下的最佳颗粒体积分数。

4.5.1　颗粒组合的选择

选择平均粒径为 20 nm 的 Al_2O_3、40 nm 的 TiO_2 和 50 nm 的 Cu 三种纳米颗粒与 0.005%（质量分数）PVP 加入去离子水中制备 Al_2O_3-TiO_2-Cu/W 三元混合纳米流体。选择这三种纳米颗粒的原因如下：①金属和金属氧化物纳米颗粒混合的纳米流体能表现出优异的热物性和流变性；②由于协同效应，与一元纳米流体相比，混合纳米流体有望表现出更高的导热系数——Cu 纳米颗粒尺寸较大，与水分子之间的空间较大，导致接触热阻较高。在流体中加入尺寸较小的 Al_2O_3 和 TiO_2 纳米颗粒可以缩短颗粒间的空间距离，从而改善热性能。

首先，根据 4.1.1 节步骤制备体积浓度为 1% 多组颗粒混合比 Al_2O_3-TiO_2-Cu/W 三元混合纳米流体。由于 Cu 颗粒密度高，易发生沉淀，因此，将 Cu 纳米颗粒的比例固定为整体纳米颗粒体积分数的 20%，调节 Al_2O_3 和 TiO_2 的比例，制备体积分数混合比 Al_2O_3∶TiO_2∶Cu 为 20∶60∶20、30∶50∶20、40∶40∶20、50∶30∶20、60∶20∶20 共五组三元混合纳米流体。通过敏感性分析确定最佳颗粒混合比，然后制备体积浓度为 0.005%、0.1%、0.5%、0.7% 和 1% 的该混合比工质，通过热-经济性分析确定分别适用于层流和湍流流体的最具经济性的颗粒浓度。

为节约成本，选择热性能优异的混合比进行后续实验，引入敏感性这一评价指标对同一浓度的五组颗粒混合比纳米流体进行热物性分析。敏感性分析：通过比较众多不确定因素变化对目标因素的影响程度，分析对目标因素对不确定因素的敏感程度，从而得出对目标因素具有重要影响的不确定因素。混合纳米流体的热性能增强在很大程度上取决于纳米颗粒的混合比，通过敏感性分析可以确定混合比对黏度和导热系数的影响大小，帮助确定适用于工程应用的纳米颗粒组合。因此，分别对 $Al_2O_3 : TiO_2 : Cu = 20 : 60 : 20$、$30 : 50 : 20$、$40 : 40 : 20$、$50 : 30 : 20$ 和 $60 : 20 : 20$ 等五种不同颗粒混合比的 1%（体积浓度）三元混合纳米流体进行敏感性分析。敏感度的计算公式如下[48]：

$$黏度敏感度 = \frac{\mu_{nf}}{\mu_{bf}} - 1 \tag{4.26}$$

$$导热系数敏感度 = \frac{\lambda_{nf}}{\lambda_{bf}} - 1 \tag{4.27}$$

适用于工程应用的混合纳米流体配比，应具备对黏度的敏感度低且对导热系数的敏感度高的特点。由于 Cu 纳米颗粒密度高且易于沉积，将其体积分数固定在总纳米颗粒的 20%，Al_2O_3/TiO_2 体积分数的比值在 0～3 之间改变。Al_2O_3-TiO_2-Cu/W 三元混合纳米流体黏度和导热系数对纳米颗粒混合比的敏感性如图 4.53 所示。

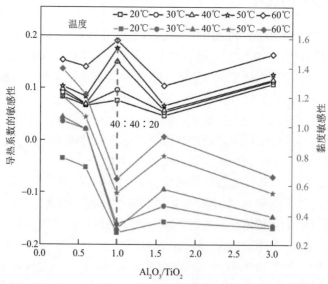

图 4.53　Al_2O_3-TiO_2-Cu/W 三元混合纳米流体黏度和导热系数对 Al_2O_3/TiO_2 体积比的敏感性

由图可知，随着 Al_2O_3/TiO_2 体积分数比的增加，混合纳米流体的黏度和导热系数敏感性发生类镜像的波动变化。其中，黏度对体积分数比的敏感性随该体积比的增加呈波动递减的趋势，在体积比为 1.0，即 Al_2O_3-TiO_2-Cu/W 三元混合纳米流体颗粒混合比为 Al_2O_3：TiO_2：Cu = 40：40：20 时，不同温度下纳米流体的黏度对颗粒混合比的敏感性平均值最低；而导热系数对 Al_2O_3/TiO_2 体积分数比的敏感性随该体积比的增加呈波动递增的趋势，混合比为 Al_2O_3：TiO_2：Cu = 40:40:20 时，纳米流体导热系数对颗粒混合比的敏感性平均值恰好达到最高值。混合纳米流体的黏度和导热系数对颗粒混合比的敏感性随 Al_2O_3/TiO_2 体积分数比的变化均产生较大波动，这表明混合纳米流体的热物性很大程度上取决于纳米颗粒的混合比。理想的传热流体为提高传热效率并节约泵功，应具有高导热性和低黏度的特点，在五组混合比中，导热系数敏感度最高、黏度敏感度最低的 Al_2O_3：TiO_2：Cu = 40：40：20 这一颗粒组合最符合标准。因此，在接下来的分析中，实验将采用颗粒混合比为 40：40：20 进行，分别制备体积浓度为 0.005%、0.1%、0.5%、0.7% 和 1% 的纳米流体在温度为 20～60℃ 环境下进行热物性与经济性研究。

4.5.2　流变特性与热物性分析

流体在流动时，因受到外部剪切力作用会发生形变，而流体内部通过产生内摩擦力来抵抗这种形变，这种流体的固有特性被称为黏性。流体由于剪切力与黏度关系的不同被分为牛顿流体和非牛顿流体两种类型，表现出不同的流动行为。确定纳米流体在牛顿或非牛顿基础流体中的行为是进行黏度研究的关键步骤。Murshed 等[49]指出纳米流体的流变性能决定流动性质，影响流动传热系统的压降和泵功。牛顿黏性定律由文献[48]给出。

$$\tau=m\left(\dot{\gamma}\right)^n \tag{4.28}$$

式中，τ 和 $\dot{\gamma}$ 分别对应剪应力(Pa)和剪切速率(s^{-1})，m 和 n 分别为一致性指标和幂指数。当 $n=1$ 时，剪切应力随剪切速率呈线性变化。牛顿黏性定律表明，牛顿流体剪切力和剪切速率成正比关系，也就是说，牛顿流体的黏度为常数。

对于非牛顿流体，可根据 n 的大小分为剪切增稠流体和剪切稀化流体。当 $n>1$ 时，流体具有剪切稠化行为，黏度随剪切速率的增大而增大。这是因为纳米流体颗粒浓度过高，颗粒间距离过小，颗粒间的相对运动受阻，作用力增大，黏度相应增大；当 $n<1$ 时，流体表现为剪切稀化行为，黏度随剪切速率的增大而减小。这可能由于纳米流体本身含有大团簇或凝絮，不易发生相对运动，随着剪切速率的增大，团簇或凝絮被破坏，相应剪切力未随剪切速率线性增大，从而黏度降低。

　　由于 4.5.1 节中确定五种颗粒混合比中最佳配比为 Al_2O_3 : TiO_2 : Cu = 40 : 40 : 20，因此，后续分析将在这一混合比下进行。图 4.54 为 Al_2O_3-TiO_2-Cu/W 三元混合纳米流体在体积浓度 0.5% 和 1.0% 时的流变性能。如图所示，两种浓度下的该三元混合纳米流体剪切应力随剪切速率的增大均呈非线性增加。当剪切速率小于 150 s^{-1} 时，剪切应力随剪切速率的变化类似线性，曲线斜率基本不变，并且随着温度的增加，剪切应力的变化不大。随着剪切速率的不断升高，剪切应力与之斜率增大，其变化更加剧烈，且不同温度下的剪切应力大小差异更加明显——随着温度的升高，纳米流体的剪切应力降低，流变行为更接近牛顿流体。结果表明，Al_2O_3-TiO_2-Cu/W 三元混合纳米流体的流变行为是非牛顿流体，流变行为呈剪切稠化。两种体积分数的结果非常相似，1.0% 的该纳米流体剪切力略大于 0.5%，但随剪切应力的变化趋势一致，均为 $n > 1$ 的非牛顿流体。

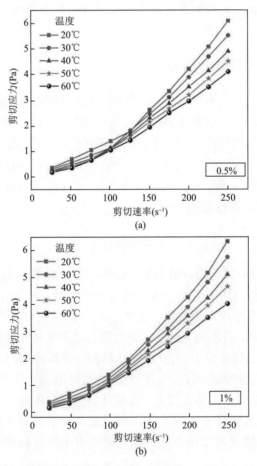

图 4.54　不同温度下，体积浓度 (a) 0.5% 和 (b) 1.0% Al_2O_3-TiO_2-Cu/W 三元混合纳米流体
剪切应力随剪切速率的变化

图 4.55 为 Al$_2$O$_3$-TiO$_2$-Cu/W 三元混合纳米流体的黏度和导热系数随体积分数和温度的变化。如图 4.55（a）所示，随着体积分数的增加，黏度增大，其中，20℃时，体积浓度为 1% 的该纳米流体黏度较基液提升 13.5%。这可能是由于纳米流体中纳米颗粒体积分数的增加，颗粒与颗粒间连接更加紧密，容易形成较大团簇，而颗粒和流体分子之间范德瓦耳斯引力也随之增大，因此导致黏度增加。随着温度的升高，纳米颗粒的黏度显著降低，这是由于温度的升高会削弱流体分子之间的相互作用，增强纳米颗粒的布朗运动。其中，1% 的样品黏度随温度降低最多，在 60℃时较 20℃黏度降低 29.1%。

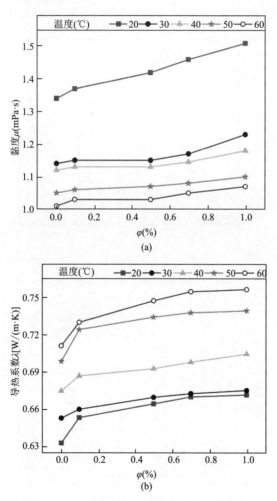

图 4.55　不同温度下 Al$_2$O$_3$-TiO$_2$-Cu/W 三元混合纳米流体黏度（a）和导热系数（b）随体积分数的变化

图 4.55（b）表明导热系数随体积分数和温度的增加呈非线性增加。体积分数较

低时，温度对导热系数的影响比体积分数更显著。这是由于体积分数较低时，纳米流体中颗粒与颗粒间的距离较远，颗粒间的碰撞频率较低。随着温度的增加，布朗运动更加剧烈，颗粒间的随机碰撞加剧，从而导热系数显著增大。同时，纳米颗粒的非线性行为(即无序运动)与纳米颗粒的团聚和尺寸有关，对纳米对流、团簇中的自然热输运和纳米层等造成影响，从而影响纳米流体的热物性[50]。混合纳米流体的黏度和导热系数随温度和体积分数的变化趋势与一元纳米流体一致。

图 4.56 为 Al_2O_3-TiO_2-Cu/W 三元混合纳米流体和相应三种一元纳米流体导热系数和黏度的对比。如图 4.56 所示，Al_2O_3-TiO_2-Cu/W、Al_2O_3/W、TiO_2/W 和 Cu/W

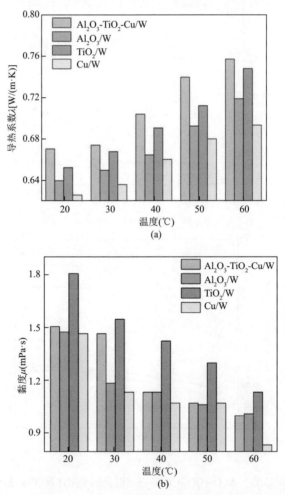

图 4.56　1% Al_2O_3-TiO_2-Cu/W 三元混合纳米流体的导热系数(a)和黏度(b)与相应的一元纳米流体对比

纳米流体在指定温度范围内(20～60℃)，导热系数分别为 0.6722～0.7565 W/(m·K)、0.6424～0.7193 W/(m·K)、0.6547～0.7476 W/(m·K) 和 0.6288～0.6945 W/(m·K)，其中三元纳米流体的导热系数最高，温度为 60℃时，该三元混合纳米流体较 Cu/W 一元纳米流体导热系数提高 8.9%。

　　然而，如图 4.56(b) 所示，该三元混合纳米流体的黏度介于相应的一元纳米流体的黏度之间。其中，Cu/W 纳米流体黏度最低，其次是 Al$_2$O$_3$/W、Al$_2$O$_3$-TiO$_2$-Cu/W 和 TiO$_2$/W 纳米流体。温度为 40℃时，该三元混合纳米流体较 TiO$_2$/W 一元纳米流体黏度降低 19.1%。结果表明，与一元纳米流体相比，三元混合纳米流体具有更高的导热系数和较低的黏度，是工程应用中改善传热性能的良好选择，具有作为新型强化传热工质的广阔前景。

　　图 4.57 为 Al$_2$O$_3$-TiO$_2$-Cu/W 三元混合纳米流体的有效导热系数($\lambda_{nf}/\lambda_{bf}$) 与 Das 等[51]、Parsian 等[52]、Halelfadl 等[53]、Hemmat 等[54]文献提供的相应二元混合或一元纳米流体的实验数据对比。如图所示，三元混合纳米流体的 $\lambda_{nf}/\lambda_{bf}$ 值随着体积分数和温度的增加而增加，甚至高于 Kumar 等[51]测量的 2% Al$_2$O$_3$/W 一元纳米流体的值。例如，在 60℃时，1% Al$_2$O$_3$-TiO$_2$-Cu/W 和 2% Al$_2$O$_3$/W 的 $\lambda_{nf}/\lambda_{bf}$ 值分别为 1.15 和 1.08。此外，三元混合纳米流体的 $\lambda_{nf}/\lambda_{bf}$ 增量也高于 Cu-TiO$_2$/EG-W 和 Al$_2$O$_3$-Cu/EG 二元混合纳米流体。这些结果表明，三元混合纳米流体中由于纳米颗粒复杂排列而产生的协同效应比二元混合纳米流体中的协同效应更加明显。

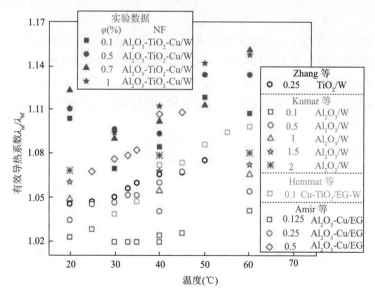

图 4.57　一元纳米流体和混合纳米流体的有效导热系数对比

4.5.3　热经济性分析

纳米流体具有优异的热性能，能够广泛应用于各种应用领域，但限制其商业应用的主要缺点往往是成本过高。因此，有必要从经济性的角度考虑热性能和成本的关系，探索能够在商业应用中推广的纳米流体。因此，本节引入了性价比因子（PPF）这一指标，对该三元混合纳米流体颗粒浓度在商业应用方面进行评估考量。

从经济学角度分析，性价比因子（price-performance factor，PPF）是决定纳米流体应用于工业生产的重要指标之一，对定量成本引起的传热性能增强进行具体量化。本节对层流（PPF_C）和湍流（PPF_{Mo}）两种流动条件下的对流传热过程进行了热经济分析，方法如下[55]：

层流流态：

$$PPF_C = \frac{c_\lambda / c_\mu \left(only > 0.25 \right)}{\sum\limits_n^{i=1} price(\$/g)} \tag{4.29}$$

湍流流态：

$$PPF_{Mo} = \frac{Mo \left(only > 1 \right)}{\sum\limits_n^{i=1} price(\$/g)} \tag{4.30}$$

式（4.29）和式（4.30）中，分母为制备纳米流体需要的总成本，分子 c_λ / c_μ 和 Mo 分别是层流和湍流状态下纳米流体和基液比较得出的整体热性能参数。为了确保纳米流体的使用对传热性能的提升有帮助，c_μ / c_λ 和 Mo 必须分别满足在层流或湍流条件下：$c_\mu / c_\lambda < 4$ 或 Mo > 1 的要求。c_μ / c_λ 和 Mo 的计算公式为[55]

$$\frac{c_\mu}{c_\lambda} = \frac{\left(\mu_{nf} - \mu_{bf} \right) / \mu_{bf}}{\left(\lambda_{nf} - \lambda_{bf} \right) / \lambda_{bf}} \tag{4.31}$$

$$Mo = \left(\frac{\lambda_{nf}}{\lambda_{bf}} \right)^{0.67} \times \left(\frac{\rho_{nf}}{\rho_{bf}} \right)^{0.8} \times \left(\frac{c_{p,nf}}{c_{p,bf}} \right)^{0.33} \times \left(\frac{\mu_{nf}}{\mu_{bf}} \right)^{-0.47} \tag{4.32}$$

式中，ρ 和 c_p 分别表示密度（kg/m³）和比热[J /（kg·K）]，由计算得出。纳米流体的 PPF_C 和 PPF_{Mo} 值越高，表明在工程应用中纳米流体效益越好。

4.5.4　小结

本节主要研究了 Al_2O_3-TiO_2-Cu/W 三元混合纳米流体颗粒浓度的热-经济性。

此外，温度和颗粒浓度对黏度和导热系数的影响也进行了全面分析。首先，通过分析纳米流体黏度和导热系数对各颗粒混合比的敏感性，确定了高导热、低黏度的最佳颗粒混合比；然后分别在浓度和温度为 0.005%～1% 和 20～60℃ 的范围内研究了三元混合纳米流体的热物性和热-经济性，总结了分别适用于层流和湍流流态下的颗粒浓度；最后，对比了本实验中三元混合纳米流体和从文献中获得的相应的一元和二元纳米流体的数据，验证了三元混合纳米流体在热物性参数上的优越性，主要结论如下所述。

(1) 敏感性分析发现，Al_2O_3-TiO_2-Cu/W 三元混合纳米流体在选定五组颗粒混合比中最佳配比为 40∶40∶20 (Al_2O_3∶TiO_2∶Cu)，此时混合比对黏度的敏感度最低，对导热系数的敏感度最高。

(2) Al_2O_3-TiO_2-Cu/W 三元混合纳米流体为表现剪切稠化行为的非牛顿流体，其黏度和导热系数随温度和颗粒浓度的变化趋势与其他纳米流体一致。由于不同尺寸纳米颗粒的有序排列，其导热系数高于相应的一元纳米流体。

(3) 通过经济性分析发现，Al_2O_3-TiO_2-Cu/W 三元混合纳米流体的颗粒体积浓度分别为 0.5% 和 0.7% 时，适用于工程应用。

4.6　三元混合纳米流体颗粒混合比选取原则

纳米颗粒的混合比是影响混合纳米流体热物性的重要参数，即使在相同的体积分数下，同种颗粒以不同颗粒混合比制备的混合纳米流体可能由于悬浮液中团簇构成的不同而表现出巨大的热物性差异。为研究颗粒种类对纳米流体热物性的影响，方便混合纳米流体制备中颗粒混合比的选取，本节提出了一种利用分类回归 (category regression, CATREG) 进行三元混合纳米流体的颗粒选择和热物性预测的新方法。以此为基础，为今后在三元混合纳米流体制备中颗粒的选择提供参考。

4.6.1　颗粒种类及浓度的选择

本节研究中，将继续选择金属和非金属颗粒的组合进行混合纳米流体的制备。为了保证三元混合纳米流体的高导热性，选择了 50 nm 的 Cu 作为金属纳米颗粒。此外，非金属纳米颗粒选择 50 nm 的 Al_2O_3 和 40 nm 的 CuO 颗粒，通过"两步法"制备以去离子水为基液的 Al_2O_3-Cu-CuO/W 三元混合纳米流体。Cu 颗粒比其他经济性颗粒具有更高的导热系数。然而，由于 Cu 颗粒粒径相对较大且密度较高，与水分子之间的距离远，导致接触热阻较大，且颗粒间的作用力强，使得颗粒更容易沉积。然而，粒径更小、质量更轻的 Al_2O_3 和 CuO 纳米粒子虽然导热性能较差，但可以减小粒子间的空间，增强纳米流体的热物性和稳定性。以上纳米颗粒均购买自北京德科岛金纳米科技有限公司。

为确定制备混合纳米流体的浓度，首先对 Al_2O_3/W、CuO/W 和 Cu/W 三种一元纳米流体的热物性进行研究。图 4.58 为一元纳米流体的黏度和导热系数随温度和体积分数的变化。图中导热系数 λ 的大小关系为 $\lambda_{CuO} > \lambda_{Al_2O_3} > \lambda_{Cu}$。与水相比，CuO/W 一元纳米流体在温度为 60℃、体积分数为 1%时的最大导热系数提高了46.1%。Cu 纳米颗粒的高导热性能并没有转化为 Cu/W 纳米流体的高导热性能。这可能是因为影响纳米流体导热性能的主要因素除了纳米颗粒的本身性质外，还与包括团簇在内的其他因素有关。

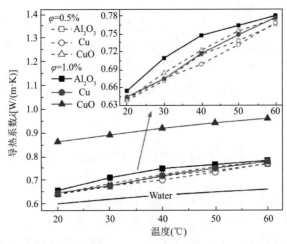

图 4.58　体积浓度为 0.5%和 1% Al_2O_3/W、CuO/W 和 Cu/W 一元纳米流体的导热系数

此外，两组体积分数纳米流体之间的导热系数的差距较小。除 CuO/W 纳米流体外，Al_2O_3/W 和 Cu/W 纳米流体的导热系数由于浓度的增加分别提高了 3.6%和 1.3%。这说明颗粒体积浓度从 0.5%提高到 1.0 %对导热系数的增强作用不明显。此外，浓度的提高可能会降低纳米流体的长期稳定性，从而对热物性的测量产生负面影响。因此，之后的实验制备条件选择体积浓度为 0.5%。

由于一元纳米流体在两组颗粒浓度下表现出的导热系数差异不大，同时为节约成本，采用"两步法"制备了颗粒体积浓度为 0.5%、15 组混合比的 Al_2O_3-Cu-CuO/W 三元混合纳米流体。在 20~60℃的温度范围内测量了纳米流体的黏度和导热系数。采用 CATREG 分析对黏度和导热系数的实验数据进行了分析，计算了三种颗粒分别对黏度和导热系数的贡献度，并采用敏感性分析进行验证。最后，通过 CATREG 对黏度和导热系数数据进行预测，与实验值进行对比，并确定适用于工程应用的最佳颗粒混合比。

4.6.2　颗粒种类对热物性的影响

对于混合纳米流体，纳米颗粒的混合比对其热物性的影响大于基液的混合比[55]。混合纳米流体中不同种类纳米颗粒的组合以及相应的颗粒混合比导致了不同的热性能和流变行为。因此，本节将采用敏感性分析和 CATREG 方法确定不同种类颗粒对混合纳米流体热物性的影响，为制备混合纳米流体中颗粒的选择提供指导。

分类回归(category Regression，CATREG)，也被称为最优标度回归，可对不同种类变量统一量化评分，转化为数值型后进行回归统计分析，大大提高了分类变量的数据处理能力。此外，CATREG 突破了回归模型选择的限制，扩大了分类变量回归的应用能力，适用范围更广。CATREG 方法采用最优标度程序对自变量和因变量进行量化处理，并在自变量和因变量之间建立简单的线性回归关系。该方法在保证变换后各变量间的联系保证线性的前提下，通过一些非线性变换迭代方法对原始变量进行反复迭代，赋予原始分类变量最佳量化评分，并在相应的模型中使用量化后的评分代替原有的变量进行后续的分析。此外，该方法可以根据需要拟合的模型框架输出自变量对因变量影响的大小，方便用户对自变量范围的选择。由于该方法可对分类变量进行复杂的迭代变换，同时保证了变换后变量之间的线性关系，这样可以将传统分析方法的适用范围扩展到整个测量尺度，适用于多种变量的分析场景。

因此，CATREG 方法是一种将回归分析和因子分析相结合的方法，可以同时对无序多分类变量、有序多分类变量和连续变量进行分析。此外，CATREG 分析可以在样本量较小的情况下使用，适用于本实验的分析[56]。本节使用 IBM SPSS Statistics 26 软件对实验得到的黏度、导热数据进行 CATREG 分析，在研究的温度范围内，评估了每种类型的纳米颗粒及其混合比对黏度和导热系数的影响。

基于 CATREG 分析，以黏度(或导热系数)为因变量，以各颗粒的体积分数和实验温度为自变量，得到自变量对因变量的相对重要性(或称贡献度)，转换过程原理如下：

$$\|X*b-z*\|, \text{ where } \|X+b-z*\| = \sqrt{(X*b-z*)'(X+b-z*)} \tag{4.33}$$

式中，b、$X*$、$z*$分别表示标准化系数的向量、变换后的变量系数矩阵和因变量的观测值转换后的向量。根据标准化系数和相关系数计算出自变量在模型中的重要程度百分比，所有自变量输出的相对重要性之和为 100%。自变量的重要性值越大，说明该自变量对因变量变化的影响越显著，即贡献度越大。

图 4.59 为 Al_2O_3-TiO_2-Cu/W 三元混合纳米流体的 c_μ/c_λ 和 Mo 值随体积分数和

温度的变化。由图 4.59(a) 可知，设定实验条件下该三元混合纳米流体的 c_μ/c_λ 值均小于 4，表明纳米颗粒的添加导致的流体工质黏度增强程度小于导热系数的增强程度，对强化传热效果的提升有益。与层流状态相比，湍流流态下的对流传热性能更依赖于纳米颗粒的体积分数。在湍流流态下，三元混合纳米流体在体积浓度为 0.5% 到 1% 之间对传热系统的能效提升有益，浓度越高，强化传热效果提升越显著。

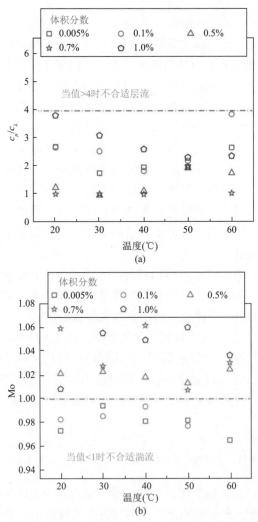

图 4.59　Al_2O_3-TiO_2-Cu/W 三元混合纳米流体 c_μ/c_λ (a) 和 Mo (b) 随体积分数和温度的变化

图 4.60 和图 4.61 分别为 PPF_C 和 PPF_{Mo} 随体积分数和温度的变化。根据图 4.59 中工质分别在层流和湍流流态下的对流强化传热性能参数，选取有效强化传热体积

分数的该三元混合纳米流体进行热-经济性分析。为方便对比各体积分数纳米流体之间的经济性差异，采用虚线表示该体积分数下 PPF$_C$(或 PPF$_{Mo}$)的平均值。由图可知，该三元混合纳米流体 PPF$_C$ 和 PPF$_{Mo}$ 的平均值分别在颗粒体积浓度为 0.7% 和 1% 时最大。因此，从经济的角度分析，颗粒混合比为 40∶40∶20 的 Al$_2$O$_3$-TiO$_2$-Cu/W 三元混合纳米流体在颗粒浓度为 0.7% 时适用于层流区，1% 时适用于湍流区。

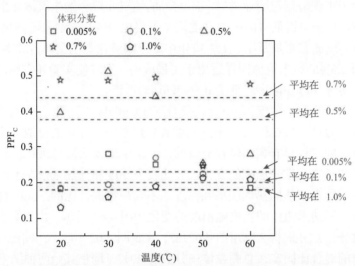

图 4.60　不同体积分数 Al$_2$O$_3$-TiO$_2$-Cu/W 三元混合纳米流体层流区经济分析(PPF$_C$)

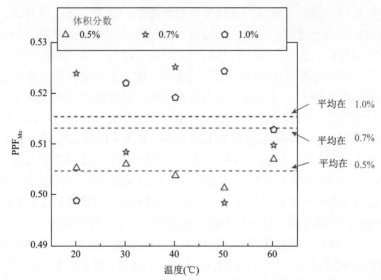

图 4.61　不同体积分数 Al$_2$O$_3$-TiO$_2$-Cu/W 三元混合纳米流体湍流区经济分析(PPF$_{Mo}$)

而在工程应用中，流速和纳米流体本身的参数性质会根据散热要求进行调整和变化，工质在换热器内的流型往往在层流和湍流流态间转换。体积浓度为 1%的纳米流体在层流状态下热-经济性过低，且由于层流状态下流体扰动过低，高浓度的纳米流体更易沉积在换热器壁面，增大传热热阻，并对换热器的长期使用造成不良影响。而浓度为 0.7%的该三元混合纳米流体在湍流状态下热-经济性最高，湍流流态下仅比 1%的纳米流体热-经济性低 0.4%。因此，0.7%的该三元混合纳米流体更适用于工程应用与商业推广。而 0.5%的该三元混合纳米流体在层流流态下比 0.7%流体热-经济性低 10.0%，湍流流态下仅比 1%的该纳米流体热-经济性低 2.2%。尽管湍流流态更加复杂，工程应用中却以湍流流态的传热方式为主。因此，体积浓度为 0.5%的纳米流体同样适用于工程应用。为方便实验和应用的进行，在后续分析中将选择体积浓度较低的 0.5%或 0.7%进行。

首先，实验测定了浓度为 0.5 % Al_2O_3-Cu-CuO/W 三元混合纳米流体分别在 20℃、30℃、40℃、50℃和 60℃下的黏度和导热系数，并将混合纳米流体与构成混合纳米流体的三种具有相同体积分数的一元纳米流体实验值进行比较。随后，分析了黏度和导热系数随温度的变化，并比较了黏度和导热系数在不同颗粒配比下相对于一元纳米流体的热性能增强程度。不同颗粒混合比的三元混合纳米流体和相应三种一元纳米流体的黏度随温度的变化如图 4.62 所示。由于数据量较大，为方便观察分析，分别将 Al_2O_3[图 4.62(a)]、Cu[图 4.62(b)]、CuO[图 4.62(c)]三种纳米颗粒的混合比固定在总颗粒体积分数的 20%，调整其余两种纳米颗粒的混合比。由图 4.62 可知，Al_2O_3-Cu-CuO/W 三元混合纳米流体的黏度随温度的升高呈下降趋势，与一元纳米流体的黏度变化趋势相似。这是由于温度升高，流体分子和纳米颗粒的内能增加，分子间的结合力不足以限制分子运动的剧烈程度，使液体分子间和颗粒间的空间增大，从而引力减小。此外，流体的黏度取决于分子间的内摩擦，而内摩擦又由分子间的引力决定。随着温度的升高，液体分子与纳米颗粒之间的距离增大，分子间的引力逐渐减弱，从而降低了内摩擦力，最终导致液体的黏度降低。当混合比为 20∶50∶30 时，Al_2O_3-Cu-CuO/W 混合纳米流体的黏度最低，随着温度的升高，黏度从 1.23 mPa·s 下降到 0.95 mPa·s，降低了 22.8%。

图 4.63 为三元混合纳米流体和三组一元纳米流体的导热系数随温度的变化。Al_2O_3、Cu、CuO 的比例分别固定，其余两种颗粒的比例调整。结果表明：纳米流体的导热系数随温度的升高而增大，这与三种一元纳米流体的导热系数变化趋势一致。这是因为随着温度的升高，基液分子的热运动加剧，这一行为增加了悬浮在混合纳米流体中的纳米颗粒之间的无序运动碰撞频率，即布朗运动增强，从而加快了传热速率，导致导热系数升高[56]。当混合比为 60∶20∶20 时，纳米流体的导热系数最高。随着温度的升高，导热系数从 0.6596 W/(m·K)增加到 0.7232 W/(m·K)，增加了 8.8%。

此外，从图 4.62 和图 4.63 中可以看出，Al_2O_3-Cu-CuO/W 三元混合纳米流体

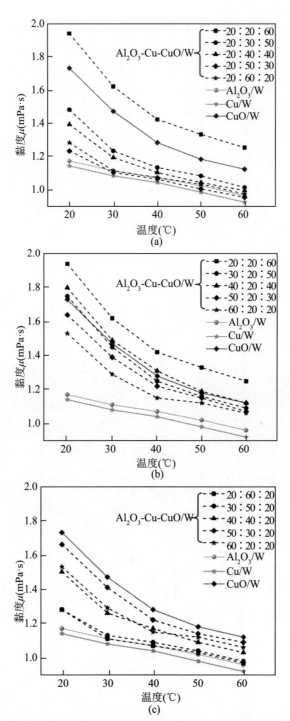

图 4.62　固定 (a) Al_2O_3、(b) Cu、(c) CuO 的比例，混合纳米流体黏度随混合比的变化

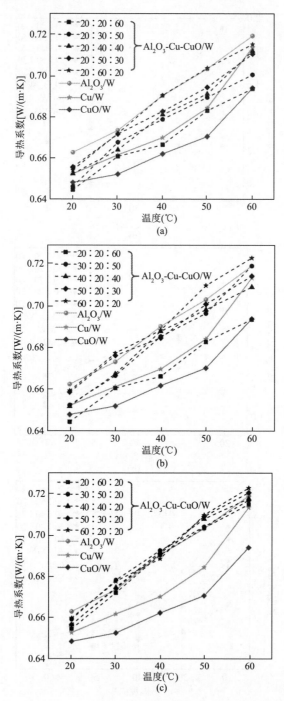

图 4.63 固定 (a) Al$_2$O$_3$、(b) Cu、(c) CuO 的比例,混合纳米流体的导热系数随混合比的变化

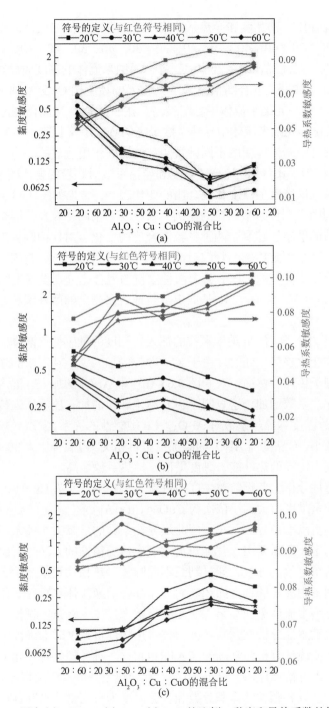

图 4.64　固定(a) Al₂O₃、(b) Cu、(c) CuO 的比例，黏度和导热系数的敏感性

中存在几组混合比，其黏度和导热系数均高于三种一元纳米流体。结果表明，颗粒混合比为 20∶20∶60、40∶20∶40、30∶30∶40、30∶40∶30、50∶30∶20、60∶20∶20 时，三元混合纳米流体比三种一元纳米流体的黏度或导热系数高。混合比为 20∶20∶60 下，混合纳米流体在 50℃时的黏度比 CuO/W 纳米流体提高了 12.7%，这在三种一元纳米流体中黏度最高。在 30℃时，当混合比为 30∶40∶30 时，导热系数比一元纳米流体中导热系数最高的 Al_2O_3/W 提高了 1.3%，这可能是由于悬浮在混合纳米流体中的不同种类颗粒的协同作用造成的。

采用式(4.27)、式(4.28)计算了黏度和导热系数对颗粒混合比的敏感度，观察黏度和导热系数敏感性随温度和混合比的变化趋势，结果如图 4.63 所示。为了方便比较，分别固定三种纳米颗粒的比例，只改变剩余两种颗粒的混合比，观察黏度和导热系数的敏感性随剩余两种颗粒混合比的变化，对比两颗粒对热物性的影响强弱。为了减小固定比例的颗粒对黏度和导热系数的影响，将固定比例的颗粒设置为总颗粒体积分数的 20%，其余两种颗粒的混合比分别设置为 20∶60、30∶50、40∶40、50∶30 和 60∶20，从而更清楚地观察剩余的两种颗粒对黏度和导热系数的影响。

图 4.64(a)中，随着 Cu 纳米颗粒的加入，黏度的敏感性逐渐降低，导热系数则呈现相反的变化趋势。同时，由于 Cu 颗粒的加入，泵功需求的增加和传热系数的降低不利于传热。然而，对于图 4.65 (b) 中 Al_2O_3 的加入，混合纳米流体的黏度下降，导热系数增加，这表明 Al_2O_3 纳米颗粒的加入能够增强传热。同样，对比图 4.64(c)黏度和导热系数对 Al_2O_3∶Cu 敏感性的关系，发现导热系数的敏感性先增大后减小，而黏度与 Al_2O_3 的添加量呈负相关，当混合比为 30∶50∶20 时，纳米流体表现出优异的热性能，黏度最低，导热系数最高。

根据敏感性分析，各颗粒对黏度的贡献由大到小依次为 Cu < Al_2O_3 < CuO，对导热系数的贡献度由大到小依次为 CuO < Cu < Al_2O_3。然而，Al_2O_3 和 Cu 颗粒对导热系数的贡献度差异非常小，因此对导热系数的贡献大小关系不能通过敏感性分析简单判定，还需要引入其他对贡献度表达更精准的方法进行验证。敏感性分析是一种简单有效的方法，通过判断不同颗粒对热物性贡献度的大小排序来解决纳米流体制备中颗粒的选择问题。而三元混合纳米流体热物性变化的内部机制比一元和二元纳米流体更加复杂，三元混合纳米流体中复杂的颗粒关系和热性能增强机制导致敏感性分析在判断各种颗粒对热物性贡献度时准确性较低。因此，本节引入以数值统计分析为基础的 CATREG 方法对各颗粒对三元纳米流体热物性的影响大小进行精准评估。将 18 组黏度和导热系数的实验数据导入 IBM SPSS Statistics 26 中。以各颗粒的体积分数和实验温度为自变量，黏度(或导热系数)为因变量，输出颗粒种类和温度对黏度和导热系数的相对重要性，即贡献度。图 4.65 为温度和不同种类的颗粒对黏度和导热系数的贡献度大小。如图所示，温度对黏

度和导热系数的影响很大，分别为 62% 和 78%，而不同种类纳米颗粒对这两种参数的影响很小。温度是影响混合纳米流体黏度和导热系数的最重要的因素，尽管三种颗粒都能对黏度和导热系数造成一定影响，但由于温度对黏度和导热系数的影响过大，影响了该方法对三种颗粒贡献度计算结果的准确性。因此，选择将三种颗粒的体积分数设置为自变量，在不同实验温度下分析颗粒种类对黏度和导热系数的影响，结果如图 4.66 所示。

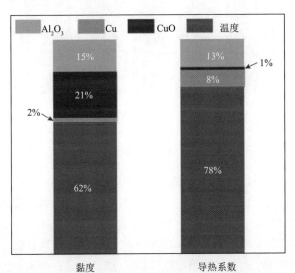

图 4.65　温度及颗粒种类对黏度及导热系数的贡献度

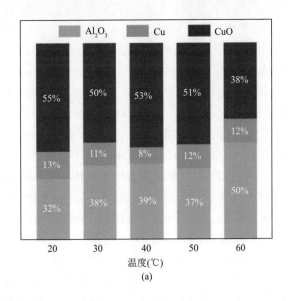

(a)

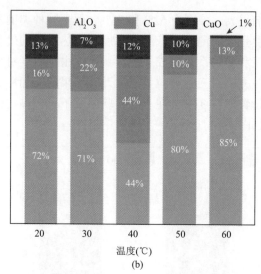

图 4.66　不同温度下三种颗粒对(a)黏度和(b)导热系数的贡献度

如图 4.66 所示，对于黏度，当温度在 20～50℃范围内，CuO 的贡献始终高于 50%，而 Al_2O_3 和 Cu 的贡献分别在 35%和 10%左右。随着温度升高到 60℃，Al_2O_3 的贡献达到 50%，而 CuO 和 Cu 的贡献分别达到 38%和 12%。因此，三种颗粒对黏度的贡献大小依次为：Cu < Al_2O_3 < CuO。对于导热系数，当温度为 20℃、30℃、50℃和 60℃时，Al_2O_3 的贡献在 71%～85%之间，而 Cu 和 CuO 的贡献较小。30℃时 Cu 的贡献达到 22%，CuO 的贡献为 7%，而 60℃时 CuO 的贡献仅为 1%。在所有其他实验温度下，这两种颗粒的贡献在 10%～16%范围内。当温度为 40℃时，Al_2O_3 和 Cu 的贡献率均为 44%，CuO 的贡献率为 12%，仍在上述范围内。综上所述，三种颗粒对导热系数的贡献度大小依次为：CuO < Cu < Al_2O_3，这与文献[57]和[58]的研究结果一致。

综上，敏感性分析得出，各颗粒对混合纳米流体黏度的贡献大小依次为：Cu < Al_2O_3 < CuO，对导热系数的贡献大小依次为：CuO < Cu < Al_2O_3。然而，如图 4.63 (c)中结论为 Al_2O_3 和 Cu 对导热系数的贡献相似，根据 CATREG 方法得出结论，Al_2O_3 在 20℃、30℃、50℃和 60℃时的贡献明显大于 Cu，仅在 40℃时的贡献相同。图 4.65 中显示 Al_2O_3 的添加对导热系数的影响比 Cu 的添加造成的影响程度增大了 5%，该差异在图 4.66 中的表现更加显著。这与敏感性分析得出的 Cu 与 Al_2O_3 对导热系数的贡献相似，略大于 Al_2O_3 的结论有明显差异。

此外，由于敏感性分析的自身局限性，在分析三元混合纳米流体时，需固定一个颗粒的比例，调整其余两个颗粒的混合比。因此，为方便分析，在热物性对颗粒混合比的敏感性对比图中，舍弃了 6 组混合比的实验数据，只采用了其中 12 组。而在 CATREG 分析中使用了全部实验的 18 组数据。CATREG 方法本身是一种数理统计方法，原始数据量大，得出的结论较敏感性分析更加可靠。因此，基于数理统计方法的 CATREG 分析得出的结论更加准确。

过以上两种方法的比较，验证了 CATREG 方法在混合纳米流体热物性贡献分析中的可靠性。CATREG 方法能准确、数值地反映各因素对材料热物性的影响。同时发现敏感性分析对于三元混合纳米流体的分析有一定的局限性，仅适用于三元混合纳米流体中能够将某一颗粒的比例固定时的分析。

4.6.3　热物性预测与最佳混合比的选择

CATREG 分析通过将不同种类变量进行量化处理，从而将各变量转换为数值型进行统计分析，输出每个因变量与自变量数据经过变换后的标准化系数及标准分表。通过对各自变量标准分与其对应的标准化系数乘积求和后，可得到相应因变量的预测标准分，再通过对照因变量实验数据与相应标准分表即可得出因变量的预测值。该方法数学模型的一般形式如下：

$$Y = \sum_{i=1}^{n} \beta_i \chi_i + \varepsilon \tag{4.34}$$

式中，Y、χ_i、β_i、n、ε 分别为标准化因变量、各自变量标准分、自变量标准化回归系数、自变量个数、随机误差项。

表 4.10 给出了部分实验数据与使用 CATREG 方法获得的黏度标准分数的比较。

表 4.10　黏度的实际值与标准分对照表

黏度	
实际值	标准分
1.1400	−0.1853
1.1500	−0.0871
1.1600	0.0110
1.1700	0.1092

对比发现，通过式 (4.34) 计算得到的变量标准分在 CATREG 方法输出的变量实际值与标准分对照表中常常处于两个标准分区间内，为了得出更准确的黏度和导热系数预测值，本小节采用差分法对预测值进行求取，其数学描述如下：

$$P_n = P_{n-1} + \left(P_{n+1} - P_{n-1} \right) \times \frac{Y_n - Y_{n-1}}{Y_{n+1} - Y_{n-1}} \tag{4.35}$$

其中，P 和 Y 分别为因变量和标准化后的因变量，下角标 n、n–1、n+1 分别代表预测值以及对照表中预测值的前、后区间终点值。以混合比为 20∶40∶40 的该三元混合纳米流体为例，温度为 40℃时，通过式(4.35)计算得出的黏度预测标准分为 –0.07981，对比表 4.10 发现该值在–0.0871 与 0.011 之间，即预测黏度在 1.15～1.16 mPa·s 之间，不能直接得出预测黏度的实际值，需采用差分法计算，计算过程如下：

$$P_n = 1.15 + (1.16 - 1.15) \times \frac{-0.07981 - (-0.0871)}{0.011 - (-0.0871)} \tag{4.36}$$

得出黏度的预测值为 1.1507，而该比例的三元混合纳米流体在温度为 40℃时黏度的实验值为 1.1 mPa·s，预测误差为 4.6%。通过上述方法对全部实验数据进行分析，最终得出如下实验值与预测值误差图。

图 4.67 为黏度和导热系数实验值与预测值的误差对比图。其中，预测值通过上述方法求取。实验结果与 CATREG 分析法预测值之间的误差通过式(4.36)求取。

$$\text{Dev} = \left[\frac{P_{\text{exp}} - P_{\text{pred}}}{P_{\text{exp}}} \right] \times 100\% \tag{4.37}$$

通过计算，黏度的平均误差为±2.24%，最大误差为 4.85%；导热系数的平均误差为±0.53%，最大误差为 1.74%。两者误差均稳定在一个较小的范围，表明 CATREG 方法可以作为一种准确且有效的混合纳米流体热物性预测方法。

通过式(4.32)和(4.33)分别得到 c_μ/c_λ 和 Mo 值，如图 4.68 所示。结果显示，大多数混合比的纳米流体 c_μ/c_λ 值均低于 4，表明实验中大部分 Al_2O_3-Cu-CuO/W 混合纳米流体在层流条件下传热效果都优于基液。然而，仅有少数几种混合比，如 20∶50∶30、20∶60∶20 和 30∶50∶20，其 Mo 值在本实验温度范围内大于 1，

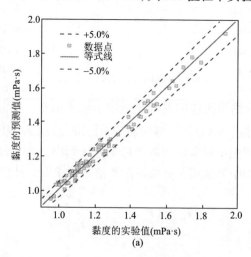

(a)

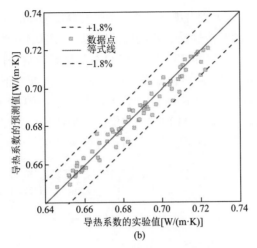

(b)

图 4.67　(a) 黏度与 (b) 导热系数预测误差图

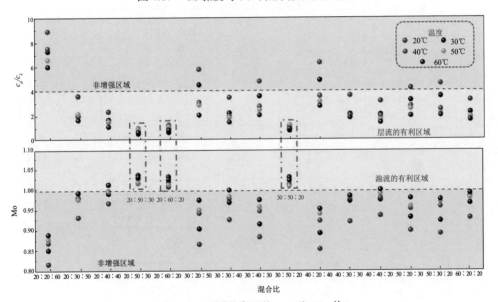

图 4.68　不同混合比的 c_μ/c_λ 和 Mo 值

表明只有三种该混合纳米流体的混合比适用于湍流流态。在混合比为 20∶50∶30、30∶50∶20 和 30∶50∶20 时，纳米流体具有最小的 c_μ/c_λ 值和最大的 Mo 值，表明 Al_2O_3-Cu-CuO/W 混合纳米流体的最佳传热性能颗粒混合比为 20∶50∶30、30∶50∶20 和 30∶50∶20。此外，从图 4.66 中可以看出，在 Al_2O_3-Cu-CuO/W 混合纳米流体中，CuO 对黏度的贡献最大，而对导热的贡献度最小。同时，c_μ/c_λ 和 Mo 的结果显示，大多数有利于流动传热的纳米流体混合比中 CuO 的比例较低，尤其是在三组最佳混合比中。这一发现再次验证了使用 CATREG 方法选择颗粒的优越性和准确性，从而为三元混合纳米流体制备中的颗粒选择提供了指导性新思路。

同样，纳米流体的经济性是工业应用的前提。为选取最具经济性的纳米流体进行商业推广，本节采用式(4.30)和式(4.31)对三种颗粒混合比 Al_2O_3-Cu-CuO/W 混合纳米流体进行热-经济性分析。如图 4.69 所示为不同温度下三种颗粒混合比的该纳米流体热-经济性评价。如图所示，在层流状态下，纳米流体的 PPF_C 随温度变化波动明显，而湍流状态下的 PPF_{Mo} 变化趋势相对平稳。在层流条件下，20：50：30 的混合比优于其他两种混合比，而在湍流条件下，该混合比下纳米流体的

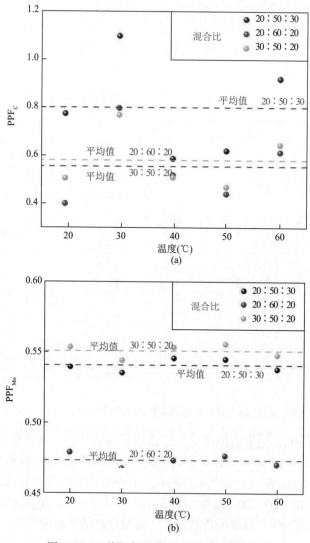

图 4.69　三种混合比的 (a) PPF_C 和 (b) PPF_{Mo}

PPF_{Mo} 仅比 30：50：20 混合比的纳米流体低 1.9%。结果表明，颗粒混合比为 20：50：30 是理论上工业应用中最具经济性的 Al_2O_3-Cu-CuO/W 三元混合纳米流体颗粒组合。

4.6.4 小结

本节研究了 Al_2O_3-Cu-CuO/W 三元混合纳米流体的黏度和导热系数随颗粒组合和温度的变化规律，探究了颗粒种类对热物性的影响。采用 CATREG 和敏感性分析方法测定了 Al_2O_3、Cu 和 CuO 颗粒对三元纳米流体黏度和导热系数的贡献度。比较了这两种方法在混合纳米流体颗粒组合对热物性影响分析方面的优缺点。最后，采用 CATREG 方法对 Al_2O_3-Cu-CuO/W 三元混合纳米流体的黏度和导热系数进行了预测，并确定了有利于传热应用与工业推广的最佳颗粒混合比，主要结论如下所述。

（1）利用 CATREG 和敏感性分析分别测定了三种颗粒对混合纳米流体黏度和导热系数的影响，黏度的贡献度大小为 Cu < Al_2O_3 < CuO，导热系数的贡献度大小为 CuO < Cu < Al_2O_3。

（2）采用 CATREG 法对 Al_2O_3-Cu-CuO/W 纳米流体的黏度和导热系数进行了预测，平均偏差分别为 ±2.24% 和 ±0.53%。表明 CATREG 方法能准确预测 Al_2O_3-Cu-CuO/W 三元纳米流体在不同颗粒配比和不同温度下的黏度和导热系数。

（3）结合 c_μ/c_λ 和 Mo 计算，确定 Al_2O_3-Cu-CuO/W 三元混合纳米流体的最佳颗粒配比为 20：50：30、20：60：20 和 30：50：20，验证了 CATREG 方法用于颗粒选择的优越性和准确性；通过热-经济性分析确定适用于工业推广的最佳颗粒比为 20：50：30。

参 考 文 献

[1] 索强强, 华菲, 张雪林, 彭会芬, 王新. PEG-6000 对 Mn-Zn 铁氧体纳米粉体烧结特性的影响[J]. 人工晶体学报, 2017, 46: 1327-1332.

[2] 杨书伟, 刘瑞见, 梁坤峰, 王莫然, 李亚超. 瞬态热线法导热系数测试中的自然对流影响[J]. 河南科技大学学报(自然科学版), 2018, 39: 29-33.

[3] 纪珺, 曾涛, 章学来, 任迎蕾, 陈裕丰, 高雅汉. 水基纳米 TiO_2 复合相变材料的制备及性能[J]. 制冷学报, 2018, 39: 90-97.

[4] Peng H, Ding G, Hu H. Effect of surfactant additives on nucleate pool boiling heat transfer of refrigerant-based nanofluid[J]. Experimental Thermal and Fluid Science, 2011, 35: 960-970.

[5] Li F S, Li L, Zhong G J, Zhai Y L, Li Z H. Effects of ultrasonic time, size of aggregates and temperature on the stability and viscosity of Cu-ethylene glycol（EG）nanofluids[J]. International

Journal of Heat and Mass Transfer, 2019, 129: 278-286.

[6] 王功亮, 姜洋, 李伟振, 阴秀丽. 基于响应面法的玉米秸秆成型工艺优化[J]. 农业工程学报, 2016, 32: 223-227.

[7] 李学琴, 时君友, 亓伟, 李翔宇, 杜洪双, 张吉平, 庞久寅. 响应面法优化生物质基固体酸催化剂的制备[J]. 太阳能学报, 2015, 36: 1029-1033.

[8] Esfe M H, Motallebi S M, Toghraie D. Investigation the effects of different nanoparticles on density and specific heat: Prediction using MLP artificial neural network and response surface methodology[J]. Colloids and Surfaces A: Physicochemical and Engineering Aspects, 2022, 645: 128808.

[9] Matheswaran M M, Arjunan T V, Muthusamy S. A case study on thermo-hydraulic performance of jet plate solar air heater using response surface methodology[J]. Case Studies in Thermal Engineering, 2022, 34: 101983.

[10] Li X, Chen W, Zou C. The stability, viscosity and thermal conductivity of carbon nanotubes nanofluids with high particle concentration: A surface modification approach[J]. Powder Technology, 2020, 361: 957-967.

[11] Hamid K A, Azmi W H, Nabil M F, et al. Experimental investigation of thermal conductivity and dynamic viscosity on nanoparticles mixture ratios of Al_2O_3-SiO_2 nanofluids[J]. International Journal of Heat and Mass Transfer, 2018, 116: 1143-1152.

[12] Sarkar J, Ghosh P, Adil A. A review on hybrid nanofluids: recent research, development and applications[J]. Renewable and Sustainable Energy Reviews, 2015, 43: 164-177.

[13] Chiam H W, Azmi W H, Usri N A, et al. Thermal conductivity and viscosity of Al_2O_3 nanofluids for different based ratio of water and ethylene glycol mixture[J]. Experimental Thermal and Fluid Science, 2017, 81: 420-429.

[14] Mamourian M, Shirvan K M, Pop I. Sensitivity analysis for MHD effects and inclination angles on natural convection heat transfer and entropy generation of Al_2O_3-water nanofluid in square cavity by response Surface Methodology[J]. International Communications in Heat and Mass Transfer, 2016, 79: 46-57.

[15] Mukhtar A, Saqib S, Safdar F, et al. Experimental and comparative theoretical study of thermal conductivity of MWCNTs-kapok seed oil-based nanofluid[J]. International Communications in Heat and Mass Transfer, 2020, 110: 104402.

[16] Mahian O, Kianifar A. Dispersion of ZnO nanoparticles in a mixture of ethylene glycol-water, Exploration of tmperature-dependent density, and sensitivity analysis[J]. Journal of Cluster Science, 2013, 24: 1103-1114.

[17] Alirezaie A, Hajmohammad M H, Ahangar M R H, Esfe M H. Price-performance evaluation of thermal conductivity enhancement of nanofluids with different particles sizes[J]. Applied Thermal Engineering, 2018, 128: 373-380.

[18] Ma M Y, Zhai Y L, Yao P T, et al. Synergistic mechanism of thermal conductivity enhancement and economic analysis of hybrid nanofluids[J]. Powder Technology, 2020, 373: 702-715.

[19] Halelfadl S, Maré T, Estellé P. Efficiency of carbon nanotubes water based nanofluids as coolants[J]. Experimental Thermal and Fluid Science, 2015, 53: 104-110.

[20] Esfe M H, Rostamian H, Sarlak M R. A novel study on rheological behavior of ZnO-MWCNT/10w40 nanofluid for automotive engines[J]. Journal of Molecular Liquids, 2018, 254: 406-413.

[21] Chen W Z，Zhai Y L, Guo W J , et al. A molecular dynamic simulation of the influence of linear aggregations on heat flux direction on the thermal conductivity of nanofluids[J]. Powder Technology, 2023, 413: 118052.

[22] 杨世铭，陶文铨. 传热学 (第四版) [M]. 北京：高等教育出版社, 2006: 563-564.

[23] Yan S R, Kalbasi R, Nguyen Q, et al. Rheological behavior of hybrid MWCNTs-Al$_2$O$_3$/EG nanofluid: A comprehensive modeling and experimental study[J]. Journal of Molecular Liquids, 2020, 308: 113058.

[24] Zhai Y L, Xia G D, Liu X F, et al. Heat transfer enhancement of Al$_2$O$_3$-H$_2$O nanofluids flowing through a micro heat sink with complex structure[J]. International Communications in Heat and Mass Transfer, 2015, 66: 158-166.

[25] Esfe M H, Esfandeh S, Arani A A A. Proposing a modified engine oil to reduce cold engine start damages and increase safety in high temperature operating conditions[J]. Powder Technology, 2019, 355: 251-263.

[26] Hu M B, Zhang Y M, Gao W, et al. Effects of the complex interaction between nanoparticles and surfactants on the rheological properties of suspensions[J]. Colloids and Surfaces A: Physicochemical and Engineering Aspects, 2020, 599: 124377.

[27] Dhanola A, Garg H C. Influence of different surfactants on the stability and varying concentrations of Al$_2$O$_3$ nanoparticles on the rheological properties of canola oil based nanolubricants[J]. Applied Nanoscience, 2020, 6: 3617-3637.

[28] Esfe M H, Esfandeh S. The statistical investigation of multi-grade oil based nanofluids: enriched by MWCNT and Zno nanoparticles[J]. Physica A: Statistical Mechanics and its Applications, 2020, 554: 122159.

[29] Hu X C, Yin D S, Chen X, et al. Experimental investigation and mechanism analysis: Effect of nanoparticle size on viscosity of nanofluids[J]. Journal of Molecular Liquids, 314: 113604.

[30] Khodadadi H, Aghakhani S, Majd H, et al. A comprehensive review on rheological behavior of mono and hybrid nanofluids: Effective parameters and predictive correlations[J]. International Journal of Heat and Mass Transfer, 2018, 127: 997-1012.

[31] Nadooshan A A, Eshgarf H, Afrand M. Evaluating the effects of different parameters on rheological behavior of nanofluids: A comprehensive review[J]. Powder Technology, 2018, 338: 342-353.

[32] Alphonse P, Bleta R, Soules R. Effect of PEG on rheology and stability of nanocrystalline titania hydrosols[J]. Journal of Colloid and Interface Science, 2009, 337: 81-87.

[33] Anoop K B, Kabelac S, Sundararajan T, et al. Rheological and flow characteristics of nanofluids: influence of electroviscous effects and particle agglomeration[J]. Journal of Applied Physics, 2009, 106: 034909.

[34] Murshed S M S. Heat transfer and fluids properties of nanofluids[J]. Nanomaterials, 2023, 13: 1182.

[35] Bertinetto C, Engel J, Jansen J. ANOVA simultaneous component analysis: A tutorial review[J]. Analytica Chimica Acta: X, 2020, 6: 100061.

[36] Babar H, Sajid M, Ali H. Viscosity of hybrid nanofluids: A critical review[J]. Thermal Science 2019, 23: 15.

[37] Javadian S, Kakemam J. Intermicellar interaction in surfactant solutions: A review study[J]. Journal of Molecular Liquids, 2017, 242: 115-128.

[38] Petosa A R, Jaisi D P, Quevedo I R, et al. Aggregation and deposition of engineered nanomaterials in aquatic environments: Role of physicochemical interactions[J]. Environmental Science and Technology, 2010, 44: 6532-6549.

[39] Sharaf O Z, Taylor R A, Abu-Nada E. On the colloidal and chemical stability of solar nanofluids: From nanoscale interactions to recent advances[J]. Physics Reports, 2020, 867: 1-84.

[40] Walker D A, Kowalczyk B, Cruz M O, et al. Electrostatics at the nanoscale[J]. Nanoscale, 2011, 3: 1316-1344.

[41] Chakraborty S, Sarkar I, Ashok A, et al. Thermo-physical properties of Cu-Zn-Al LDH nanofluid and its application in spray cooling[J]. Applied Thermal Engineering, 2018, 141: 339-351.

[42] Ghasemi A, Hassani M, Goodarzi M, Afrand M, Manafi S. Appraising influence of COOH-MWCNTs on thermal conductivity of antifreeze using curve fitting and neural network[J]. Physica A: Statistical Mechanics and its Applications, 2019, 514: 36-45.

[43] 张德贤. 前向神经网络合理隐含层结点个数估计[J]. 计算机工程与应用, 2003, 39: 21-23.

[44] Whitley D. A Genetic Algorithm Tutorial[J]. Statistics and Computing, 1994, 4: 65-85.

[45] Kalogirou S A. Applications of artificial neural-networks for energy systems[J]. Applied Energy, 2000, 67: 17-35.

[46] Sun C Y. Mind-evolution-based machine learning[J]. Proceedings of the 3rd World Congress on Intelligent Control and Automation, 1998, 1: 355-359.

[47] Huang G B, Saratchandran P, Sundararajan N. A generalized growing and pruning RBF (GGAP-RBF) neural network for function approximation[J]. IEEE Transactions on Neural Networks, 2005, 16: 57-67.

[48] Hemmat Esfe M, Esfandeh S, Niazi S. An experimental investigation, sensitivity analysis and RSM analysis of MWCNT(10)-ZnO(90)/10W40 nanofluid viscosity[J]. Journal of Molecular Liquids, 2019, 288: 111020.

[49] Murshed S M S, Estellé P. A state of the art review on viscosity of nanofluids[J]. Renewable and Sustainable Energy Reviews, 2017, 76: 1134-1152.

[50] Das P K. A review based on the effect and mechanism of thermal conductivity of normal nanofluids and hybrid nanofluids[J]. Journal of Molecular Liquids, 2017, 240: 420-446.

[51] Das P K, Islam N, Santra A K, Ganguly R. Experimental investigation of thermophysical properties of Al_2O_3-water nanofluid: Role of surfactants[J]. Journal of Molecular Liquids, 2017(237): 304-312.

[52] Parsian A, Akbari M. New experimental correlation for the thermal conductivity of ethylene glycol containing Al_2O_3-Cu hybrid nanoparticles[J]. Journal of Thermal Analysis and Calorimetry, 2018, 131: 1605-1613.

[53] Halelfadl S, Maré T, Estellé P. Efficiency of carbon nanotubes water based nanofluids as coolants[J]. Experimental Thermal and Fluid Science, 2014, 53: 104-110.

[54] Hemmat Esfe M, Wongwises S, Naderi A, Asadi A, Safaei M R, Rostamian H, Dahari M, Karimipour A. Thermal conductivity of Cu/TiO$_2$-water/EG hybrid nanofluid: Experimental data and modeling using artificial neural network and correlation[J]. International Communications in Heat and Mass Transfer, 2015, 66: 100-104.

[55] Ma M, Zhai Y, Yao P, Li Y, Wang H. Synergistic mechanism of thermal conductivity enhancement and economic analysis of hybrid nanofluids[J]. Powder Technology, 2020, 373: 702-715.

[56] Webb R L. Performance evaluation criteria for use of enhanced heat transfer surfaces in heat exchanger design[J]. International Journal of Heat and Mass Transfer, 1981, 24: 715-726.

[57] Wei B, Zou C, Yuan X, Li X. Thermo-physical property evaluation of diathermic oil based hybrid nanofluids for heat transfer applications[J]. International Journal of Heat and Mass Transfer, 2017, 107: 281-287.

[58] Anastasios M, Koutsouris A, Konstadinos M. Information and communication technologies as agricultural extension Tools: A survey among farmers in West Macedonia, Greece[J]. Journal of Agricultural Education and Extension, 2010, 16: 249-263.

第5章 纳米流体微观能量传递机理

5.1 分子动力学模拟方法

5.1.1 模型建立及原理

分子动力学模拟基于数学和物理方法，采用经典力学方程的程序代码进行求解，从而得到颗粒的位置、速度、轨迹以及受力等参数，依据统计学规律计算，得到所研究系统的宏观物理化学性质。在这个过程中，使用合适并准确的力场、求解方法以及统计系统是获得精确计算参数的重点。相较于实验研究，计算机模拟具有以下优势：①比较经济；②安全性高；③容易控制；④可以对不能直接观察的现象进行微观机理层面的研究。因此，计算机模拟越来越受到研究人员的青睐，分子动力学模拟可以与理论和实验形成互补。近些年，应用分子动力学模拟纳米流体强化传热机理的研究已经发展得愈来愈成熟，相关文献逐年递增，见图 5.1。

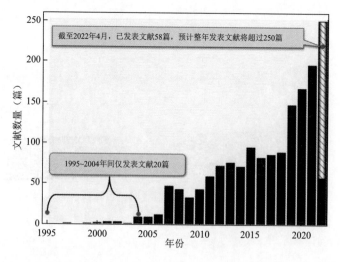

图 5.1 利用分子动力学模拟纳米流体的文献增长趋势（2022 年）

　　分子动力学是一种确定性模拟方法，将所要模拟系统中的粒子(原子或分子)当作研究对象，利用牛顿第二定律微分方程的计算结果来获取系统中原子的运动轨迹，由此可以追踪一组有相互作用的粒子在空间和时间上的演变规律，最终通过统计获得平衡以及传递性质。它的优势在于在节约经济和安全性的基础上，可以精准地控制实验工况并对实验对象进行微观的研究。

　　针对所研究的纳米流体，采用 MS(Materials Studio)和 LAMMPS(大规模原子/分子并行模拟器)软件对纳米流体进行建模和计算。MS 是美国 Accelrys 公司生产的新一代材料计算软件，专门为材料科学领域研究者开发，非常适合用于三维结构模型的建立以及对各种晶体、无定形以及高分子材料的性质进行深入研究。首先利用 MS 导出了单个纳米颗粒和水分子的模型，如图 5.2 所示。LAMMPS 由美国 Sandia 国家实验室开发，是一个被广泛使用的用于模拟分子动力学(MD)模拟的开源软件包，具有计算机语言接口广泛、扩展性良好，且编程水平和计算效率较高等优点。利用 LAMMPS 建立了单个水分子的模型，并将纳米颗粒与水分子结合建立了水基纳米流体系统，见图 5.2(b)和(c)。此外，后续的计算过程也是利用 LAMMPS 软件进行。该软件旨在并行计算机架构上高效运行，允许用户模拟包含数百万或数十亿个原子的大型系统。以下是使用 LAMMPS 运行仿真所涉及的主要步骤。

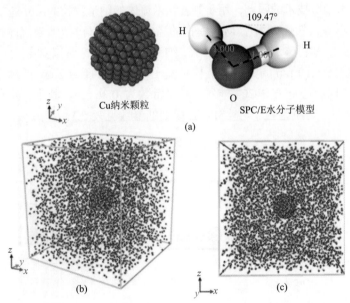

图 5.2　(a)Cu 纳米颗粒和 SPC/E 水分子模型的几何结构；(b)Cu/水纳米流体在模拟域中的初始位置；(c)为(b)中显示模拟区域的相应正视图

　　(1)设置系统：使用 LAMMPS 的第一步是设置要模拟的系统。这包括定义系统的几何结构，指定将包含的原子或分子的类型，以及为原子或分子指定力场参数。LAMMPS 支持广泛的力场模型，包括经典的原子间势、量子力学方法和粗粒度模型。

(2) 定义仿真参数：系统设置后，用户需要定义仿真参数。这包括指定系统的温度和压力、模拟的时间步长以及模拟的持续时间。LAMMPS 还支持一系列不同的边界条件，这些条件可用于模拟不同的几何结构，例如用于模拟体系的周期边界条件或用于模拟表面的反射边界。

(3) 运行仿真：设置系统并定义仿真参数后，用户可以运行仿真。LAMMPS 使用了一个并行计算框架，该框架允许在多个处理器之间进行仿真，大大加快了仿真速度。在模拟过程中，LAMMPS 计算作用在每个原子上的力，并根据模拟参数和力场参数更新它们的位置和速度。

(4) 分析结果：模拟完成后，用户可以分析结果。LAMMPS 提供了一系列内置分析工具，可用于计算系统的参数，如温度、压力和能量。

(5) 可视化结果：最后，可以使用 VMD、OVITO 等工具可视化结果。可视化是理解仿真结果的重要步骤，可以提供对仿真系统的行为和动态的深入了解。

总体而言，LAMMPS 为分子动力学模拟提供了一个灵活而强大的框架，使其成为包括化学、材料科学和生物学在内的广泛领域研究人员的宝贵工具。

由于纳米制造技术的限制，用于制备纳米流体的纳米颗粒的尺寸通常从 10 nm 到 100 nm 不等。然而，由于 MD 模拟的高计算要求，模拟纳米流体的实际尺寸是不可行的[1]。如图 5.2 (b) 和 (c) 所示，纳米流体系统的模拟盒子为一个尺寸为 10 nm × 10 nm × 10 nm 的立方体。模拟盒子中心是直径为 2 nm 的球形铜纳米颗粒，Cu 原子以面心立方 (FCC) 排列，晶格常数为 0.36 nm。其中，水分子模型采用 SPC/E 模型，是刚性粒子[2]。SPC/E 模型的参数见表 5.1。

表 5.1　SPC/E 水分子模型的结构参数

参数	数值
O 原子质量	15.9994 g/mol
H 原子质量	1.0079 g/mol
O 原子所带电荷	−0.8476 (e)
H 原子所带电荷	+0.4238 (e)
OH 键长	1 Å
HOH 键角	109.47°
ε_{O-O}	0.1552 kcal/mol
σ_{O-O}	3.166 Å

续表

参数	数值
$\varepsilon_{H-H}, \varepsilon_{O-H}$	0 kcal/mol
$\sigma_{H-H}, \sigma_{O-H}$	0 Å
截止半径 r_c	8.5 Å

5.1.2　初始参数设定

运动方程是任何分子动力学模拟的基本组成部分,包括本节使用的 LAMMPS 模拟软件。LAMMPS 使用经典力学来模拟原子和分子的运动,这意味着运动方程基于牛顿运动定律,LAMMPS 的运动方程可以写成:

$$F = m \times a \tag{5.1}$$

式中, F 是作用在粒子上的力的总和,包括原子间的相互作用力、系统内部施加的外力和边界条件的作用; m 和 a 分别是粒子的质量和加速度。原子间的相互作用力是使用成对势计算的,例如 Lennard-Jones 势或库仑势。外力可以应用于单个粒子或粒子组,它们用来固定纳米颗粒,在非周期性边界条件中,粒子在碰到边界时将受到完全相反的力并被反弹回去。

在多粒子体系的牛顿方程无法求解析解时,需要通过数值方法求解,在这种情况下,有限差分法便是求解运动方程的重要方法。常见的算法有 Verlet 算法、Leap-frog 算法、Velocity-Verlet 算法、Gear 算法等。其中,Velocity-Verlet 算法和 Leap-frog 算法是在 MD 中应用最常见的两种算法。

Velocity-Verlet 算法同时给出粒子的位置、速度和加速度,并且不损失精度。其优点是可以显示速度项,并且计算量较小,对时间是可逆的。目前大部分 MD 模拟应用中,Velocity-Verlet 算法已经能够基本满足计算系统热力学特性的要求。而 Leap-frog 算法是 Verlet 算法发展的计算模式变种。同 Verlet 算法相比较,Leap-frog 算法有以下两个优点:一是可以显示速度项,收敛速度快;二是计算量相对小。但它的位置和速度并不是同步的,这是它最明显的缺点。

综上所述,选择 Velocity-Verlet 算法对纳米流体进行求解。在确定初始条件后,系统将随机赋予粒子的速度来确定系统的温度,在确定粒子所受到的总力并计算出加速度后,LAMMPS 使用 Velocity-Verlet 算法来整合运动方程并更新每个粒子的位置和速度。Velocity-Verlet 算法是一种二阶方程,这意味着它计算原子运动的精度比欧拉方法等一阶方程更准确。Velocity-Verlet 算法使用以下方程更新粒子的位置和速度。

$$x(t + \mathrm{d}t) = x(t) + v(t) + \left[\frac{1}{2} a(t) \mathrm{d}t^2 \right] \tag{5.2a}$$

$$v(t + \mathrm{d}t) = v(t) + \frac{1}{2} a(t) + \frac{1}{2} a(t + \mathrm{d}t) \tag{5.2b}$$

式中，$x(t)$、$v(t)$、t、a 和 $\mathrm{d}t$ 分别是粒子的当前位置、当前速度、当前的时间、加速度和时间步长。这些方程在每个时间步长更新每个粒子的位置和速度。时间步长越短，则计算的精度越高。

总体来说，运动方程是 LAMMPS 软件进行分子动力学模拟的一个重要组成部分，使研究人员能够研究复杂系统随时间变化的行为。通过准确模拟粒子之间的相互作用，研究人员可以在原子和分子水平上深入了解纳米流体的热物性和传热方式。在本节模拟中，主要使用 32 核 XEON(R) CPU E5-2686 处理器，内存为 16 G。

在分子动力学模拟中，势能是用来描述系统中原子或分子之间相互作用函数。原子间相互作用从根本上决定了材料的性质。LAMMPS 中系统的总势能是系统中所有对原子或分子之间的势能之和。势能函数通常使用实验数据、量子力学计算或两者的组合进行参数化。LAMMPS 软件包括广泛的势能函数，可用于模拟不同类型的系统，如金属合金、陶瓷、聚合物和生物分子等。这些势能函数通常分为两类：成对势(通常也叫作两体势)和多体势。选取合适的势函数对于确保模拟结果的精确性十分关键，下面将按势函数形式对一些常用的经典势函数做简要介绍[3-5]。

在 MD 模拟初期，经常采用两体势。两体势是仅由两个原子的坐标决定的相互作用，计算两个粒子之间的作用力时，不考虑其他粒子的影响。Lennard-Jones(L-J)势能函数[6]是由学者 Lennard-Jones 在 1924 年提出的，L-J 势能函数是一个简单而准确的模型，可用于模拟许多不同类型的系统，包括液体、固体和气体[7-9]。L-J 势能函数[10]是两体势中应用最广泛的势能函数，此势能函数模型将短程分子间的斥力与长程分子间的引力表示为

$$E\left(r_{ij}\right) = 4\varepsilon \left[\left(\frac{\sigma}{r_{ij}} \right)^{12} - \left(\frac{\sigma}{r_{ij}} \right)^6 \right] \qquad r_{ij} \leqslant r_{\mathrm{c}} \tag{5.3a}$$

$$E\left(r_{ij}\right) = 0 \qquad r_{ij} \geqslant r_{\mathrm{c}} \tag{5.3b}$$

式中，r_{ij} 是原子 i 和 j 之间的距离，ε 和 σ 分别是原子 i 和 j 之间的能量和长度参数，r_{c} 是截止半径，设置为 0.85 nm。这个形式的势能函数是为描述惰性气体分子之间相互作用力而建立的，但它表达的作用力较弱，描述的材料的行为也就比较柔韧。

对于纳米流体来说，两体势可以用于描述基液之间的相互作用，例如水的势能函数使用已被广泛接受的 6/12 L-J 势能函数，参数值参见表 5.2。需要注意的是，氢原子之间的相互作用因其质量小而被忽略，即不同原子与水之间的相互作用即是与氧原子的相互作用。

表 5.2　水的 L-J 势能函数参数值

原子对	σ(kcal/mol)	ε(Å)
O—O	0.1552	3.1660
O—H	0	0
H—H	0	0

L-J 势能函数对于研究非极性系统特别有用，其中粒子之间的相互作用由范德瓦耳斯引力控制，函数形式如下所示。

$$E = 4\varepsilon_{ij}\left[\left(\frac{\sigma}{r_{ij}}\right)^{12} - \left(\frac{\sigma}{r_{ij}}\right)^{6}\right] + \frac{Cq_1q_2}{\varepsilon r} \qquad r < r_c \tag{5.4a}$$

$$E = \frac{Cq_1q_2}{\varepsilon r} \qquad r > r_c \tag{5.4b}$$

式中，r_{ij}、ε_{ij} 和 σ 分别表示原子 i 和 j 之间的距离、势阱的深度和粒子与粒子势能的距离，r_c 是截止半径。对于含有静电力的 L-J 势能函数而言，需要在方程中加入库仑力的影响。

图 5.3 为 ZnO/W 与 Zn/W 纳米流体的 L-J 势能函数图。如图 5.3 所示，在 L-J 势能函数中，原子间力在距离大于 10 Å 时几乎为零。因此在纳米流体的模拟中，对于所有的 L-J 势能函数，取 $r_c = 10$ Å。L-J 势能函数由于结构简单，便于计算，在纳米流体中通常被用于计算基液之间的势能，如水和氩的势能函数。

两体势虽然简单，得到的结果往往也符合某些宏观的物理规律，但仅能描述由两个原子的坐标决定的相互作用，不能够准确地描述晶体的弹性性质。由于 L-J 势能是两体势，适用于中性原子和分子，因此在出现电荷转移和极化效应的多体势时，可能无法准确地描述金属、非金属等材料的行为。实际研究中，研究的对象往往是具有较强相互作用的多粒子体系，其中一个粒子状态的变化将会影响其他粒子的变化，不是简单的两两作用，而是多体相互作用。因此，20 世纪 80 年代，学者们开发出多体势来解决模拟金属时两体势存在的缺陷。

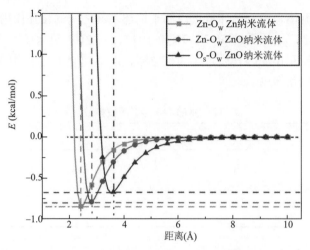

图 5.3 ZnO 和 Zn 纳米颗粒与水的 L-J 势能与距离之间的关系

Daw 和 Baskes 首先提出了嵌入原子法（embedded atom method，EAM），基于这一方法开发出适用于描述金属晶体的 EAM 势。组成 EAM 势的原子间两体势能函数和镶入能函数形式是根据经验，通过对金属的宏观参数进行拟合来确定的。原子 i 的势能 E_i 表达式如下所示[11]。

$$E_i = F_\alpha \left(\sum_{j \neq i} \rho_\beta \left(r_{ij} \right) \right) + \frac{1}{2} \sum_{j \neq i} \phi_{\alpha\beta} \left(r_{ij} \right) \tag{5.5}$$

式中，F_α 是元素 α 的嵌入能；ρ_β 是除第 β 个原子以外的所有其他原子的核外电子在第 β 个原子处产生的电子云密度之和；$\rho_\beta(r_{ij})$ 是第 j 个原子的核外电子在第 i 个原子处贡献的电荷密度；r_{ij} 是第 i 个原子与第 j 个原子之间的距离；$\phi_{\alpha\beta}$ 是元素 α 和元素 β 之间的势能相互作用。式（5.5）中右边第一项表示分子间的短程排斥力，第二项是对势项，根据需要可以取不同的形式。

对于多元体系，模拟系统中存在着不同种原子，因此需要给出不同种原子间的相互作用势。目前通常采用的方法是基于 L-J 势能函数的形式。根据 Lorentz-Berthelot 混合法则[12]计算得到不同种原子间相互作用的 L-J 势参数，来描述不同种原子间的相互作用。Lorentz-Berthelot 混合法则表示为

$$\sigma_{ls} = \frac{\sigma_{ll} + \sigma_{ss}}{2} \tag{5.6}$$

$$\varepsilon_{ls} = \sqrt{\varepsilon_{ll} + \varepsilon_{ss}} \tag{5.7}$$

式中，下标 l 和 s 分别代表液相和固相。

基于上述势能函数的特点，对 Cu/水纳米流体模型的势能函数进行了深入探究。Cu-H$_2$O 原子对之间势能的变化（即相互作用力）如图 5.4 所示。在有效距离（$r < 0.45$ nm）内，Cu—O 对的势能首先呈迅速下降的趋势，最低点处势能最大为 1.21 kcal/mol，此处 Cu 纳米颗粒对水分子的吸引力也达到最大，此后，Cu—O 之间的势能逐渐上升，并趋于零，这表明非键合力与径向距离呈负相关。此外，吸引力占主导地位，意味着纳米颗粒很容易团聚。然而，排斥力的存在可以防止它们沉降。势能分布表明，纳米颗粒与基液分子之间存在一定距离的特殊排列，称之为界面层，两个界面层之间并不是紧密连接的，而是存在一定的间隙，即势垒，基液分子须吸收更多能量以突破该势垒才能自由运动。

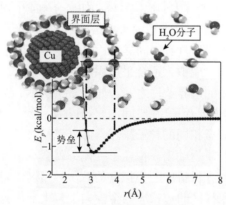

图 5.4 Cu-H$_2$O 势垒示意图

计算机因其自身运行能力受限，无法模拟粒子较多的系统，这就会导致模拟系统的粒子数远远少于真实系统，从而产生所谓的"尺寸效应"问题。边界条件是控制模拟体系中的粒子与模拟边界相互作用的重要方法。边界条件的选择会对模拟结果产生重大影响，MD 模拟中通过选取适当的边界条件，可减小"尺寸效应"的影响，并控制计算工作量不至过大[13]，因此对于不同的系统选择适当的边界条件是非常重要的。合适边界条件的选项需要满足两个条件：第一，为了减小计算量，模拟单元的尺寸应该设置的比较小，同时为了排除其他可能的动态干扰的影响，模拟原胞应该足够大。此外，模拟原胞足够大还可以满足统计学处理的可靠性要求。第二，还要从物理角度考虑体积变化、应变相容性及环境的应力平衡等实际耦合问题。下面是 LAMMPS 软件中的主要边界条件。

周期性边界条件（periodic boundary conditions），在这类的边界条件中，粒子可以跨越模拟盒的边界进行运动，当一个粒子越过盒子的一个边缘时，它就会在盒子的另一侧重新出现，因此在所有方向上被视为模拟盒体系无限延伸。在周期性边界条件中，模拟盒可以理解为被无限复制，每个模拟盒中的所有原子属性均相同，这在模拟体系中创建了一个人工周期，对于模拟大体积系统和最小化边界效应非常有用。因此成为分子动力学模拟中最常用的边界条件。

非周期性边界条件(non-periodic boundary conditions),在这类边界条件中均不允许原子跨越边界。在 LAMMPS 软件中分为以下三类。

(1)固定边界条件(fixed boundary conditions):在这种类型的边界条件中,模拟盒边缘的原子位置是固定的,当模拟盒内原子越过边界时,在模拟盒进行下一次运动方程的积分时将被删除,这可能导致系统不稳定,因此此类边界条件被广泛运用于有墙或其他固定边界的系统。

(2)包覆边界条件(shrink-wrapping boundary conditions):在这类边界条件中,模拟盒的尺寸是变化的,模拟盒会因为粒子的运动而变形或移动,将所有粒子包裹在模拟体系中。这对于形变较大的模拟系统,如聚合物或生物膜的模拟非常有用。

(3)混合边界条件:在这种类型的边界条件中,不同类型的边界条件被用于模拟盒的不同面。这对于模拟具有不同类型边界的复杂系统很有用。

对于平衡分子动力学模拟,适合采用周期性边界条件。周期性边界条件是分子动力学模拟中较常用的边界条件之一,如图 5.5 所示,主要思想是将中心模拟盒子(图中红色边框的模拟盒子)在空间内复制成为一个大的晶格。镜像盒子里面具有与中心模拟盒子完全相同的粒子排布,并且镜像粒子以同样的方式移动。当中心模拟盒中的一个粒子运动出模拟盒子一侧,就会有镜像粒子从另一侧的镜像模拟盒子中进入补充,在保持中心模拟盒的粒子数密度恒定的同时消除了界面效应。需要注意的是,采样区的边长应当至少大于截止半径 r_c 的两倍,以避免真实粒子 i 同时与真实粒子 j 和其镜像粒子 j' 发生作用。采用周期性边界条件,可使分子动力学模拟能够模拟真实无限大系统的情况,例如模拟大块的固体或者液体等。

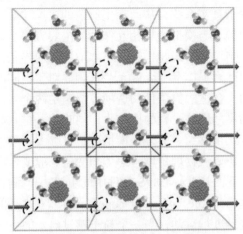

图 5.5　周期性边界条件示意图
(扫描封底二维码可查看本书彩图内容,余同)

但在 MD 模拟中,并不都是使用周期性边界条件。如对于平板间流体流动和传热过程的模拟，沿垂直壁面方向为非周期边界条件，沿壁面方向为周期性边界条件，因此属于混合边界。系综(ensemble)理论由吉布斯于1901年创立，是组成、性质、尺寸和形状完全相同的全同体系构成的、数目极多的系统的集合。它是用来确定和调整模拟体系的热力学条件的集合。通过合理地使用系综，研究人员可以模拟不同热力学条件下的系统，并研究模拟体系在不同工况下的行为。采用MD模拟时，初始时必须指定系综。常用系综有如下几种类型：正则(NVT)系综、微正则(NVE)系综、等温等压(NPT)系综、等焓等压(NPH)系综以及巨正则系综、半巨正则系综和吉布斯系综等，欲得到合理、精确的物化性质计算结果，除采用合适、正确的力场外，系综的选取也十分重要。

1) 正则(NVT)系综

在正则系综中，体系的原子数 N、体积 V 和温度 T 都保持不变。在此情况下，系统的总能量并不守恒，系统需要与外界发生能量交换，通常采用原子速度标定的方法以固定系统动能进而控制温度不变。

2) 微正则(NVE)系综

在该系综下，体系的原子数 N、体积 V 和能量 E 保持恒定不变。整个系统与外界既无粒子交换，也无能量交换，是一种孤立、保守的系统。

3) 等温等压(NPT)系综

所谓等温等压系综，即体系的原子数 N、压强 P 和温度 T 始终保持不变，压强与体积进行耦合，通过控制体积达到控制压强的目的。

4) 等压等焓(NPH)系综

分子动力学模拟中的等压等焓系综，其体系的原子数 N、压强 P 和焓 H 保持不变，模拟时要保持压力与焓值为固定值。这种系综在应用中较为少见。系综的选择取决于所模拟的特定系统和所需要的热力学条件。在选取系综时，应根据系统处于的物理、化学实际场景进行合理选择，有助于得到合理、正确的结果。

为了在 LAMMPS 中执行仿真，需要提供必要的输入文件，其中通常包括系统的初始参数(例如粒子的坐标、力场参数)和模拟参数(例如模拟盒大小、时间步长、温度和压力)。除了这些基本输入外，还可以在模拟过程中计算各种物理性质，从而对系统的行为提供重要的微观见解。

分子模拟的一个重要方面是计算系统中粒子的数密度。图 5.6 为纳米流体数密度分布示意图。在纳米流体的微观参数计算中，数密度被用来计算界面层的密度，在纳米颗粒所在的中心点周围将计算区域均匀分为小球壳，计算两个壳之间的原子数与体积之比，如图 5.6 所示。数密度的计算公式如下：

$$n = \frac{N}{V_c} \tag{5.8}$$

式中，N 和 V_c 分别是该区域的原子数和计算区域的体积。

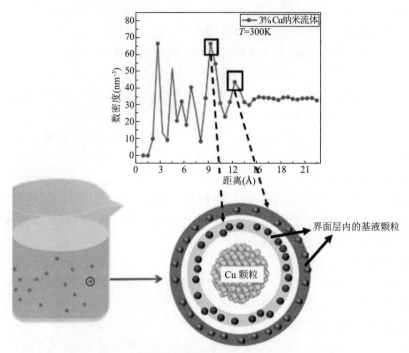

图 5.6　纳米流体数密度示意图

径向分布函数(radial distribution function，RDF)用于描述原子或分子在空间中的分布情况，它表示了在一定距离范围内的粒子密度。通过描述原子或分子在不同距离下的密集程度，提供了有关系统内物质分布情况的详细信息。在 LAMMPS 中，RDF 可以通过计算每个原子与其他原子之间的距离，并将这些距离划分成一系列间隔相等的小区间。对于每个小区间，RDF 测量该区间内的原子或分子数目出现的概率。这个概率可以用来计算该区间内的粒子密度，从而可以得出一个表示原子或分子在该距离下分布情况的函数。图 5.7 为纳米流体径向分布函数的示意图，在距离为 r 的小区间内，3 个黄色的小球被橘色小球所测量并进行 RDF 计算。RDF 的计算公式如下：

$$g_{\alpha\beta}(r) = \frac{V}{N_\alpha N_\beta} \left\langle \sum_{i=1}^{N_\alpha} \frac{N_{i\beta}(r, \nabla r)}{4\pi r^2 \Delta r} \right\rangle \tag{5.9}$$

式中，$n(r, r)$、N_α、N_β 和 $N_{i\beta}$ 分别是 r 和 Δr 之间距离的纳米颗粒的数量，系统中包含的原子种类 α 和 β 的类型，以及相邻两个球壳中间的 β 原子数量。

在纳米流体中，基液原子或分子在不间断地做布朗运动进行碰撞，这种粒子

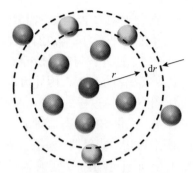

图 5.7　径向分布函数示意图

间的碰撞频率和强弱是影响纳米流体传热能力主要因素之一。由于基液中颗粒数量庞大，因此很难对其碰撞频率进行量化。均方位移（mean square displacement，MSD）可以有效测量模拟中原子或分子扩散程度。基液粒子在一段时间内的平均位移的距离越长，说明粒子碰撞其他粒子或同种粒子的概率越高，它是分析纳米流体力学特性最常用的方法之一。MSD 的计算公式如下：

$$\mathrm{MSD} = \left\langle \left| r_j(t) - r_j(0) \right|^2 \right\rangle \tag{5.10}$$

式中，$r(t) - r(0)$、t 和 $\langle \cdots \rangle$ 分别是一个原子在时间长度上的矢量位移、时间和所有原子的矢量位移的平均。

　　MD 模拟中，要想加快系统趋于平衡的时间与步伐，选择适当的初始条件是非常必要的，适当的初始条件也可以获更高的精度。模拟系统的初始构形和初始速度可以根据实践经验选定。在 MD 计算中，选取适当的积分步长是减小计算机负担、保证计算结果准确性和稳定性的关键因素，因为过小的时间步长会导致巨大的计算负担，而过多的时间步长会导致系统崩溃。经过试验计算后，模拟计算的时间步长设置为 1 fs。

　　在 LAMMPS 模拟中，计算导热系数的方法分为两种：平衡分子动力学计算方法和非平衡分子动力学计算方法。平衡分子动力学计算方法是指在平衡状态下，系统的宏观物理量保持恒定，不受周围因素的影响，在此条件下基于 Green-Kubo 公式进行计算。在该方法中，根据能量波动计算热通量自相关函数，并通过该函数的积分获得导热系数。非平衡分子动力学计算方法则是通过对系统加入温度梯度或热流引起扰动，利用非平衡输运模型，通过对系统施加温度梯度而产生的热通量来计算导热系数。在本节中，计算纳米流体的导热系数的方法既采用平衡分子动力学计算方法又采用非平衡分子动力学计算方法。

　　选择平衡分子动力学计算方法的原因是：首先，纳米流体的有效导热系数（effective thermal conductivity，ETC）可以通过平衡分子动力学的单一模拟计算得到；对于不同温度梯度的非平衡分子动力学方法，需要不同的模拟集。其次，非平衡分子动力学的计算稳定性不能与平衡分子动力学相媲美，因为系统处于非平衡状态，当热通量太大时可能会崩溃。此外，与非平衡分子动力学相比，平衡分子动力学计算了相对较小的系统中纳米流体的 ETC，因此可以大大减少计算负担[14]。

针对纳米流体的分子动力学模拟计算过程是通过 LAMMPS 进行的。综上所述，计算过程及初值设定如下：首先，优化初始状态。对于长程库仑相互作用，采用精度为 10^{-4} 的粒子-粒子-粒子-网格（PPPM）求解器。模拟系统的 x、y 和 z 方向均设置为周期性边界条件，以避免由于布朗运动而改变纳米颗粒数量[15]。使用标准的 Velocity-Verlet 算法求解运动方程。在保持体积恒定的情况下，采用 Nose-Hoover 法对整个系统进行温度设定。然后，为避免初始状态对模拟结果产生任何影响，系统将先在 NVT 系综下进行弛豫，达到平衡状态后，再在 NVE 系综下运行计算过程。

非平衡分子动力学计算方法基于傅里叶定律进行计算，主要步骤如下所述。

(1) EMD 模拟盒沿 z 轴复制一倍并组合在一起，形成一个 NEMD 模拟盒。图 5.8 为纳米流体导热系数计算流程图。如图 5.8(a) 所示，这两个 EMD 模拟盒的物理性质完全相同，因此计算的导热系数不会影响最终的结果。

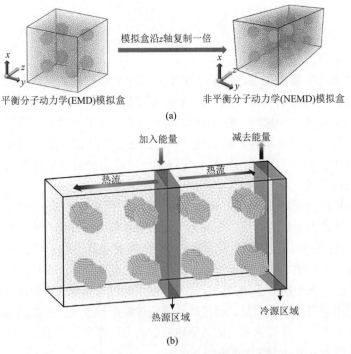

图 5.8 纳米流体导热系数计算流程图

(a) 纳米流体模拟盒；(b) 冷热源放置位置和热通量方向

(2)将模拟盒沿 z 轴方向分为数层大小一致的切片层。图 5.8(b)为冷热源位置示意图，冷源区被定义在最右侧切片层区域，热源区被定义在中间切片层区域。在导热系数的计算过程中，相同的热通量分别从热源区和冷源区加入和减去，由于两个模拟盒完全一致，因此在模拟盒中形成了沿 z 轴的两个大小相同但方向相反热通量。

(3)在 NVE 系综下弛豫一段时间等待系统各个切片区域的温度稳定，输出温度梯度并通过傅里叶定律计算整个模拟体系的导热系数。傅里叶定律如下所述。

$$j_z = \frac{Q}{2(l_x \cdot l_y)} \tag{5.11a}$$

$$\lambda = -j_z \frac{\nabla z}{\nabla T} \tag{5.11b}$$

式中，Q 是加入的热量，由于周期性的边界条件，一半的热量将分别流向模拟箱的两侧；l_x、l_y、j_z 和 $\nabla z/\nabla T$ 分别是模拟箱在 x 轴和 y 轴上的长度、热通量和温度梯度的倒数。

对于纯氩流体而言，由于结构简单，相互作用势能较小，可以考虑为理想气体，因此在计算温差 ∇T 时，使用 LAMMPS 自带的温度算法，如下所述。

$$PV = Nk_B T = \frac{2}{\dim} \text{KE} \tag{5.12a}$$

$$\nabla T = \frac{2\nabla \text{KE}}{\dim Nk_B} \tag{5.12b}$$

式中，P 为系统压力，V 为系统体积，T 为温度，KE 为动能，∇T 为温差，N 为原子数，k_B 为玻尔兹曼常数，VKE 为动能差，dim 为基液原子/分子的自由度。

然而，水由于结构复杂，相互作用势能强，因此将其考虑为理想气体，Dorrani 等[16]使用反扰动非平衡动力学(reverse-nonequilibrium molecular dynamics，RNEMD)方法测量 298 K 时 SPC/E 纯水模型的导热系数，结果为 0.844 W/(m·K)，误差为 40%，Römer 等[17]使用 NEMD 方法测量了 324 K 时的 SPC/E 纯水模型的导热系数，为 0.87 W/(m·K)，误差为 33%。这是因为上述方法中，没有考虑使用位力方程[18]对水的理想气体状态方程进行修正，进而对水的温差进行修正，位力方程如下所述。

$$Z = \frac{pV}{nRT} = 1 + B_2\rho^2 + B_3\rho^3 + \cdots \tag{5.13}$$

式中，Z 为压缩因子，B_2、B_3 分别为第二位力系数和第三位力系数，p 为压力，ρ 为数量密度，R 为理想气体常数，T 为温度，n 为原子数。

因此，对于计算水的温差 ∇T 和导热系数，需要引入压缩因子进行修正，如下所述。

$$\nabla T = \frac{2\nabla \mathrm{KE}}{\dim N k_\mathrm{B}} \cdot \frac{1}{Z} \tag{5.14a}$$

$$\lambda = -j_z \frac{\nabla Z}{\nabla T} \cdot Z \tag{5.14b}$$

在 300~320 K 下，纯水模型的压缩因子为 0.75~0.93[19,20]，区间差异较大，为了确定实际模拟中压缩因子的具体数值，对 300~320 K 温度区间内，尺寸为 50 Å×50 Å×50 Å 和 55 Å×55 Å×55 Å 的纯水模拟盒的导热系数进行计算，并与实际的纯水导热系数进行比较，得到较为合适的压缩因子。

图 5.9 表示了 300~320 K 时模拟的导热系数值与 Ramires 等[21]测量的导热系数。如图所示，实验测量的导热系数值为 0.6096~0.6387 W/(m·K)，模拟计算的导热系数值为 0.8281~0.8573 W/(m·K)，模拟的导热系数与测量的导热系数误差约为 36%。将 0.745 作为压缩因子的数值，修改后的模拟的导热系数为 0.6169~0.6375 W/(m·K)，与测量的导热系数误差在–1%至+1.2%之间，在 300 K 时存在最大误差+1.2%，与水测量的导热系数的误差值最小，因此取 0.745 作为压缩因子。此外，在 300~320 K 的温度下，0.745 的数值非常接近纯水的压缩因子的区间

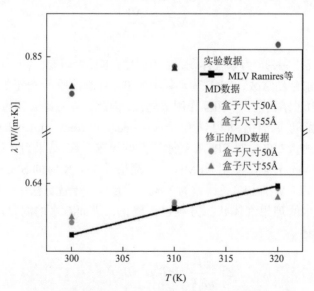

图 5.9 模拟得到和修正的导热系数与实验值[21]的对比

（0.75～0.93）。因此在纯水模型中，将压缩因子设置为 0.745 并对纯水的导热系数修正是合理的。

5.1.3 模型验证

采用平衡分子动力学（EMD）方法计算纳米流体的导热系数。在计算纳米流体的模拟结果之前，利用纯水的实验数据对模型进行了验证。图 5.10 为纯水系统在 30℃时的导热系数和黏度随积分时间的变化。如图所示，纯水系统的导热系数逐渐收敛到 0.615 W/(m·K)，接近实验[22]测量值 0.618 W/(m·K)。黏度值逐渐收敛到 0.8007 mPa·s，接近实验[22]测量值 0.8015 mPa·s。

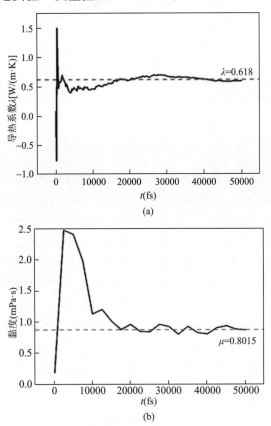

图 5.10　水的(a)导热系数和(b)黏度在 30℃时随时间的变化

为了进一步验证模拟数据的准确性，在温度为 20～60℃的范围内，模拟了纯水系统的导热系数和黏度随温度的变化。图 5.11 为水的导热系数和黏度模拟数据与文献数据的对比。如图所示，模拟数据与 Yang 等[22]的数据吻合良好，导热系数和黏度值的最大偏差分别为 1.3% 和 5.4%。考虑到仿真误差的主要来源是仿真时间步长、所选算法等，这是不可避免的，因此可以证明采用的仿真方法是合理可靠的。

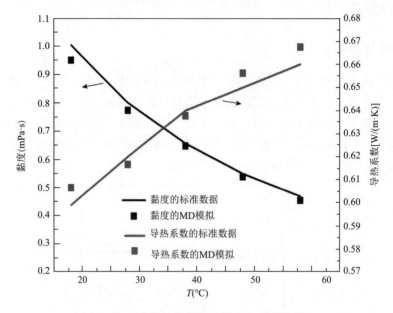

图 5.11　水的导热系数和黏度准确性的验证

采用非平衡分子动力学(NEMD)方法计算纳米流体的导热系数。首先，验证模型中势能参数的选取。本节选取了水、液氩作为基液。选取水作为基液的主要原因是其在工程方面应用广泛，但由于水是极性分子，氧原子中存在负电荷，氢原子中存在正电荷，因此水分子之间存在库伦力，需要使用 LAMMPS 软件中的长程静电力进行求解，极大增加了模拟系统的求解时间和运行时长。液氩不是常用的工业传热工质，但由于原子模型简单、模拟计算所需时间短及模拟值与实验值的吻合较好，因此被广泛使用[23]。综上所述，对于小体系的纳米流体模型而言，选择水作为基液进行模拟研究，对于较大体系的纳米流体模拟研究，使用 Ar 作为基液进行实验研究。表 5.3 为 Ar 和水的势能参数，水和液氩均采用 L-J 势能函数描述分子和原子间的相互作用力，其中水的 L-J 势能函数中包括了使用 PPPM 对长程静电力进行求解。

表 5.3　势函数参数[16]

作用势对	$\sigma(\text{Å})$	$\varepsilon(\text{eV})$
O—O	3.1590	0.067
O—H	0	0
H—H	0	0
Ar—Ar	3.405	0.0104

　　其次，水模型的导热系数验证。在确定 Zn/W 和 ZnO/W 纳米流体的导热系数之前，对纯去离子水模型的导热系数进行了验证，以保证在 300～330 K 温度条件下模拟的准确性。在 51 Å × 51 Å × 51 Å 的模拟盒中填充晶格常数为 3.1 Å 的 SPC/E 水模型，计算导热系数。

　　在计算导热系数之前为了确保系统处于稳定状态，先观察参数随运行时间的变化情况。图 5.12 为去离子水系统中总能量、动能、势能和温度的变化。如图所示，在所有运行工况下，80 ps 时能量和温度的波动小于±1%，说明此时系统达到了稳定状态。因此，继续运行到 120 ps 之后，测量去离子水系统的导热系数的数值是稳定的。再继续运行 20 ps 后使温度梯度达到稳定，接着再运行时间 13 ps 可用于测量纯水模型的导热系数。

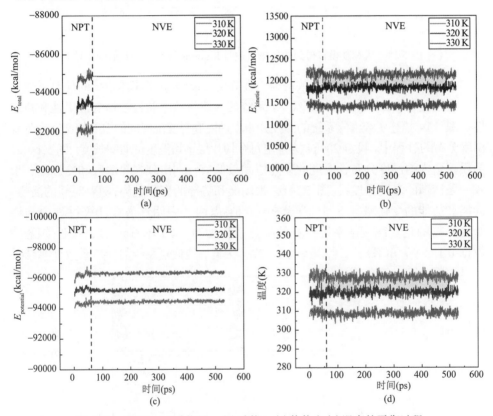

图 5.12　系统的 (a) 总能量、(b) 动能、(c) 势能和 (d) 温度的平衡过程

　　图 5.13 为 MD 模拟的去离子水的导热系数与 Ramires 等[21]的实验结果的比较，以验证模拟的准确性。可以看出，在 300～320 K 的温度范围内，导热系数值的误差在 +1% 至 –3% 之间，而在温度为 330 K 时的最大误差只有 2.7%。因此，通过对比去离子水的导热系数的模拟值与实验值，验证了使用的模型和方法的准确性。

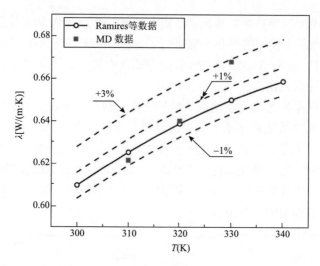

图 5.13　从 MD 模拟得到的导热系数与 Ramires 等[21]的实验值的比较

　　最后，液氩模型的导热系数验证。在确定 Cu/Ar 纳米流体系统的导热系数之前，通过使用 NEMD 方法计算纯 Ar 系统的导热系数来验证模拟的准确性和稳定性。图 5.14 描述了纯液氩系统的温度分布、动能和势能随时间的演变情况。在计算温度分布的过程中，设定 200 ps 为确定每个切片层平均温度的时间长度。图 5.14(a) 为模拟盒内的温度分布，温度的最高值和最低值分别出现在热源区和冷源区，形成一条清晰的温度梯度线。图 5.14(b) 为动能和势能的变化趋势，随着时间的演变，动能和势能的变化略有不同，误差在 ±0.5% 以内，表明参数在计算过程中结果始终保持稳定。纯液氩系统计算的导热系数为 0.1327 W/(m·K)，接近实验[24]数据 0.132 W/(m·K)，二者误差为 0.47%。因此，纯液氩系统的导热系数计算结果

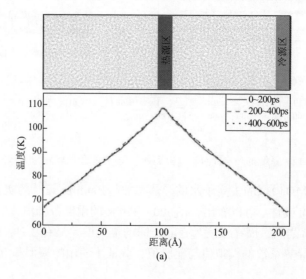

(a)

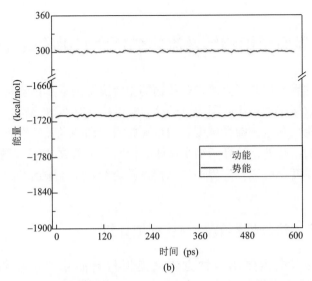

图 5.14　85K 时纯氩系统中 (a) 温度分布以及 (b) 动能和势能的变化

的有效性可以通过上述的建模过程得到验证。之后，该方法被用于计算 Cu/Ar 纳米流体系统的各种模型的导热系数。

5.1.4　小结

在本节中，对分子动力学模拟的基本设定和使用的主要参数进行了概括说明，总结了 MD 模拟测量纳米流体微观参数的基本步骤。基于采用 EMD 计算方法利用纯水系统对纳米流体模拟系统的导热系数进行了验证，以及基于使用 NEMD 计算方法利用纯水和纯氩基液系统对纳米流体的导热系数进行了验证。主要结论如下所述。

(1) 与实验和理论方法相比，分子动力学模拟在模拟纳米流体强化传热微观机理上更有优势。

(2) 在 20～60℃ 的温度范围内，模拟得到纯水系统的导热系数和黏度。将模拟数据与文献值进行比较，结果表明，模拟数据与 Yang 等[22]的实验数据吻合良好，导热系数和黏度值的最大偏差分别为 1.3% 和 5.4%。

(3) 在 300～330 K 的温度范围内，纯水系统模拟得到的导热系数与实验测量的结果比较，最大偏差为 2.7%。

(4) 在温度为 85 K 时，纯氩系统模拟得到的导热系数与实验数据进行对比，误差为 0.47%。

因此，使用 MD 的方法研究纳米流体是合理可靠的。

5.2 界面层影响纳米流体热物性变化的微观机理

纳米流体的界面层是否为改善热传输的主要决定因素，仍然是一个有争议的问题。以实验数据作为对比，利用分子动力学方法计算获得 Al$_2$O$_3$、CuO 和 Cu/水纳米流体的相关参数，探究温度、纳米颗粒浓度和纳米颗粒性质对纳米流体热传输参数的影响。此外，计算了纳米流体的径向分布函数 $g(r)$、数密度(N)、界面层结构及其厚度(δ)，以探究界面层结构特性与纳米流体输运参数之间的内在关联机制。

5.2.1 纳米流体热物性参数的 MD 模拟计算

在 MD 模拟中主要用两种方法来模拟材料的导热系数和黏度：基于 Green-Kubo 关系的平衡分子动力学方法和基于傅里叶定律的非平衡分子动力学方法[25]。使用 EMD 法进行研究，是因为这种方法时不需要额外的调整，并且可以避免相关函数的收敛性不佳[26]。导热系数和黏度使用 Green-Kubo 方法计算的公式如下[27]：

$$\lambda\left(t_M\right) = \lambda\left(M, \Delta t\right) = \frac{\Delta t}{3k_{\mathrm{B}} V T^2} \sum_{m-1}^{M} \frac{1}{N-m} \sum_{n-1}^{N-m} \left[J\left(m+n\right) J\left(n\right) \right] \tag{5.15}$$

$$\mu = \frac{\varphi}{k_{\mathrm{B}} T} \int_0^\infty \left\langle \sum P(t) P(0) \right\rangle \mathrm{d}t \tag{5.16}$$

式中，M 为积分时间步长，k_{B} 为玻尔兹曼常数$(1.38 \times 10^{-23}$ J/K$)$，φ 为体积分数，T 为温度，N 为模拟所需的时间步数，$J(m+n)$ 是时间步长$(m+n)$的热流自相关函数，P 是应力张量的独立分量。

考虑到 LAMMPS 的实际计算能力，在模拟中使用了直径为 2 nm 的纳米颗粒。模拟盒子的尺寸为 10 nm × 10 nm × 10 nm。首先，从 MS 中截取出 Cu、CuO 和 Al$_2$O$_3$ 纳米颗粒，然后利用 LAMMPS 建立单个水分子模型，并放置在模拟盒子中心的球形区域，盒子其他区域充满水分子。SPC/E 水分子模型以及 Cu、Al$_2$O$_3$ 和 CuO 纳米颗粒模型如图 5.15 所示。

水分子和 Cu 原子以面心立方(FCC)晶格排列，晶格常数分别为 0.54 nm 和 0.3615 nm。此外，CuO 纳米颗粒被设置为 PtS 结构，形成四方体系。Al$_2$O$_3$ 纳米颗粒以六方最密堆积排列，晶格常数为 0.514nm。水分子采用 SPC/E 模型。水分子的数密度为 33 nm^{-3}(密度 1000 kg/m^3)，使用公式(5.17)计算。

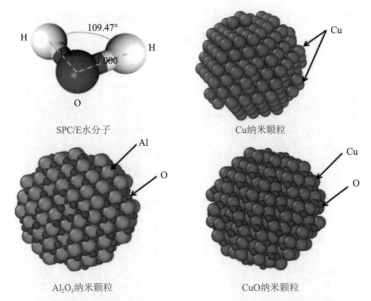

图 5.15　SPC/E 水分子模型以及 Cu、Al₂O₃ 和 CuO 纳米颗粒模型

$$n = \frac{N}{V} \tag{5.17}$$

式中，N 和 V 分别是水分子的数量和计算区域的体积，n 表示模拟区域内水分子数量多少的程度。

　　以 Cu/水纳米流体为例。对四种不同的体积分数的纳米流体进行了模拟，对应体积分数 0.5%、1.0%、1.5% 和 2.0% 的分别是由 429、858、1287 和 1716 个 Cu 原子组成的 Cu 纳米颗粒。表 5.4 为不同体积分数的纳米流体的原子数和水分子数。在这四种体积分数中，Cu 纳米颗粒均被随机排列的水分子（分别为 33283、33115、32948 和 32781 个水分子）包围。

表 5.4　不同体积分数纳米流体系统中的原子和分子数

纳米流体的类型	原子/分子	数量			
		0.5%	1.0%	1.5%	2.0%
Al₂O₃/水	Al+O	602	1204	1806	2408
CuO/水	Cu+O	507	1014	1521	2028
Cu/水	Cu	429	858	1287	1716
H₂O	H₂O（N/V）	33283	33115	32948	32781
	H₂O（FCC=5.4）	21260	21061	20873	20685

图 5.16 为体积分数分别为 0.5%、1.0%、1.5%和 2.0%的 Cu/水纳米流体模拟系统的初始位置。随后，根据 MD 模拟中的牛顿定律，获得了系统中分子位置的时间演化和相应的速度。对于 Al_2O_3/水和 CuO/水纳米流体获得了类似的结果。

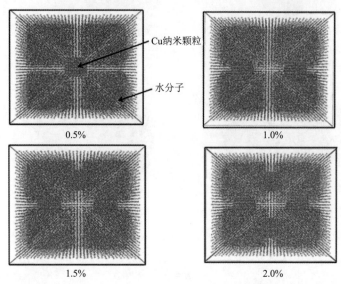

图 5.16　体积分数为 0.5%、1.0%、1.5%和 2.0%时 Cu/水纳米流体的初始位置示意图

Cu-Cu、CuO-CuO、Al_2O_3-Al_2O_3 和 H_2O-H_2O 之间的原子间势采用已被广泛接受的 6/12 L-J 势能函数，参数值参见表 5.5。

表 5.5　势函数参数值

原子对	σ(kcal/mol)	ε(Å)
Cu—Cu	9.4400	2.3380
Cu—O	1.2100	2.7520
Al—Al	8.6500	3.0880
Al—O	1.1587	3.1270
O—O	0.1552	3.1660

在模拟过程中，对于长程库仑相互作用，采用精度为 10^{-4} 的粒子-粒子-粒子-网格求解器。为了减少尺寸的影响，在模拟系统的 x、y 和 z 方向设置了周期性边界条件。该模型在 NVT 系综下完全弛豫达到平衡，以避免初始状态对模拟结果产生任何影响。然后，计算过程在 NVE 系综下运行。

使用标准 Velocity-Verlet 算法求解运动方程。在保持体积恒定的情况下，采用 Nose-Hoover 法对整个系统进行温度设定。时间步长设置为 0.01 fs，以获得系统在 NVT 条件下的热力学平衡(即原子数、体积和温度恒定)。模拟温度变化范围为 20~60℃。

在计算导热系数和黏度之前,先对纳米流体系统进行弛豫达到热力学平衡,以保证计算过程的模拟条件是稳定的,并使用文献数据验证模拟模型的精确度。系统平衡的实现可以通过动能、势能、总能量和温度进行监测。

图 5.17 为系统的动能、势能和总能量随时间的变化情况。其中,总能量是动能和势能的总和。如图所示,由于原子间作用力较大,势能(绝对值)远高于动能,总能量和势能比动能大一两个数量级。Razmara 等[28]指出一旦总能量的波动收敛,

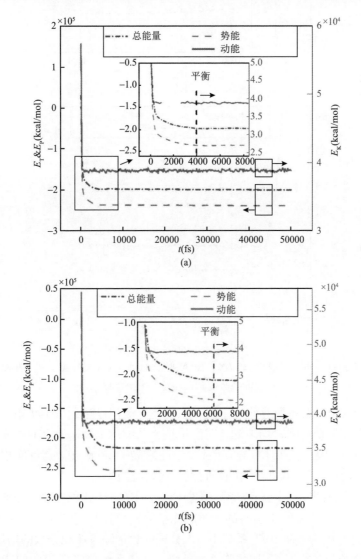

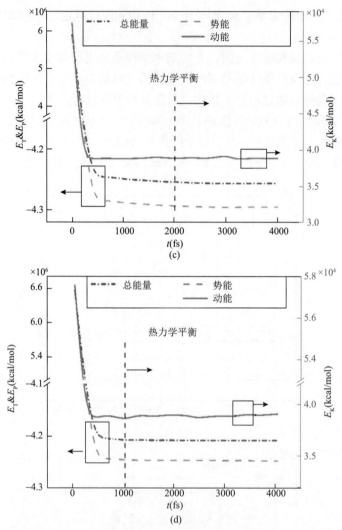

图 5.17 (a) 0.5% Cu/水、(b) 2.0% Cu/水、(c) 0.5% CuO/水、(d) 0.5% Al₂O₃/水纳米流体系统的
动能、势能和总能量的平衡过程

系统就达到稳定。对于所有研究工况，系统在 6 fs 内已达到平衡状态。温度更高时，由于布朗运动更强，均匀混合时间更短，系统达到平衡所需的时间随着温度的升高而缩短。因此，在计算导热系数之前，需要 600000 步才能够实现系统的稳定。达到平衡后，每 1000 个时间步收集一次模拟数据。

图 5.17 还表明，总能和势能都随着 Cu/水纳米流体体积分数的增加而降低。例如，在 0.5% 和 2.0% 时，平衡时的绝对总能量值分别为 1.2×10^6 kcal/mol 和 2.8×10^5 kcal/mol。这是因为，在 NVT 系综中，水分子的数量随着体积分数的增加而减少，削弱了水分子与 Cu 原子之间碰撞的影响，并使系统稳定在较低的能量。这与

Razmara 等得到的结论一致，他们还表明碳纳米管/水纳米流体在较低体积分数下的总能量和势能会降低。

基于 Green-Kubo 方法计算了 Cu/水纳米流体的导热系数和黏度，并与实验数据和理论模型进行了对比分析。图 5.18 为体积分数 0.5%的 Cu/水纳米流体系统在 30℃时的导热系数和黏度随积分时间的变化。如图所示，导热系数和黏度模拟值在积分时间为 200 fs 时收敛到固定数值，分别为 0.95 W/(m·K) 和 2.25 mPa·s。对于其他体积分数，也观察到类似的趋势。因此，为减少计算误差，在计算所有导热系数和黏度值前，系统都需要先弛豫 400 fs，随后将达到热力学平衡状态。

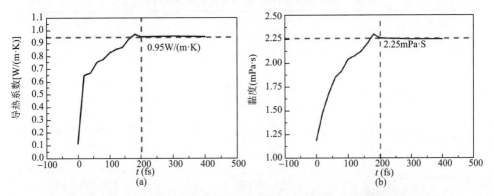

图 5.18　0.5% Cu/水纳米流体在 30℃时的 (a) 导热系数和 (b) 黏度随时间的演变

图 5.19 为导热系数和黏度随体积分数和温度的变化，其中，体积分数和温度

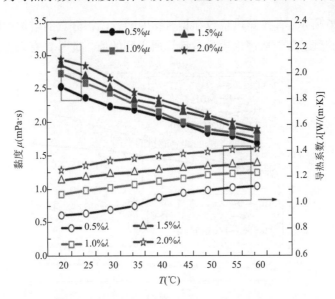

图 5.19　Cu/水纳米流体的导热系数和黏度随温度和体积分数的变化

的变化范围分别为 0.5%～2.0%和 20～60℃。如图所示，导热系数和黏度都随着体积分数的增加而增加。此外，随着温度升高，导热系数增大而黏度减小，这与之前的研究一致[29]。

图 5.20 为 MD 模拟的有效导热系数 $\lambda_{\text{nf}}/\lambda_{\text{bf}}$ 和相对黏度 $\mu_{\text{nf}}/\mu_{\text{bf}}$ 与实验[30]和理论模型[30-36]数据之间的比较。有效导热系数 $\lambda_{\text{nf}}/\lambda_{\text{bf}}$ 和相对黏度 $\mu_{\text{nf}}/\mu_{\text{bf}}$ 用于量化纳米流体相对于其基液的黏度和导热系数的增加或减少。表 5.6 为部分用于预测纳米流体的导热系数和黏度的理论模型。

表 5.6　预测纳米流体的导热系数和黏度的理论模型

作者(年份)	模型	贡献
Maxwell (1881)[31]	$\dfrac{\lambda_{\text{nf}}}{\lambda_{\text{bf}}} = \dfrac{\lambda_{\text{np}} + 2\lambda_{\text{bf}} + 2(\lambda_{\text{np}} + \lambda_{\text{bf}})\varphi}{\lambda_{\text{np}} + 2\lambda_{\text{bf}} - (\lambda_{\text{np}} - \lambda_{\text{bf}})\varphi}$	低体积分数 φ 下均匀分散
Hamiltion-Crosser (1961)[32]	$\dfrac{\lambda_{\text{nf}}}{\lambda_{\text{bf}}} = \dfrac{\lambda_{\text{np}} + (n-1)\lambda_{\text{bf}} + (n-1)(\lambda_{\text{bf}} - \lambda_{\text{np}})\varphi}{\lambda_{\text{np}} + (n-1)\lambda_{\text{bf}} + (\lambda_{\text{np}} - \lambda_{\text{bf}})\varphi}$	n 为形状因子；对于球形颗粒，$n=3$；对于其他形状，$n=0.5\sim0.6$
Einstein (1906)[34]	$\dfrac{\mu_{\text{nf}}}{\mu_{\text{bf}}} = 1 + 2.5\varphi$	适用于低体积分数($\varphi < 2.0\%$)的纳米流体
Brinkman (1952)[35]	$\dfrac{\mu_{\text{nf}}}{\mu_{\text{bf}}} = \dfrac{1}{(1-\varphi)^{2.5}}$	修正爱因斯坦模型，使其适用体积分数高达 4.0%
Batchelo (1977)[36]	$\dfrac{\mu_{\text{nf}}}{\mu_{\text{bf}}} = 1 + 2.5\varphi + 6.5\varphi^2$	考虑了布朗运动和纳米颗粒之间的相互作用

如图 5.20 所示，有效导热系数和相对黏度随着体积分数的增加而增加。然而，模拟和实验值都远高于从理论模型中计算所得到的值。此外，有效导热系数和相

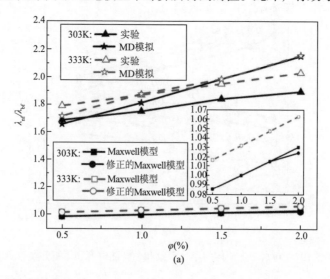

(a)

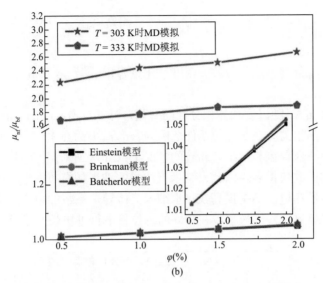

图 5.20　Cu/水纳米流体 MD 模拟(a)有效导热系数 $\lambda_{nf}/\lambda_{bf}$ 和(b)相对黏度 μ_{nf}/μ_{bf} 与实验[37]
和理论模型[32,36]数据之间的比较

对黏度与不同体积分数之间的比率关系不是线性的。在高体积分数时偏差更显著，这意味着纳米颗粒中热传输的性质不仅仅影响纳米流体的热物理特性。为了解释这种非线性现象，5.2.2 节分析了纳米流体传热性能增强的微观机理。

5.2.2　界面层对纳米流体热物性变化的微观机理

Bianco 等[38]指出，由于布朗运动，纳米颗粒通过相互碰撞而穿过基液分子。因此，纳米流体的导热系数可以通过固-固传热模式增加。布朗运动的影响可以通过比较纳米颗粒扩散的时间尺度 τ_D 与流体中的热扩散时间尺度 τ_H 来确定。τ_D/τ_H 比值高，表明热扩散比布朗扩散快得多。τ_D 和 τ_H 值计算如下[39]：

$$\tau_D = \frac{3\pi\mu_{nf}d^3}{6k_BT} \tag{5.18}$$

$$\tau_H = \frac{d^2c_{p,nf}\rho_{nf}}{6\lambda_{nf}} \tag{5.19}$$

式中，d 是纳米颗粒直径；纳米流体的密度 ρ_{nf} 和比热容 $c_{p,nf}$ 可以根据混合规则计算，如下所示[40]。

$$\rho_{nf} = \varphi\rho_{np} + (1-\varphi)\rho_{bf} \tag{5.20}$$

$$c_{p,nf} = \frac{\varphi \rho_{np} c_{p,np} + (1-\varphi) \rho_{bf} c_{p,bf}}{\rho_{nf}} \tag{5.21}$$

式中，φ、ρ、c_p 分别为体积分数、密度、比热容；下标 np 和 bf 分别表示纳米颗粒和基液。

图 5.21 为 τ_D/τ_H 随温度和体积分数的变化，可以看出，τ_D/τ_H 与温度呈负相关，与体积分数呈正相关。在研究的条件范围内，τ_D/τ_H 大约在 1.87～4.19 之间变化，这表明即使在纳米颗粒非常小（2 nm）的情况下，Cu/水纳米流体的热扩散仍然比纳米颗粒的布朗扩散快得多。因此，纳米流体中的纳米颗粒布朗运动因为扩散太慢而无法传递大量热量，不是提高 Cu/水纳米流体导热系数的主要因素。此外，随机运动的存在导致一些纳米颗粒在相同的总位移下行进更长的路径[41]。

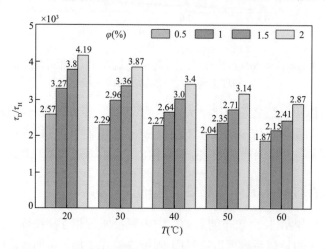

图 5.21　Cu/水纳米流体 τ_D/τ_H 随温度和体积分数 φ 的变化

为了获得界面层与热物性参数之间的关系，用纳米流体的径向分布函数 $g(r)$ 来估计界面层的结构和厚度，计算如下[42]：

$$g(r) = \frac{\rho(r)}{\rho} = \frac{n(r)}{4\pi r^2 \Delta r} \bigg/ \frac{N}{V} \tag{5.22}$$

式中，$n(r)$ 是距铜原子距离为 r 处的液体分子数。RDF 表示在 Cu/水纳米流体中的铜原子中心附近发现水分子的概率。$g(r)$ 值越大，表示相应区域中心铜原子周围存在的水分子越多，表明分子与原子之间的相互作用力越强。此外，界面层厚度 δ 表示 Cu 原子与水分子之间的距离。

图 5.22 为界面层的结构示意图，可以看出，在 MD 模拟中，水分子的有序排列形成了致密的液体界面层。纳米流体的输运参数，如黏度和导热系数，在很大

程度上取决于界面层的结构和厚度。Zeroual 等[43]认为纳米颗粒与液体分子之间的相互作用力比液-液相互作用强得多；因此，液体分子被诱导在纳米颗粒周围形成有序的液体界面层。

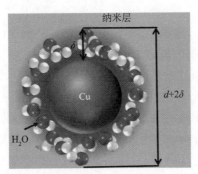

图 5.22　界面层结构示意图（d 是 Cu 纳米颗粒直径，δ 是界面层厚度）

尽管许多研究人员都提到过这种界面层的存在，但还未有人通过 MD 模拟得到过直观的界面层结构。图 5.23 为温度为 40℃时，体积分数为 0.5%的 Cu/水纳米流体中 Cu 原子周围界面层的微观结构，以及纯水系统中水分子的排布情况。该图比较清楚地展现了 MD 模拟过程中水分子的排布，在有纳米颗粒的情况下，水分子形成有序的液体界面层[图 5.23(a)]，纯水系统中，液体分子随机排列[图 5.23(b)]。在基液中，热传递主要是通过布朗运动，这解释了其导热系数低的原因。

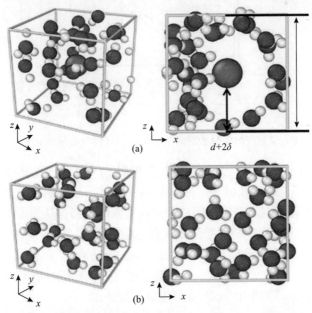

图 5.23　40℃下 (a) Cu 原子 (0.5%) 周围形成的水分子界面层；(b) 纯水系统中的分子排列

    Ahmed 等[44]指出，由于界面层本质上是一个液体分子密度比基液高的区域，可以看作是连接纳米颗粒和基液之间的"热桥"，降低了两者之间的接触热阻。因此，与基液相比，类固状界面层的存在是纳米流体导热系数和黏度增加的主要原因。

    图 5.24 为 40℃时 Cu/水纳米流体的径向分布函数(RDF)。如图所示，对于不同体积分数的 Cu/水纳米流体，RDF 包含两个峰值，第一个峰值较高。随着距离 r 的增加，RDF 值在接近稳定值 1 之前有轻微振荡，这表明第一分子界面层的结构最有序，Cu 原子与水分子之间的相互作用力最强。Wang 等[45]做了类似的分析，他们研究了界面层对 Cu/Ar 纳米流体导热系数的影响，发现导热系数的增强主要发生在第一个分子界面层处。如图 5.24 所示，$g(r)$ 的值随着 Cu/水纳米流体体积分数的增加(从 0.5%时的 2.66 到 2.0%时的 13.23)而增加，表明界面层更像固体。相应的黏度值分别为 2.04 mPa·s 和 2.36 mPa·s。这些结果表明类固状界面层的存在是较高体积分数下黏度增加的主要因素。

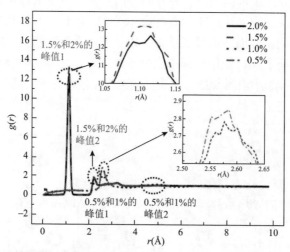

图 5.24　Cu/水纳米流体在 40℃时的径向分布函数 $g(r)$

    如图 5.24 所示，第一分子界面层的厚度 δ 随 Cu/水纳米流体体积分数的增加而减小，分别为 3.73 Å、3.61 Å、1.31 Å 和 1.29 Å。这表明接触热阻(即 Kapitza 电阻)降低，Cu 原子与水分子之间的相互作用强度增强，从而增加了导热系数。$g(r)$ 中第一个峰的高度和厚度受纳米流体温度和体积分数的影响而发生显著变化。图 5.25 为体积分数分别为 1.0%和 2.0%的 Cu/水纳米流体 $g(r)$ 第一峰的高度和厚度随温度的变化，可以看出，峰高随温度升高而降低(例如，在 20～60℃的温度范围内从 11.61 降到 10.24)，而厚度 δ 不变。

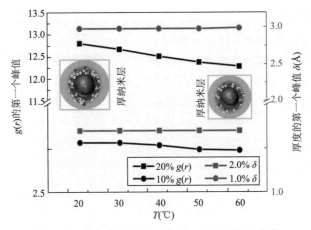

图 5.25　径向分布函数 $g(r)$ 第一峰随温度的变化

对于相同的厚度 δ，较低的 $g(r)$ 值表明铜原子周围的水分子较少。较高的温度会导致布朗运动更快，动能更大，从而导致水分子移动得更快，并且它们之间的距离增加。这导致 Cu 原子周围的水分子数量减少，从而削弱了分子间作用力和第一分子界面层的厚度。宏观上，流动和热阻减小，降低了纳米流体在较高温度下的黏度并增加了导热系数。因此，与相应的基液相比，纳米流体的黏度和导热系数的增强可能主要归因于第一分子界面层的结构。

5.2.3　纳米流体种类对纳米流体运输参数影响规律

将纳米流体的模拟结果与实验值进行比较，以探究数值模型和模拟技术的性能。图 5.26 为体积分数为 0.5% 和 1.0% 时纳米流体导热系数的模拟值和实验数据的比较。纳米流体的导热系数依次降低：CuO/水 > Al$_2$O$_3$/水 > Cu/水纳米流体。从实验中得到的这个顺序与从模拟中得到的顺序相同。然而，由于实验和模拟采用的纳米颗粒尺寸不同，导致导热系数不同。这与其他文献报道一致，即分散在

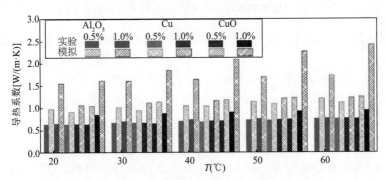

图 5.26　纳米流体导热系数模拟值和实验值的对比

基液中的较小纳米颗粒可提供更高的导热系数[46]。随着温度和体积分数的增加，由于更强的界面势和布朗运动，偏差更大。

图 5.27 为体积分数为 0.5%的不同纳米流体的数密度和导热系数随原子距离 r 的变化。r 是指距中心纳米颗粒表面的距离。其他体积分数也表现出类似的趋势。

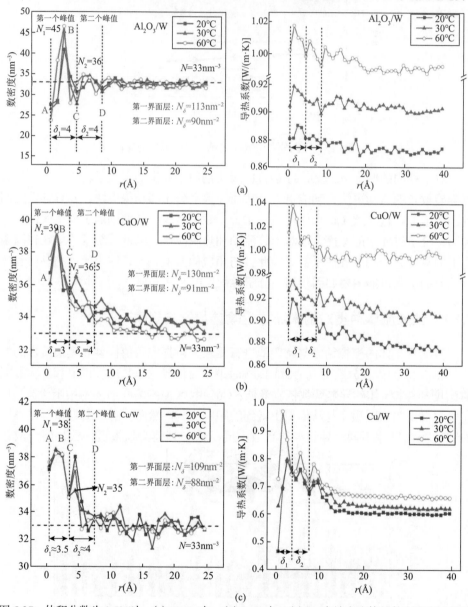

图 5.27　体积分数为 0.5%时，(a) Al$_2$O$_3$/水、(b) CuO/水、(c) Cu/水纳米流体的数密度(左)以及导热系数(右)随原子距离的变化

如图 5.27(a)所示，数密度的变化随原子距离 r 作周期性变化，逐渐减小到与纯水数密度相等的恒定值(N=33 nm^{-3})。这表明中心原子对周围水分子的界面势影响距离是有限的。数密度的第一个峰值最大，然后，第二个峰值减弱，其他峰值可以忽略。因此，在中心原子周围形成了两个相对明显的界面层。与图 5.27(a)相比，导热系数随原子距离 r 的变化趋势与数密度的变化趋势相似。第一层的导热系数远高于第二层的导热系数。因此，原子和水分子之间的界面势是决定纳米流体系统中传热的主要因素。对于温度为 60℃、体积分数为 0.5%的 Al$_2$O$_3$/水纳米流体，第一界面层的最大导热系数约为 1.02 W/(m·K)，介于纳米颗粒[36 W/(m·K)]和纳米流体[0.7675 W/(m·K)]之间。界面层的作用是提供了水分子和纳米颗粒之间的热连接桥梁，降低了接触热阻。宏观上，与纯水系统相比，导热系数明显增加。其中，影响纳米流体导热系数的主要因素是第一分子界面层的结构。

比较图 5.27(a)、(b)和(c)，在温度为 30℃时，第一和第二界面层的厚度分别为 0.4 nm 和 0.4 nm(对于 Al$_2$O$_3$/水)、0.3 nm 和 0.4 nm(对于 CuO/水)、0.35 nm 和 0.4 nm(对于 Cu/水)。这表明界面层的厚度不会明显影响纳米流体的导热系数。数密度按以下顺序减少：Al$_2$O$_3$/水(45 nm^{-3}) > CuO/水(39 nm^{-3}) > Cu/水(38 nm^{-3})。然而，纳米流体的导热系数按以下顺序下降：CuO/水[1.04 W/(m·K)] > Al$_2$O$_3$/水[1.02 W/(m·K)] > Cu/水[0.95 W/(m·K)]。因此，数密度 N 和厚度 δ 不是影响导热系数的主要因素。

数密度反映了界面层厚度内被中心原子紧紧吸引的水分子的数量。引入了一个新参数 $N_\delta = N/\delta$ 来评价界面形态和导热系数之间的关系，N_δ 是数密度与其对应的界面层厚度的比值，它表示界面层每单位厚度的数密度。N_δ 值较大表示界面层中水分子的分布更密集，类似于固体状水分子层。Keblinski 等[47]提到，在这样的纳米层中，液体分子的排列更加有序。这种特殊的结构可以改善纳米流体系统中的热传导。图 5.28 为围绕纳米颗粒中心的两个典型界面层的结构示意图。

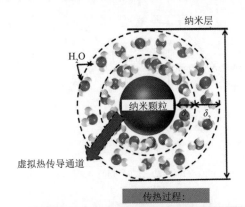

图 5.28　界面层的微观结构示意图

从纳米颗粒到类固状的分子界面层，再到随机的液体分子，形成了一条高导热通道。值得注意的是，这样的通道是虚拟的，在一些研究中被称为热桥[33]。

对比图 5.26 和图 5.27，在温度为 40℃和体积分数为 0.5%时，第一界面层的 N_δ 值和导热系数分别为：113 nm^{-2} 和 1.02 W/(m·K)（Al$_2$O$_3$/水纳米流体）、130 nm^{-2} 和 1.04 W/(m·K)（CuO/水纳米流体），以及 109 nm^{-2} 和 0.95 W/(m·K)（Cu/水纳米流体）。此外，与第一界面层相比，第二界面层处的 N_δ 值分别为 90 nm^{-2}、91 nm^{-2} 和 88 nm^{-2}。因此，N_δ 的变化对应于导热系数的变化。

为了进一步验证 N_δ 的有效性，N_δ 和导热系数的变化如图 5.29 所示。在体积分数为 1.0%、1.5%和 2.0%的情况下，模拟盒子的体积恒定，其中的水分子由于同时受到多个纳米颗粒的相互作用力，界面层处的水分子密度会高于仅存在一个纳米颗粒的纳米流体，数密度的计算也会因此受到影响，得到的数据不准确。因此，可以通过建立不同体积的模拟盒子来代替不同数量的纳米颗粒，以改变纳米流体的体积分数。

如图 5.29 所示，在相同温度下，随着 N_δ 值的增加，导热系数增加，表明这种类似固体的水分子在每单位厚度的界面层中分布更加紧密和有序。为了进一步分析界面层的微观结构特征，从 Ovito 软件获得了界面层结构，界面层的详细结构如图 5.30 所示。黑色虚线是界面层的人工边界，表示中心原子周围水分子的排列和数量密度。显然，对于所有纳米流体来说，第一界面层的结构更致密、更有序、更像固体。然而，在不同种类的纳米流体中，界面层处的水分子密度难以通过肉眼直接区分。更厚的界面层意味着类固状水分子界面层体积更大，而结晶固体中的声波传递非常有效，有助于更高的热传递[48]。

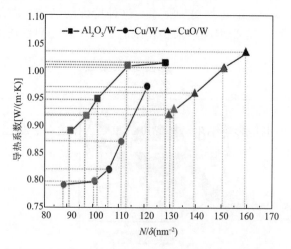

图 5.29　体积分数为 0.5%时，导热系数随 N/δ 的变化
蓝点：22℃；黄点：30℃；紫点：40℃；红点：50℃；黑点：60℃

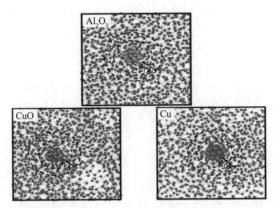

图 5.30　温度为 30℃和体积分数为 0.5%时，Al$_2$O$_3$/水、CuO/水、Cu/水纳米流体模拟的界面层结构

如表 5.7 所示，最强的 L-J 势是 CuO 纳米颗粒的原子和水分子之间（$\sigma_{\text{Cu-water}} =$ 1.210 kcal/mol 和 $\sigma_{\text{O-water}} = 0.155$ kcal/mol），相对来说，Al$_2$O$_3$ 和水之间的势能较弱（$\sigma_{\text{Al-water}} = 1.159$ kcal/mol 和 $\sigma_{\text{O-water}} = 0.155$ kcal/mol），然后是 Cu 和水（$\sigma_{\text{Cu-water}} = 1.210$ kcal/mol）。因此，由于强大的原子间作用力，CuO/水纳米流体的 N_δ 值最大。水分子间的 L-J 势仅为 0.155 kcal/mol，远小于纳米颗粒与水分子间的原子间作用力。这就是纳米流体的导热系数远大于纯水的原因。

表 5.7　L-J 势能函数参数

原子对	σ(kcal/mol)	ε(Å)
Cu—Cu	9.4400	2.3380
Cu—O	1.2100	2.7520
Al—Al	8.6500	3.0880
Al—O	1.1587	3.1270
O—O	0.1552	3.1660

纳米颗粒种类也是影响纳米流体黏度的重要因素之一，如图 5.31 所示，为 Al$_2$O$_3$/水、CuO/水和 Cu/水纳米流体黏度实验值随体积分数和温度的变化。纳米颗粒在基液中做布朗运动时，需要克服摩擦力而消耗一定的动能，随着体积分数的增加，纳米流体内存在的颗粒越多，消耗的能量越多，纳米流体的黏度就越大。

图 5.32～图 5.34 分别为 Al$_2$O$_3$/水、CuO/水和 Cu/水纳米流体黏度的模拟值与实验值的对比。随着体积分数增加，CuO/水纳米流体黏度的增加最快，与实验值一样。虽然控制了三种纳米流体的体积分数相同，但是纳米流体中纳米颗粒的有效体积还与类固状界面层的体积有关。

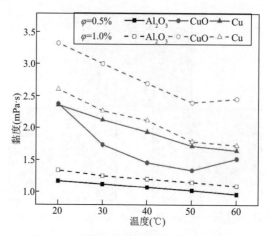

图 5.31　不同种类纳米流体黏度的实验值

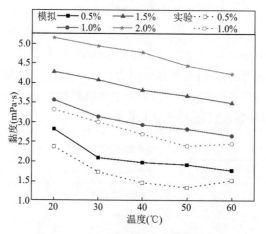

图 5.32　Al$_2$O$_3$/水纳米流体黏度的变化

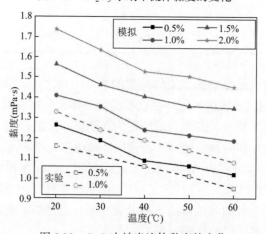

图 5.33　CuO/水纳米流体黏度的变化

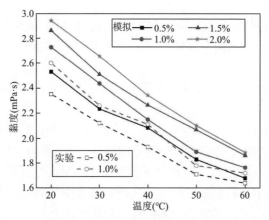

图 5.34　Cu/水纳米流体黏度的变化

　　根据图 5.27(a)中数密度在温度为 30℃时的分布情况，得到三种纳米流体的界面层厚度如下：第一界面层的厚度分别为 0.4 nm(对于 Al$_2$O$_3$/水)、0.3 nm(对于 CuO/水)和 0.35 nm(对于 Cu/水)。由此可以发现，纳米颗粒有效体积的增大并没有主导黏度的变化，因此，黏度增强的微观机理仍需进一步深入探究。由于界面层不是影响不同种类纳米流体黏度变化的主要因素，因此，考虑了纳米颗粒布朗运动对纳米流体黏度的影响。根据公式(5.18)和式(5.19)分别计算了 Al$_2$O$_3$/水、CuO/水和 Cu/水纳米流体的 τ_D/τ_H 比值，以体积分数为 0.5% 为例，结果如表 5.8 所示。

表 5.8　体积分数为 0.5% 的 Al$_2$O$_3$/水、CuO/水和 Cu/水纳米流体的 τ_D/τ_H 比值

温度(℃)	Al$_2$O$_3$/水	CuO/水	Cu/水
20	2.78	6.63	5.14
30	2.64	5.19	4.61
40	2.62	4.94	4.60
50	2.50	4.85	4.13
60	2.48	4.44	3.79

　　由表中数据可以看出，Al$_2$O$_3$/水纳米流体的 τ_D/τ_H 比值最小，CuO/水纳米流体的 τ_D/τ_H 比值在温度较低时最大，随着温度的升高，和 Cu/水纳米流体的 τ_D/τ_H 比值相近，这种变化趋势与三种纳米流体黏度的变化趋势吻合，证明不同种类纳米流体的黏度受其中分散的纳米颗粒的布朗扩散影响最大。

5.2.4　小结

　　使用 MD 模拟方法对 Al$_2$O$_3$/水、CuO/水和 Cu/水纳米流体的导热系数和黏度进行了计算，并通过实验测量了不同温度(20~60℃)和体积分数(0.5%~2.0%)下

的导热系数。为阐明纳米流体系统的输运机制，分析了微观参数[径向分布函数 $g(r)$、数密度、界面层结构及厚度]与宏观参数(导热系数和黏度)之间的关系，主要结论如下所述。

(1)与基液相比，第一个水分子界面层的强度是纳米流体黏度和导热系数增加的主要因素。

(2)随着纳米流体体积分数的增加，$g(r)$ 值增加，界面层厚度减小，纳米颗粒周围的水分子数量增加，形成更有序的固体状界面层，导致黏度和导热系数增加；随着温度升高，$g(r)$ 值减小，界面层厚度不变，表明水分子移动速度更快，距离更远，流动和传热阻力降低。宏观上，这导致黏度降低和导热系数增加。

(3)新参数 N_δ 是定量评价界面层结构与导热系数之间关系的指标。较高的 N_δ 值表明界面层内的水分子更密集。这种特殊结构创造了一个高热传导通道，将热量从纳米颗粒传递到类固状的水分子，再传递到随机分布的水分子。

5.3 颗粒团聚形态对纳米流体宏观输运参数的影响

实验过程中可以很容易地观察到纳米颗粒聚集成团聚体，一些研究表明，分散在纳米流体中的纳米颗粒形态对传热增强具有重要意义[49,52]。然而，团聚形态的影响尚未得到系统的研究，纳米颗粒的团聚对于纳米流体输运性质的影响机制目前尚不清楚。

本节旨在定量分析团聚对纳米流体输运性质的影响。基于 Green-Kubo 定理，建立含有不同尺寸 Cu 纳米颗粒团聚体的水基纳米流体，计算其导热系数和黏度。此外，通过计算径向分布函数，来探究不同粒径及形态的纳米颗粒团聚体影响纳米流体导热和黏度等输运特性的微观机理。

5.3.1 纳米流体团聚模型

为排除纳米流体体积分数的影响，将模型的体积分数设置为固定不变的。同时，为了对比分析团聚对纳米流体有效导热系数的影响，建模时设置了相同体积分数下纳米颗粒均匀分散的工况，设置这一工况的重要性在于计算出的数值可以作为基准，以体现颗粒团聚对纳米流体的影响。

Kang 等[53]认为，使用常规的 MD 模拟方法来计算纳米颗粒的碰撞和团聚需要很长时间。为了使纳米颗粒在短时间内黏附在一起，将纳米颗粒放置在模拟盒子中心位置附近来创建纳米流体团聚的初始模型。对纳米颗粒进行了 10 ns 的长时间观察，颗粒在范德瓦耳斯力的作用下相互靠近，最终形成稳定的团聚体结构。如图 5.35 所示，为 Cu/水纳米流体模型中两个铜纳米颗粒团聚的过程。通过跟踪铜纳米颗粒的位置，发现当铜纳米颗粒相互接近时，因为固体分子之间的力高于固体和液体分子之间，它们会黏在一起并形成团聚体。在约 8.6 ns 时观察到团聚体的形成，由此可见，尽管纳米颗粒的初始位置已经被放置在距离很近的位置，耗时仍然较长。因此，在建立模型时，将纳米颗粒的初始位置放置在一起，并固定其位置，使其在基液中保持团聚形态。

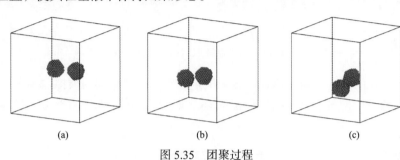

(a)　　　　　　　　　　　(b)　　　　　　　　　　　(c)

图 5.35　团聚过程

(a)初始状态；(b)纳米颗粒相互吸引；(c)团聚体形成

　　纳米颗粒团聚模型中颗粒的初始位置由颗粒质心之间的距离计算得到。在对纳米流体团聚模型的模拟计算中，固定了纳米流体体积分数以及模拟盒子尺寸，通过改变纳米颗粒粒径，建立了不同形态的纳米颗粒团聚体，见图 5.36～图 5.38，其体积分数均为 2.0%，模拟盒子为 10 nm × 10 nm × 10 nm 的立方体。

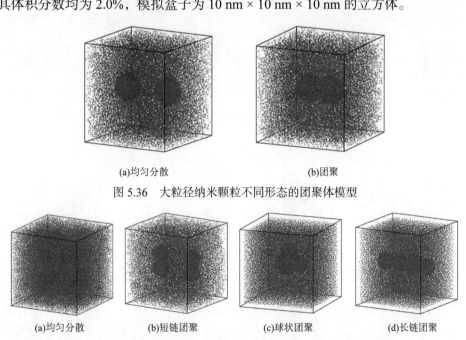

(a)均匀分散　　　　　　　　　　　(b)团聚

图 5.36　大粒径纳米颗粒不同形态的团聚体模型

(a)均匀分散　　(b)短链团聚　　(c)球状团聚　　(d)长链团聚

图 5.37　中粒径纳米颗粒不同形态的团聚体模型

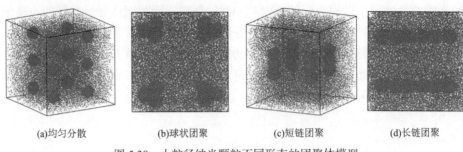

(a)均匀分散　　　(b)球状团聚　　　(c)短链团聚　　　(d)长链团聚

图 5.38　小粒径纳米颗粒不同形态的团聚体模型

纳米颗粒的尺寸是根据体积分数来决定的,以便在相同的模拟盒子中有不同的纳米颗粒数量。通过固定纳米颗粒位置,维持团聚体形态。团聚形态具体情况见表 5.9。

表 5.9　团聚形态列表

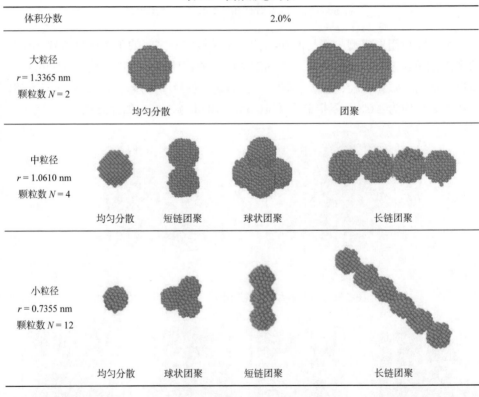

当颗粒数量增加时,团聚颗粒的可能构型也会增加,这使得几乎不可能捕捉到所有可能的情况。因此,为了阐明纳米颗粒的团聚形态对纳米流体中能量输运的影响,对于多个纳米颗粒的情况,采用均匀分散、紧凑球形和链

状的团聚形态等不同的颗粒团聚形态来计算纳米流体团聚模型的导热系数和黏度。

图 5.39 为 30℃时小粒径的 Cu/水纳米流体系统，在不同团聚体形态下的动能、势能和总能量的平衡状态。对于所有团聚情况，系统在 10 ps 内已达到平衡状态。温度更高时，由于布朗运动更强，均匀混合时间更短，因此当温度呈现上升趋势时，系统平衡的时间就越短。在计算导热系数之前，需要 10000 步的弛豫以实现系统的平衡。对于大粒径和中粒径的 Cu/水纳米流体系统，取同样的弛豫时间。

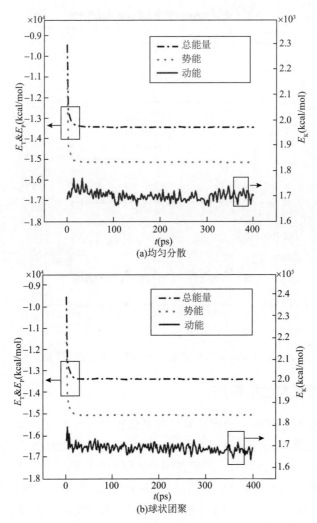

(a)均匀分散

(b)球状团聚

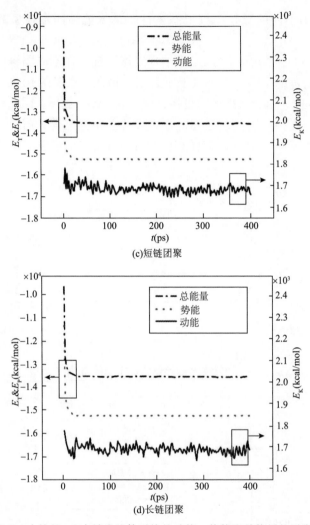

图 5.39　小粒径 Cu/水纳米流体系统的动能、势能和总能量的平衡过程

5.3.2　温度对热物性的影响

为了对比分析纳米颗粒的团聚对导热系数和黏度的影响，将纳米颗粒均匀分散在基液中，以此模型计算得到的数值作为基准，探究颗粒团聚对纳米流体的影响。图 5.40 和图 5.41 分别为不同形态团聚体模型导热系数和黏度随温度的变化。虽然包含 2 个纳米颗粒、4 个纳米颗粒和 12 个纳米颗粒的纳米流体模型的体积分数是相同的，但其导热系数和黏度也有所不同。如图所示，随着温度升高，纳米流体导热系数增大而黏度减小，与预期结果一致。另外，还考虑了纳米颗粒均匀分散的情况，并加以比较。结果表明，颗粒团聚体的形成是导致纳米流体导热系

数增大的原因，而黏度表现出了更明显的上升趋势。纳米颗粒团聚体发生变化时，会导致导热系数及黏度出现不同的变化，其中纳米颗粒团聚形态是影响导热系数的主要因素。从图中可以发现，纳米颗粒团聚体形态从紧凑球形变为链状结构时，纳米流体导热系数增加。而致密紧凑的团聚体形态具有最低的导热系数，甚至小于完全分散的纳米流体。此外，随粒径的减小，纳米流体导热系数有所提升。

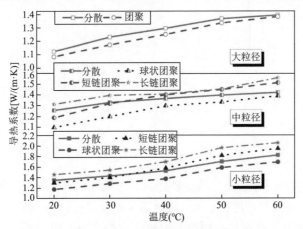

图 5.40　不同形态团聚体模型的导热系数

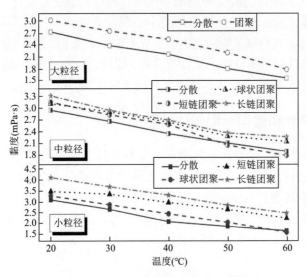

图 5.41　不同形态团聚体模型的黏度

Cu/水纳米流体(图 5.35 所示模型)在两种温度下的平均动能如图 5.42 所示。体系温度越高，纳米流体的平均动能越大。当系统温度呈现上升趋势时，纳米流体中水分子的速度和动能也表现出相同的上升趋势。所以，温度的升高同样提高了水分子对纳米流体热物性的作用。与此同时，体系温度升高也会增强 Cu 纳米颗粒的平均动能。

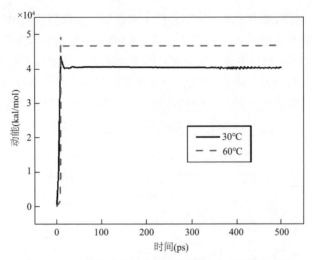

图 5.42　Cu/水纳米流体体系在不同温度下的平均动能

　　Cu 纳米颗粒的动能越大，其碰撞团聚的可能性越大；另一方面，温度越高的体系势能越大，颗粒的动能也越大，此时的系统稳定性较差。根据 DLVO 理论[46]，颗粒在一定条件下是稳定还是团聚，取决于它们之间的引力和排斥力的总和，这两种力都是距离的函数。吸引势能加上排斥势能得到系统总势能。排斥性壁垒是势能曲线的最高点值，当排斥势垒的值小于颗粒动能值时，纳米颗粒才能黏在一起并形成团聚体。这意味着颗粒是否会形成团聚体取决于排斥势垒的水平。团聚现象发生的必要条件是排斥壁垒小于颗粒动能。因此，颗粒的平均动能随着水溶液温度的升高而增加，颗粒由于其高动能而在接近时更容易黏在一起并形成团聚体。

5.3.3　颗粒尺寸和结构对团聚体的影响

　　团聚的纳米颗粒，通常由一定数量的主要颗粒组成，形成不规则的微观结构。由于复杂的团聚过程[54]，纳米流体中的大多数团聚具有广泛的尺寸分布。虽然在大小、形状、旋转半径和颗粒密度上有所不同，但这些具有复杂几何形状的团聚体可以被描述为分形维数[55]。团聚体中直径为 d_p 的主要颗粒的数量 N 与回转半径 R_g 成比例，如式 (5.23) 所示，为著名的 Schmidt-Ott 公式。

$$N = \left(\frac{R_g}{d_p}\right)^{D_f} \tag{5.23}$$

式中，D_f 为分形维数，是评价团聚形态的主要指标，表示纳米颗粒的填充程度。根据 Schmidt-Ott 公式，理论上，分形维数值在 1.0～3.0 之间。1.0 表示所有颗粒排列整齐，形成一条链，3.0 意味着所有颗粒形成一个紧凑的球体。

　　研究人员发现，团聚对纳米流体热物性的影响涉及团聚体的形态，链状的团聚体，即团聚体分形维数较低时可以推断出具有较高的导热系数，同时黏度增加也更为显著。根据公式 (5.23)，计算了所建立的含有不同团聚体形态的纳米流体模型的分形维数，根据分形维数 D_f 进一步表征了纳米颗粒不同的团聚形态。同时，统计了对应的导热系数和黏度，得到的计算结果列于表 5.10 中。

表 5.10　30℃时不同分形维数纳米流体的热物性参数

纳米颗粒数 N	团聚形态	分形维数	导热系数 [W/(m·K)]	导热系数提升 (%)	黏度 (mPa·s)	黏度增大 (%)
2 个	分散		1.23		2.38	
	团聚	1.06	1.17	−4.71	2.74	15.22
4 个	均匀分散		1.33		2.63	
	短链团聚	1.05	1.32	−0.78	2.82	7.05
	球状团聚	1.69	1.19	−9.88	2.89	9.94
	长链团聚	1.06	1.39	4.98	2.94	11.48
12 个	均匀分散		1.42		2.65	
	球状团聚	1.72	1.28	−10.34	2.84	7.16
	短链团聚	1.06	1.40	−2.13	3.33	25.62
	长链团聚	1.07	1.54	20.34	3.66	38.39

　　纳米颗粒团聚情况以及均匀分散的多颗粒情况的结果均可见表 5.10。在分形维数为 1.06 和 1.07 的长链团聚情况下，MD 模拟预测 Cu/水纳米流体的导热系数比在非团聚状态下分别提高 4.98% 和 20.34%，同时，在黏度增加方面，分别增大了 11.48% 和 38.39%。由表 5.10 可以看出，分形维数越小，纳米颗粒的粒径越小，导热系数和黏度越大。与纳米颗粒尺寸的影响相比，纳米颗粒团聚对黏度的影响更为显著。这与大多数发表的结果一致。当团聚体中包含有更多的纳米颗粒时，纳米流体导热系数增加得更快。

　　基于上述结果，在所有这些团聚类型中，只有适当的团聚形态才可以显著提升导热系数。在 30℃的小粒径团聚模型中，当纳米颗团聚形态为长形链状时，相比均匀分散状态下，导热系数提升最多为 20.34%。而另一方面，当纳米颗粒团聚体形成时，纳米流体的黏度也会增加。并且，与导热系数的增强相比，这种黏度的增加更加明显。此外，不同的颗粒团聚体形态导致了纳米流体中不同的导热系数和黏度的变化；构型对导热系数的影响较为显著，如表 5.10 所示，当团聚体为球状时，纳米流体的导热系数减小，而黏度增加。纳米颗粒尺寸较小时，上述变化趋势比较大的纳米颗粒尺寸更明显。

纳米流体的导热系数随着 D_f 的降低而增加，这与之前的分子动力学模拟[56]一致。原因可能是纳米颗粒的团聚会影响纳米颗粒附近纳米界面层的性质，从而影响 H_2O-H_2O 相互作用的热传递。为阐明这一点，绘制了 Cu/水纳米流体的 RDF，如图 5.43 和图 5.44 所示。同时，绘制了纯水系统的 RDF 作为对照参考，见图 5.45。

图 5.45 中基液水的 RDF 函数显示出了"短程有序、长程无序"的特点。然而，Cu 纳米颗粒的存在会导致 RDF 函数发生变化。Cu/水纳米流体 RDF 函数的第一峰远比 H_2O-H_2O 的吸引力强。图 5.43 为中粒径 Cu/水纳米流体的 RDF 图，可知 RDF 的峰值明显比纯水模型的 RDF 峰值高。当纳米颗粒在模拟盒子中的数量相同且团聚体形态相似时，RDF 函数会出现相似的变化趋势。如图 5.43 所示的径向分布函数中，球状团聚与短链团聚的 RDF 线形几乎没有差别。

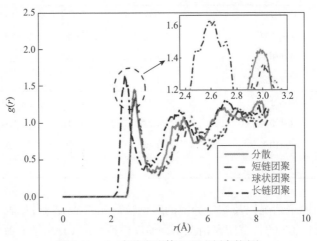

图 5.43　Cu/水纳米流体 RDF 图（中粒径）

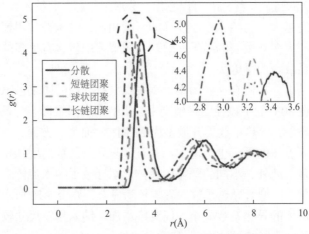

图 5.44　Cu/水纳米流体 RDF 图（小粒径）

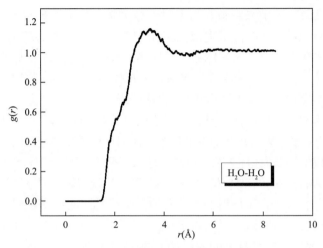

图 5.45　基液 H_2O-H_2O 的 RDF 图

作为团聚体，纳米流体的径向分布函数与颗粒团聚体的总表面积有关，从图 5.44 中可以看出，随着团聚体形态向链状转变，径向分布函数的第一峰高增加，从而导致纳米流体的导热系数和黏度增强。因此，推测纳米颗粒的团聚形态与导热系数有关。这一结果与 Cui 等[57]和 Essajai 等[58]研究工作一致，他们认为，由于纳米界面层密度的增加，具有较大表面体积比(S/V)值的纳米颗粒更适合提高纳米流体的导热性能。纳米颗粒的适当团聚可以通过增强纳米颗粒原子之间的相互作用来提高纳米流体的导热系数。综合分析图 5.43 和图 5.44 中的径向分布函数，团聚形态相似的曲线分布相似，粒径小，总表面积大，第一峰高更大。意味着总表面积大的纳米颗粒团聚体对水分子的吸引力更强。因此，长链团聚形态的径向分布函数第一峰的形状最为尖锐，且位置距离纳米颗粒更近，而均匀分散的纳米颗粒的径向分布函数第一峰相对平缓，位置更远。短链团聚和球状团聚由于颗粒团聚体的平均半径几乎相等，其径向分布函数相似。因此，通过对径向分布函数的分析表明，当纳米颗粒从均匀分散状态转变为紧密团聚状态时，纳米颗粒附近的界面层密度增加，从而增加了 H_2O-H_2O 相互作用对导热的贡献。

5.3.4　团聚对热物性的影响规律

纳米颗粒的布朗运动具有随机性特征，导致颗粒团聚体形态的无规则特性。因此，选取较为极端的两种纳米颗粒团聚体形态：平直的链状团聚和紧凑的球状团聚，在理想状态下模拟计算了团聚现象对纳米流体热物性的影响。

在关于纳米颗粒团聚形态对纳米流体导热系数影响的文献中[59]，研究人员发现链状团聚形态可以形成有效的传热通道，对纳米流体中的传热至关重要。Lee 等[60]利用 MD 软件，分析了纳米颗粒在有团聚现象和无团聚现象下导热系数的变化，模拟结果印证了纳米颗粒在团聚时，导热系数比无团聚现象提高了 35%。Chen[61]和 Sharjah[62]也进行了类似的工作，并得出了类似的结论。Tahmooressi 等[63]和 Wang 等[59]模拟了团聚体形态对导热系数的影响，结果表明，链状团聚体的导热提升更高。因此，为探究团聚对纳米流体热物性的影响规律，绘制了均匀分散和团聚状态下纳米流体热物性变化的柱状图。

图 5.46 为 30℃时，含有不同形态小粒径纳米颗粒团聚体的纳米流体的导热系数。此外，还考虑了颗粒均匀分散的纳米流体的导热系数并进行比较。如图所示，长链状团聚体的纳米流体导热系数最高，球状团聚体的纳米流体导热系数最低，甚至小于颗粒均匀分散的纳米流体。Keblinski 等[47]发现团聚体通过增强纳米颗粒原子间的范德瓦耳斯力提高了固相中的声子传输。尽管 Keblinski 等的研究对象是具有非金属纳米颗粒的纳米流体，但他们的研究结果同样支持金属纳米颗粒研究，也就是说，团聚可以通过提高铜-铜之间的相互作用强度来增加纳米流体的导热系数。

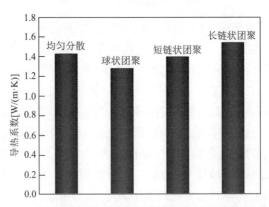

图 5.46　30℃时不同形态的团聚体模型的导热系数(小粒径)

图 5.47 为 30℃下不同形态纳米颗粒团聚体的黏度。颗粒均匀分散的纳米流体的黏度为 2.63 mPa·s，而含有球状团聚和短链状团聚的纳米流体黏度分别为 2.82 mPa·s 和 3.38 mPa·s。当单个团聚体中纳米颗粒数量相同时，黏度受团聚体形态的影响。此外，长链状纳米颗粒团聚体的黏度为 2.94 mPa·s，由此可见，团聚情况下的纳米流体黏度均高于颗粒均匀分散的纳米流体，当纳米颗粒团聚成一条线时，团聚体总表面积达到最大，其在纳米流体中移动受到的阻力最大，黏度值达到最高。

以上分析表明，纳米颗粒的团聚并不能够提升纳米流体的导热系数，反而会使其黏度恶化，这说明由于模拟中纳米颗粒的数量有限，其形成的团聚体是局部聚类，不能建立有效的渗透结构，这种现象在实验中也可以观察到[64-66]。当纳米颗粒形成团聚体时，在这些由界面层、团聚体构成的微元结构中，热量传导迅速提升，然而，可以注意到，在多数情况下，团聚会对传热增强产生负面影响。这是因为颗粒团聚的同时，产生了具有高热阻的大面积"无颗粒"液体，特别是在体积分数相同，

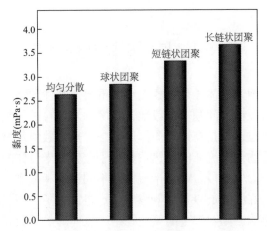

图 5.47　30℃时不同形态的团聚体模型的黏度(小粒径)

纳米颗粒粒径较大的情况下。对于颗粒均匀分散的纳米流体，在基液中可以观察到纳米颗粒分布非常均匀，这可能恰好就是其整体导热系数有所增加的原因。

5.3.5　小结

文献表明，颗粒团聚现象是影响纳米流体热物性的关键因素。以 Green-Kubo 算法为理论基础，以纳米颗粒团聚形态为变量，计算了纳米流体热物性的变化规律。其次，通过 Schmidt-Ott 公式，计算得到了团聚体的分形维数。基于此，在分子层面探究分析了纳米颗粒团聚形态对纳米流体热物性的作用机制，得到以下主要结论。

(1)在温度呈现上升趋势时，纳米流体导热系数和黏度变化规律完全相反，导热系数增大，而黏度减小。同时，温度升高，纳米颗粒碰撞的概率就越高，会更快地产生团聚。

(2)以颗粒均匀分散的纳米流体的相关参数进行比较，发现纳米颗粒的团聚并不能够提升纳米流体的导热系数，反而会导致纳米流体黏度的增加。纳米颗粒团聚体的形态从紧凑的球形变为链状结构时，导热系数和黏度增加。当纳米颗粒团聚成一条线时，其导热系数和黏度最高。原因在于纳米颗粒团聚形态呈长链结构时，形成了有效的传热通道，提升了纳米流体的导热系数；同时，长链团聚由于其表面积的增大使其移动阻力增加，黏度增加。

(3)在体积分数和粒径都固定的情况下，团聚体分形维数呈下降趋势时，纳米流体的导热系数及黏度反而表现出上升的趋势，在纳米颗粒粒径较小时这种现象尤为明显。由此说明，纳米流体导热性能的提升可以通过缩小纳米颗粒的直径来实现。而纳米颗粒粒径越小，相同体积分数下纳米颗粒数量越多，颗粒间距离越近，之间的相互作用力越大，颗粒移动阻力增加，纳米流体黏度会显著升高。

320 // 微纳尺度多相流与传热

5.4 界面层微观性质

界面层是影响纳米流体导热系数大小的重要微观性质之一，但它如何影响导热系数是一个亟需探讨的问题。一般地，金属纳米颗粒的导热系数大于其对应的金属氧化物纳米颗粒，但是在纳米流体体系中导热系数值却呈现出相反的趋势。为了探究金属氧化物纳米流体的导热系数高于金属纳米流体的原因，利用分子动力学模拟研究了 ZnO/W 和 Zn/W 纳米流体在不同温度和浓度下的导热系数变化规律，通过数密度、RDF、MSD 等微观参数，定量评价了界面层的微观特性对纳米流体导热系数的影响，阐明了金属氧化物纳米流体导热系数高的机制。最后，以 Cu/Ar 纳米流体为研究对象，进一步探究了界面层密度和排布方向对纳米流体导热系数的影响，研究结果揭示了纳米流体导热系数异常增强的机制。

5.4.1 模型构建

本节中所有模拟均采用大规模原子/分子并行模拟器(LAMMPS)软件求解。其中，ZnO 纳米颗粒使用 Tersoff 势能函数，Zn 与 Cu 纳米颗粒使用 EAM 势能函数，在 LAMMPS 软件内部定义的势能参数中调用。所有基液原子/分子均采用 L-J 势能参数，固液之间的势能采用 Lorentz-Berthelot 混合法则计算，具体势能函数如表 5.11 所示。

表 5.11 原子间的势能函数值[67]

原子对	势能函数	ε(eV)	σ(Å)
O_w-O_w	L-J	0.0067	3.1590
O_w-$Zn_{(ZnO)}$	L-J	0.0343	2.4860
O_w-$O_{(ZnO)}$	L-J	0.0292	3.1430
O_w-$Zn_{(Zn)}$	L-J	0.0363	2.9790
Ar-Cu	L-J	0.0650	2.8720
Cu-Cu	EAM	—	—
Ar-Cu	增强的 L-J	0.1250	2.8720
Ar-Cu	降低的 L-J	0.0350	2.8720

图 5.48 为 ZnO/W、Zn/W 和 Cu/Ar 纳米流体物理模型示意图。对于 ZnO/W 和 Zn/W 纳米流体，如图 5.48(a)所示，水分子、Zn 和 ZnO 纳米颗粒由 Materials Studio 软件构建，EMD 盒子的大小被设定为 51 Å × 51 Å × 51 Å。Zn 和 ZnO 纳米颗粒被

固定在盒子的中心，通过范德瓦耳斯引力的作用使这些粒子的周围被水分子围绕。水分子在 EMD 盒中排列方式为简单立方体(SC)结构，晶格常数为 3.1 Å。纳米流体的体积分数设置为 1%、2% 和 3%，通过改变纳米颗粒的半径大小来调整。

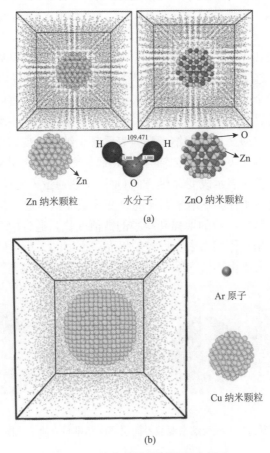

Zn 纳米颗粒　　水分子　　ZnO 纳米颗粒

(a)

(b)

图 5.48　纳米流体物理模型示意图

(a)ZnO/W 和 Zn/W 模拟盒；(b)Cu/Ar 模拟盒

时间步长被设定为 0.3 fs，模拟的温度范围为 300~310 K，与实际温度相匹配。在平衡弛豫过程中，NEMD 模拟盒在 NVT 系综中运行以达到温度和能量的平衡；之后，在 NVE 系综中运行以保持温度、压力和能量的恒定。在计算物理参数过程中，继续在 NVE 系综中运行并分别从热源区和冷源区加入和减去相同的热通量，以稳定模拟盒中的温度梯度。最后，计算 NVE 系综中纳米流体的物理参数。

图 5.48(b)为计算热通量方向对导热系数影响时的 Cu/Ar 纳米流体物理模型，使用 Materials Studio 软件构建了一个半径为 16 Å 的铜纳米颗粒，固定在模拟盒中间。模拟盒的尺寸为 60 Å×60 Å×80 Å，其余部分填充 Ar 原子作为基液，Ar 原

子采用面心立方(FCC)的晶格结构进行排布，密度为 1410 kg/m³，纳米流体的体积分数为 5.95%。选择高体积分数的纳米流体的原因是其拥有更大的表面积，有利于观察到界面层对于纳米流体导热系数的影响。时间步长设置为 2 fs，在 NVT 系综中运行 400 ps，保持体系温度为 85 K，之后利用 NVE 系综进行物性参数的计算。

通过改变 Z 轴和 X 轴方向上的界面层密度，研究了不同热通量方向上纳米流体导热系数的变化趋势。图 5.49 为改变界面层部分区域密度的示意图。如图所示，纳米颗粒中存在两个区域，红色的区域表明此区域的界面层密度被改变，黄色的区域代表此区域的界面层密度不变。类型 1 种类的纳米颗粒表示没有改变界面层密度的纳米颗粒；类型 2 种类的纳米颗粒表示整个纳米颗粒的界面层密度改变；类型 3 种类的纳米颗粒表示改变 Z 轴方向(热通量方向)界面层密度的纳米颗粒；类型 4 种类的纳米颗粒表示改变 X 轴方向(垂直于热通量方向)界面层密度的纳米颗粒。类型 3 和类型 4 种类下纳米颗粒的改变区域面积一致。表 5.11 显示了红区的纳米颗粒的 L-J 势能函数的增强和减小的数值变化。通过增大和减小纳米颗粒与基液之间的固液相互作用力来实现控制界面层密度的大小，如公式(5.3)所述，固液的相互作用力大小由固液之间的 L-J 势能确定，L-J 势能越强，固液相互作用越大，反之则越小。

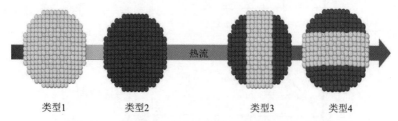

类型1　　　　类型2　　　　　类型3　　　类型4

图 5.49　改变纳米颗粒界面层密度和排布方向示意图

5.4.2　界面层密度对导热系数的影响

纳米流体导热系数是通过模拟盒的 XOY 面的横截面积、温度梯度和热通量由傅里叶定律计算得出。图 5.50 为模拟测量的有效导热系数 $\lambda_{nf}/\lambda_{bf}$($\lambda_{nf}$ 和 λ_{bf} 分别表示纳米流体和基液的导热系数)与其他金属和金属氧化物纳米流体的实验数据的对比。这些数据分别来自 Zhai 等[68]、Patel 等[69]、Agarwal 等[70]和 Sundar 等[71]实验。

如图 5.50 所示，在相同的实验条件下，金属氧化物纳米流体的 $\lambda_{nf}/\lambda_{bf}$ 值均高于其同种类型的金属纳米流体。此外，当模拟温度在 300~310 K 时，随着体积分数从 1%增加到 3%，将模拟盒中的水分子的数量控制在 4408~4319 的范围内。ZnO/W 和 Zn/W 纳米流体的 $\lambda_{nf}/\lambda_{bf}$ 分别从 1.19 增加到 1.35、1.17 到 1.28。明显地，在 3%和温度为 310 K 情况下，ZnO/W 纳米流体的有效导热系数比 Zn/W 纳米流

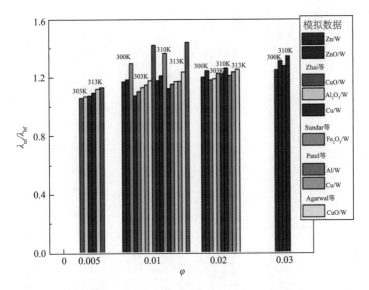

图 5.50　金属纳米流体与金属氧化物纳米流体有效导热系数的对比

体高 5%。这表明,纳米颗粒的导热系数提高没有有效地增强纳米流体的导热系数。因此,下述通过数密度、RDF、MSD 和分子运动轨迹等微观参数来定性和定量地分析界面层的微观特征,进一步阐明纳米流体导热系数异常增强的机制。

为了阐明界面层微观性质对纳米流体内部系统中传热特性的影响,用数密度研究了 ZnO/W 纳米流体中距离 ZnO 纳米颗粒表面不同距离处水分子的密度分布规律。图 5.51 为体积分数 1%～3% 和温度 300～310 K 时界面层的平均数密度分布情况。

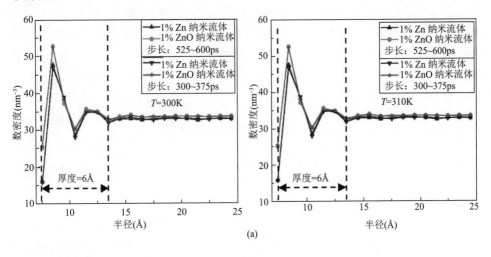

(a)

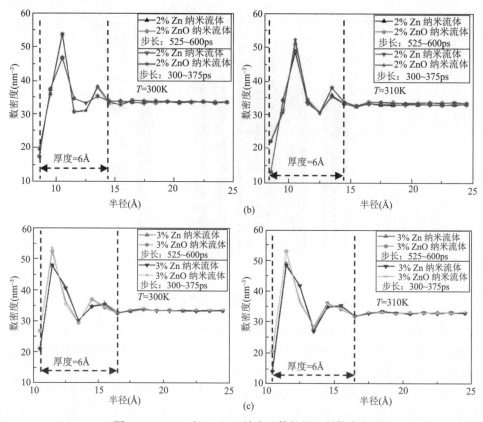

图 5.51　Zn/W 和 ZnO/W 纳米流体的界面层数密度

　　如图 5.51 所示，数密度随着测量半径距离的变化而变化，最后收敛到 33 nm^{-3} 的恒定值。从图中可以看出，由于纳米颗粒的强烈吸附作用，界面层在中心纳米颗粒附近的数密度表现为两个明显的峰值。界面层的厚度是指两个突出的峰之间的距离，在所研究的温度和体积分数范围内约是 6 Å。另外，界面层的数密度按以下顺序减少：ZnO/W（55～53 nm^{-3}）> Zn/W（46～48 nm^{-3}）。界面层密度值越高表明界面层导热系数越大[72]，因此 ZnO/W 纳米流体的界面层的导热性比 Zn/W 纳米流体的导热性要高，这是 ZnO 纳米流体导热系数高于 Zn 纳米流体的原因之一。然而，如图 5.51 所示，在计算的体积分数和温度范围内，界面层数密度的变化趋势与导热系数的变化趋势不同。随着体积分数的变化，界面层密度的变化并不明显，因此说明界面层密度不是影响纳米流体导热系数的唯一因素。

　　纳米流体导热系数的异常增强，除了考虑界面层的密度外，还应考虑其他因素的影响。为了从微观上研究水分子在界面层的运动情况，使用 OVITO 软件来直观地观察中心纳米颗粒周围的分子运动轨迹。由于界面层分子数量较多，可视化观察将会变得复杂且不清晰，因此将界面层的观察机制简化。图 5.52 为界面层可视化简化过程的流程图。第一步将三维的界面层剪切成二维平面的部分界面层，因此选择了穿过纳米颗粒中心的 *XOY* 平面上界面层的分子作为观察对象。之后，随机选择离中心纳米颗粒最近的六个界面层水分子来监测其运动轨迹。由于纳米颗粒对界面层有强烈的吸附作用，因此远离界面层的水分子越多、界面层分子的轨迹线越分散，说明界面层越不稳定。

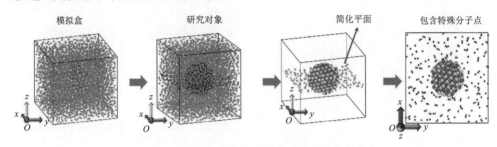

图 5.52　用 OVITO 软件跟踪分子轨迹的简化过程

　　图 5.53 分别为 Zn/W 和 ZnO/W 纳米流体在界面层的水分子运动轨迹。选取下面的工况作为研究对象：在体积分数 3% 和 300 K 的条件下，随机选取六个水分子，被标记为 1～6 号水分子。周期性的边界条件表明分子从模拟盒的边界穿过之后，从模拟盒的另一侧边界穿回来，这使得分子运动的观察变得复杂。因此，从 0 ps 开始记录所选分子的运动情况，直到第一个水分子撞上模拟盒边界后记录结束。此外，还记录了从 0 到 390 ps 范围内的水分子运动轨迹。Zn/W 纳米流体被标记的水分子如图 5.53(a) 所示，4 号水分子和 2 号水分子分别在 104 ps 和 124 ps 时脱离了纳米颗粒的控制并离开了界面层。在 186 ps 时，6 号水分子迅速离开界面层并接触到模拟箱的边界。此时，2、4 和 6 号水分子完全脱离了界面层。ZnO/W 纳米流体被标记的水分子如图 5.53(b) 所示，1 号水分子在 74 ps 时完全脱离了界面层，并在 221 ps 时再次返回。在 282 ps 时，4 号水分子脱离了界面层并迅速到达模拟箱的边界。这时，只有 4 号水分子完全脱离了界面层。比较图 5.53(a) 和 (b) 可以看出，当被选中的水分子脱离界面层并且到达模拟盒边界时，Zn/W 纳米流体中离开界面层的被选定的水分子数量要比 ZnO/W 纳米流体中的多。此外，来自 Zn/W 纳米流体的被选定水分子比来自 ZnO/W 纳米流体的选定水分子更快地接触到模拟盒边界。比较在 390 ps 时所选水分子的运动轨迹，可以看出 Zn/W 纳米流体中分子的运动轨迹线更加扩散。所以，ZnO/W 纳米流体比 Zn/W 纳米流体中纳米颗粒周围的界面层更加稳定。

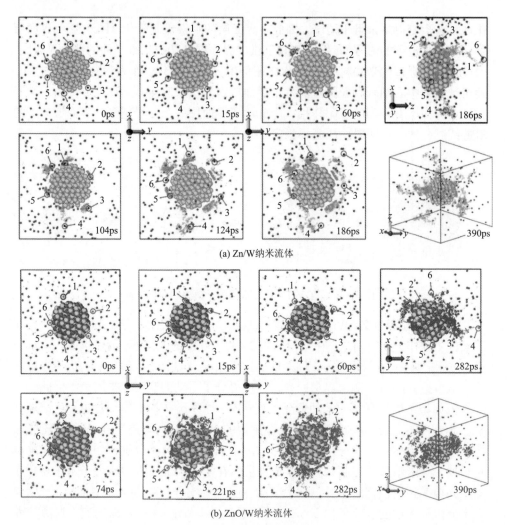

(a) Zn/W纳米流体

(b) ZnO/W纳米流体

图 5.53　界面层中纳米颗粒周围水分子的运动轨迹

参数 MSD 表明了计算区域的分子随时间移动的距离，MSD 值越大，则分子的扩散能力越强。因此，界面层的稳定性特征可以由 MSD 值量化确定。根据纳米颗粒是否对水分子有强烈的吸附作用，将纳米流体系统中的水分子状态分为界面层分子和自由运动分子。在界面层数密度的第一和第二波峰的范围内，水分子的数密度值最高，说明在界面层厚度范围内数量众多的水分子受到中心纳米颗粒吸附作用的影响最大。因此，在此区域的水分子被定义为界面层分子，其余水分子受到中心纳米颗粒的影响较小，可以在基液中自由移动，被定义为自由运动分子。

图 5.54 为 ZnO/W 和 Zn/W 纳米流体的界面层分子(蓝线)和自由运动分子(红

线)的 MSD 值随运动时间的变化情况。从图可以看出，随着流体内部温度的升高，界面层分子和自由移动分子的 MSD 值都增加，这说明温度上升会加速水分子的移动速度。根据式(5.10)，MSD 值的变化表示 $r(t) \sim r(0)$ 的波动情况，这是由部分水分子离开和返回到界面层导致的。MSD 的峰值表明了大量的水分子先脱离界面层，然后又返回。如图 5.54 所示，在体积分数为 1%~3%时，MSD 的峰值分别从 101.6 Å²/ps 下降至 36.5 Å²/ps(Zn/W 纳米流体)和 84.1 Å²/ps 下降至 11.66 Å²/ps(ZnO/W 纳米流体)。界面层 MSD 的峰值波动越大，说明界面层中的分子活跃程度越高，

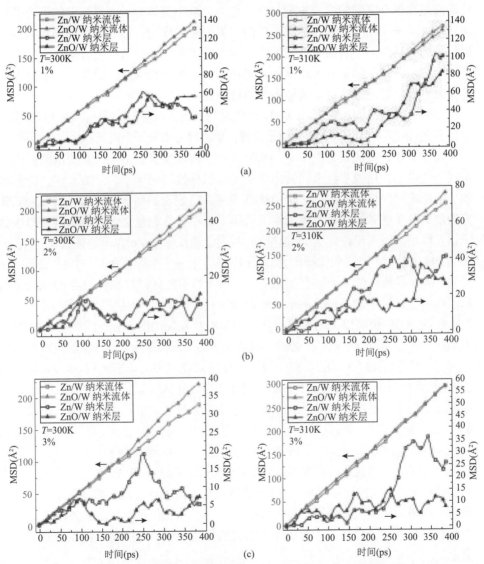

图 5.54　界面层分子(蓝线)和自由运动分子(红线)的 MSD 值随运动时间的变化

稳定性越低。特别是在 3%和 310 K 时存在最大差异,Zn/W 的 MSD 峰值比 ZnO/W 纳米流体高 74.9%,表明随着体积分数的增大,ZnO/W 和 Zn/W 纳米流体的界面层稳定性差异越明显。

大量研究表明[73-75],提高基液的流动性和扩散程度均可增强纳米流体系统的传热情况,但没有很好地区分基液分子和界面层分子。即使这两种分子都是基液分子,但由于中心纳米颗粒的吸附力影响,界面层分子的性质和普通基液分子的性质却大不相同。这是因为由中心纳米颗粒吸附作用形成的界面层,其物理性质处于液态和固态之间的中间物理状态,它可以减少流体分子在界面层的不规则运动,通过分子间相互碰撞的热量可以沿着界面层有序地传递,因此类固状的界面层分子的导热性强于普通基液分子的;同时粒子在流体中微对流效应高于基液分子的,二者共同作用可有效地增加纳米流体内部的传热强度。因此,一个稳定的界面层可以有效地提高纳米流体系统的传热性能。

此外,所有界面层分子的 MSD 值随时间的增加而增大,说明随着时间的推移水分子之间的距离均远离它们的初始位置,最终部分水分子会离开界面层的束缚。

如前所述,在体积分数 1%~3%时,中心纳米颗粒 ZnO 和 Zn 周围的界面层密度变化微小,这说明界面层的密度不受体积分数的影响。结合图 5.54,随着体积分数的增加,界面层的 MSD 值逐渐下降,这表明提高体积分数可以大大降低界面层的分子流动性。这是因为纳米流体系统中含有数量更多的纳米颗粒与水分子相互作用。当体积分数从 1%提高到 3%时,模拟盒中 Zn 原子的数量从 90 个增加到 266 个,Zn 原子的体积增大,Zn 原子与水分子的固液相互作用力增强,使得 Zn/W 纳米流体的界面层更加稳定。但对于拥有不同晶格结构的 ZnO 和 Zn 纳米颗粒而言,原子数可能并不是影响界面层稳定性的唯一因素。

参数 RDF 值可以说明不同种类的纳米颗粒发现周围水分子的概率。图 5.55 为不同体积分数下 ZnO/W 和 Zn/W 纳米流体的 RDF 值随中心纳米颗粒距离的变化情况。基液-基液(O_w-O_w)、氧化锌-水($Zn_{(Zn)}$-O_w,$O_{(ZnO)}$-O_w)和锌-水($Zn_{(Zn)}$-O_w)的 RDF 值分别表示在水分子、ZnO 纳米颗粒和 Zn 纳米颗粒周围发现水分子的概率随距离的变化情况。如图 5.55 所示,当体积分数从 1%增加到 3%时,曲线的峰值按以下顺序下降:$Zn_{(Zn)}$-O_w(从 0.877 下降到 0.604)>$O_{(ZnO)}$-O_w(从 0.876 下降到 0.568)>$Zn_{(ZnO)}$-O_w(从 0.777 下降到 0.516)。这表明 Zn 纳米颗粒中的 Zn 原子附近发现水分子的概率最高,其次是来自 ZnO 纳米颗粒的 O 和 Zn 原子。所有 $g(r)$ 值的峰值小于 1 也表明一些颗粒中的原子没有与界面层分子发生相互作用,$g(r)$ 值越高,说明纳米颗粒中的原子与界面层的水分子相互作用越多。上述结果表明,纳米颗粒和界面层之间的固液相互作用力的数量不能单独由纳米颗粒的原子数量决定。

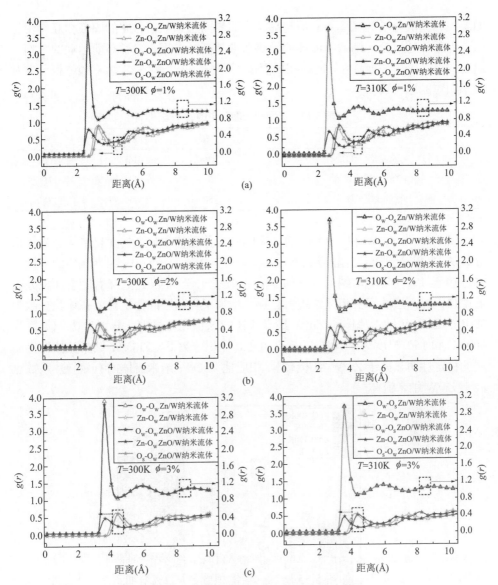

图 5.55　RDF 值随中心纳米颗粒距离的变化

考虑到纳米颗粒中含有原子的数量和在原子附近找到界面层水分子的概率，提出了一个新无量纲参数 S 来评价界面层的稳定程度，公式如下所示。

$$S = \sum_i^N N_i \cdot g(r_i)_{\text{peak}} \tag{5.24}$$

式中，N_i 和 $g(r_i)_{\text{peak}}$ 分别表示纳米颗粒原子种类为 i 的数量和原子种类为 i 时在界面层找到基液分子的概率。S 值越高,表明界面层和颗粒之间的固液相互作用越强,界面层越稳定,则纳米流体的导热系数越高。由于忽略了布朗运动的影响,由公式(5.24)得到的 S 值只能在相同温度下进行比较。表 5.12 为不同体积分数时纳米颗粒的原子数量。

表 5.12　不同纳米颗粒中的原子数

体积分数	1%	2%	3%
Zn$_{(Zn)}$原子数量	90	168	266
Zn$_{(ZnO)}$原子数量	58	113	171
O$_{(ZnO)}$原子数量	58	113	171

图 5.56 为 Zn/W 和 ZnO/W 纳米流体的 S 值随体积分数的变化情况。当体积分数从 1%提高到 3%、温度从 300 K 增加到 310 K 时,Zn/W 纳米流体的 S 值从 75 上升至 177,ZnO/W 纳米流体的 S 值从 91 上升至 214。这意味着随着体积分数的增加,界面层的固液相互作用力更强,增加了界面层的稳定性。在体积分数为 3%时,ZnO/W 纳米流体和 Zn/W 纳米流体的 S 值相差最大,分别为 214(温度为 300 K)和 160(温度为 310 K)。这表明在高体积分数下,ZnO/W 纳米流体的界面层的稳定性明显高于 Zn/W 纳米流体,相应地 ZnO/W 纳米流体的有效导热系数也高于 Zn/W 纳米流体。

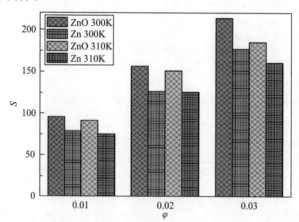

图 5.56　温度为 300 K 和 310 K 下 Zn/W 和 ZnO/W 纳米流体的 S 值随体积分数的变化

5.4.3　界面层热通量方向对导热系数的影响

界面层性质是研究纳米流体传热机制的主要内容之一,界面层的密度明显影响纳米流体的导热系数,界面层密度越高,纳米流体的导热系数越强。然而,关于界面层的排布方式及热通量方向对纳米流体导热系数影响的研究还不多。因此,通过在增强和减小不同位置界面层密度的基础上，考虑热通量方向对于纳米流体导热系数的影响。

图 5.57 为 Cu/Ar 纳米流体在不同固液相互作用下的界面层密度。Cu 纳米颗粒的半径为 16 Å，因此界面层的密度由 16 Å 后开始计算。从图中可以看出，数密度曲线随着距离的增大，出现了两个较为明显的峰值，表明界面层是由两个相对密集的 Ar 原子层环绕着纳米颗粒组成的。增加(减弱)固液相互作用时，类型 2、类型 3 和类型 4 的界面层的数密度值均增大(减小)，表明固液相互作用势可以有效地影响纳米流体的界面层密度，增大固液相互作用可以明显地增加纳米流体的界面层密度。类型 2 种类下的界面层密度波动比类型 3 和类型 4 明显，特别在靠近颗粒的 Ar 原子层下，界面层的波动范围为 69.9 nm^{-3} 至 59.9 nm^{-3}，均为这几种颗粒界面层密度的最高值，说明改变颗粒的固液相互作用的范围越大，界面层密度提升越明显。比较类型 3 和类型 4 的界面层密度，增大(减小)固液相互作用时两者的界面层密度变化不大，均为 66 nm^{-3} 和 61 nm^{-3} 左右，说明界面层的密度不受热通量方向的影响。

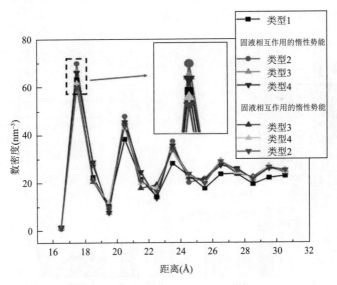

图 5.57　不同固液相互作用下 Cu/Ar 纳米流体界面层数密度

在计算纳米流体导热系数之前，需要对 Cu/Ar 模拟体系进行一定的修正。在此模型中，纳米流体中 Cu 纳米颗粒的表面积较大，界面层吸附的基液 Ar 原子较多，因此会导致基液其余部分的 Ar 原子数减少。图 5.58 为整个模拟盒沿 Z 轴方向的数密度变化情况。将模拟盒沿 Z 轴方向分为 24 个矩形切片，计算每个切片的数密度。从图中可以看出，随着固液相互作用从 0.065 eV 增大到 0.205 eV，界面层区域的数密度增高，而离颗粒较远的数密度呈现降低的趋势。这表明随着纳米颗粒相互作用力的增大，界面层的吸附作用吸引了基液中大量的 Ar 原子，而基液中 Ar 原子的总数量为定值，因此其余区域的 Ar 原子数量降低。这种现象会导致纳米流体传热能力减弱，传热恶化。然而，这种现象并不是正常现象，在实际工程领域中，庞大的流体系统会补充其余区域减少的 Ar 原子数，保持界面层之外的 Ar 原子数密度与纯 Ar 系统中的 Ar 原子密度相当。因此，通过界面层数密度减去纯基液数密度的方法，对纳米流体中的 Ar 原子进行适当补充。

$$N = (r_2^3 - r_1^3) \cdot \frac{4}{3} \cdot \pi \cdot \int_{r_1}^{r_2} \left(\frac{N_{界面层}}{V} - \frac{N_{Ar}}{V} \right) + (r_4^3 - r_3^3) \cdot \frac{4}{3} \cdot \pi \cdot \int_{r_1}^{r_4} \left(\frac{N_{界面层}}{V} - \frac{N_{Ar}}{V} \right) \quad (5.25)$$

式中，$(r_2^3 - r_1^3) 4/3 \cdot \pi$ 和 $(r_4^3 - r_3^3) 4/3\pi$ 表示界面层两个 Ar 液体层的体积，N_{Ar}/V 表示纯 Ar 流体的数密度，$N_{界面层}/V$ 表界面层的数密度，V 固定为 1 Å，N 为补充的原子数。

在式(5.25)中，对两个液体层中大于基液的数密度部分进行积分，之后乘以两个液体层的体积并得到了需要补充的 Ar 原子数。表 5.13 表明了补充的 Ar 原子数、界面层密度和固液相互作用之间的关系。

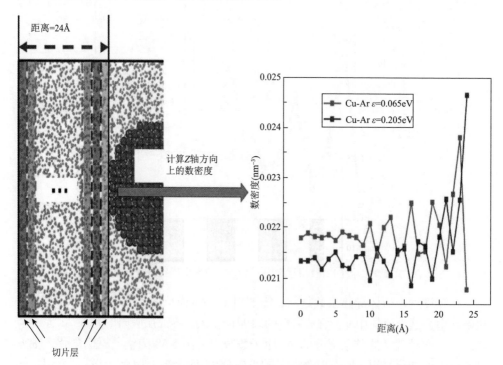

图 5.58 Cu/Ar 纳米流体的 Z 轴方向数密度随 Cu 原子距离的变化

表 5.13　补充的原子数值(粗略估计值)

固-液作用势(eV)	界面层数密度(nm^{-3})	增加的原子数
0.065 (类型1)	64.7	400
0.035 (类型2)	59.9	291
0.125 (类型2)	69.9	600
0.035 (类型3~4)	61.1~61.9	326
0.125 (类型3~4)	66.2~66.8	502
0.145 (类型2)	70.3	600
0.155 (类型2)	70	600
0.165 (类型2)	71	600

图 5.59 为不同状态下纳米流体的导热系数值。红色表明了类型 2、类型 3 和类型 4 界面层密度增大时的纳米流体导热系数,蓝色则表示上述种类颗粒界面层密度减少时的纳米流体导热系数。从图中可以看出,界面层密度增大,纳米流体的导热系数普遍增大。特别是含有类型 2 种类颗粒的纳米流体导热系数最高,为 0.204 W/(m·K),相比于含有类型 1 种类颗粒的纳米流体的导热系数,增强了约 8%。界面层密度减弱时,纳米流体的导热系数普遍减小,类型 2 种类下颗粒的纳米流体的导热系数最低,为 0.181 W/(m·K),相比于含有类型 1 种类的纳米流体的导热系数,减小了约 3%。这说明随着界面层密度的增大,纳米流体的导热系数也增大。比较三种类型固液相互作用力改变后的纳米流体导热系数,类型 2 下导热系数变化最大,约为 12%。这是由类型 1 下界面层密度差异最大所导致的,同样说明了界面层密度是影响纳米流体导热系数的关键因素之一。

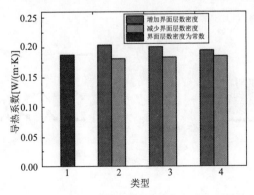

图 5.59　改变固液相互作用力的纳米流体导热系数

比较类型 3 和类型 4 增强和减弱固液相互作用力下的纳米流体导热系数。类型 3 下纳米流体的导热系数在增强和减弱固液相互作用力下处于最高值和最低值,分别为 0.201 W/(m·K) 和 0.183 W/(m·K)。对比与类型 1 下纳米流体的导热系数,增强和减弱的幅度分别为 7.4%和 2.1%。而在类型 4 下增强和减弱的幅度分别为 4.2%和 1%。两种类型除了改变界面层排布位置外,界面层密度和工况都为定值。因此,平行于热通量方向下的界面层密度能更好地影响纳米流体的导热系数。平行于热通量方向的界面层密度的增大可以有效地提高此区域的导热系数,使得热量的传递可以较快由热区域传递到冷区域。

图 5.60 表明了类型 3 和类型 4 下增强纳米流体界面层密度区域的传热路径。图 5.60(a) 为当增强界面层密度的区域方向与热通量方向平行时,热量的传递路径为基液→增强的界面层→颗粒→增强的界面层→基液,由于固体的导热系数远高于基液的,因此形成了一条较为高效的传热路径。图 5.60(b) 为当增强界面层密度的区域方向和热通量方向垂直时,热量的传递路径为基液→增强的界面层→基液,这条路径同样可以增强纳米流体的导热系数,但增强幅度并没有类型 3 明显,这

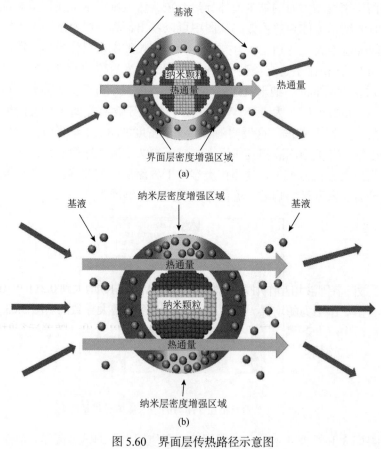

图 5.60 界面层传热路径示意图

(a)类型 3;(b)类型 4

是由于颗粒的这一高导热系数的路径并没有参与进来。因此，界面层的密度是影响纳米流体导热系数的主要因素之一，一方面是由于界面层密度较大，导致此区域的导热系数高于基液的，增强了基液的传热能力；另一方面是由于与热通量方向一致的界面层可以更好地将热量传递至纳米颗粒中，由此形成了一条高效的传热路径。

在类型 2 的基础上，继续增大固液相互作用力的界面层密度。图 5.61 为增大固液相互作用力后的界面层数密度变化。如图所示，当固液相互作用力由 0.145 eV 增大到 0.165 eV 时，界面层的数密度几乎没有改变，维持在 70 nm^{-3}，这表明界面层的密度存在一个上限。这是由于界面层区域的原子数量增多导致 Ar 原子之间的距离减小，在 Ar 原子之间产生了非常大的排斥力，导致界面层之外的 Ar 原子无法继续进入界面层。

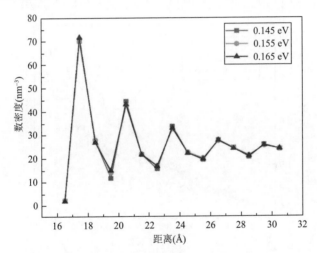

图 5.61　增大固液相互作用力后界面层的数密度

图 5.62 为继续增大固液相互作用力下纳米流体的导热系数。可以看出，纳米流体的导热系数随着固液相互作用力的增大由 0.205 W/(m·K) 增大到 0.211 W/(m·K)。这是由固液相互作用力的增强，界面层的稳定性逐渐增大导致的。图 5.63 为三种不同固液相互作用力下界面层的 MSD 值。从图中可以看出，随着运行时间的增大，三种界面层的 MSD 逐渐增大，表明界面层中的 Ar 原子在不断运动。在结束测量的时刻，固液相互作用力由 0.145 eV 增大到 0.165 eV，界面层的 MSD 值由 3.68 Å^2/ps 降低至 2.26 Å^2/ps。表明随着固液相互作用力的增大，界面层 Ar 原子的流动性变低，界面层的稳定性逐渐升高。如 5.4.2 节所述，界面层的稳定性越高，纳米流体的传热能力越强，因此在界面层密度不变的情况下，固液相互作用力的增强使纳米流体的导热系数继续上升。

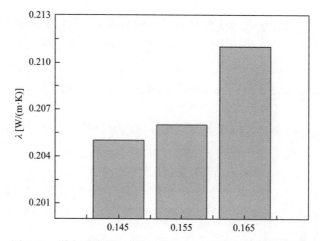

图 5.62 增大固液相互作用力后 Cu/Ar 纳米流体的导热系数

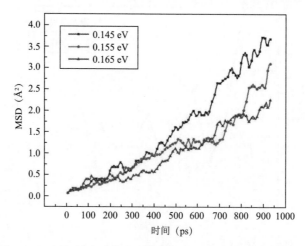

图 5.63 Cu/Ar 纳米流体在不同固液相互作用下界面层的 MSD

5.4.4 小结

采用 NEMD 模拟方法研究了基于 Zn/W 和 ZnO/W 纳米流体的界面层的密度和稳定性,其体积分数和温度范围为 1%~3% 和 300~310 K。从界面层的数密度、RDF、MSD 和分子轨迹四个方面,对纳米流体界面层的微观性质进行了分析,揭示了纳米流体导热系数异常增强的机制。之后,通过分析 Cu/Ar 纳米流体导热系数与界面层排布方向和热通量之间的关系,探究了界面层对于纳米流体导热系数的影响机制,主要结论如下所述。

(1)对于 ZnO/W 和 Zn/W 纳米流体,在 300~310 K 时,随着体积分数从 1% 增加到 3%,ZnO/W 纳米流体的 $\lambda_{nf}/\lambda_{bf}$ 值从 1.19 增加到 1.35,Zn/W 纳米流体的 $\lambda_{nf}/\lambda_{bf}$

值从 1.17 增加到 1.28，因此，纳米流体的导热系数并不总是与纳米颗粒的导热系数成正比。

（2）在纳米流体系统中，界面层中分子不规则运动可以使界面层有序地传递热量，使得纳米流体的导热性能明显增强。在 300～310 K 的范围下，越少的界面层分子离开边界表明界面层变得更加稳定，界面层 MSD 的波动幅度降低，表明界面层分子的活跃程度降低，界面层更加稳定。之后，通过考虑纳米颗粒原子的数量和找到分子的概率来定量评价界面层的稳定程度 S，S 的数值越高，界面层就越趋于稳定。因此，增大颗粒与基液之间的相互作用面积，有利于纳米流体传热的增强。

（3）增强固液相互作用力可以有效地增加纳米流体的导热系数，在 Cu/Ar 纳米流体的体积分数为 5.95%时，颗粒的固液相互作用势能由 0.065 eV 增大到 0.125 eV 时，导热系数增大约 50%。在增强和减弱与热通量方向平行的固液相互作用时，导热系数变化最为明显。对颗粒进行表面改性，增大固液相互作用力，能较大程度地增强纳米流体的传热能力。

（4）固液相互作用力明显影响界面层数密度，增大和减弱颗粒的固液相互作用力，界面层密度由 69.9 nm^{-3} 变化到 59.9 nm^{-3}，表明界面层密度是影响纳米流体导热系数的关键因素之一。考虑热通量对于界面层传热机制的影响，增强平行于热通量方向的界面层密度可以最为有效改善传热路径，提高纳米流体的导热系数。在继续增强固液相互作用后，界面层的密度没有变化，但界面层的稳定性上升，因此增强了纳米流体导热系数。

5.5　颗粒团聚的微观性质

颗粒团聚作为纳米流体的主要特征之一，大量实验证明其能显著提高流体的导热系数。然而，对于纳米流体的研究有以下两点的不足：①目前多数研究集中于探究颗粒在均匀分散与完全团聚两种状态下对于导热系数的影响，分析侧重于团聚结果对导热系数的影响，而对于团聚过程如何强化纳米流体导热系数的研究较少。同时，颗粒的团聚结构可以有效地控制颗粒之间的距离，是影响颗粒完全团聚的主要因素之一，同样是影响纳米流体传热机理的主要内容。②许多研究表明，纳米流体较高的导热系数是由较低的分形维度和接近线性的团聚形状造成的。然而到目前为止，只有少数研究调查了团聚体内部的热传输能力。

为了分析以上两点中团聚体的微观性质对于纳米流体导热系数的影响，基于非平衡分子动力学模拟的方法，构建了包含多个纳米颗粒的大体系 Cu/氩基纳米流体模型，通过计算导热系数、径向分布函数、均方位移等相关参数，探究了以下三个方面：①颗粒由分散到团聚动态变化过程对导热系数的影响规律；②界面层密度对于团聚方式的影响；③颗粒内部导热性对于导热系数的影响。

5.5.1　模型建构

图 5.64 为纳米流体团聚过程的物理模型。如图所示，建立了 10 nm×10 nm×10 nm 的模拟盒，它被分为八个大小一致的立方体，在每个立方体中心划分一个球形区域，8 颗半径为 10.6 Å 的 Cu 纳米颗粒由 Materials Studio 软件构建，放置在球形区域中并将其固定。模拟盒的其余部分填充 Ar 原子，并按照面心立方(FCC)晶格的形式排布，晶格常数为 5.72 Å。纳米流体的体积分数设置为 4%。8 颗纳米颗粒被固定在模拟盒中，通过改变颗粒之间的质心距离来模拟颗粒的团聚过程。颗粒团聚过程由以下三个状态组成：①颗粒均匀分散状态；②团聚过程；③完全团聚状态。

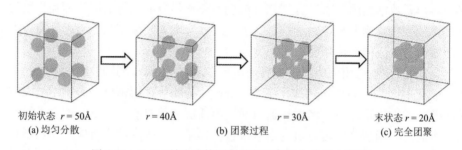

初始状态 $r=50$Å　　　　$r=40$Å　　　　　　　$r=30$Å　　　　末状态 $r=20$Å
(a) 均匀分散　　　　　　　(b) 团聚过程　　　　　　　　　　(c) 完全团聚

图 5.64　Cu/Ar 纳米流体团聚过程示意图(r 为质心距离)

图 5.65 为研究纳米流体团聚结构的物理模型，在 40 Å×80 Å×40 Å 的模拟盒中，选取两颗粒径为 8.48 Å 的 Cu 纳米颗粒作为研究对象，其余部分填充 Ar 原子作为基液。

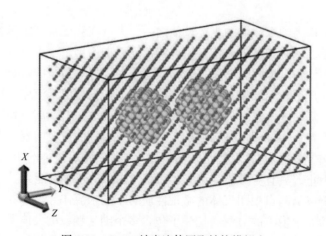

图 5.65　Cu/Ar 纳米流体团聚结构模拟盒

图 5.66 为含有线性团聚体的纳米流体物理模型。如图 5.66(a) 所示，利用 Materials Studio 软件创建了 4 个半径为 10 Å 的铜纳米颗粒，线性排列并固定在模拟盒的中心，方向与 Z 轴平行，其余部分填充 Ar 原子，颗粒的体积分数为 2.79%。通过结合两个 EMD 模拟盒来构建 NEMD 模拟盒，计算纳米流体的物理参数，每个 EMD 模拟盒在 Z 轴上被分为 52 个切片层，厚度为 2 Å，第 51～52 个和第 103～104 个切片层分别被指定为热源和冷源区域。因此热通量方向与 Z 轴保持平行。

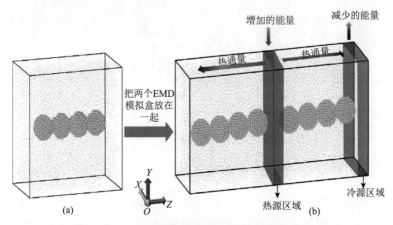

图 5.66　Cu/Ar 纳米流体的物理模型

(a)纳米流体模拟盒；(b)NEMD 模拟盒

每次通过调整 15°间隔的线性团聚体方向，研究了热通量方向和线性团聚体方向形成的夹角与导热系数之间的关系。图 5.67 为线性团聚体和热通量方向之间的各种夹角的示意图。如图所示，团聚体围绕通过其中心 X 轴旋转，并与坐标轴 YOZ 平面平行。使用夹角为 0°、15°、30°、45°、60°、75°和 90°的七种类型的线性团聚体，分析了热通量方向对纳米流体导热性能的影响。夹角被定义为团聚体和热通量之间的方向。图 5.67 中所示的普通团聚体同样是由四个大小相同的纳米颗粒构成，作为线性团聚体的对照组。

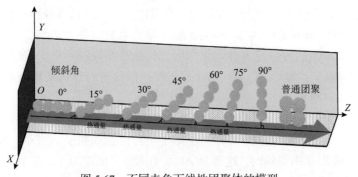

图 5.67　不同夹角下线性团聚体的模型

　　图 5.68 为颗粒在恒定的体积分数 2.79 %下，线性团聚（夹角为 0°）的六种不同类型的纳米颗粒排列的物理模型。如图所示，团聚体由两个较大的（r_1）和两个较小的（r_2）颗粒半径的铜原子组成。在固定体积分数为 2.79%时，铜原子的 r_1 和 r_2 的组合分别为 11 Å 和 8.48 Å、10.5 Å 和 9.45 Å。

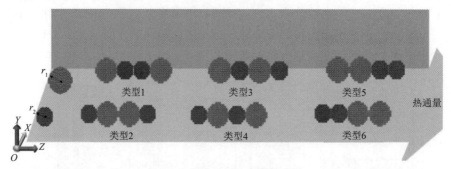

图 5.68　体积分数为 2.79%时不同尺寸的线性团聚体排列（$\theta = 0°$）的物理模型

5.5.2　颗粒团聚过程对导热系数的影响

　　目前，多数研究集中于探究颗粒在均匀分散与完全团聚两种状态下对于导热系数的影响，分析侧重于团聚结果对导热系数的影响，而对于团聚过程如何强化纳米流体导热系数的研究较少。揭示颗粒由分散到团聚动态变化过程对导热系数的影响规律，是探究纳米流体强化传热机理的重要内容。同时，颗粒的团聚结构可以有效地控制颗粒之间的距离，是影响颗粒完全团聚的主要因素之一，同样也是影响纳米流体传热的主要机制。因此，以 Cu/Ar 纳米流体为对象，利用 MD 方法，从基液与界面层的扩散系数及数密度等微观参数探究颗粒团聚过程中导热系数的变化规律。之后，通过研究界面层密度对颗粒团聚结构类型的影响，来探究界面层密度的变化对于纳米流体导热系数的影响。该研究为高效传热纳米流体的研发提供了理论基础。

　　图 5.69 为 Cu/Ar 纳米流体导热系数随 Cu 颗粒质心距离的变化情况。随着质心距离的缩短，导热系数呈非线性增长。当温度为 85 K 时，颗粒由均匀分散到完全团聚的过程中（即质心距离 50 Å→20 Å），导热系数增强了 24%，说明颗粒的团聚状态对纳米流体的传热能力有强化作用，特别是在颗粒完全团聚时，纳米流体的导热系数最高。这是因为，基液 Ar 原子的扩散程度与导热系数有着密切关系，扩散程度越高，纳米流体的导热系数越大[73,75]。

　　为了进一步确定基液中 Ar 原子对纳米流体内部传热的影响，可将基液 Ar 原子按照是否受 Cu 颗粒吸附分为界面层原子与自由运动原子。当 Ar 原子明显受 Cu 纳米颗粒吸附作用影响时，这部分 Ar 原子称为界面层原子；其余 Ar 原子未受

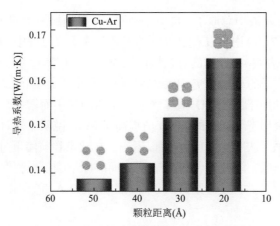

图 5.69　Cu/Ar 纳米流体团聚过程的导热系数

Cu 颗粒吸附作用的影响，可在流体中做自由布朗运动，称为自由运动原子。划分范围如下：受吸附作用影响的 Ar 原子，会聚集在 Cu 颗粒周围，形成一层密度大于基液的界面层，可从数密度值大小判断。

图 5.70 为 Cu 纳米颗粒周围 Ar 原子的数密度分布情况。从图中可以看到有两个明显的数密度峰值。距 Cu 纳米颗粒中心点 11 Å 与 15 Å 之间内存在的 Ar 原子称为界面层原子，此处的 Ar 原子明显受 Cu 颗粒吸附作用的影响；而在质心距离大于 15 Å 时，Ar 原子受 Cu 颗粒的作用力逐渐减弱，直至消失，可归为自由运动原子。

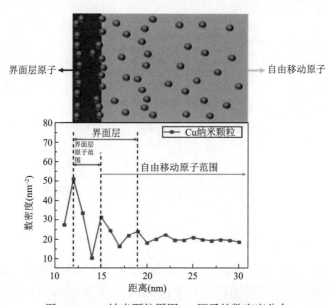

图 5.70　Cu 纳米颗粒周围 Ar 原子的数密度分布

图 5.71 为 Ar 基液中总原子、自由运动原子、界面层原子的 MSD 值随模拟时间的变化。从图 5.71(a)中可以看出,Cu 纳米颗粒在团聚过程中,基液原子的 MSD 值几乎没有变化,表明 Ar 原子的总扩散能力恒定。由于原子的动能仅与温度有关,当温度恒定时,原子的动能不变,因此平均位移几乎没有变化。从图 5.71(b)中可以看出,自由运动原子的 MSD 值随着质心距离的缩小而增大,相较于均匀分散的纳米颗粒,团聚形态下原子的 MSD 值提高了 3%,说明团聚时自由运动原子的扩散能力得到增强。从图 5.71(c)中可以看出,在纳米颗粒团聚过程中,界面层原子的 MSD 逐渐降低,降幅约 22%,表明界面层原子的扩散程度逐渐降低,界面层原子越来越稳定。并且质心距离从 30 Å 缩短到 20 Å(完全团聚)的过程,MSD 降低非常明显。

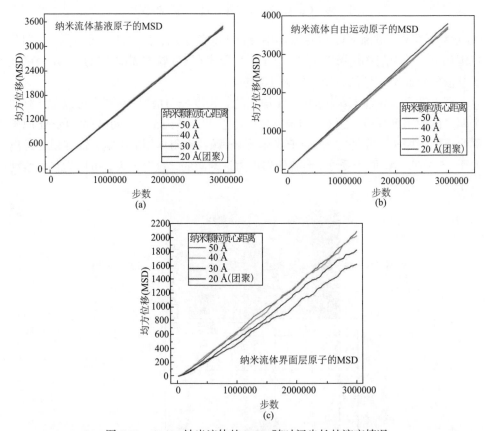

图 5.71　Cu/Ar 纳米流体的 MSD 随时间步长的演变情况

对比图 5.69 与图 5.71 可知,导热系数的增大与 MSD 值紧密联系,说明扩散系数在很大程度上影响了纳米流体的导热系数。在团聚过程中,导热系数的增大与自由运动原子的 MSD 呈现正相关的关系,与界面层原子的 MSD 呈现负相关的关系。这是因为自由运动原子主要的传热方式是原子的布朗运动导致原子间相互碰撞，布朗运动越剧烈、原子的动能越大，导热系数越高；界面层的原子受纳米颗粒的影响，呈现固-液性质，导热系数高于基液，有利于增强传热[72,76]，扩散系数较低且稳定的界面层明显更有利于传热。因此，在颗粒紧密地团聚在一起时，基液受到颗粒吸附作用的影响最大，可以最为有效的提高纳米流体的导热系数。

根据 Atmuri 等[77]的理论，团聚结构被分为反应限制团聚与扩散限制团聚两种类型。当纳米颗粒粘连在一起形成紧密的团聚体时，称为反应限制团聚；反之，当纳米颗粒之间存在空隙形成松散的团聚体时，称为扩散限制团聚。根据 5.4 节的研究，颗粒紧密地团聚可以有效地增大纳米流体的导热系数。因此，在相同体积分数下，颗粒的团聚结构为反应限制团聚的导热系数大于扩散限制团聚的。改变团聚体的团聚结构，可以有效地增大纳米流体的导热系数。

界面层是指纳米颗粒与基液间存在一层密度高于基液的吸附层，基液原子在该吸附层上排列更加有序。研究界面层密度对于团聚结构类型的影响，进而研究界面层密度对于纳米流体导热系数的影响，可通过增大或减小纳米颗粒与基液间的相互作用势来改变界面层的原子密度。如 5.4.3 节所述，固液相互作用势能(ε)越大，则原子间的相互作用力越强；反之，ε 越小，则原子间的相互作用力越弱。表 5.14 为 Ar 纳米流体在不同相互作用势下的界面层数密度值。由表可知，质心距离为 21 Å 时，将 Cu 原子与 Ar 原子之间的相互作用势由 1.478 kcal/mol 增大到 1.972 kcal/mol，界面层数密度的峰值由 67 nm^{-3} 升高到 72 nm^{-3}；当质心距离为 22 Å 时，将 Cu 原子与 Ar 原子之间的相互作用势从 1.4786 kcal/mol 降低到 1 kcal/mol，数密度峰值由 67 nm^{-3} 降低为 62 nm^{-3}。这表明 Cu 原子与 Ar 原子之间相互作用势与界面层数密度呈正相关的关系。

表 5.14 氩纳米流体相互作用势与数密度峰值的关系

质心距离(Å)	势阱深度 ε (kcal/mol)	界面层数密度峰值(nm^{-3})
21	1.478	67
22	1.478	67
21	1.972	72
22	1	62

图 5.72 为质心距离 21 Å、22 Å 的团聚状态随模拟时间的变化关系。如图 5.72(a) 所示，当质心距离为 21 Å 及相互作用势为 1.478 kcal/mol 时，纳米颗粒团聚速度极快，在 0.4 ps 范围内，纳米颗粒之间的质心距离由 21 Å→16 Å，表明颗粒紧密地团聚在一起，形成反应限制团聚。当相互作用势从 1.478 kcal/mol 增大到 1.972 kcal/mol 后，颗粒之间的质心距离由 21 Å→20 Å，并且颗粒之间的距离并没有再次发生改变，表明颗粒不再紧密地团聚在一起，形成了扩散限制团聚。图 5.73

为质心距离为 21 Å、22 Å 时界面层的厚度，从图中可以发现，当颗粒质心距离为 21 Å 时，界面层的厚度受到了颗粒之间距离的影响，仅为 2.02 Å。当颗粒的质心距离为 22 Å 时，界面层厚度为 2.52 Å。界面层厚度的增大使得纳米颗粒的团聚结构发生了变化，这表明界面层的厚度可能是影响纳米颗粒团聚结构的因素之一。

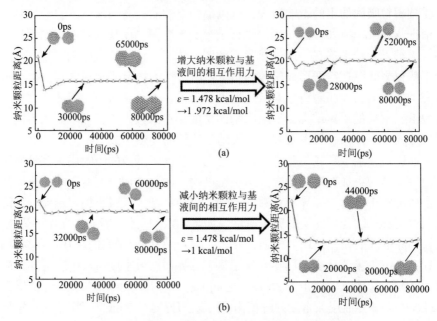

图 5.72　铜纳米颗粒的团聚状态随模拟时间的变化

(a) 颗粒质心距离 21 Å 的团聚状态;(b) 颗粒质心距离 22 Å 的团聚状态

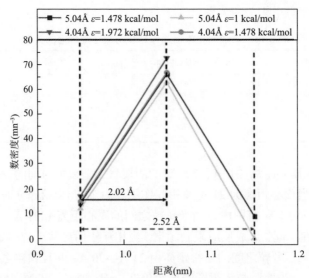

图 5.73　不同质心距离下铜纳米颗粒的界面层厚度

相反地，当质心距离为 22 Å 及相互作用势为 1.478 kcal/mol 时，颗粒之间的质心距离由 22 Å→20 Å，团聚结构为扩散限制团聚，如图 5.72(b)所示。将相互作用势从 1.478 kcal/mol 减小到 1 kcal/mol 后，颗粒之间的质心距离由 22 Å→14.8 Å，颗粒紧密地团聚在一起，形成了反应限制团聚。这表明界面层密度的变化是影响纳米颗粒团聚结构的主要因素之一。较低的界面层数密度有利于颗粒形成反应限制团聚，使其紧密地黏合在一起，从而使得纳米流体具有更佳的传热性能。

5.5.3　线性团聚体与热通量的夹角对导热系数的影响

由于团聚形态的不同会影响原子的流动性(基液的布朗运动)，这使得基液的布朗运动和团聚体内部传热对纳米流体系统传热的影响无法精确估计[73]。具有线性团聚的纳米流体在实验中显示出最高的导热性[78]。因此，使用线性团聚作为研究对象可以最大限度地观察纳米流体的导热系数的变化。在这种情况下，采用 MD 模拟来研究线性团聚状态下的纳米颗粒和热通量之间的夹角和不同大小颗粒排列方式对导热系数的影响。

Lee 等[79]观察到，纳米流体颗粒团聚导致的导热系数的增加是由于氩原子在团聚状态下系统的势能增加造成的。此外，Essajai 等[73]证明，基液原子的布朗运动对纳米流体的导热性有很大影响。因此，为了揭示纳米流体团聚时导热系数的异常增强，在研究颗粒团聚体内部的传热能力之前，首先要确定改变夹角后纳米流体系统的势能和基液中氩原子布朗运动对纳米流体的影响。

图 5.74 为势能和温度随夹角的变化。从图中可以看出，在颗粒团聚状态下，

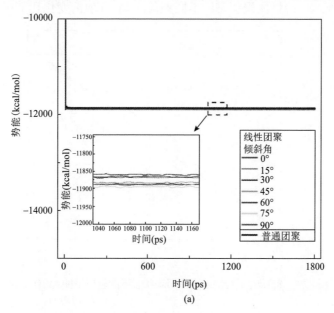

(a)

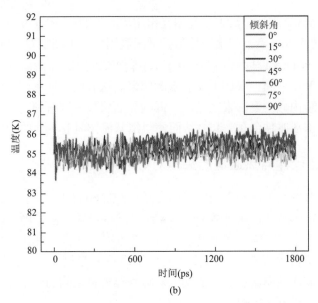

(b)

图 5.74   Cu/Ar 纳米流体系统的势能(a)和温度(b)的变化

系统的势能和温度没有随着夹角的变化而发生明显的变化。这表明通过调整夹角的方式，纳米流体的导热系数的异常增强与氩原子的势能无关。

除了势能对于导热系数的影响，基液的扩散能力同样影响着纳米流体的传热能力。因此，使用 MSD 研究氩原子的扩散程度，以分析氩原子的布朗运动对纳米流体导热系数的影响。图 5.75 描述了纳米流体所有团聚状态下的液相结构的 MSD。如图所示，线性团聚状态的不同夹角的 MSD 值的变化几乎相同，这表明

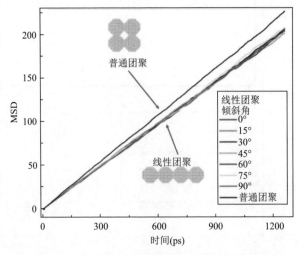

图 5.75   85K 时所有纳米流体团聚状态下的氩原子的 MSD 变化

线性团聚体下的不同夹角并不影响氩原子的布朗运动速率。此外，还比较了线性团聚体和普通团聚体的 MSD 值，在 1200 ps 时，含有普通团聚体的基液氩原子的 MSD 值比含有线性团聚体的基液氩原子的 MSD 高 1.13 倍。因此，纳米流体中含有普通团聚体的基液氩原子的布朗运动更快。基液更快的布朗运动表明温度梯度在纳米流体系统内以很高的速率均匀分布，这从宏观上增加了热传导率。因此，相比于线性团聚体基液的传热能力，普通团聚的基液对纳米流体的热传递更有利。之后，对不同夹角的纳米流体导热系数进行了研究。

图 5.76 展示了线性团聚体(包括从 0 到 90°)和普通团聚的导热系数的比较。Cu/Ar 纳米流体的导热系数随着线性团聚的夹角角度的增加而下降。例如，在相同条件下，0°和 90°的最大、最小导热系数分别为 0.184 W/(m·K)、0.165 W/(m·K)，相差 11.68%。因此，纳米流体的导热系数受到热通量方向和团聚的显著影响。在相同的温度梯度下，由于:铜纳米颗粒的高导热性，铜颗粒团聚体的传热能力比基液高得多。因此，团聚行为为纳米流体系统的传热提供了一个有效的热通量通道[80,81]。热通量的多少取决于实际的热通量距离。图 5.77 描述了实际热通量距离和夹角之间的关系。如图 5.76 和图 5.77 所示，实际热通量距离(actual heat flux distance，$r_{实际}$)可以用式(5.26)计算。

$$r_{实际} = \sum_{i=1}^{N} \cos \theta_i (r_i)$$

(5.26)

式中，N、θ_i 和 r_i 分别表示纳米颗粒的类型、夹角角度和半径。

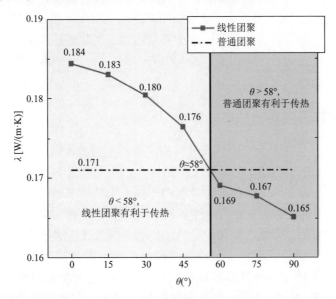

图 5.76　Cu/Ar 纳米流体线性团聚体的导热系数随夹角角度的变化

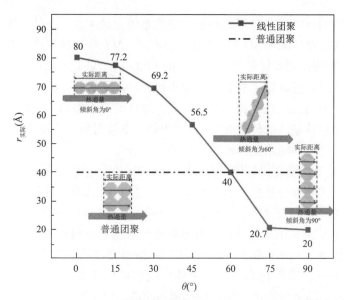

图 5.77　实际热通量距离随夹角角度的变化

如图 5.77 所示，在夹角小于 58°的情况下，线性团聚的导热系数比普通团聚的导热系数大，而普通团聚的真实热通量长度和线性团聚在夹角为 60°时的热通量长度一致，考虑基液布朗运动对导热系数造成的影响，如图 5.76 所示，普通团聚的布朗运动强于线性团聚的布朗运动，证明了具有普通团聚的氩原子的布朗运动传递的热量更快。同时，布朗运动造成的影响仅仅使真实热通量的长度减少了 2%，这表明氩原子的布朗运动不是影响团聚的纳米流体导热系数的主要因素。由于 Cu 纳米颗粒的导热系数较高，减少夹角增加了实际的热通量距离，导致导热系数增加。在夹角为 0°(即平行于热通量方向)时，Cu/Ar 纳米流体的最大导热系数为 0.184 W/(m·K)。

5.5.4　颗粒排列对导热系数的影响

图 5.78 显示了不同纳米颗粒尺寸排列的导热系数的比较。导热系数从高到低的前三个顺序如下：类型 1$(r_1 = 10.5$ Å 和 $r_2 = 9.45$ Å)$>$ 相同半径$(r_1 = r_2 = 10$ Å)$>$类型 5$(r_1 = 10.5$ Å 和 $r_2 = 9.45$ Å)。它表明不同大小的纳米颗粒的适当排列增加了导热性。从微观角度看，这也有助于解释 Ma 等[82]所描述的实验现象。具有不同尺寸的纳米颗粒的混合纳米流体的导热性比单一纳米流体的导热性要高。原因可以通过数密度来揭示，数密度可以反映固液界面层的特征，如图 5.79 所描述。此外，图 5.78 说明了在不同纳米颗粒尺寸排列下，数密度随界面层的半径距离的变化。界面层的厚度被定义为数密度的第一个和第二个峰值之间的距离。如

图 5.79 所示，所有纳米颗粒尺寸排列的厚度都接近 6 Å。换句话说，对于相同的纳米颗粒类型，纳米颗粒之间以及纳米颗粒和基液原子之间的相互作用势能保持不变，导致界面层厚度不变。

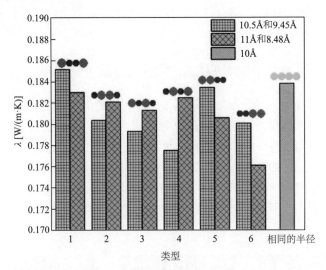

图 5.78　不同纳米颗粒尺寸排列下的导热性能比较

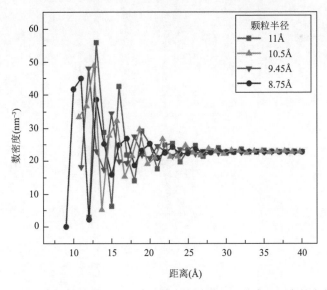

图 5.79　不同铜纳米颗粒尺寸下数密度随界面层的半径距离的变化

此外，随着界面层中 Cu 纳米颗粒半径的增加，数密度也在提高。这表明，界面层的密度随着 Cu 纳米颗粒半径的增加而增强。氩原子的有序排列形成了一个更紧凑的固液界面层，从而形成了一个更合理的热通道。Wang 等[72]也观察到这种现象。同时，在 5.4.3 节中已表明，增大与热通量方向相同的界面层密度有利于形成更加有效率的传热路径。

界面层周围的温度分布可以反映出界面层密度和热通量之间的关系。热通量 q 可以用傅里叶定律计算，结合 5.5.4 节与 4.4.3 节的结论内容，将式 (5.11) 和式 (5.26) 改写如下：

$$q = -\left[4(r_1 + r_2)\lambda_{\text{particle}} + 2h\lambda_{\text{interfacial layer}} \right](dT/dZ) \tag{5.27}$$

式中，dT/dZ、$4(r_1+r_2)$、h、$\lambda_{\text{particle}}$ 和 $\lambda_{\text{interfacial layer}}$ 分别代表温度梯度、热通量距离、界面层厚度、粒子和界面层的导热系数。

图 5.80 为从类型 1~6 ($r_1 = 10.5$ Å 和 $r_2 = 9.45$ Å) 的温度分布。如图所示，热通量距离 $4(r_1+r_2)$ 是 79.8 Å，因为类型 1~6 的纳米颗粒半径相同。此外，不同颗粒的界面层具有相同的厚度值 (h)，而界面层的导热系数 ($\lambda_{\text{interfacial layer}}$) 随着界面层密度的增加而增加。因此，如果纳米流体的导热系数足够高，就会有更多的热通量传递。

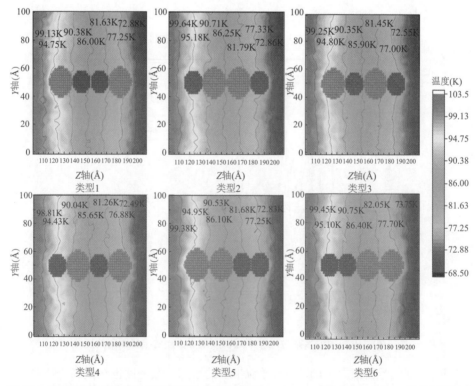

图 5.80 纳米流体内不同的纳米颗粒尺寸排列 (类型 1~6，$r_1 = 10.5$ Å 和 $r_2 = 9.45$ Å) 的温度分布

在图 5.81 的组合中，界面层的导热性随着界面层密度的增加而增强，这是由于铜纳米颗粒周围的氩原子排列得更加紧凑。相应地，它可以产生一个更密集的热通量通道(基液氩原子→界面层→铜纳米颗粒→界面层→基液氩原子)，如图 5.81 所示。因此，随着更多的热量从界面层转移到纳米流体系统中，纳米流体的导热系数在宏观上得到了提高。

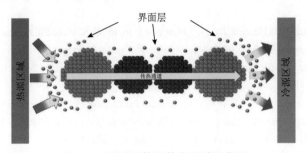

图 5.81　纳米流体的传热通道示意图

5.5.5　小结

本章以具有原子迁移率和团聚态的 Cu/Ar 纳米流体为对象，探究了纳米颗粒团聚过程对导热系数的影响，对颗粒团聚过程中基液原子的布朗运动及其界面层的性质进行模拟研究。之后，结合 MSD、数密度、界面层密度和厚度以及温度梯度等微观参数分析了线性团聚体的夹角和纳米颗粒尺寸排列对导热系数的影响，揭示了纳米流体导热系数的异常增强，得出的主要结论如下所述。

(1)颗粒在完全团聚的状态下，纳米流体的导热系数最高，导热系数相比于均匀分散状态增大了 24%。这是由基液中自由运动原子的扩散能力与界面层原子稳定性共同导致的。颗粒由均匀分散到完全团聚这一过程，基液的布朗运动也在增强，使得界面层更加稳定。

(2)界面层数密度的变化将导致团聚结构发生改变，较低的界面层密度有利于反应限制团聚的出现，使纳米颗粒紧紧地黏合在一起，有利于提升纳米流体导热性能。

(3)导热系数随着线性团聚体和热通量方向之间的夹角的增大而减小，原因是实际热通量距离的减少导致 Cu 纳米颗粒缩短了高效的热传导通道，降低了纳米流体的导热系数。

(4)在线性团聚态和类型 1(即 $\theta = 0°$，$r_1 = 10.5$ Å 和 $r_2 = 9.45$ Å)中观察到最大导热系数。半径更大的 Cu 纳米颗粒可以在两侧形成更致密的界面层，以传递更多的热通量，从而使纳米流体的导热系数在宏观上增加。

参 考 文 献

[1] Liu Z, Li J, Zhou C, Zhu W. A molecular dynamics study on thermal and rheological properties of BNNS-epoxy nanocomposites[J]. International Journal of Heat and Mass Transfer, 2018, 126: 353-362.

[2] Yan S R, Toghraie D, Hekmatifar M, Miansari M, Rostami S. Molecular dynamics simulation of water-copper nanofluid flow in a three-dimensional nanochannel with different types of surface roughness geometry for energy economic management[J]. Journal of Molecular Liquids, 2020, 311: 113222.

[3] Esfe M H, Rostamian H, Sarlak M R. A novel study on rheological behavior of ZnO-MWCNT/10w40 nanofluid for automotive engines[J]. Journal of Molecular Liquids, 2018, 254: 406-413.

[4] D. 罗伯. 计算材料学[M]. 北京: 化学工业出版社, 2002: 41-163.

[5] 张岱宇, 刘福生, 李西军, 经福谦. 多孔铁冲击温度的分子动力学模拟[J]. 高压物理学报, 2003, 17(1): 16-21.

[6] Verlet L. Computer "experiments" on classical fluids. I. Thermodynamical properties of Lennard-Jones molecules[J]. Physical Review, 1967, 159(1): 98.

[7] Xue L, Keblinski P, Phillpot S R, Choi S U S. Effect of liquid layering at the liquid-solid interface on thermal transport[J]. International Journal of Heat and Mass Transfer, 2004, 47(19-20): 4277-4284.

[8] Yi M Y, Kim D S, Lee J W, Koplik J. Molecular dynamics (MD) simulation on the collision of a nano-sized particle onto another nano-sized particle adhered on a flat substrate[J]. Journal of Aerosol Science, 2005, 36(12): 1427-1443.

[9] Furukawa S, Sugahara T, Nitta T. Non-equilibrium MD studies on gas permeation through carbon membranes with belt-like heterogeneous surfaces[J]. Journal of Chemical Engineering of Japan, 1999, 32(2): 223-228.

[10] 罗旋, 费维栋, 李超, 姚忠凯. 材料科学中的分子动力学模拟研究进展[J]. 材料科学与工艺, 1996, 4(1): 126-128.

[11] Abu-Hamdeh N H, Bantan R A R, Golmohammadzadeh A, Toghraie D. The thermal properties of water-copper nanofluid in the presence of surfactant molecules using molecular dynamics simulation[J]. Journal of Molecular Liquids, 2021, 325: 115149.

[12] Daw M S, Baskes M I. Embedded-atom method: derivation and application to impurities, surfaces, and other defects in metals[J]. Physical Review B, 1984, 29(12): 6443.

[13] Kong C L. Combining rules for intermolecular potential parameters. II. Rules for the Lennard Jones (12-6) potential and the Morse potential[J]. Journal of Chemical Physics, 1973, 59(5): 2464-2467.

[14] 张跃, 谷景华, 尚家香, 马岳. 计算材料学基础[M]. 北京: 北京航空航天大学出版社, 2007: 84-118.

[15] Heyhat M M, Rajabpour A, Abbasi M, Arabha S. Importance of nanolayer formation in nanofluid properties: Equilibrium molecular dynamic simulations for Ag-water nanofluid[J].

Journal of Molecular Liquids, 2018, 26: 699-705.

[16] Dorrani H, Mohebbi A. A comparative study of TIP4P-2005, SPC/E, SPC and TIP3P-Ew models for predicting water transport coefficients by EMD and NEMD simulations[J]. Journal of Engineering Thermophysics, 2023, 32(1): 138-161.

[17] Römer F, Lervik A, Bresme F. Nonequilibrium molecular dynamics simulations of the thermal conductivity of water: A systematic investigation of the SPC/E and TIP4P/2005 models[J]. The Journal of Chemical Physics, 2012, 137(7): 074503.

[18] Schenter G K. The development of effective classical potentials and the quantum statistical mechanical second virial coefficient of water[J]. The Journal of chemical physics, 2002, 117(14): 6573-6581.

[19] Benjamin K M, Singh J K, Schultz A J. Higher-order virial coefficients of water models[J]. The Journal of Physical Chemistry B, 2007, 111(39): 11463-11473.

[20] Rouha M, Nezbeda I, Hrubý J. Higher virial coefficients of water[J]. Journal of Molecular Liquids, 2018, 270: 81-86.

[21] Ramires M L V, Nieto de Castro C A, Nagasaka Y. Standard reference data for the thermal conductivity of water[J]. Journal of Physical and Chemical Reference Data, 1995, 24(3): 1377-1381.

[22] Yang S M, Tao W X. Heat Transfer[M]. Beijing: Higher Education Press, 2019.

[23] 王新, 敬登伟. 颗粒表面吸附层对纳米流体导热系数贡献的分子动力学研究[J]. 工程热物理学报, 2017, 38(7): 1459-1465.

[24] Li L, Zhang Y, Ma H. Molecular dynamics simulation of effect of liquid layering around the nanoparticle on the enhanced thermal conductivity of nanofluids[J]. Journal of Nanoparticle Research, 2010, 12(3): 811-821.

[25] Sedighi M, Mohebbi A. Investigation of nanoparticle aggregation effect on thermal properties of nanofluid by a combined equilibrium and non-equilibrium molecular dynamics simulation[J]. Journal of Molecular Liquids, 2014, 197: 14-22.

[26] Plathe F M. A Simple nonequilibrium molecular dynamics method for calculating the thermal conductivity[J]. The Journal of Chemical Physics, 1997, 106(14): 6082-6085.

[27] Bao L, Zhong C, Jie P, Hou Y. The effect of nanoparticle size and nanoparticle aggregation on the flow characteristics of nanofluids by molecular dynamics simulation[J]. Advances in Mechanical Engineering, 2019, 11(11): 1-17.

[28] Razmara N, Namarvari H, Meneghini J R. A new correlation for viscosity of model water-carbon nanotube nanofluids: Molecular dynamics simulation[J]. Journal of Molecular Liquids, 2019, 293(C): 111438-111438.

[29] Esfe M H, Hajmohammad M H, Rostamian S H. Multi-objective particle swarm optimization of thermal conductivity and dynamic viscosity of magnetic nanodiamond-cobalt oxide dispersed in ethylene glycol using RSM[J]. International Communications in Heat and Mass Transfer, 2020, 117: 104760.

[30] Esfe M H, Afrand M. A review on fuel cell types and the application of nanofluid in their cooling[J]. Journal of Thermal Analysis and Calorimetry, 2019, 140: 1-22.

[31] Esfe M H, Esfandeh S, Niazi S. An experimental investigation, sensitivity analysis and RSM analysis of MWCNT(10)-ZnO(90)/10W40 nanofluid viscosity[J]. Journal of Molecular Liquids, 2019, 288: 111020.

[32] Hamilton R L, Crosser O K. Thermal conductivity of heterogeneous two-component systems[J]. Industrial & Engineering Chemistry Fundamentals, 1962, 1(3): 187-191.

[33] Gupta M, Singh V, Kumar R, Said Z. A review on thermophysical properties of nanofluids and heat transfer applications[J]. Renewable and Sustainable Energy Reviews, 2017, 74: 638-670.

[34] Einstein A. Eine neue Bestimmung der Molekul dimensionen[J]. Annals of Physics, 1906, 19: 289-306.

[35] Brinkman H C. The viscosity of concentrated suspensions and solutions[J]. Journal of Chemical Physics, 1952, 20(4): 571-571.

[36] Batchelor G K. The effect of Brownian motion on the bulk stress in a suspension of spherical particles[J]. Journal of Fluid Mechanics, 1977, 83(1): 97-117.

[37] Xuan Y M, Li Q. Heat transfer enhancement of nanofluids[J]. International Journal of Heat and Fluid Flow, 2000, 21: 58-64.

[38] Bianco V, Manca O, Nardini S, Vafai K. Heat transfer enhancement with nanofluids[M]. New York: Taylor and Francis; CRC Press, 2015.

[39] Ma M Y, Zhai Y L, Yao P T, Li Y H, Wang H. Synergistic mechanism of thermal conductivity enhancement and economic analysis of hybrid nanofluids[J]. Powder Technology, 2020, 373: 702-715.

[40] Akilu S, Sharma K V, Baheta A T, Mamat R. A review of thermophysical properties of water based composite nanofluids[J]. Renewable and Sustainable Energy Reviews, 2016, 66: 654-678.

[41] Das P K. A review based on the effect and mechanism of thermal conductivity of normal nanofluids and hybrid nanofluids[J]. Journal of Molecular Liquids, 2017, 240: 420-446.

[42] Stukowski A. Visualization and analysis of atomistic simulation data with OVITO-the open visualization tool[J]. Modelling and Simulation in Materials Science and Engineering, 2010, 18(1): 015012 (7pp).

[43] Zeroual S, Loulijat H, Achehal E, Estellé P, Hasnaoui A, Ouaskit S. Viscosity of Ar-Cu nanofluids by molecular dynamics simulations: Effects of nanoparticle content, temperature and potential interaction[J]. Journal of Molecular Liquids, 2018, 268: 490-496.

[44] Ahmed Z, Bhargav A, Mallajosyula S S. Estimating Al_2O_3-CO_2 nanofluid viscosity: A molecular dynamics approach[J]. European Physical Journal: Applied Physics, 2018, 84: 30902.

[45] Wang X, Jing D W. Determination of thermal conductivity of interfacial layer in nanofluids by equilibrium molecular dynamics simulation[J]. International Journal of Heat and Mass Transfer, 2019, 128: 199-207.

[46] Bashirnezhad K, Rashidi M M, Yang Z, Bazri S, Yan W M. A comprehensive review of last experimental studies on thermal conductivity of nanofluids[J]. Journal of Thermal Analysis and Calorimetry, 2015, 122(2): 863-884.

[47] Keblinski P, Phillpot S R, Choi S U S, Eastman J A. Mechanism of heat flow in suspensions of nano-sized particles (nanofluids)[J]. International Journal of Heat and Mass Transfer, 2002,

45 (4): 855-863.

[48] Li L, Zhang Y, Ma H, Yang M. Molecular dynamics simulation of effect of liquid layering around the nanoparticle on the enhanced thermal conductivity of nanofluids[J]. Journal of Nanoparticle Research, 2010, 12 (3): 811-821.

[49] Prasher R, Phelan P E, Bhattacharya P. Effect of aggregation kinetics on the thermal conductivity of nanoscale colloidal solutions (nanofluids) [J]. Nano Letters, 2016, 6 (7): 1529-1534.

[50] Fang X P, Xuan Y M, Li Q. Experimental investigation on enhanced mass transfer in nanofluids[J]. Applied Physics Letter, 2009, 95: 203108-203112.

[51] Gharagozloo P E, Goodson K E. Aggregate fractal dimensions and thermal conduction in nanofluids[J]. Journal of Applied Physics, 2010, 108 (7): 074309 -074315.

[52] Sadeghi R, Haghshenasfard M, Etemad S G, Keshavarzi E. Theoretical investigation of nanoparticles aggregation effect on water-alumina laminar convective heat transfer[J]. International Communications in Heat and Mass Transfer, 2016, 72: 57-63.

[53] Kang H, Zhang Y, Yang M, Li L. Molecular dynamics simulation on effect of nanoparticle aggregation on transport properties of a nanofluid[J]. Journal of Nanotechnology in Engineering and Medicine, 2012, 3: 021001.

[54] Jullien R, Botet R. Aggregation and Fractal Aggregates[A]. Singapore: World Scientific, 1987.

[55] Schmidt-Ott A, Wüstenberg J. Equivalent diameters of non-spherical particles[J]. Journal of Aerosol Science, 1995, 26 (S1): S923-S924.

[56] Israelachvili J N. Intermolecular and surface forces[M]. Third Edition. New York: Academic Press, 2011.

[57] Cui W Z, Shen Z J, Yang J G, Wu S H, Bai M L. Influence of nanoparticle properties on the thermal conductivity of nanofluids by molecular dynamics simulation[J]. RSC Advances, 2014, 4 (98): 55580-55589.

[58] Essajai R, Mzerd A, Hassanain N, Qjani M. Thermal conductivity enhancement of nanofluids composed of rod-shaped gold nanoparticles: Insights from molecular dynamics[J]. Journal of Molecular Liquids, 2019, 293 (C): 111494-111494.

[59] Wang R J, Qian S, Zhang Z Q. Investigation of the aggregation morphology of nanoparticle on the thermal conductivity of nanofluid by molecular dynamics simulations[J]. International Journal of Heat and Mass Transfer, 2018, 127: 1138-1146.

[60] Lee S L, Saidur R, Sabri M F M, Min T K. Molecular dynamic simulation on the thermal conductivity of nanofluids in aggregated and non-aggregated states[J]. Numerical Heat Transfer, Part A: Applications, 2015, 68 (4): 432-453.

[61] Chen Y H. Investigating the aggregation effect in nanofluid by molecular[D]. Pennsylvania: The Pennsylvania State University, 2013.

[62] Sharjah U A E. Molecular dynamics simulation of thermal conductivity enhancement of copper-water nanofluid[D]. Sharjah: The American University of Sharjah, 2012.

[63] Tahmooressi H, Kasaeian A, Tarokh A, Rezaei R, Hoorfar M. Numerical simulation of aggregation effect on nanofluids thermal conductivity using the lattice Boltzmann method[J]. International Communications in Heat and Mass Transfer, 2020, 110: 104408-104408.

[64] Rashmi W, Khalid M , Ong S S , Saidur R .Preparation, thermo-physical properties and heat transfer enhancement of nanofluids[J].Materials Research Express, 2014, 1:032001.

[65] Eastman J A, Choi S U S, Li S, Yu W, Thompson L J. Anomalously increased effective thermal conductivities of ethylene glycol-based nanofluids containing copper nanoparticles[J]. Applied Physics Letters, 2001, 78 (6): 718-720.

[66] Eastman J A, Choi U S U, Li S, Soyez G, Thompson L J, Melfi R J D. Novel thermal properties of nanostructured materials[J]. Materials Science Forum, 1999 (312-314): 629-634.

[67] Herbers C R, Johnston K, Vegt N. Modelling molecule-surface interactions: An automated quantum-classical approach using a genetic algorithm[J]. Physical Chemistry Chemical Physics, 2011, 13, DOI: 10.1039/c0cp02889d.

[68] Zhai Y, Li Y, Xuan Z. Determination of heat transport mechanism using nanoparticle property and interfacial nanolayer in a nanofluidic system[J]. Journal of Molecular Liquids, 2021, 344: 117787.1.

[69] Patel H E, Sundararajan T, Das S K. An experimental investigation into the thermal conductivity enhancement in oxide and metallic nanofluids[J]. Journal of Nanoparticle Research, 2010, 12 (3): 1015-1031.

[70] Agarwal R, Verma K, Agrawal N K, Duchaniya R K, Singh R. Synthesis, characterization, thermal conductivity and sensitivity of CuO nanofluids[J]. Applied Thermal Engineering, 2016, 102: 1024-1036.

[71] Sundar L S, Singh M K, Sousa A C M. Investigation of thermal conductivity and viscosity of Fe_3O_4 nanofluid for heat transfer applications[J]. International Communications in Heat and Mass Transfer, 2013, 44: 7-14.

[72] Wang X, Jing D. Determination of thermal conductivity of interfacial layer in nanofluids by equilibrium molecular dynamics simulation[J]. International Journal of Heat and Mass Transfer, 2019, 128 (128): 199-207.

[73] Essajai R, Mzerd A, Hassanain N, Qjani M. Thermal conductivity enhancement of nanofluids composed of rod-shaped gold nanoparticles: Insights from molecular dynamics[J]. Journal of Molecular Liquids, 2019, 293: 111494.

[74] Yu C J, Richter A G, Datta A. Molecular layering in a liquid on a solid substrate: An X-ray reflectivity study[J]. Physica B: Condensed Matter, 2000, 283 (1-3): 27-31.

[75] Lee S L, Saidur R, Sabri M F M. Molecular dynamic simulation: Studying the effects of Brownian motion and induced micro-convection in nanofluids[J]. Numerical Heat Transfer, Part A: Applications, 2016, 69 (6): 643-658.

[76] Zhang L, Tian L, Zhang A, Jing Y, Qu P. Molecular dynamics simulations of the effects of a nanoparticle surface adsorption layer on the thermal conductivity of a Cu-Ar nanofluid[J]. International Journal of Thermophysics, 2021, 42 (3): 1-30.

[77] Atmuri A K, Henson M A, Bhatia S R. A population balance equation model to predict regimes of controlled nanoparticle aggregation[J]. Colloids and Surfaces A: Physicochemical and Engineering Aspects, 2013, 436: 325-332.

[78] Cui W, Shen Z, Yang J. Influence of nanoparticle properties on the thermal conductivity of

nanofluids by molecular dynamics simulation[J]. RSC Advances, 2014, 4 (98) : 55580-55589.

[79] Lee S L, Saidur R, Sabri M F M, Min T K. Molecular dynamic simulation on the thermal conductivity of nanofluids in aggregated and non-aggregated states[J]. Numerical Heat Transfer, Part A: Applications, 2015, 68 (4) : 432-453.

[80] Eapen J, Rusconi R, Piazza R, Yip S. The classical nature of thermal conduction in nanofluids[J]. Journal of Heat Transfer-Transactions of the ASME, 2010, 132:102402.

[81] Hashin Z, Shtrikman S. A variational approach to the theory of the effective magnetic permeability of multiphase materials[J]. Journal of Applied Physics, 1962, 33 (10) : 3125-3131.

[82] Ma M, Zhai Y, Yao P, Li Y, Wang H. Synergistic mechanism of thermal conductivity enhancement and economic analysis of hybrid nanofluids[J]. Powder Technology, 2020, 373: 702-715.

第6章　纳米流体对流传热性能

6.1　二元混合纳米流体单相对流传热性能及热经济性分析

对流传热方式广泛应用于各种换热设备中，使用纳米流体是实现强化对流传热的有效措施之一。纳米流体在换热设备中的流动与传热性能比基液强，但关于混合纳米流体对流传热强化机理尚未统一意见。因此，以 Al_2O_3-CuO/W 混合纳米流体为研究对象，探究混合纳米流体在圆管内单相流动与传热特性，对比研究其与相应的一元纳米流体从层流到紊流全工况（雷诺数为 1040～7086）的流动与传热性能，揭示混合纳米流体单相对流传热的强化机理；并且，引入热经济性分析，综合考虑传热性能与经济性因素，为纳米流体的工业化应用提供理论参考。

6.1.1　对流传热实验过程

混合纳米流体单相对流传热实验系统主要由工质泵、预热段、测试段、数据收集系统和冷凝器组成。图 6.1 为管内流动与传热试验台。如图所示，工质从投料口 1 进入储液罐 2，通过工质泵 3 驱动使流体在整个实验系统内循环流动。实验段是内径为 5 mm、外径为 8 mm、长为 1200 mm 的光滑铜管。通过在圆管外壁均匀缠绕最大加热功率为 100 W 的电热丝实现均匀热流密度加热，外表面包覆无尘石棉与锡纸以达到减少热量散失的目的。在测试段前是长为 1500 mm 的预热段，预热段能保证流体在进入测试段后保持充分发展阶段，在降低入口效应的同时预热流体使其达到特定的入口温度。测试段后为冷凝器 9 冷却加热后的工质，冷凝器内以水为制冷剂在套管换热器中冷却加热后的热流体，最低可冷却至 5℃，随后液体回到储液罐，完成 1 次循环。

在整个循环过程中，工质的流速由旋转流量阀 5 和旁通阀 4 控制，且旁通阀 4 的开度大小对流量的调节起主要作用，旋转流量阀起辅助作用精准调节流速。测试段所需温度值由均匀布置在铜管外壁的 8 个热电偶和在管内进出口的 2 个热电偶测量获得，管外壁的 8 个热电偶沿铜管轴向间隔 10 cm 安装。进出口压力由布置在实验段前后的压力表 7 和 8 测量，压力表间距为 1400 cm。浮子流量计 6

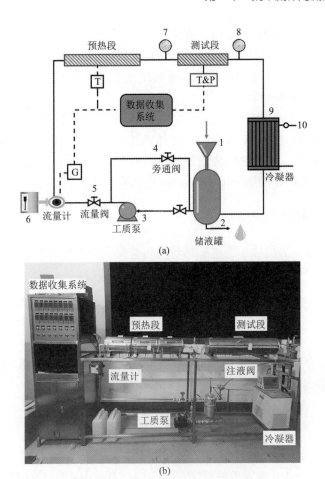

图 6.1　纳米流体对流换热实验台

(a)示意图；(b)实物图

1-投料口；2-储液罐；3-工质泵；4-旁通阀；5-流量阀；6-流量计；7-入口压力变送器；

8-出口压力变送器；9-冷凝器；10-制冷剂循环泵

用于获取流量值计算雷诺数。实验过程所得温度、压力和流量等参数通过数据收集系统整合显示。实验旨在探究导热系数高的混合纳米流体其对流传热性能是否也表现出优异性，进而揭示混合纳米流体单相强化传热机理。以 Al_2O_3-CuO/W 混合纳米流体为研究对象，探究管内流动与传热特性，对比研究其与相应的一元纳米流体从层流到紊流全工况的流动与传热特性，确定热经济性最佳的纳米流体种类。最后，为了方便工程应用，拟合出性能优异的纳米流体摩擦系数 f 与努塞尔数(Nu)的经验关联式。

实验流程如下所述。

(1)制备悬浮均匀、体积分数为 0.02% 的 Al_2O_3-CuO/W 混合纳米流体及其相

应的 Al_2O_3/W 与 CuO/W 一元纳米流体。

(2) 测量纳米流体热物性参数(导热系数和黏度),并采用 1stOpt 软件对温度范围为 20~60℃内各纳米流体的导热系数和黏度进行公式拟合,以方便后续对流传热过程中 f 与 Nu 的计算。

(3) 采用去离子水进行流动与传热实验,验证实验设备的准确性。

(4) 探究 Al_2O_3-CuO/W 混合纳米流体及其一元纳米流体从层流到紊流全工况下的流动传热特性,确定热经济性最佳的纳米流体。

(5) 提出性能优异的纳米流体 f 与 Nu 的经验关联式。

6.1.2 对流传热理论模型

测试段采用电加热法,通过加热丝均匀缠绕在圆管外壁获得恒定热流密度。圆管单位面积的有效热流密度可表示为式(6.1)。

$$q = \frac{Q}{\pi D_i L} = \frac{Q_{total} - Q_{loss}}{\pi D_i L} \qquad (6.1)$$

式中,D_i 和 L 分别代表圆管内径(m)及长度(m);Q 和 Q_{total} 分别为有效加热功率(W)和总加热功率(W),其中 Q_{total} 可以由式(6.2)计算。

$$Q_{total} = UI \qquad (6.2)$$

式中,U 和 I 分别代表电加热棒两端的电压(V)和电流(A)。Q_{loss} 表示保温层与环境的对流($Q_{convection}$)及辐射散热损失($Q_{radiation}$)(W),由式(6.3)计算。

$$Q_{loss} = Q_{convection} + Q_{radiation} \qquad (6.3)$$

其中 $Q_{convection}$ 和 $Q_{radiation}$ 分别由式(6.4)和式(6.5)计算

$$Q_{convection} = h_0 A (t_b - t_0) \qquad (6.4)$$

$$Q_{radiation} = \varepsilon A \sigma (T_b^4 - T_0^4) \qquad (6.5)$$

式中,h_0、t_b、t_0、A、σ 和 ε 分别表示保温层与环境的自然对流换热系数、保温层外壁温度、环境温度、保温层外表面面积、斯特藩-玻尔兹曼常量(其值为 5.67×10^{-8} W/m²·K⁴)和保温层发射率。根据文献[1],取 h_0=5 W/(m²·K)、ε=0.713。

由上述公式计算出保温层与环境的散热损失为 1.46 W,仅为总功率的 2.93%,有效热流密度相对误差为 3.01%。经式(6.1)和式(6.2)计算出,采用加热功率 50 W

时，有效热流密度为 3089 W/m²。

圆管实验段的对流换热系数通过牛顿冷却公式[式(6.6)]计算。

$$h = \frac{q}{t_{w,i} - t_f} \tag{6.6}$$

式中，$t_{w,i}$ 为管内壁面的平均温度(℃)，由式(6.7)计算。

$$t_{w,i} = t_{w,o} - Q \frac{\ln \dfrac{D_o}{D_i}}{2\pi L \lambda_b} \tag{6.7}$$

式中，$t_{w,o}$、t_f、D_o 及 λ_b 分别为圆管外壁平均温度(℃)、工质进出口平均温度(℃)、圆管外径(m)及铜管导热系数[W/(m·K)]。

圆管内各测温点位置的内壁面温度可通过外壁温度进行计算，见式(6.8)。

$$t_{w,i}(x) = t_{w,o}(x) - Q \frac{\ln \dfrac{D_o}{D_i}}{2\pi L \lambda_b} \tag{6.8}$$

式中，$t_{w,o}(x)$ 代表各测温位置处管外壁面温度(℃)。

管内平均努赛尔数 Nu 和摩擦系数 f 由式(6.9)和式(6.10)计算。

$$Nu = \frac{hD_i}{\lambda_f} \tag{6.9}$$

$$f = \frac{2\Delta p D_i}{\rho L u^2} \tag{6.10}$$

式中，λ_f、ρ、u、Δp 分别为流体的导热系数[W/(m·K)]、密度(kg/m³)、流速(m/s)和进出口压降(kPa)。

引入努赛尔数强化率(Nu_{enh})和强化传热因子(η)用于评价纳米流体相较于基液的流动与传热性能的强化效果，优选出流动与传热性能最佳的纳米流体。

努赛尔数强化率 Nu_{enh} 定义为纳米流体的 Nu_{nf} 和基液的 Nu_{bf} 之比，$Nu_{enh} > 1$ 表明纳米流体相较于基液更有利于传热。

$$Nu_{enh} = \frac{Nu_{nf}}{Nu_{bf}} \tag{6.11}$$

比较换热设备的换热效果时，不仅需要考虑传热效果，还需考虑黏度增加带来的泵功损耗。如果泵功损耗急剧增加，即使传热能力增强再大也被认为是不合适的。因此，引入强化换热因子 η 用于评价纳米流体相较于基液的综合传热强化效果。如式(6.12)所示，$\eta>1$ 表示该纳米流体相较于基液的综合传热性能得到提高，其中 η 越大，其综合传热性能越强。

$$\eta = \frac{Nu_{\text{nf}} / Nu_{\text{bf}}}{\left(f_{\text{nf}} / f_{\text{bf}}\right)^{1/3}} \tag{6.12}$$

在 Xuan 等[1]提出的性价比因子(price-performance factor，PPF)的基础上，综合考虑传热性能和经济成本因素，将其改进并定义为强化换热因子与价格的比值，即单位价格所带来的流动与传热收益，如式(6.13)所示，该式物理意义明显，可同时分析单相对流传热过程中层流和紊流下纳米流体的热经济性。

$$\text{PPF} = \frac{\eta}{\sum\limits_{n}^{i=1} \text{price}} \tag{6.13}$$

PPF 值越大，说明在获取相同的对流换热量下，其经济成本越低。

目前，关于纯水的流动与传热研究已趋于成熟，与其相应的对流传热系数和摩擦系数经验关联式均具有较高精度。为了验证实验系统的准确性，首先采用去离子水进行流动与传热的验证。在层流和紊流情况下，Nu 分别采用 Sieder-Tate[2]和 Dittus-Boelter[3]关联式计算，f 分别采用 Hagen-Poiseuille[4]和 Blasius[5]关联式验证。

在层流状态下，恒定热流密度或恒定壁温条件下管内对流传热系数由 Sieder-Tate 公式计算。

$$Nu = C(RePr\frac{d}{l})^{1/3}(\frac{\mu_{\text{f}}}{\mu_{\text{w}}})^{0.14} \tag{6.14}$$

式中，C 为常数。在恒定热流密度边界条件下，C 取 2.232；在恒定壁温边界条件下，C 取 1.86。μ_{w} 为流体在温度为壁温时的黏度(mPa·s)。

在紊流状态下，圆管内工质被加热时传热系数由 Dittus-Boelter 公式计算。

$$Nu = 0.023Re^{0.8}Pr^{0.4} \tag{6.15}$$

在层流和紊流流态下纯工质的摩擦系数由 Hagen-Poiseuille 和 Blasius 关联式计算：

$$f = \frac{64}{Re} \tag{6.16}$$

$$f = \frac{0.3164}{Re^{0.237}} \tag{6.17}$$

与纯工质相比，纳米流体管内对流传热系数不仅与基液性质有关，同时受纳米颗粒类型、浓度、尺寸等因素的影响，纳米流体管内对流传热系数一般可表示为如下形式。

$$Nu_{\mathrm{nf}} = f\left(Re_{\mathrm{nf}}, Pr_{\mathrm{nf}}, \frac{\lambda_{\mathrm{p}}}{\lambda_{\mathrm{f}}}, \frac{(\rho c_{\mathrm{p}})_{\mathrm{p}}}{(\rho c_{\mathrm{p}})_{\mathrm{f}}}, \varphi, K\right) \tag{6.18}$$

其中，$(\rho c_{\mathrm{p}})_{\mathrm{p}}$、$(\rho c_{\mathrm{p}})_{\mathrm{f}}$ 和 K 分别表示纳米颗粒的比热容[J/(kg·K)]、基液的比热容[J/(kg·K)]及与纳米颗粒形状和尺寸相关的参数。

Xuan 等[6]考虑到纳米颗粒在基液中的微运动，将纳米流体管内对流传热系数的关联式归纳如下：

$$Nu = c_1(1.0 + c_2 \varphi^{m_1} Pe_{\mathrm{p}}^{m_2}) Re^{m_3} Pr^{0.4} \tag{6.19}$$

式中，Pe_{p} 代表纳米颗粒的贝克莱数，用于表征纳米颗粒微运动和热扩散效应。将实验数据拟合，得出层流和紊流状态下纳米流体的对流传热系数关联式为

层流：

$$Nu = 0.4328(1 + 11.285\varphi^{0.754} Pe_{\mathrm{p}}^{0.218}) Re^{0.333} Pr^{0.4} \tag{6.20}$$

紊流：

$$Nu = 0.0059(1 + 7.6286\varphi^{0.6886} Pe_{\mathrm{p}}^{0.001}) Re^{0.9288} Pr^{0.4} \tag{6.21}$$

式中，纳米颗粒的贝克莱数 Pe_{p} 可用式(6.22)进行计算。

$$Pe_{\mathrm{p}} = \frac{u d_{\mathrm{p}}}{a_{\mathrm{nf}}} \tag{6.22}$$

式中，a 为热扩散系数，可由式(6.23)计算。

$$a_{\mathrm{nf}} = \frac{k_{\mathrm{nf}}}{\rho_{\mathrm{nf}} c_{\mathrm{p,nf}}} \tag{6.23}$$

Azmi 等[7]提出了适用于 $Re = 5000 \sim 27000$ 范围，体积分数为 4% 的 SiO_2/W 和 TiO_2/W 纳米流体 f 的关联式，该公式有着较高的准确度。

$$f_{\mathrm{nf}} = 0.3164 Re^{-0.25} \left(\frac{\rho_{\mathrm{nf}}}{\rho_{\mathrm{bf}}} \right)^{1.3} \left(\frac{\mu_{\mathrm{nf}}}{\mu_{\mathrm{bf}}} \right)^{0.3} \tag{6.24}$$

不确定度分析可以评价和表述测量结果的不确定度大小，帮助确定测量结果的可靠性和精度，从而保证实验数据的有效性和可靠性。因此，各参数的不确定度分析对于系统整体误差的把控至关重要。

对于用仪器直接测量的参数，单个物理量的最大相对误差可表示为

$$\varepsilon_{\max} = \frac{\Delta l}{l} \times 100\% \tag{6.25}$$

式中，Δl 为仪器量程和精度的乘积，l 为物理量测量值的最小值。

由多个测量物理量共同组成的量，其不确定度计算方法如下：

$$\varepsilon_{\max} = \left(\varepsilon_{\max_{x_1}} + \varepsilon_{\max_{x_2}} + \cdots + \varepsilon_{\max_{x_n}} \right)^{\frac{1}{2}} \times 100\% \tag{6.26}$$

根据上述不确定度分析的计算方法，间接测量参数 Nu 和 f 的不确定度为 0.35%和 1.00%，仪器测量参数的不确定度分析如表 6.1 所示。

表 6.1　仪器参数的不确定性分析

参数	符号	精度
温度	$t(\mathrm{℃})$	±0.5%
压力	$P(\mathrm{kPa})$	±0.1%
流量	$m(\mathrm{m^3/h})$	±1.0%
实验段长度	$L(\mathrm{m})$	±1.0%
圆管内径	$D_i(\mathrm{mm})$	±0.6%

在进行混合纳米流体单相对流传热实验前需验证实验系统的准确性和可靠性。为了验证实验系统的准确性和可靠性，采用去离子水进行流动与传热实验。在层流和紊流下分别采用 Sieder-Tate 和 Dittus-Boelter 关联式计算 Nu，采用 Hagen-Poiseuille 和 Blasius 关联式计算 f。图 6.2 为去离子水 Nu 和 f 的实验值与由关联式计算的理论值的对比。通过对比，两种流动状态下 Nu 和 f 的实验值与理论值在整个雷诺数范围下的平均误差分别为 7.43%和 3.58%。实验误差均在可接受范围内，说明实验系统精度可以满足需要。

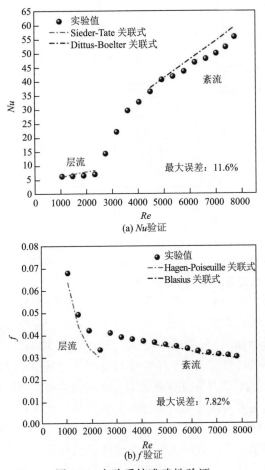

(a) Nu验证

(b) f验证

图 6.2　实验系统准确性验证

6.1.3　传热性能评价及热经济分析

图 6.3 为 Al_2O_3/W、CuO/W 和 Al_2O_3-CuO/W 纳米流体的 f 随 Re 的变化情况。从图中可看出，纳米流体的 f 均随 Re 的升高而逐渐减小，而后增大，在增大到最大值后逐渐降低，与纯工质水的变化趋势相似。但是由于纳米颗粒加入的影响，导致纳米流体与去离子水过渡区的雷诺数范围不同，分别为 $1891 < Re < 3629$ 和 $2327 < Re < 4000$。当使用纳米流体作为工质时，由于颗粒在管内摩擦流动，增加了流体的无序扰动，使其压降增大，导致转捩点由 $Re = 2327$ 提前至 $Re = 1891$。同时，三种纳米流体过渡区的雷诺数范围一致，说明在相同的体积分数下，转捩点与纳米流体的种类无关，Demirkır 等[8]也发现了类似的现象。同时，在相同体积分数下，三种纳米流体的摩擦系数变化不大，在 $Re = 6260$ 时与纯去离子水相比其 f 增幅达到最小，仅约为 7.73%。

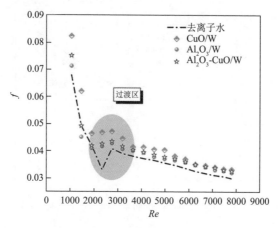

图 6.3 f 随 Re 的变化

图 6.4 为 Al_2O_3/W、CuO/W 和 Al_2O_3-CuO/W 纳米流体的 Nu 随 Re 的变化情况。从图中可以看出，流体的 Nu 随 Re 的升高而增大，且在紊流区 Nu 增幅明显大于层流区。这是因为流速的增大导致圆管内壁面形成的边界层减薄，使得传热热阻减小，从而起到了强化换热的效果。与去离子水相比，在层流区内，Al_2O_3/W 和 Al_2O_3-CuO/W 纳米流体的 Nu 的最大增幅为 32.09% 和 38.38%，其增幅远大于静置状态下纳米流体导热系数的增幅 3.07% 和 12.09%。这是由于纳米流体在管内流动时，颗粒同时受外部驱动力及自身微运动影响向前运动，对边界层扰动幅度显著增大，加热壁面与流体及高导热性能颗粒共同换热，流体在管径上的温度梯度变化剧烈，增大了换热量。然而，在层流区 CuO/W 纳米流体的 Nu 甚至比水略低，出现了传热恶化现象，由于在层流区内，流体向前的驱动力不足以克服颗粒团聚体本身的重力作用，导致其沉积在管内壁上，使其失去纳米流体的优异性能。

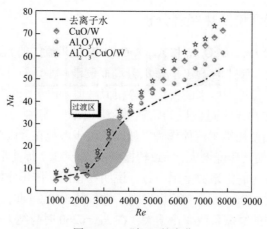

图 6.4 Nu 随 Re 的变化

随着 Re 的增大,流体所受的驱动力也随之增大,三种纳米流体的换热能力逐渐高于去离子水。在紊流区 $Re=7806$ 时,Al$_2$O$_3$/W、CuO/W 和 Al$_2$O$_3$-CuO/W 纳米流体的 Nu 分别为 62.08、71.90 和 76.78。与纯去离子水相比,其增幅达到最大,分别为 12.46%、30.25% 及 39.09%。特别地,在紊流区 CuO/W 纳米流体的换热能力明显大于 Al$_2$O$_3$/W 的,这是因为进入紊流区后,颗粒受流体无序扰动(向前驱动力及流体分子自身旋转作用)增强,使得颗粒可以克服重力而不易沉淀,保持纳米流体良好的传热性能。在紊流区内,Al$_2$O$_3$-CuO/W 混合纳米流体的传热性能均优于其一元纳米流体的。

为了进一步验证纳米颗粒是否在管内发生沉积,实验研究了 2 h 内 CuO/W 纳米流体在管内循环流动与传热情况。图 6.5 为 $Re=1000$ 时 CuO/W 和 Al$_2$O$_3$/W 纳

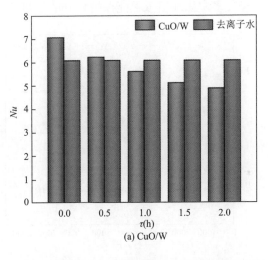

(a) CuO/W

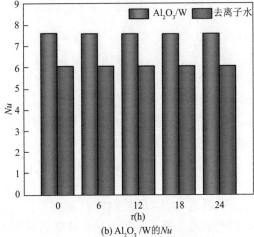

(b) Al$_2$O$_3$/W的Nu

图 6.5　$Re=1000$ 时,纳米流体 Nu 随循环时间的变化

米流体的 Nu 随工质循环时间 τ 的变化情况。从图 6.5(a)中可以看到，随着工质在管内流动时间的延长，CuO/W 纳米流体的 Nu 开始逐渐减小。经过 1 h 后，CuO/W 纳米流体的 Nu 从初始值 7.08 降至 5.61，甚至比水（Nu=6.09）还低，说明在层流区内稳定性差的纳米流体容易使纳米颗粒沉积在管内壁，导致其实际体积分数小于理论值，失去纳米流体原有的优异性能，同时增加传热热阻，引起传热恶化。然而，从图 6.5(b)中可以看到，随着工质在管内流动时间的延长，Al_2O_3/W 纳米流体的 Nu 基本无变化，经过 24 h 后，纳米流体的 Nu 仅由 7.64 变为 7.61。因此，可以看出，经过多次循环后，Al_2O_3/W 纳米流体依然能够保持良好的分散稳定性，不会在层流区出现纳米颗粒沉降的情况，可以保持良好的流动传热性能。实验表明，只有稳定性差的纳米流体才会出现颗粒沉积管壁的现象，对于分散稳定性良好的纳米流体，即使经过多次循环后依然能保持良好的传热特性。

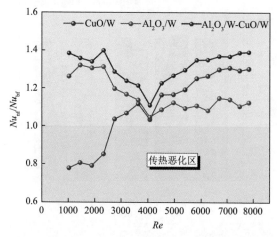

图 6.6　纳米流体努塞尔数强化率 Nu_{enh} 随 Re 的变化

图 6.6 所示为 Al_2O_3-CuO/W 及其对应一元纳米流体努塞尔数强化率 Nu_{enh} 随 Re 变化的对比。从图中可以看出，除了 CuO/W 纳米流体在层流区出现传热恶化，在过渡区和紊流区的纳米流体 Nu_{enh} 值大于 1，传热性能相较于基液均有所增强。在层流区，CuO/W 纳米流体由于较差的稳定性出现传热恶化，且随着 Re 的增加，CuO/W 的 Nu_{enh} 呈上升趋势；在过渡区 Re=4000 附近，纳米流体相较于水的增强效果会迅速下降出现极小值点。因此，从传热强化的角度考虑不建议纳米流体在过渡区工作。在层流和紊流区内，Nu_{enh} 的最大值 1.40 和 1.39 均出现在 Al_2O_3-CuO/W 混合纳米流体中。因此，考虑传热性能的影响，Al_2O_3-CuO/W 纳米流体分别是层流和紊流区最适用于实际传热的工质。

在换热设备中使用纳米流体除了要考虑换热性能增强带来的正面影响，也要同时兼顾黏度增加带来额外泵功消耗的弊端。从流动与传热分析可知，纳米流体

的 f 增幅远小于其 Nu 的增幅, 混合纳米流体具有传热系数高且摩擦系数增加适中的特点。因此, 通过引入强化换热因子 η 来定量评价纳米流体在管内对流传热的综合传热性能。

图 6.7 为 Al_2O_3/W、CuO/W 和 $Al_2O_3\text{-}CuO/W$ 纳米流体的 η 值随 Re 的变化情况。从图中可以看出, 在不考虑经济成本的情况下, Al_2O_3/W 和 $Al_2O_3\text{-}CuO/W$ 纳米流体在整个雷诺数范围内强化换热因子均大于 1, 说明这两种纳米流体适用于全流态下的流动与传热。而且, $Al_2O_3\text{-}CuO/W$ 纳米流体的 η 值最大, 最高可达 1.35, 说明混合纳米流体在流动与传热方面具有很大的优势。而在层流区内, CuO/W 纳米流体的 η 值均小于 1, 其换热性能甚至不如水的, 表现出极差的流动与传热性能。因此, 综合考虑传热和压降的影响, 在层流和紊流区最适用于流动与传热的是 $Al_2O_3\text{-}CuO/W$ 纳米流体, 而 CuO/W 纳米流体不适合用于层流换热。

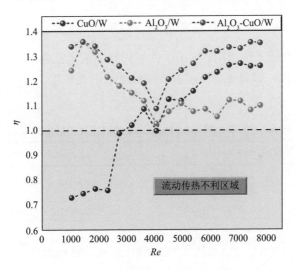

图 6.7　纳米流体 η 值随 Re 的变化

除良好的稳定性和优异的换热性能, 经济成本也是纳米流体工业化应用不可忽视的因素。实验的主要目的是对比研究混合纳米流体和其对应一元纳米流体在流动与传热过程中的热经济性差异。

图 6.8 为纳米流体性价比因子 PPF 值随 Re 的变化。从图中可以看出, 在层流区内 (1040<Re<1891), Al_2O_3/W 纳米流体 PPF 最大; 而在紊流区 (4516<Re<7806), $Al_2O_3\text{-}CuO/W$ 混合纳米流体 PPF 最大。由于在过渡区内所有工质的压降均增大, 导致综合传热性能最差, 因此不考虑过渡区的情况。结合传热性能与考虑经济成本因素, 在 1040<Re<7806 及体积分数为 0.02% 时, 管内对流换热过程的层流与紊流区内最适用于实际工业生产的纳米流体分别为 Al_2O_3/W 和 $Al_2O_3\text{-}CuO/W$ 纳米流体。

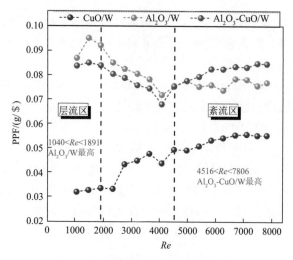

图 6.8　纳米流体 PPF 值随 Re 的变化

最后，为了方便工程应用，提出了性能优异的纳米流体 f 与 Nu 在层流与紊流区内的经验关联式，如表 6.2 所示。表中关联式的关联度 R^2 均大于 0.994，可以满足预测要求。

表 6.2　体积分数为 0.02%纳米流体对流传热经验关联式

关联式	层流区（1040<Re<1891）	紊流区（3629<Re<7806）
f	Al$_2$O$_3$/W：$f=0.947Re^{-1.02}(1+\varphi)^{22565}$ Al$_2$O$_3$-CuO/W：$f=4.09Re^{-1.04}(1+\varphi)^{16090}$	Al$_2$O$_3$/W：$f=0.972Re^{-0.303}(1+\varphi)^{-3406}$ CuO/W：$f=1.14Re^{-0.408}(1+\varphi)^{568}$ Al$_2$O$_3$-CuO/W：$f=0.268Re^{-0.314}(1+\varphi)^{3567}$
Nu	Al$_2$O$_3$/W：$Nu=1.671Re^{0.456}Pr^{-0.123}(1+\varphi)^{-7323}$ Al$_2$O$_3$-CuO/W：$Nu=1.383Re^{0.627}Pr^{-1.796}(1+\varphi)^{634}$	Al$_2$O$_3$/W：$Nu=0.301Re^{0.766}Pr^{0.560}(1+\varphi)^{-12425}$ CuO/W：$Nu=3.128Re^{1.077}Pr^{-0.827}(1+\varphi)^{-25694}$ Al$_2$O$_3$-CuO/W：$Nu=0.016Re^{1.03}Pr^{-0.451}(1+\varphi)^{-122}$

6.1.4　小结

为了探究混合纳米流体管内单相对流传热性能，实验制备了体积分数为 0.02%的 Al$_2$O$_3$/W、CuO/W 和 Al$_2$O$_3$-CuO/W 纳米流体，研究了纳米流体导热系数和对流传热系数的内在关联；对比研究了混合纳米流体及其对应一元纳米流体在 Re =1040～7086 范围内的对流传热特性及热经济性。确定了管内对流传热过程在层流与紊流区内最适用于实际工业生产的纳米流体，最后拟合出纳米流体 Nu 和 f 的经验关联式，主要结论如下所述。

(1)纳米颗粒的加入导致过渡区转捩点由 Re =2327 提前至 Re=1891。在层流区内，由于 CuO/W 纳米流体所受向前的驱动力不足以克服颗粒团聚体本身的重力作用，导致其传热性能低于去离子水。在紊流区内，受流体向前驱动力及基液分子自身旋转作用，使得纳米流体的传热性能明显大于去离子水，且混合纳米流体的传热性能最佳。

(2)在不考虑经济成本的情况下，Al$_2$O$_3$/W 和 Al$_2$O$_3$-CuO/W 纳米流体在整个雷诺数范围内强化换热因子均大于 1，且 Al$_2$O$_3$-CuO/W 纳米流体的 η 值最大，可达 1.35，说明混合纳米流体在流动传热方面具有很大的优势。而在层流区内，CuO/W 纳米流体的 η 值均小于 1，其换热性能甚至不如水，体现出极差的流动与传热性能。

(3)综合考虑传热性能与经济性因素，过渡区由于压降大，综合传热性能最差，不适合在此区域使用纳米流体。在管内对流换热过程的层流与紊流区内最适用于实际工业生产的纳米流体分别为 Al$_2$O$_3$/W 和 Al$_2$O$_3$-CuO/W 纳米流体。

6.2　二元混合纳米流体沸腾传热特性

大量研究表明，纳米流体的沸腾传热性能远高于单相对流传热性能。然而，在基液中添加一定数量的纳米颗粒能否强化沸腾传热性能尚存在争议。因此，对两相流动沸腾传热过程开展相关研究具有重要指导意义。此外，目前缺乏有关纳米流体导热系数与沸腾传热性能相关性的定量研究。因此，选择 Al$_2$O$_3$-TiO$_2$/W 混合纳米流体进行流动沸腾传热实验，探究体积流量、热流密度及体积分数对混合纳米流体沸腾传热性能的影响；对比研究了不同热流密度下局部沸腾传热系数沿管长方向的变化情况；引入纳米影响因子 F_{enh} 定量研究纳米颗粒的添加对基液沸腾传热性能的影响，采用线性相关系数探究工质导热系数和沸腾传热系数的相关性大小。

6.2.1　沸腾传热实验过程

混合纳米流体沸腾传热实验系统参见图 6.1。系统主要由工质泵、预热段、测试段、数据收集系统和冷凝器组成。工质从投料口 1 注入储液罐 2，经过循环泵 3 驱动使工质在整个实验系统内循环流动。测试段采用耐高温的金手指胶带将 8 个 K 型热电偶均匀缠绕固定在管外壁测量壁温，并用铝箔胶带包覆在管外壁用于隔热保温，以达到减少热量散失的目的。实验台前期采用测试段均匀缠绕加热丝加热，该加热方式最大加热功率为 100 W，无法满足工质沸腾的高热流密度需求。为顺利进行流动沸腾传热实验，实验段采用加热管直接通电发热的方式加热。通过将外径为 8 mm、内径为 5 mm 的紫铜管换成外径为 8 mm、内径为 6 mm、长为 1000 mm 的高电阻率的不锈钢 304 管，并在不锈钢管两端焊接铜排用于连接粗电缆进行供电加热，通过调节直流电源上的电流旋钮可实现特定大小的恒定热流。表 6.3 列举了实验台改造前后的参数变化情况。

表 6.3　加热方式改变前后的参数变化

加热方式	圆管类型	管径	最大加热功率
均匀缠绕加热丝	紫铜管	外径 8 mm、内径 5 mm	100 W
电加热	不锈钢管 304	外径 8 mm、内径 6 mm	6000 W

图 6.9 为测试段热电偶布置情况和管道的规格尺寸。如图 6.9 所示，加热段长为 100 cm，8 个 K 型热电偶沿不锈钢管外壁均匀排布用于测量圆管外壁温度且第 1 个热电偶距离加热段始端 15 cm，流体的进出口温度分别由管内的热点偶直接测量。同时，在进出口设置两个压力表用于读取实验段的进出口压力，两个压力表之间的距离为 140 cm。

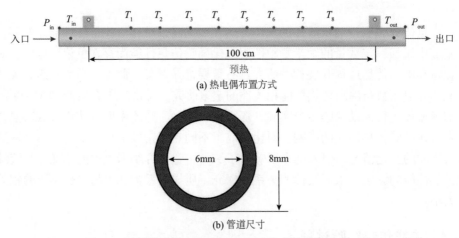

(a) 热电偶布置方式

(b) 管道尺寸

图 6.9　测试段的热电偶布置方式 (a) 和管道的规格尺寸 (b)

本实验旨在探究 Al_2O_3-TiO_2/W 混合纳米流体沸腾传热特性，并讨论纳米流体的导热系数与沸腾传热性能的相关性大小。实验变量汇总如表 6.4 所示。为探究 Al_2O_3-TiO_2/W 混合纳米流体沸腾传热系数随热流密度和体积分数的变化，实验首先将工质从储液罐注入，随后打开总电源开关及循环泵开关，确保工质充满管路。调节流量阀到合适的流速后依次打开预热器、冷凝器和实验段电源开关。通过旋钮调节电流改变直流电源加热功率大小，在调好所需功率后对流体进行 2 h 预热以确保流体温度趋于稳定。待温度仪表读数趋于稳定后开始调节流量，每次调节流量后需等待 5 min 后开始记录数据。实验过程为避免热量堆积对后续实验产生干扰，采用加热功率从低到高、流速从高到低的操作顺序可将误差干扰降低到最小。为保证用电安全，实验需全程戴好绝缘手套并切忌以任何形式接触测试段。实验结束后依次关闭直流电源开关和电源总开关，同时将直流电源旋钮调节至功率最小位置以防止下次实验开启电源功率过大。在每组实验结束后，用去离子水循环冲洗管道 3~5 遍至冲洗出来的流体不含有纳米颗粒为止，防止对下一组实验造成干扰。

表 6.4　沸腾传热实验测试变量

实验条件	范围
体积流量(L/h)	30~90
热流密度(kW/m^2)	62.3~93.4
体积分数	0.01%~0.03%
纳米流体种类	Al$_2$O$_3$-TiO$_2$/W、TiO$_2$/W

6.2.2　沸腾传热模型

通过可调直流电源(DC15V400A)对不锈钢304圆管进行电加热以获得恒定热流密度。实验段不锈钢 304 管的平均沸腾传热系数通过牛顿冷却公式[式(6.27)]计算。

$$h = \frac{q}{t_{\mathrm{w,i}} - t_{\mathrm{sat}}} \tag{6.27}$$

式中，t_{sat} 为流体在相应压力下的饱和温度(℃)，$t_{\mathrm{w,i}}$ 为管内壁面的平均温度(℃)，由式(6.28)计算。

$$t_{\mathrm{w,i}} = t_{\mathrm{w,o}} - Q \frac{\ln \dfrac{D_{\mathrm{o}}}{D_{\mathrm{i}}}}{2\pi L \lambda_{\mathrm{b}}} \tag{6.28}$$

$$t_{\mathrm{w,o}} = \frac{t_1 + t_2 + t_3 + t_4 + t_5 + t_6 + t_7 + t_8}{8} \tag{6.29}$$

式中，$t_{\mathrm{w,o}}$、D_{o} 及 λ_{b} 分别为圆管外壁平均温度(℃)、圆管外径(m)及不锈钢 304 管的导热系数[W/(m·K)]。

圆管实验段各测温点局部沸腾传热系数通过式(6.30)计算。

$$h(x) = \frac{q}{t_{w,i}(x) - t_{sat}} \tag{6.30}$$

圆管内各测温点位置的内壁面温度可通过外壁温度进行计算。

$$t_{w,i}(x) = t_{w,o}(x) - Q \frac{\ln \dfrac{D_o}{D_i}}{2\pi L \lambda_b} \tag{6.31}$$

式中, $t_{w,o}(x)$ 和 $t_{w,i}(x)$ 代表各测温位置处管外壁面温度(℃)和管内壁温度(℃)。

目前,管内流动沸腾换热主要分为以下三种预测模型:叠加模型、渐进模型和增强模型。表 6.5 为管内流动沸腾换热模型及其关联式。

表 6.5 流动沸腾换热模型

模型	方程式	典型关联式
叠加	$h = h_{nb} + h_{ce}$	Chen[9],Gungor 和 Winterton (1986)
渐进	$h = \left[(h_{nb})^n + (h_{ce})^n \right]^{1/n}$	Liu 和 Winter (1991),Kattan 等 (1998),Wattelet 等 (1994)
增强	$h = E \cdot h_l$	Shah (1982),Gungor 和 Winterton (1986)

本节采用应用广泛的 Chen 关联式[9]进行系统的准确性验证,叠加模型的 Chen 关联式如式(6.32)所示。

$$h = S \cdot h_{nb} + E \cdot h_{sp} \tag{6.32}$$

式中, S 、 E 、 h_{nb} 和 h_{sp} 分别为沸腾传热过程中核态沸腾的抑制因子、单相对流传热部分的增强因子、核态沸腾传热系数和单相对流传热系数。这种叠加形式的公式将流动沸腾换热系数表示成核态沸腾和单相对流换热两部分的叠加效果。

沸腾换热系数通过 Forster 和 Zuber 公式[10]计算。

$$h_{nb} = 0.00122 \left(\frac{\lambda_l^{0.79} c_{p,l}^{0.45} \rho_l^{0.49}}{\gamma^{0.5} \mu_l^{0.49} h_{lg}^{0.49} \rho_g^{0.24}} \right) \Delta T_{sat}^{0.24} \Delta P_{sat}^{0.75} \tag{6.33}$$

式中, λ_l 、 $c_{p,l}$ 、 ρ_l 、 ρ_g 、 μ_l 、 h_{lg} 、 γ 、 ΔT_{sat} 及 ΔP_{sat} 分别代表液体导热系数[W/(m·K)]、液体比热容[J/(kg·K)]、液体密度(kg/m³)、气体密度(kg/m³)、液体黏度(mPa·s)、

汽化潜热 (kJ/kg) 、表面张力 (N/m) 、管内壁温度和工质饱和温度之差、壁温下的流体蒸气压力和饱和温度下的蒸气压力之差。

单相对流换热系数通过 Dittus-Boelter 公式[3]计算。

$$h_{sp} = 0.023 Re_l^{0.8} Pr_l^{0.4} \lambda_l / D_h \tag{6.34}$$

式中，Re_l、Pr_l 和 D_h 分别代表液相雷诺数、液相普朗特数和水力直径 (m) 。

抑制因子 S 和强化因子 E 分别由式 (6.35) 和式 (6.36) 计算。

$$S = \frac{1}{1 + 0.00000253 Re_{tp}^{1.17}} \tag{6.35}$$

$$E = \begin{cases} 2.35 \left(1/X_{tt} + 0.213\right)^{0.736} & \text{if} \quad 1/X_{tt} > 0.1 \\ 1 & \text{if} \quad 1/X_{tt} \leqslant 0.1 \end{cases} \tag{6.36}$$

式中，Re_{tp} 和 X_{tt} 分别表示两相雷诺数和紊流-紊流马蒂尼利数。

紊流-紊流马蒂尼利数 X_{tt} 可由式 (6.37) 计算。

$$X_{tt} = \left(\frac{1-x}{x}\right)^{0.9} \left(\frac{\rho_V}{\rho_L}\right)^{0.9} \left(\frac{\mu_V}{\mu_L}\right)^{0.9} \tag{6.37}$$

式中，x、ρ_V、ρ_L、μ_V 和 μ_L 分别表示干度、蒸气密度 (kg/m^3) 、液相密度 (kg/m^3) 、蒸气黏度 (mPa·s) 和液相黏度 (mPa·s) 。

两相雷诺数 Re_{tp} 和液相雷诺数 Re_l 可分别由式 (6.38) 和式 (6.39) 计算。

$$Re_{tp} = Re_L E^{1.25} \tag{6.38}$$

$$Re_l = \frac{m(1-x)D_i}{\mu_L} \tag{6.39}$$

6.2.3　沸腾传热综合性能评价

在进行混合纳米流体流动沸腾传热实验前需验证实验系统的准确性，为确保实验系统的准确性，首先采用 Chen 关联式对去离子水的流动沸腾进行实验验证。图 6.10 为在热流密度为 59.7～125.2 kW/m^2 范围内去离子水的对流换热系数 (h) 实验值和理论值的对比，可以看出，实验值与由 Chen 关联式计算所得理论值最大误差不超过 15%，实验最大误差在允许的接受范围内，说明实验系统精度可以满足需要。

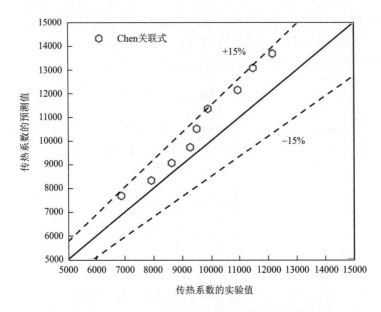

图 6.10　去离子水沸腾传热系数实验值和预测值对比

在后续混合纳米流体沸腾传热实验过程中，当热流密度范围为 62.1～93.4 kW/m^2、工质体积流量为 30～90 L/h 范围时，在工质温度趋于稳定后，测试段圆管内壁面温度均高于工质在相应压力下的饱和温度。这充分说明了在该实验条件下，Al$_2$O$_3$-TiO$_2$/W 混合纳米流体进入了过冷沸腾阶段。

图 6.11 为体积分数为 0.01% 的 Al$_2$O$_3$-TiO$_2$/W 混合纳米流体的沸腾传热系数随体积流量和热流密度的变化。从图中可以看出，不同热流密度下混合纳米流体的沸腾传热系数均随体积流量的增加呈先增加后减小的趋势。这是因为随着流速的增加，颗粒在近壁面的无序运动会导致边界层厚度减薄，使得传热热阻减小，从而起到强化传热效果。当体积流量增加到 70 L/h 时，沸腾传热系数开始下降。在热流密度为 62.1 kW/m^2 时，混合纳米流体体积流量从 70 L/h 增加到 90 L/h，沸腾传热系数由 11043 W/(m^2·K) 降低到 10733 W/(m^2·K)，下降幅度为 2.8%。一般而言，流动沸腾传热=单相对流传热+额外气泡产生的扰动带来的传热强化。虽然流速持续增加会导致沸腾过程中单相对流传热部分换热性能增强。但是，过高的流速一方面使得纳米颗粒未能充分参与管内换热，导致强化换热效果减弱，在高流速下纳米流体传热性能是否更佳存在两种矛盾的机制，本实验中，额外气泡产生的扰动带来的沸腾传热强化占主导地位。另一方面，在恒定热流密度下，过高流速使得近内壁液体还未充分吸热产生气泡就被新的液体补充，导致气泡形成延迟，不利于沸腾区的形成。

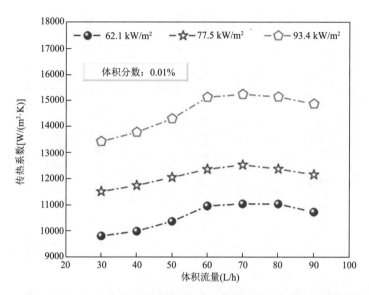

图 6.11 Al$_2$O$_3$-TiO$_2$/W 混合纳米流体沸腾传热系数随体积流量和热流密度的变化

此外，从图中可以看出沸腾传热性能随热流密度的增加而增强，体积分数为 0.01% 的 Al$_2$O$_3$-TiO$_2$/W 混合纳米流体在热流密度为 77.5 kW/m^2 和 93.4 kW/m^2 下相较于热流为 62.1 kW/m^2 时沸腾传热性能分别最大提高了 17.5% 和 38.6%。热流密度对沸腾传热性能的影响主要有以下原因：①热流密度增加会导致壁温升高，过热度随壁温增加使得加热管内壁面汽化核心数增多；②高热流密度下有助于气泡更快形成，并且纳米颗粒随气泡移动传热；③在高热流密度下，沸腾过程更加剧烈使得气泡的扰动作用增强，从而强化沸腾传热性能。

图 6.12 为不同热流密度下 Al$_2$O$_3$-TiO$_2$/W 混合纳米流体体积分数对沸腾传热性能的影响。从图中可以看出，各体积分数混合纳米流体的沸腾传热性能相较于去离子水均有所提高，且混合纳米流体的沸腾传热性能随体积分数的增加而增加，但增幅在逐渐减小。在热流密度为 93.4 kW/m^2 时，体积分数为 0.01%、0.02%、0.03% 的混合纳米流体相较于去离子水分别最大提高了 29.6%、50.7%、61.9%。显然，在基液中添加一定量的纳米颗粒可显著提高工质的沸腾传热性能，且增强效果随体积分数的增加而增大。主要原因是纳米流体的导热系数随体积分数的增加而增大。在相同 Nu 下，导热系数高的流体可以获得更高的传热性能。此外，体积分数越高表明有更多数量的纳米颗粒参与内壁面的换热，颗粒做无规则的迁移运动将热量从内壁面带往中心流体。

图 6.13 为不同热流密度下体积分数为 0.01% 的 Al$_2$O$_3$-TiO$_2$/W 和 TiO$_2$/W 纳米流体沸腾传热系数的对比。从图中可以看出，纳米流体的沸腾传热性能均大于去离子水的，且 Al$_2$O$_3$-TiO$_2$/W 混合纳米流体的沸腾传热系数略高于与 TiO$_2$/W 纳米

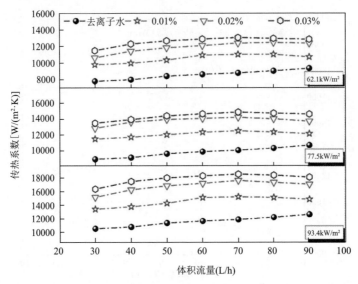

图 6.12 Al$_2$O$_3$-TiO$_2$/W 混合纳米流体体积分数对沸腾传热性能的影响

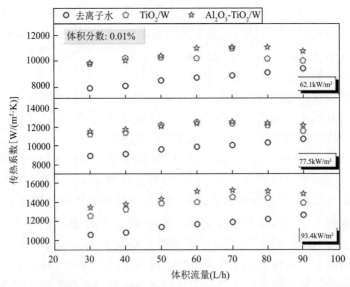

图 6.13 Al$_2$O$_3$-TiO$_2$/W 混合纳米流体与 TiO$_2$/W 一元纳米流体沸腾传热性能对比

流体。在热流密度分别为 62.1 kW/m^2、77.5 kW/m^2、93.4 kW/m^2 时，Al$_2$O$_3$-TiO$_2$/W 混合纳米流体相较于其 TiO$_2$/W 一元纳米流体沸腾传热性能分别平均提高了 6.4%、1.6%、5.6%。这是由于混合纳米流体的导热系数要优于一元纳米流体，且经过稳定性优化的混合纳米流体改善了工质的热物性参数。此外，实验发现，去离子水的沸腾传热性能随体积流量的增加而增大，而纳米流体随体积流量增加沸腾传热性能会在高流速下出现下降的趋势,纳米流体在高体积流量下沸腾传热性能更接近于去离子水。这是因为在高流速下,纳米颗粒随主流快速向前流动,来不及参与管内壁与中心流体在径向方向的能量传输,削弱了纳米颗粒的强化传热效果。

图 6.14 为 Al_2O_3-TiO_2/W 混合纳米流体在体积流量为 30 L/h 下局部沸腾传热

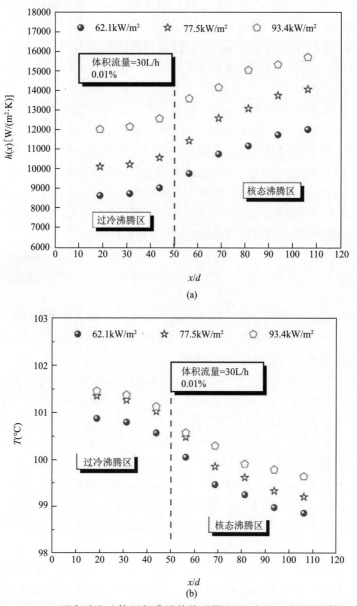

图 6.14 Al_2O_3-TiO_2/W 混合纳米流体局部沸腾传热系数(a)和内壁温度(b)沿管长方向的变化

系数和温度沿管长(流动方向)的变化。8 个 K 型热电偶沿流动方向均匀布置在实验段外壁,用于测量沿流动方向的局部沸腾传热系数。从图中可以看出,不同热流密度下局部沸腾传热系数均沿流动方向呈逐渐增大的趋势,这是因为沿流动方向工质不断吸收管壁热量,沸腾传热过程由气泡产生较少的过冷流动沸腾慢慢过渡为成熟的核态沸腾阶段。在过冷沸腾传热初始阶段,加热面产生的气泡在脱离壁面后遇到温度更低的主流液体后又会重新凝结在液体中,气泡在管内不断产生和消失仅能产生较小的扰动作用。而在核态沸腾阶段,由于主流温度达到饱和温度,大量气泡在液体中心附近聚集成块,块状气泡可对流体产生较大的扰动搅拌作用。

此外,从图 6.14(a)中可以看出,在前三个热电偶位置处沸腾传热系数增加较平缓,从第四个热电偶开始沸腾传热系数开始突增且在图 6.14(b)中,在第四个热电偶位置处温度下降幅度变大,这满足核态沸腾传热过程中内壁面温度与流体温度温差小的传热特点。因此,通过实验结果预测前三个热电偶所在位置可能为过冷沸腾区,而后五个热电偶位置为核态沸腾区。

为定量研究纳米颗粒的加入对沸腾传热性能的影响,引入纳米影响因子 F_{enh} 即纳米流体与去离子水沸腾传热系数之比[11]进行评价。

$$F_{enh} = \frac{h_{nf}}{h_{water}} \tag{6.40}$$

式中,h_{nf} 和 h_{water} 分别表示纳米流体和去离子水的沸腾传热系数。其中,纳米影响因子 F_{enh} 大于 1 表明纳米颗粒的添加对基液沸腾传热起强化作用,且纳米影响因子越大表示沸腾传热强化效果越明显。

图 6.15 为不同热流密度和体积分数下 Al_2O_3-TiO_2/W 混合纳米流体的纳米影响因子随体积流量的变化。从图中可以看出,Al_2O_3-TiO_2/W 混合纳米流体的纳米影响因子 F_{enh} 在整个体积流量范围内均大于 1 且纳米影响因子 F_{enh} 随体积分数的增加而增加。在热流密度分别为 63.1 kW/m^2、77.5 kW/m^2、93.4 kW/m^2 时,Al_2O_3-TiO_2/W 混合纳米流体在体积分数为 0.03%时取得最大 F_{enh},分别为 1.53、1.63、1.62,说明纳米颗粒的添加对基液的沸腾传热性能起强化作用,体积分数越高沸腾换热增强效果越明显。此外,从实验结果可以看出,在体积分数为 0.02%和 0.03%时,纳米影响因子 F_{enh} 随体积流量的增加呈先增加后减小的趋势,在体积流量约为 40 L/h 时纳米影响因子达到最大值。这是因为在高流速下,纳米颗粒来不及参与管内换热导致的。然而,在体积分数为 0.01%时,纳米影响因子 F_{enh} 随体积流量的增加整体呈逐渐减小的趋势,这是由于低体积分数纳米流体的颗粒含量较小,其沸腾传热性能更易受到流速增加带来的负面影响。

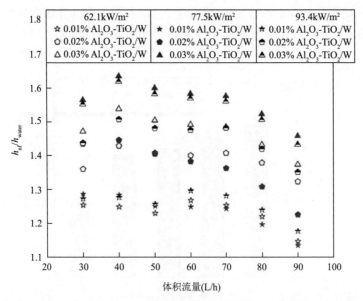

图 6.15　Al_2O_3-TiO_2/W 混合纳米流体的纳米影响因子随体积流量的变化

为定量揭示纳米流体的导热系数和沸腾传热性能之间的内在联系，将体积分数为 0.01%、0.02%、0.03% 的 Al_2O_3-TiO_2/W 混合纳米流体，体积分数为 0.01% 的 TiO_2/W 一元纳米流体及去离子水在饱和温度下的导热系数按照数值从大到小依次排列为 0.03% Al_2O_3-TiO_2/W、0.02% Al_2O_3-TiO_2/W、0.01% Al_2O_3-TiO_2/W、0.01% TiO_2/W 和去离子水，并以数字 1～5 进行排序，如图 6.16(a) 中横坐标所示。取不同流量下纳米影响因子 F_{enh} 的平均值大小作为纵坐标。对五种工质的导热系数与纳米影响因子 F_{enh} 值的大小进行线性相关分析，得出工质导热系数与 F_{enh} 的相关程度，线性相关性计算如下[12]：

$$r = \frac{\sum_{i=1}^{n}(x_i - \bar{x})(y_i - \bar{y})}{\sqrt{\sum_{i=1}^{n}(x_i - \bar{x})^2 \sum_{i=1}^{n}(y_i - \bar{y})^2}} \qquad (6.41)$$

式中，r 为线性相关系数。$r>0$ 表示两个变量呈正相关，$r<0$ 表示两个变量呈负相关，r 的绝对值越接近 1 时表明两个变量的相关性越强。

图 6.16 为不同种类工质对应的导热系数和纳米影响因子 F_{enh} 的大小。从图中可以看出，F_{enh} 随工质导热系数的增大而增大，这说明工质导热系数的提高对沸腾传热性能起强化作用。最后，通过图中给出的不同工质的导热系数和 F_{enh} 两组变量的数值大小可计算出线性相关系数。经计算发现，工质的导热系数和 F_{enh} 大

小的线性相关系数 r 为 0.943，$r>0$ 且接近于 1，表明工质的导热系数与沸腾传热性能呈正相关，且工质的导热系数对沸腾传热性能的影响较大，两者之间的关联性较强。

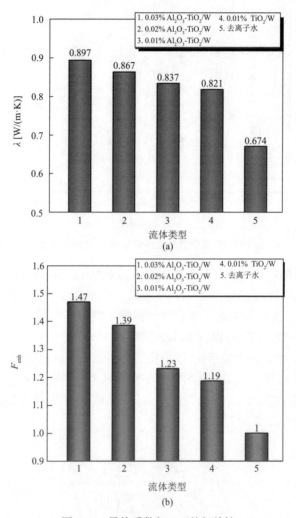

图 6.16　导热系数与 F_{enh} 的相关性

(a) 不同种类工质在饱和温度下对应的导热系数；(b) 不同种类工质对应的纳米影响因子 F_{enh} 大小

6.2.4　小结

探究了体积流量、热流密度、体积分数等对 Al_2O_3-TiO_2/W 混合纳米流体沸腾传热系数的影响，对比了混合纳米流体和一元纳米流体沸腾传热性能的差异及局部沸腾传热系数沿管长方向的变化。引入纳米影响因子定量研究纳米颗粒的加入对基液沸腾传热性能的影响。最后，采用线性相关系数定量研究导热系数和沸腾传热性能的相关性大小，主要结论如下所述。

(1) Al_2O_3-TiO_2/W 混合纳米流体的沸腾传热系数随热流密度和体积分数的增加而增大，随体积流量的增加呈先增加后减小的趋势。Al_2O_3-TiO_2/W 混合纳米流体的沸腾传热系数略高于与 TiO_2/W 一元纳米流体，在热流密度分别为 62.1 kW/m^2、77.5 kW/m^2、93.4 kW/m^2 时，Al_2O_3-TiO_2/W 混合纳米流体相较于其 TiO_2/W 一元纳米流体沸腾传热性能分别平均提高了 6.4%、1.6%、5.6%。

(2) 沿管长方向，沸腾传热模式由过冷流动沸腾过渡为核态沸腾，各个热流密度下 Al_2O_3-TiO_2/W 混合纳米流体的局部沸腾传热系数沿管长(流动方向)呈逐渐变大的趋势。

(3) 纳米影响因子 F_{enh} 随体积流量的增加呈整体逐渐减小的趋势。Al_2O_3-TiO_2/W 混合纳米流体在体积流量约为 40 L/h 时纳米影响因子 F_{enh} 取到最大值，该体积流量下纳米颗粒的加入对基液沸腾传热性能的强化效果最佳。

(4) 工质的导热系数和纳米影响因子 F_{enh} 大小的线性相关系数为 0.943，这表明纳米流体的导热系数与沸腾传热性能呈正相关，且纳米流体的导热系数对沸腾传热性能的影响较大，两者之间的关联性较强。

6.3 三元混合纳米流体单相流动传热特性研究

在基液中添加纳米颗粒后，由于工质导热系数的增强及流体内颗粒的无序微运动，纳米流体在换热器内的对流传热效率与基液相比有显著提升[13]。混合纳米流体由于颗粒间的协同作用，具备比一元纳米流体更优异的热性能。然而，混合纳米流体优异的热物性能否增强对流传热性能，表现出比一元纳米流体更优异的传热特性还有待研究。因此，本节对混合纳米流体进行了流动实验研究，探究混合纳米流体热物性与传热特性之间的关系，确定适用于对流传热的三元混合纳米流体最佳颗粒混合比。本节选择 5 组理论传热性能优异的混合比进行水平管内对流传热实验研究，探究纳米流体热物性对单相管内对流传热特性的影响方式，并讨论该三元混合纳米流体颗粒混合比对流动传热特性的影响。

6.3.1 对流传热实验系统及实验内容

本实验选用 Al_2O_3-Cu-CuO/W 三元混合纳米流体作为传热工质，并自行搭建了水平管内流动传热实验台进行三元混合纳米流体的流动传热特性研究。首先制备一定浓度的混合纳米流体,测量热物性后进行定热流密度的流动传热实验研究。纳米流体的热物性通过 CATREG 方法对该纳米流体的黏度及导热系数进行拟合计算，确保后续实验温度下对流体热物性的预测精度，以便努塞尔数 Nu 和摩擦因子 f 等参数的计算。引入性能评价指标 PEC 对该三元混合纳米流体相比基液的传热性能增强程度进行评价分析，探究纳米流体热物性与传热特性的一致性关系，讨论该三元混合纳米流体颗粒混合比对流动传热特性的影响。混合纳米流体的实验系统参见图 6.1。

本节旨在探究纳米流体热物性对传热特性的影响，并讨论该三元混合纳米流体颗粒混合比对流动传热特性的增强效果，确定最佳颗粒混合比。实验首先制备了体积浓度为 0.02% 的五组混合比 Al_2O_3-Cu-CuO/W 混合纳米流体，并制备了相同浓度的 Al_2O_3/W、CuO/W 一元纳米流体作为对比。混合比选择性能表现优异的 20：50：30、20：60：20、30：30：40、30：50：20、60：20：20，浓度的选择基于前期实验室分析结果，0.02% 的混合纳米流体稳定性佳且能表现出较为明显的传热特性差异，同时节约了成本。实验首先测量了纳米流体在温度为 20～60℃时的黏度和导热系数，并通过 CATREG 方法对该纳米流体的黏度及导热系数进行拟合计算，以便后续分析中努塞尔数 Nu 和摩擦因子 f 等参数的计算。

为探究混合纳米流体流动传热特性随颗粒混合比及雷诺数 Re 的变化规律，本实验选择将 10 L 流体温度为 35℃ 左右的实验工质投入流速为 10～90 L/h 的实验回路中进行强制对流传热研究。为减小加热丝在试验段铜管造成的轴向导热对管外壁附着热电偶测量精度的影响，选择固定加热功率 50 W 对管内实验工质进行加热。首先采用去离子水进行实验，将实验数据与经验公式进行对比，以验证流动传热实验台压力变送器及热电偶的测量精度。随后将制备好的 Al_2O_3-Cu-CuO/W 三元混合纳米流体与相应一元纳米流体依次投入实验回路进行流动传热实验，收集数据进行后续 Nu、ΔP 和 f 的计算分析。实验开始前应当注意排空管路中的空气，一方面避免了管路残留气体对压力变送器的测量产生影响，同时防止气泡堵塞管路，影响热电偶的测量甚至预热段管路传热恶化；实验结束后，排空管路中实验工质，并用去离子水冲洗 5 次，避免纳米颗粒沉积在管壁对工质在管路中的流型以及管壁的热阻产生影响，确保实验数据的准确性。

6.3.2　数据处理

通过在铜管外壁均匀缠绕电阻加热丝进行电加热使试验段获取稳定的热流密度。对于试验段对流传热的计算，单位面积的有效热流密度可用式 (6.42) 表示。

$$q = \frac{Q}{\pi d_i l} = \frac{Q_{total} - Q_{loss}}{\pi d_i l} \tag{6.42}$$

式中，d_i 和 l 分别为圆管内径和长度 (m)；Q、Q_{total} 和 Q_{loss} 分别为有效功率、整体加热功率和保温层与环境的对流及辐射散热损失(W)。其中，Q_{loss} 按总功率的 3% 计算，Q_{total} 由式(6.43)计算：

$$Q_{\text{total}} = UI \tag{6.43}$$

式中，U 和 I 分别为电阻加热丝端的电压(V)和加热丝的电流(A)。

测温点处的局部流动传热系数通过式(6.44)计算。

$$h(x) = \frac{q}{T_{\text{w,i}}(x) - T_{\text{f}}(x)} \tag{6.44}$$

式中，$T_{\text{w,i}}(x)$ 和 $T_{\text{f}}(x)$ 分别为测温点处的内壁温度和流体温度(K)。

测温点处的内壁温度可通过式(6.45)计算。

$$T_{\text{w,i}}(x) = T_{\text{w,o}}(x) - q\frac{\ln(d_{\text{o}}/d_{\text{i}})}{2\pi l\lambda_{\text{t}}} \tag{6.45}$$

其中，$T_{\text{w,o}}(x)$ 为测温点的管外壁温度(K)；d_{i}、d_{o} 分别为圆管的内、外径(m)；λ_{t} 为圆管的导热系数[W/(m·K)]。

管内某位置的流体温度通过式(6.46)进行计算。

$$T_{\text{f}}(x) = T_{\text{f,in}} + \frac{q\pi d_{\text{i}} x}{\rho c_{\text{p}} u A} \tag{6.46}$$

式中，x 和 A 分别为圆管流动方向该位置与入口之间的距离(m)和圆管管内横截面积(m^2)；ρ、c_{p} 和 u 分别为工质密度(kg/m^3)、比热容[J/(kg·K)]和流体速度(m/s)，流体速度取流体平均流速。

根据上述公式，得出管内某位置处的局部努塞尔数，如式(6.47)所示。

$$Nu(x) = \frac{h(x)d_{\text{i}}}{\lambda} \tag{6.47}$$

式中，λ 为流体的导热系数[W/(m·K)]。

试验段的管内平均传热系数可通过式(6.48)计算得到。

$$h = \frac{q}{T_{\text{w,i}} - T_{\text{f}}} \tag{6.48}$$

式中，$T_{\text{w,i}}$ 为管内壁平均温度(K)，通过式(6.49)计算。

$$T_{\text{w,i}} = T_{\text{w,o}} - Q\frac{\ln(d_{\text{o}}/d_{\text{i}})}{2\pi lk} \tag{6.49}$$

其中，$T_{\text{w,o}}$ 为圆管外壁温度(K)，取各测温点平均值。

$$T_{w,o} = \frac{\sum T_{w,o}(x)}{8} \qquad (6.50)$$

T_f 为工质的特征温度(K)，通过式(6.51)计算。

$$T_f = \frac{T_{out} + T_{in}}{2} \qquad (6.51)$$

管内平均努塞尔数由式(6.52)表示。

$$Nu = \frac{h d_i}{\lambda} \qquad (6.52)$$

回路中工质的雷诺数通过式(6.53)得到。

$$Re = \frac{G d_i}{A \mu_f} \qquad (6.53)$$

式中，G 为管内流体的质量流量[kg/(m²·s)]。

管内实验摩擦阻力系数 f 可按式(6.54)计算。

$$f = \frac{2 \Delta P d_i}{\rho l u^2} \qquad (6.54)$$

式中，ΔP 为试验段进出口压降(Pa)。

测量进出口水温的热电偶由三通连接固定在进出口压力变送器间，三通会造成试验段管路的压降变化，使压力变送器读出的数据不能准确反映通过圆管试验段的实际压降。由测压口测得总压降 ΔP_{total}，包括圆管中由于压力变送器及热电偶连接处横截面积突扩和突缩引起的压降 ΔP_j、圆管进出口段的压降 ΔP_{l1} 和 ΔP_{l2} 以及管路的沿程损失 ΔP_l。因此该圆管试验段的压降公式为

$$\Delta P_l = \Delta P_{total} - \Delta P_{l1} - \Delta P_{l2} - \Delta P_j \qquad (6.55)$$

式中，圆管中由于压力变送器及热电偶连接处横截面积突缩和突扩所引起的局部损失 ΔP_j 为

$$\Delta P_j = \sum \xi_i \frac{\rho u_i^2}{2} \qquad i = 1, 2, \cdots \qquad (6.56)$$

式中，ξ_i 及 u_i 为局部阻力系数及对应管路横截面下的流速(m/s)，突缩和突扩的局部阻力系数与管路面积比大小有关。当流体进入压力、温度监测点入口时，各经历一次管路横截面积的突扩和突缩，即由直径为 5 mm 的圆管突扩为直径为 8 mm

的圆管，再由直径 8 mm 的圆管突缩为 5 mm 的圆管。

其中，

$$突扩管：\xi = \left(1 - \frac{A_1}{A_2}\right)^2$$
$$突缩管：\xi = 0.5\left(1 - \frac{A_2}{A_1}\right) \tag{6.57}$$

试验段及试验段进出口段的沿程损失 ΔP_1、ΔP_{l1}、ΔP_{l2} 可按管路沿程阻力损失计算。

$$\Delta P_1 = f\frac{l}{2d}\rho u^2 \tag{6.58}$$

式中，l、d、u 及 f 分别为试验段长度(mm)、对应圆管直径(mm)、流速(m/s)及摩擦阻力系数。f 可按经验关联式计算，层流流态和湍流流态分别为式(6.59)和式(6.60)。

$$Re < 2320 \text{ 时，} \quad f = \frac{Po}{Re} \tag{6.59}$$

$$4000 < Re < 10^5 \text{ 时，} \quad f = \frac{0.3164}{Re^{0.237}} \tag{6.60}$$

其中，Po 为 Poiseuille 数，取决于管路结构。根据经验公式，圆管的 $Po=64$。

由于出口压力变送器后管路存在 90°弯折，该直角弯管所造成的局部损失会对后方管路的来流工质产生阻力，使出口压力变送器测量值减小。应当对试验段压降的测量值和后方局部损失相加得到试验段的真实压降，如式(6.61)所示。

$$\Delta P = \Delta P_m + \Delta P_j \tag{6.61}$$

式中，局部损失 ΔP_j 见式(6.56)，下标 m 表示测量值，直角弯管局部阻力系数 $\xi=1.1$。

目前对纯水的管内流动传热特性研究已十分成熟，相应对流传热系数、摩擦因子等关联式具有很高精度。采用去离子水进行实验后将数据与经典传热模型进行对比验证，能够有效确定实验系统的精度，便于实验的开展。以下是文献中可用于估算单相流体努塞尔数的数学模型。

Sieder-Tate 关联式给出了在恒定壁温和恒定热流密度条件下层流流态管内强制对流的平均努塞尔数计算方法。

$$Nu = C(RePr\frac{d}{l})^{1/3}(\frac{\mu_f}{\mu_w})^{0.14} \tag{6.62}$$

式中，C 为常数，与边界条件有关。恒壁温边界条件下，C 取 1.86，恒热流密度边界条件下 C 取 2.232。μ_w 为工质在温度为壁温时的动力黏度。适用于 $0.48 < Pr <$ 16700，$0.0044 < \mu_f/\mu_w < 9.75$，$(RePrd/l)^{1/3}(\mu_f/\mu_w)^{0.14} \geqslant 2$。

Dittus-Boelter 关联式适用于均匀热流或均匀壁温直管的管内湍流流动充分发展段。

$$Nu = 0.023Re^{0.8}Pr^{0.4} \tag{6.63}$$

该模型适用条件为：$0.7 \leqslant Pr \leqslant 160$，$Re \geqslant 10^4$，管长与内径的比值 $l/d \geqslant 60$；流体与管壁温差不超过 30°C。

与单相流体工质对比，纳米流体管内流动传热不仅与基础流体的性质有关，还受纳米颗粒的尺寸、浓度等因素的影响，一般可将纳米流体管内流动的对流传热系数表示为式(6.64)的形式。

$$Nu_{nf} = f\left[Re_{nf}, Pr_{nf}, \frac{\lambda_p}{\lambda_f}, \frac{(\rho c_p)_p}{(\rho c_p)_f}, \varphi, K\right] \tag{6.64}$$

式中，$(\rho c_p)_p$ 为纳米颗粒比热容；$(\rho c_p)_f$ 为基液比热容；K 为与纳米颗粒形状和尺寸相关的参数。

Xuan 等[6]考虑纳米颗粒微扰动，将纳米流体管内流动准则关联式表达为如下形式。

$$Nu = c_1(1.0 + c_2\varphi^{m_1}Pe_p^{m_2})Re^{m_3}Pr^{0.4} \tag{6.65}$$

通过将实验数据进行拟合，得到纳米流体层流和湍流的对流传热关系准则式。

对于层流：
$$Nu = 0.4328(1 + 11.285\varphi^{0.754}Pe_p^{0.218})Re^{0.333}Pr^{0.4} \tag{6.66}$$

对于湍流：
$$Nu = 0.0059(1 + 7.6286\varphi^{0.6886}Pe_p^{0.001})Re^{0.9288}Pr^{0.4} \tag{6.67}$$

式中，Pe_p 为纳米颗粒的贝克莱数，用来表征纳米颗粒微运动和微扩散效应。

对纳米流体对流传热特性的影响。纳米颗粒的贝克莱数可用式(6.68)进行计算[14]。

$$Pe_p = \frac{ud_p}{a_{nf}} \tag{6.68}$$

式中，a_{nf} 为纳米流体的热扩散系数，可用式(6.69)计算。

$$a_{nf} = \frac{k_{nf}}{\rho_{nf}c_{p,nf}} \tag{6.69}$$

Azmi 等[15]对体积浓度为 3.0% 的 TiO_2/W 和 SiO_2/W 纳米流体的 Nu 实验值进

行关联式拟合，得出平均偏差为 4.1%、标准偏差为 5.5%、最大偏差为 17.1%。

$$Nu_{\text{Colburn}} = \frac{h_{\text{Colburn}} D}{k_{\text{nf}}} = 0.00896 Pr_{\text{w}}^{1/3} \left(f_r / 8 \right)^{-3.606} Re^{0.7406} \left(0.1 + \frac{\varphi}{100} \right)^{2.541} \quad (6.70)$$

水的管内流动摩擦因子 f 经验关联式采用式(6.59)和式(6.60)进行验证，这两种关联式具有较高的精度且应用范围极广，符合本实验工况。

基于式(6.60)，Azmi 等[15]提出了适用于纳米流体的 f 关联式，该模型对 TiO_2/W 和 SiO_2/W 纳米流体有着很高的吻合度。

$$f_{\text{nf}} = 0.3164 Re^{-0.25} \left(\frac{\rho_{\text{nf}}}{\rho_{\text{bf}}} \right)^{1.3} \left(\frac{\mu_{\text{nf}}}{\mu_{\text{bf}}} \right)^{0.3} \quad (6.71)$$

其适用范围为：$5.00 \leqslant Pr \leqslant 7.24$，$6800 \leqslant Re \leqslant 26500$，$0.5\% \leqslant \varphi \leqslant 3.0\%$。

为评价纳米流体相较于基液的性能强化效果，引入努塞尔数强化率(Nu_{enh})和性能评价指标(PEC)两种对流传热性能评价方法判断最佳颗粒混合比。

努塞尔数强化率 Nu_{enh} 通过比较纳米流体和基液的 Nu，判断纳米流体相对于基液的传热强化效果。

$$Nu_{\text{enh}} = \frac{Nu_{\text{nf}}}{Nu_{\text{bf}}} \quad (6.72)$$

实际工程应用中，在考虑传热效果的同时还应考虑流体投入系统后运行的泵功，因此引入性能评价指标(performance evaluation criterion，PEC)，对工程应用中总能效的强化效果进行评估[16]。

$$\text{PEC} = \frac{Nu_{\text{nf}} / Nu_{\text{bf}}}{\left(f_{\text{nf}} / f_{\text{bf}} \right)^{1/3}} \quad (6.73)$$

PEC > 1 表示该纳米流体与基液相比更有利于对流传热。

目前的 PEC 主要适用于单相对流传热，它将传热性能与流体泵功联系起来，对强化传热程度进行评价，以应对工业系统的热设计。

6.3.3 结果分析与讨论

在使用纳米流体进行对流传热实验前，应对实验系统的可靠性进行验证，以保证测量结果的准确度。因此，首先将去离子水投入回路中进行水平管内对流传热实验，对比实验结果与经典模型，判断系统在 ΔP 与 Nu 测量的准确性。

图 6.17 分别对比了 ΔP 与 Nu 的实验值与模型计算值。结果显示，该实验系

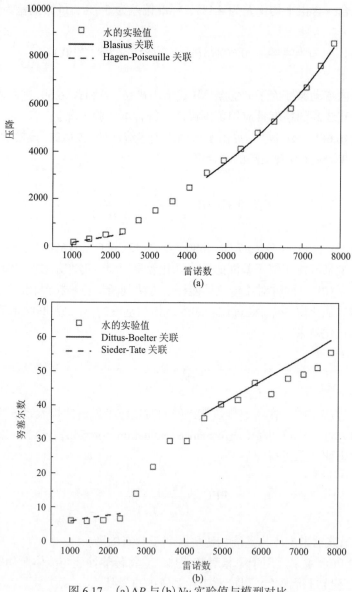

图 6.17 (a) ΔP 与 (b) Nu 实验值与模型对比

统的加热段在加热功率为 50 W 时具有极高精度，温度与压力的采集数据误差极
小。其中，图 6.17(a) 采用 Hagen-Poiseuille 模型[式 (6.59)]和 Blasius 模型[式 (6.60)]
分别验证了实验管路压降 ΔP 在层流和湍流流态下的精度。层流流态下与
Hagen-Poiseuille 模型相比，实验值比预测值平均提高 15.3%，湍流流态下与 Blasius
模型相比，实验值比预测值平均提高约 0.9%。图 6.17(b) 选用 Sieder-Tate 模型[式

(6.62)]和 Dittus-Boelter 模型[式(6.63)]分别对管路努塞尔数 Nu 进行验证。层流流态下与 Sieder-Tate 模型预测值相比,实验值比预测值平均降低 12.1%,湍流流态下与 Dittus-Boelter 模型相比,实验值比预测值降低平均 6.0%,ΔP 与 Nu 测量值均在合理范围内。其中,层流流态下误差偏大可能是管路本身结构的原因造成的,随着流速增大误差减小,因此对整体实验结果影响较小。

通过采用去离子水验证该实验回路的 ΔP 与 Nu 的实验值与模型计算值,发现两种数据测量值均在合理误差范围,证明实验系统的可靠性,可进行后续纳米流体对流传热实验研究。流体热物性是研究流体对流传热特性所需的基本参数,主要涉及黏度和导热系数的测量、密度和比热容的计算。根据查表计算,纳米流体的密度 ρ 和比热容 c_p 随温度的变化程度较小,在实验温度范围内近似相等。因此,为简化计算,将密度 ρ 和比热容 c_p 视为定值,黏度和导热系数已测量得出。

图 6.18(a)所示为体积浓度 0.02%的不同混合比的 Al_2O_3-Cu-CuO/W 三元混合纳米流体的黏度随温度变化曲线。由于制备的纳米流体浓度较低,颗粒的组合对黏度大小的影响十分微弱,在实验所用转子黏度计测量精度外。因此,图 6.18(a)中以混合比为 40∶30∶30 的该三元混合纳米流体黏度为例,代表了实验所用体积浓度为 0.02%的全体纳米流体黏度随温度的变化曲线。与基液相比,体积浓度为 0.02%的纳米流体黏度平均提升 19.7%。图 6.18(b)所示为五种不同混合比的 Al_2O_3-Cu-CuO/W 三元混合纳米流体导热系数随温度的变化曲线。与黏度相比,不同混合比的三元纳米流体的导热系数具有较为显著的差异。其中,温度为 20～25℃时,混合比为 20∶60∶20 和 30∶50∶20 的纳米流体表现出更优异的导热性能,随着温度的上升,混合比为 20∶50∶30 的纳米流体导热系数提升明显,其上升趋势较其余四种混合比更明显。与基液相比,混合比为 20∶50∶30 的三元混合纳米流体导热系数平均增强 5.3%,随温度的升高,导热系数增强率呈上升趋势。其中,温度为 55℃时,导热系数较基液增强 6.6%。

流动传热实验中,流体温度很难保持稳定。因此,为保证 Nu 与 f 计算的准确性,有必要对流体的热物性与温度的关系进行准确计算预测,得出实验温度下工质的实时物性参数。第 4 章验证了 CATREG 方法在三元混合纳米流体热物性预测方面的准确性,并且由于该方法能够将纳米颗粒的添加量纳入自变量范畴对流体的热物性进行计算。因此,本节采用 CATREG 方法对黏度与导热系数进行分析预测,拟合温度和三种颗粒添加比例分别相对黏度(仅研究温度的影响)与导热系数的标准分 χ_i 与标准化系数 β_i,方便后续流动传热实验中 Nu 与 f 的计算。

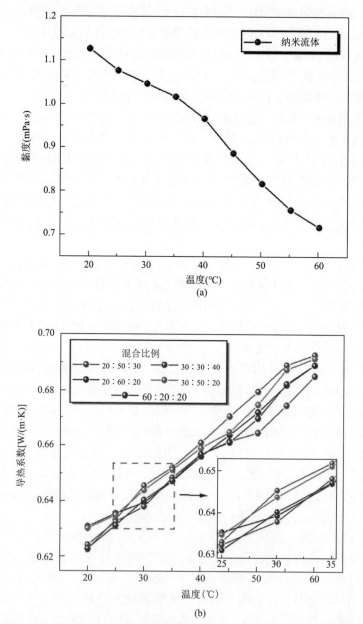

图 6.18 Al_2O_3-Cu-CuO/W 三元混合纳米流体的 (a) 黏度与 (b) 导热系数

图 6.19 为流体工质在管路中以流速 10~90 L/h 流动时压降 ΔP 随雷诺数 Re 的变化曲线。图 6.19(a) 为全部实验流速下，5 种混合比三元混合纳米流体与相应一元纳米流体和基液的 ΔP 随 Re 变化的对比。随着 Re 的增大，管路中工质的 ΔP 呈非线性斜率递增趋势增大，即随着 Re(或流速)的增大，系统实验段 ΔP 的增量

逐渐增大，变化程度越剧烈。由于数据较多，将实验结果分为层流区域和湍流区域分别进行对比，如图 6.19(b)所示。结果发现，相对于基液而言，纳米颗粒的添加能够显著提高工质在管路中相同 Re 和流速下的 ΔP，在相同流速下，颗粒混合比为 $20：60：20$ 的 Al_2O_3-Cu-CuO/W 三元混合纳米流体较基液 ΔP 平均提升约 2.3%，远小于相同浓度下 CuO/W 一元纳米流体的增强率(11.9%)。在层流条件下，

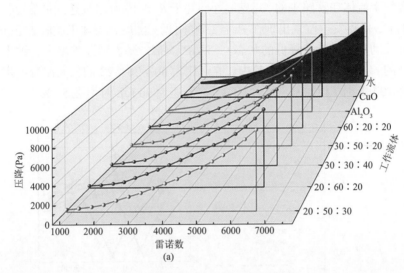

(a)

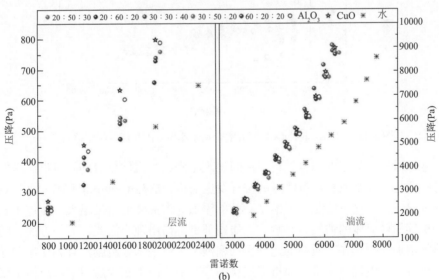

(b)

图 6.19 Al_2O_3-Cu-CuO/W 三元混合纳米流体管内对流传热压降

该混合比的纳米流体增强率为 2.7%，而在湍流条件下增强率为 1.8%，即随着雷诺数 Re 的增加，纳米流体 ΔP 相对基液的增强率呈减小趋势，该现象在其余混合比的三元纳米流体以及一元纳米流体中同样能观察到。

图 6.20 为 5 种混合比的三元混合纳米流体和水在管内流动中的摩擦因子 f 随雷诺数 Re 的变化曲线。在层流范围内，随着 Re 的增加，体积浓度为 0.02% 的三元混合纳米流体在管路中的 f 迅速减小，并于 $Re = 1900$ 附近达到最低点，而去离子水的 f 最低点发生位置出现在 $Re = 2300$ 附近。随后，流体工质的 f 经过短暂的升高和波动后进入持续降低的状态。与 ΔP 类似，随着流速的增大，纳米流体相对基液的 f 增强率逐渐减小，其中，混合比为 60 : 20 : 20 的三元混合纳米流体在流速为 10 L/h 时 f 相对基液增强 31.1%，流速为 90 L/h 时增强 5.1%。

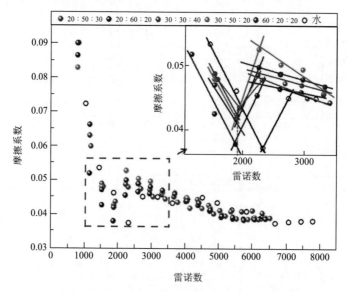

图 6.20　Al_2O_3-Cu-CuO/W 三元混合纳米流体管内对流传热摩擦因子

通过对实验数据的拟合，可以清晰地观察到纳米流体层流到湍流过渡区发生位置的变化，与基液相比过渡区的位置发生前移，这与 Demirkır 和 Ertürk[14] 观察到的现象一致。这可能是由于纳米颗粒的添加导致流体的密度增大，流体工质的流动更容易被流体的惯性力影响，工质内部更容易出现小涡流；另一方面，随着流速的增加，颗粒在工质中的运动更加剧烈，大量纳米颗粒剧烈且无序运动导致流体更容易发生扰动，难以保持层流状态。其中，由于实验所用纳米流体浓度较低，颗粒添加导致的纳米流体质量流密度增大有限，因此，纳米颗粒的无序运动是过渡区发生位置提前的主要原因。

图 6.21 为流体工质在 10～90 L/h 流速范围内努塞尔数 Nu 随雷诺数 Re 的变

化曲线。图 6.21（a）为全部实验流速下同浓度的 5 种混合比三元混合纳米流体与相应一元纳米流体和水的 Nu 随 Re 变化对比。随着 Re 的增大，管路中工质的 Nu 整体呈增大趋势，在流速较低时，Nu 随 Re 的变化较为平稳，随着流速的增加，变化趋势的斜率突然增大而后逐渐降低，Nu 的增大趋势逐渐平稳。该变化趋势在图 6.21（b）中同样可以观察到。结果表明，相对于基液而言，纳米颗粒的添加能够显著提高流体工质的 Nu，在相同流速下，颗粒混合比为 30∶50∶20 的 Al_2O_3-Cu-CuO/W 三元混合纳米流体较基液 Nu 平均提升约 45.6%，远大于相同浓度下 Al_2O_3/W 一

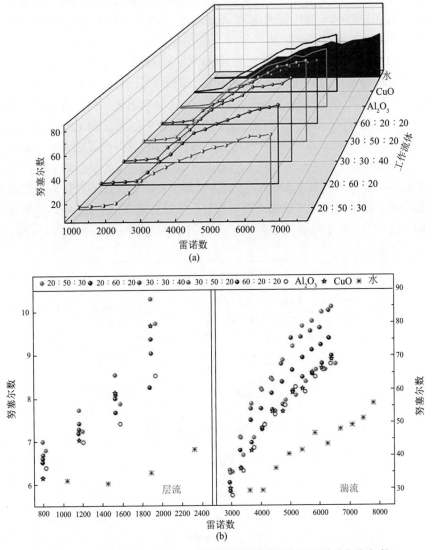

图 6.21　Al_2O_3-Cu-CuO/W 三元混合纳米流体管内对流传热努塞尔数

元纳米流体的 Nu 增强率(20.1%)。在层流条件下,该混合比的纳米流体增强率为 32.6%,而在湍流条件下增强率为 56.6%,即随着雷诺数 Re 的增加,纳米流体 Nu 相对基液的增强率呈增大趋势,能够显著增强传热。此外,图 6.21(a)中同样能观察到流体工质的过渡区位置发生了明显前移,与图 6.20 中过渡区前移量相似。

由于具有高导热性能金属或非金属颗粒的添加,流体工质的导热系数 λ 增大,且纳米颗粒在流动传热过程中发生剧烈的无序运动,一方面会增大颗粒间的碰撞频率从而导致传热量的增加;另一方面颗粒的运动会增强流体的扰动,破坏管路内流体热边界层,降低对流传热热阻,并且颗粒与管壁的碰撞同样会导致传热量的增加,从而导致纳米流体管内流动 Nu 远大于基液。其中,纳米颗粒的无序运动是 Nu 增大的主要原因。

图 6.22 所示为 5 种颗粒混合比的 Al_2O_3-Cu-CuO/W 三元混合纳米流体与相应一元纳米流体努塞尔数强化率 Nu_{enh} 的对比。绝大部分 Nu_{enh} 值均大于 1,仅在过渡区 $Re = 3000$ 附近出现两个小于 1 的点,这表明纳米流体的对流传热效果明显强于基液。在层流区,随着流速的增加,纳米流体 Nu_{enh} 呈上升趋势;在进入过渡区后,纳米流体相对于水的传热效果急剧下降,Al_2O_3/W 一元纳米流体和混合比为 60:20:20 的三元纳米流体甚至出现传热效果低于水的工况;随着流速继续增大,工质的流动进入湍流阶段,Nu_{enh} 值持续增大,出现比层流阶段强化传热效果更好的情况,随后又出现了略微下降。此外,尽管在湍流区 Nu_{enh} 峰值过后传热效果出现下降趋势,但该峰值后区域的最小值仍比层流范围内的 Nu_{enh} 峰值高,表明

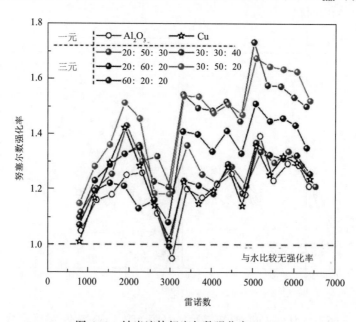

图 6.22　纳米流体努塞尔数强化率 Nu_{enh}

纳米流体在湍流区域强化传热效果更好。在实验流速范围内，$Re = 5250$ 附近强化传热效果最好，其中，混合比为 30：30：40 的该混合纳米流体 Nu 为基液的 1.73 倍。

在实际工况中，换热系统内流体工质运行所需泵功是决定纳米流体是否适用于工程应用的关键指标。图 6.23 所示为 5 种颗粒混合比的 Al_2O_3-Cu-CuO/W 三元混合纳米流体与相应一元纳米流体性能评价指标(PEC)的对比。与 Nu_{enh} 类似，纳米流体的 PEC 随 Re 的增大也出现先升高后降低再升高的波动上升趋势。不同的是，在考虑泵功的影响后，CuO/W、Al_2O_3/W 一元纳米流体和混合比为 60：20：20 的三元纳米流体均在 $Re = 800$ 附近出现 PEC < 1 的情况，其中 CuO/W 的 PEC 值相较 Nu_{enh} 变化最大。在随后 $Re = 3000$ 附近的过渡区位置，PEC 值较 Nu_{enh} 同样有所降低，CuO/W 一元纳米流体在该工况下出现不利于传热的现象。随着 Re 的增大，工质摩擦因子对强化传热效果的影响逐渐降低，对比图 6.24 和图 6.23，PEC 在湍流区与层流区的数值差距比 Nu_{enh} 更大，这也是纳米流体更加适用于湍流状态下对流传热应用的重要依据。

对比三元混合纳米流体与相应一元纳米流体，可以观察到大部分工况下三元混合纳米流体的传热效果优于两种一元纳米流体，尤其是在湍流区域，三元混合纳米流体在对流传热方面的优势更加明显。其中，混合比为 30：50：20 和 30：30：40 的三元混合纳米流体传热效果较其他三组混合比更加优异；混合比为 20：60：20 的纳米流体传热性能虽然不及上述两种混合比，但与一元纳米流体相比也具有显著优势；剩余两种混合比 20：50：30 和 60：20：20 的传热表现欠佳，与两种一元纳米流体相比优势不够明显，甚至出现传热效果低于一元纳米流体的工况。

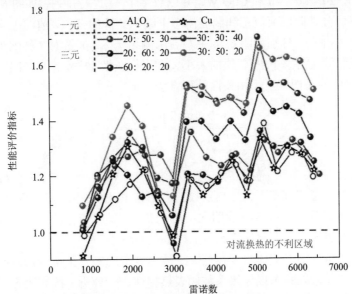

图 6.23　纳米流体性能评价指标 PEC

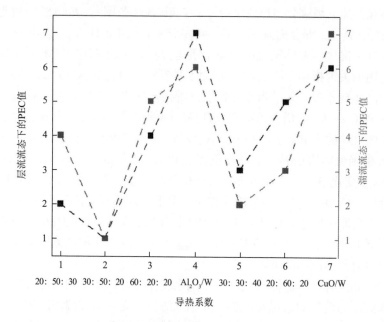

图 6.24　导热系数与 PEC 相关性

　　为分析纳米流体热物性与对流传热特性间的关系，将 5 种混合比的混合纳米流体与两种一元纳米流体的导热系数在实验温度范围（30～40℃）取平均值，依据数值大小进行排序，依次为 20：50：30、30：50：20、60：20：20、Al$_2$O$_3$/W、30：30：40、20：60：20 和 CuO/W，并以数字 1～7 进行排列，如图 6.24 中横坐标所示。然后分别取层流流态和湍流流态下纳米流体的 PEC 值的平均数以编号 1～7 进行大小排列，分别为图 6.24 中左右两侧纵坐标。通过对 7 种纳米流体导热系数与层流和湍流流态下 PEC 值的大小关系进行线性相关分析，得出纳米流体导热系数与 PEC 的密切程度。相关性计算方法如下：

$$r = \frac{\sum(x-\bar{x})(y-\bar{y})}{\sqrt{\sum(x-\bar{x})^2 \sum(y-\bar{y})^2}} \tag{6.74}$$

式中，r 为线性相关系数，分子为 x 与 y 的协方差，分母为 x 与 y 各自标准差的乘积。计算发现，层流流态下，导热系数的大小与 PEC 大小的相关系数为 0.679，湍流流态下相关系数为 0.357。表明在层流流态下，纳米流体的导热系数对其流动传热性能影响更大，而在湍流流态下的影响相对较小。

　　本实验制备的纳米流体浓度较低，工质黏度上的差异很难测量，流体热物性与传热特性的关系判断中以导热系数代表热物性进行分析。湍流流态下，与热物性分析结果相比，混合比为 30：50：20 的三元混合纳米流体在热物性和传热特性方面均具有显著优势；而混合比为 30∶30∶40 的纳米流体在热物性方面表现一般但在流动传热过程中反而显示出巨大优势；相较另外一组热物性方面表现优异的混合比为 20∶50∶30 纳米流体，反而在流动传热实验中表现一般。而在层流流态下，纳米流体在热物性方面的表现与流动传热实验中的传热性能表现基本一致，混合比为 30∶50∶20 的三元混合纳米流体依旧优势显著。因此，在不考虑纳米流体浓度的情况下，三元混合纳米流体的热物性对层流流态下的传热特性具有显著影响，优异的热物性决定了其优异的传热性能；而在湍流流态下情况更加复杂，纳米流体热物性对传热特性的影响较小，传热性能的强弱更依赖于工质中颗粒的种类和颗粒迁移。综上，实验得出适用于管内对流传热的 Al₂O₃-Cu-CuO/W 三元混合纳米流体最佳颗粒混合比为 30∶50∶20。

6.3.4　小结

本章研究了 Al₂O₃-Cu-CuO/W 三元混合纳米流体的对流传热性能，探究了纳米流体热物性与对流传热特性间的关系，并确定了最佳颗粒混合比。采用 CATREG 对纳米流体黏度和导热系数进行分析预测后进行管内对流传热实验。对比了三元混合纳米流体和一元纳米流体的传热特性差异，分析了对流传热强化机理，并确定了适用于对流传热的最佳颗粒混合比。本研究主要结论如下所述。

(1)纳米颗粒的添加导致流体工质在流动过程中层流到湍流过渡区的位置发生变化，与基液相比过渡区的位置发生前移。本实验中体积浓度为 0.02% 的纳米流体在 $Re=1900$ 附近进入过渡区，而基液去离子水的过渡区发生在 $Re=2300$ 附近。

(2)纳米流体的增强传热效果随 Re 的增大出现先升高(层流区)后降低(过渡区)再升高(湍流区)的波动上升趋势，在实验流速范围内，$Re=5250$ 附近强化传热率最高，混合比为 30∶30∶40 的纳米流体 Nu 为基液的 1.73 倍。

(3)三元混合纳米流体的热物性对层流流态下的传热特性具有显著影响，优异的热物性决定了其优异的传热性能；而在湍流流态下情况更加复杂，纳米流体热物性对传热特性的影响较小，传热性能的强弱更依赖于工质中颗粒的种类和颗粒迁移。本实验中对流传热性能最佳颗粒混合比为 30∶50∶20。

参 考 文 献

[1] Xuan Z H, Zhai Y L, Ma M Y, Li Y L. Thermo-economic performance and sensitivity analysis of ternary hybrid nanofluids[J]. Journal of Molecular Liquids, 2021, 323: 114889.

[2] Sieder E N, Tate G E. Heat transfer and pressure drop of liquids in tubes[J]. Industrial & Engineering Chemistry, 1936, 28: 1429-1435.

[3] Dittus F W, Boelter L M K. Heat transfer in automobile radiators of the tubular type[J].

International Communications in Heat and Mass Transfer, 1985, 12: 3-22.

[4] Incropera F P, DeWitt D P, Bergman T L. Fundamentals of heat and mass transfer[M]. New York: Wiley, 1996.

[5] Blasius H. Das Aehnlichkeitsgesetz bei Reibungsvorgängen in Flüssigkeiten[M]. Berlin Heidelberg: Springer, 1913.

[6] Xuan Y, Li Q. Investigation on convective heat transfer and flow features of nanofluids[J]. Journal of Heat Transfer, 2003, 125: 151-155.

[7] Azmi W H, Sharma K V, Sarma P K, Mamat R, Anuar S, Dharma Rao V. Experimental determination of turbulent forced convection heat transfer and friction factor with SiO_2 nanofluid[J]. Experimental Thermal and Fluid Science, 2013, 51: 103-111.

[8] Demirkır Ç, Ertürk H. Convective heat transfer and pressure drop characteristics of graphene-water nanofluids in transitional flow[J]. International Communications in Heat and Mass Transfer, 2021, 121: 105092.

[9] Chen J C. Correlation for boiling heat transfer to saturated fluids in convective flow[J]. Industrial & Engineering Chemistry Process Design and Development, 1966, 5: 322-329.

[10] Sarafraz M M, Arya H, Saeedi M, Ahmadi D. Flow boiling heat transfer to MgO-therminol 66 heat transfer fluid: Experimental assessment and correlation development[J]. Applied Thermal Engineering, 2018, 138: 552-562.

[11] 张淞源, 龙晓波, 范兴祥, 黄卉, 刘振楠, 葛众.TiO_2-R123 纳米制冷剂管内流动沸腾传热特性[J].中国电机工程学报, 2020, 40: 3959-3970.

[12] 张世强, 吕杰能, 蒋峥, 张雷. 关于相关系数的探讨[J]. 数学的实践与认识, 2009, 39:102-107.

[13] 宣益民. 纳米流体能量传递理论与应用[J]. 中国科学:技术科学, 2014, 44: 269-279.

[14] Demirkır Ç, Ertürk H. Convective heat transfer and pressure drop characteristics of graphene-water nanofluids in transitional flow[J]. International Communications in Heat and Mass Transfer, 2021, 121: 105092.

[15] Azmi W H, Sharma K V, Sarma P K, Mamat R, Anuar S, Dharma Rao V. Experimental determination of turbulent forced convection heat transfer and friction factor with SiO_2 nanofluid[J]. Experimental Thermal and Fluid Science, 2013, 51: 103-111.

[16] Webb R L. Performance evaluation criteria for use of enhanced heat transfer surfaces in heat exchanger design[J]. International Journal of Heat and Mass Transfer, 1981, 24: 715-726.